编审委员会

建筑工程技术专业

高职高专规划教材

QITI JIEGOU GONGCHENG SHIGONG

砌体结构工程施工

周和荣　主编

化学工业出版社

·北京·

本书根据砌体结构工程相关的标准、规范及标准设计图集，针对高职高专建筑工程技术、工程管理类专业培养目标中对砌体结构工程施工的知识和能力的要求编写而成。本书结合砌体结构工程的施工实践，从砌体结构工程的基本结构知识、主体施工各过程的施工工艺、与主体结构密切相关的分部工程的施工三大方面，比较全面系统地阐述了砌体结构工程施工的理论知识和施工技术，具有实践性、针对性和实用性强的特点。

本书可作为高职高专建筑工程技术及其相关专业的教材，也可作为成人教育及其他社会人员培训和参考教材。

图书在版编目（CIP）数据

砌体结构工程施工/周和荣主编．—北京：化学工业出版社，2011.7（2023.3重印）

建筑工程技术专业　高职高专规划教材

ISBN 978-7-122-11529-4

Ⅰ．砌…　Ⅱ．周…　Ⅲ．砌体结构-工程施工-高等职业教育-教材　Ⅳ．TU36

中国版本图书馆CIP数据核字（2011）第110758号

责任编辑：李仙华　卓　丽　王文峡　　　装帧设计：尹琳琳

责任校对：宋　夏

出版发行：化学工业出版社（北京市东城区青年湖南街13号　邮政编码100011）

印　　装：北京虎彩文化传播有限公司

787mm×1092mm　1/16　印张17¼　字数421千字　2023年3月北京第1版第11次印刷

购书咨询：010-64518888　　　售后服务：010-64518899

网　　址：http：//www.cip.com.cn

凡购买本书，如有缺损质量问题，本社销售中心负责调换。

定　　价：48.00元

前言

砌体结构工程历史悠久，即使在21世纪的今天，仍然有着广泛的应用，不仅在中西部地区还大量存在，即使沿海经济发达地区的高层建筑（框架结构、短肢剪力墙结构）中也少不了砌体结构的施工。

长期以来，对砌体结构工程施工的认识，在一定程度上被人们轻视或失之偏颇，砌体结构工程施工的教学往往简单地局限在砌体的组砌方式和砌筑操作工艺上，误导了对砌体结构工程的整体认识。一方面，从单位工程的角度看，一个砌体结构工程的施工所牵涉的标准规范、结构理论（尤其是抗震设防）的广泛性，所涉及的施工要素的多样性和复杂性，并不比混凝土结构工程简单。另一方面，从实际施工的角度，砌体结构工程和混凝土结构工程也难以截然分开，至少砌体结构工程中的楼（屋）盖、楼梯就是典型的混凝土结构件。

本书本着高职高专教学“必需、够用”的原则，注重系统性，把三段式教学分散在建筑结构、建筑材料、建筑施工等各门课程中的知识统一起来，立足于砌体结构工程（而不是砌体结构）；本着从设计基本理论到结构工程施工，从施工准备、施工组织到施工工艺技术，从主体结构到相关分部工程的施工这一主线，力图给学生一个完整、系统的砌体结构工程总体形象，从而树立对砌体结构工程施工的全局性的正确认识。教学中，教师可根据教学大纲要求和教学进程对教材章节进行讲授与否的取舍，一些章节可以简单讲授或让学生自学。

本书注意到高职高专学生就业后主要在施工现场从事技术管理工作，既不是操作工人，也不从事建筑工程的设计，熟悉相应的规范、能够正确地理解设计意图、清楚施工控制的关键环节是他们应该具备的基本功。因此，教材的重心放在砌体结构工程的主体施工这一主线的同时，对主要分部分项工程的类型、施工方法与工艺进行了横向拓展，如基础施工就针对一般砌体结构工程、底框结构工程、带地下室的砌体结构工程所涉及的条形基础、独立基础、片筏式基础的施工进行了讲述，主体结构工程则除了墙体砌筑以外，还对属于混凝土结构施工的楼面、楼梯、阳台、雨篷，以及外墙外保温等进行了讲述。以期达到横向关联、触类旁通的教学效果。

本书突出标准、规范（包括标准设计图集）对砌体结构工程施工的约束和指导作用，密切结合最新的标准规范，向学生灌输施工必须遵循标准、规范的职业意识。教学中应以最新发布的《砌体结构设计规范》(GB 50003—2011) 为准。

本书注重实用性，结合编者的工程实践经验，编入了砌体结构工程中一些具有实践指导意义的施工技术，如砌体结构中水电管线的暗设、不同基础的支模方式、构造柱马牙槎4近4退工艺等。

本书共九章，由四川建筑职业技术学院周和荣主编，其中第一、二、四～七章由周和荣编写，第三章由四川建设发展股份有限公司周钰虎编写，第八章由珠海市世荣房产开发有限公司周英烈编写，第九章由广东建星建筑工程有限公司胡红娟编写。

由于编者经验和水平有限，书中难免存在疏漏或不妥之处，望读者、同行批评指正。

本书提供有PPT电子教案，可发信到cipedu@163.com免费获取。

编者

目录

第一章

砌体结构

知识目标

- 了解砌体结构的基本概念，砌体结构的历史、现状及发展趋势
- 熟悉砌体块体材料的种类，各类块体材料的规格、强度及其特点
- 熟悉砌筑砂浆的作用、类别和技术要求，掌握砌筑砂浆的材料要求、配合比计算和配制工艺、质量检验方法和抗压强度的判定规则
- 掌握无筋砌体结构的破坏特征、砌体抗压强度与砖与砂浆强度的关系，影响砌体强度的主要因素；熟悉砌体结构的抗拉、抗弯、抗剪力学性能；砌体设计强度值调整应考虑的因素
- 了解配筋砖砌体、配筋砌块砌体的类型、受力特点和构造规定；了解预应力配筋砌体的基本概念

能力目标

- 能根据工程实际合理选用砌筑块体材料，能依据标准对进场块体材料进行质量验收
- 能正确进行砌筑砂浆的配合比计算，能够对一般砌筑砂浆的材料和配制进行质量监控，能够正确进行砌筑砂浆的质量检验和强度判定

砌体结构历史悠久，在我国应用很广泛，因为它可以就地取材，具有很好的耐久性及较好的化学稳定性和大气稳定性，有较好的保温隔热性能。较钢筋混凝土结构节约水泥和钢材，砌筑时不需模板及特殊的技术设备，可节约木材。但砌体结构也存在自重大、体积大，砌筑工作繁重，抗震性能很差等缺点。了解砌体结构的基本概念、组成材料、力学性能是学习砌体结构工程施工的基础。

第一节　砌体结构基本知识

一、砌体结构的基本概念

1. 砌体结构的定义

砌体结构是指由砌体（块体）材料和砂浆组砌而成的墙、柱作为建筑物主要受力构件的结构。是砖砌体、砌块砌体和石砌体结构的统称。因此，又称砖石结构。其中石砌体在路桥工程中还称圬工工程。

砖砌体，包括烧结普通砖、烧结多孔砖、蒸压灰砂普通砖、蒸压粉煤灰普通砖、混凝土普通砖、混凝土多孔砖的无筋和配筋砌体。

砌块砌体，包括混凝土砌块、轻集料混凝土砌块的无筋和配筋砌体。

石砌体，包括各种料石和毛石的砌体。

中国是砌体大国，在历史上有举世闻名的万里长城，它是两千多年前用“秦砖汉瓦”建造的世界上最伟大的砌体工程之一。还有在1400年前由料石修建的现存河北赵县安济桥，这是世界上最早的敞肩式拱桥。该桥已被美国土木工程学会选入世界第12个土木工程里程碑。

2. 砌体结构的基本特点

由于砌体材料的抗压强度较高而抗拉强度很低，因此，砌体结构构件主要承受轴心或小偏心压力，而很少受拉或受弯，一般民用和工业建筑的墙、柱和基础都可采用砌体结构。在采用钢筋混凝土框架和其他结构的建筑中，常用砌体做围护结构，如框架结构的填充墙。其他如烟囱、隧道、涵洞、挡土墙、坝、桥和渡槽等，也常采用砖、石或砌块砌体建造。

（1）砌体结构的优点

1）容易就地取材。砖主要用黏土、页岩烧制；砌块可以用工业废料——矿渣制作，来源方便，价格低廉；石材更是天然材料。

2）砖、石或砌块砌体具有良好的耐火性和较好的耐久性。

3）砌体砌筑时不需要模板和特殊的施工设备。在寒冷地区，冬季可用冻结法砌筑，不需特殊的保温措施。

4）砖墙和砌块墙体能够隔热和保温，所以既是较好的承重结构，也是较好的围护结构。

（2）砌体结构的缺点

1）与钢和混凝土相比，砌体材料的强度较低，因此砌体结构构件的截面尺寸较大，材料用量多，自重较大。

2）砌体结构的抗拉和抗剪强度都很低，因而抗震性能较差，震害发生时，砌体材料的强度往往没有充分发挥，结构就已经破坏了，因而在使用上受到一定限制。

3）砌体的砌筑基本上是手工作业方式，施工劳动量大。

4）黏土砖需用黏土制造，在某些地区过多占用农田，影响农业生产。

3. 砌体结构的分类

根据块体材料不同，砌体结构可分为砖砌体、砌块砌体、石材砌体等砌体结构。

随着人类社会的发展和物质与精神文明的进步，建筑出现丰富多彩的形式，其应用异常广泛，工作状况更为复杂。砌体结构按其使用特点和工作状态可作如下分类。

（1）一般砌体结构　一般砌体结构是指用于正常使用状况下的工业与民用建筑。如供人们生活起居的住宅、宿舍、旅馆等居住建筑和供人们进行社会公共活动用的公共建筑。工业建筑则有单层厂房和多层工业厂房之分。

（2）特殊用途的砌体构筑物　特殊用途的砌体构筑物，通常称为特殊结构（或特种结构），如烟囱、水塔、料仓及小型水池、涵洞和挡土墙等。

（3）特殊工作状态的砌体建筑物

1）处于特殊环境和介质中的砌体结构建筑物。该类建筑物为保证结构的可靠性和满足建筑使用功能的要求，对建筑结构提出各种防护要求，如防水抗渗、防火耐热、防酸抗腐、防爆炸、防辐射等。

2）处于特殊作用下工作的建筑物，如有抗震设防要求的建筑结构和在核爆动荷载作用下的防空地下建筑等。

3）具有特殊工作空间要求的建筑物，如底层框架和多层内框架砖房以及单层空旷房屋等。

二、砌体结构的历史、现状及发展

1. 砌体结构的历史

新中国成立以来我国砖的产量逐年增长，据统计，1980 年的全国年产量为 1600 亿块，1996 年增至 6200 亿块，为世界其他各国砖每年产量的总和。全国基建中采用砌体作墙体材料约占 90%左右。在办公、住宅等民用建筑中大量采用砖墙承重。20 世纪 50 年代这类房屋一般为 3～4 层，后来发展为 5～6 层，不少城市一般建到 7～8 层。在城镇住宅建筑中，砖混砌体结构工程占有相当大的比重，尤其是在中小城镇中。

在中小型单层工业厂房和多层轻工业厂房，以及影剧院、食堂、仓库等建筑也曾经广泛采用砖墙、砖柱的承重结构。

砖石结构还用于建造各种构筑物。如镇江市曾建成的顶部外径 2.18m、底部外径 4.78m、高 60m 的砖烟囱；用料石建成 80m 排气塔；在湖南建造的高 12.4m、直径 6.3m、壁厚 240mm 的砖砌粮仓群；福建用毛石建造的横跨云霄、东山两县的大型引水工程——向东渠，其中陈岱渡槽全长 4400m、高 20m，槽支墩共 258 座，工程规模宏大。此外我国在古代建桥技术的基础上，于 1959 年建成跨度 60m、高 52m 的石拱桥，接着又建成了敞肩式现代公路桥，最大跨度达 120m——湖南乌巢河大桥。我国建成的 100m 以上的石拱桥有 10 座（包括乌巢河桥）。

我国还积累了在地震区建造砌体结构房屋的宝贵经验。我国绝大多数大中城市在 6 度或 6 度以上地震设防区。地震烈度≤6 度地震区的砌体结构经受了地震的考验。经过设计和构造上的改进和处理，还在 7 度区和 8 度区建造了大量的砌体结构房屋。

2. 砌体结构的现状

1988 年第一次国际材料研究会议上首次提出“绿色建材”的概念，1992 年 6 月联大巴西里约热内卢环境和发展各国首脑会议，通过了“21 世纪议程”宣言，确认了“可持续发展”的战略方针，其目标是：依据环境再生、协调共生、持续自然的原则，尽量减少自然资源的消耗，尽可能对废弃物的再利用和净化，保护生态环境以确保人类社会的可持续发展。

“绿色建材”革命的首要对象就是在我国曾经广泛采用的烧结黏土砖，为此，国家采取了一系列的墙体材料改革政策和措施。

1）加大限制高能耗、高资源消耗、高污染低效益的产品的生产力度。对黏土砖（按 1996 年生产 6000 亿块的代价是毁田 10 万多亩、能耗 6000 万吨标煤）国家早就出台了减少和限制的政策。如今，不少城市在建筑上早已不准使用黏土实心砖。

2）大力发展蒸压灰砂废渣制品。这包括钢渣砖、粉煤灰砖、炉渣砖及其空心砌块、粉煤灰加气混凝土墙板等。这些制品我国 20 世纪 80 年代以前生产量曾达 2.5 亿块，消耗掉工业废渣数百万吨，但由于各种原因曾导致大多数生产厂家停产，致使黏土砖生产回潮。

3）利用页岩生产多孔砖。我国页岩资源丰富，分布地域较广。烧结页岩砖具有能耗低、强度高、外观规则，其强度等级可达 MU15～MU30，可砌清水墙和中高层建筑。目前建筑工程中使用的普通砖大都是页岩砖。

4）大力发展废渣轻型混凝土墙板。这种轻板利用粉煤灰代替部分水泥，骨料为陶粒、矿渣或炉渣等轻骨料，加入玻璃纤维或其他纤维。其他还有蒸压纤维水泥板、GRC（玻璃纤维增强混凝土）板等，此类轻材料墙板的应用，提高了砌体施工技术的工业化水平。

5）大力推广复合墙板和复合砌块。目前国内外没有单一材料，既满足建筑节能保温隔热，又满足外墙的防水、强度的技术要求。因此只能用复合技术来满足墙体的多功能要求。如采用矿渣空心砖、灰砂砌块、混凝土空心砌块中的任一种与绝缘材料相复合来满足外墙的功能要求等。

3. 砌体结构的发展趋势

（1）发展高强砌体材料　目前我国的砌体材料和发达国家相比，强度低、耐久性差。如黏土砖的抗压强度一般为7.5～15MPa，承重空心砖的孔隙率≤25%。而发达国家的抗压强度一般均达到30～60MPa，且能达到100MPa，承重空心砖的孔洞率可达到40%，容重一般为13kN/m^3，最轻可达0.6kN/m^3。

在发展高强块材的同时，研制高强度等级的砌筑砂浆。目前的砂浆强度等级最高为M15。当与高强块材匹配时需开发大于M15以上的高性能砂浆。

根据发展趋势，为确保质量，发展干拌砂浆和商品砂浆具有很好的前景。前者是把所有配料在干燥状态下混合装包供应，现场按要求加水搅拌即可使用。

（2）配筋砌体和预应力砌体的研究和应用　我国虽已初步建立了配筋砌体结构体系，但需研制和定型生产砌块建筑施工用的机具，如铺砂浆器、小直径振捣棒（$\phi\leqslant25$）、小型灌孔混凝土浇注泵、小型钢筋焊机、灌孔混凝土检测仪等。这些机具对配筋砌块结构的质量至关重要。

预应力砌体其原理同预应力混凝土，能明显地改善砌体的受力性能和抗震能力。我国在此方面曾有过研究。国外，特别是英国在配筋砌体和预应力砌体方面的水平较高。

第二节　砌体材料

砌体是由块体和砂浆砌筑形成的共同受力体构件。

一、块体材料

块体可分为砖、砌块、石材三大类。按块体的高度尺寸划分，通常把高度小于180mm的块体称为砖；高度大于180mm的称为砌块。

（一）砖

1. 砖的规格类型

砖是指砌筑用的人造小型块材。外形多为直角六面体，也有各种异型的，其长度不超过365mm，宽度不超过240mm，高度不超过115mm。

（1）砖按其规格形状的不同分类

1）普通砖（标准砖）——尺寸为240mm×115mm×53mm的实心砖。

2）实心砖——无孔洞或孔洞率小于25%的砖。

3）微孔砖——通过掺入成孔材料（如聚苯乙烯微珠、锯末等）经焙烧，在砖内形成微孔的砖。

4）多孔砖——孔洞率≥25%，孔的尺寸小而数量多的砖。常用于承重部位。

5）空心砖——孔洞率≥40%，孔的尺寸大而数量少的砖。常用于非承重部位。

6）八五砖——尺寸为216mm×105mm×43mm的砖。

7）异形砖——形状不是直角六面体的砖。常以形状命名，如刀口砖、斧形砖、扇形砖等。

8）配砖——砌筑时与主规格砖配合使用的砖。如半砖、七分头等。

（2）砖按其基本原料及生产工艺的不同分类

1）烧结砖　烧结砖是经焙烧而制成的砖，常结合主要原材料命名，如烧结黏土砖、烧结粉煤灰砖、烧结页岩砖、烧结煤矸石砖等。砖焙烧时的火候不当，则会出现欠火砖（色浅、声哑、强度与耐久性差）及过火砖（颜色过深，声音清脆，有弯曲等变形）。根据烧结工艺的不同，砖有：

① 红砖——在氧化气氛中烧成的红色的黏土质砖。

② 青砖——在还原气氛中烧成的青灰色的黏土质砖。即砖坯在氧化气氛中焙烧至900℃以上，再在还原气氛中焙烧，使砖内的高价氧化铁还原成青灰色的低价氧化铁，即为青砖。青砖较红砖结实，耐碱、耐久性好，但价格较红砖贵。

③ 内燃砖——主要靠砖坯本身所含的可燃物质（包括原料中的或外掺的）焙烧而成的砖。

2）非烧结砖

① 蒸养砖——经常压蒸汽养护硬化而制成的砖。常结合主要原料命名，如蒸养粉煤灰砖、蒸养矿渣砖等，在不致混淆的情况下，一般省略蒸养两字。

② 蒸压砖——经高压蒸汽养护硬化而制成的砖。常结合主要原料命名，如蒸压粉煤灰砖、蒸压灰砂砖等。同样在不致混淆的情况下，一般省略蒸压两字。

③ 碳化砖——以石灰为胶凝材料，加入骨料，成型后经二氧化碳处理硬化而成的砖。

3）混凝土砖　以水泥、骨料，以及根据需要加入的掺合料、外加剂等，经加水搅拌、成型、养护制成的小型块体材料，分为实心砖和多孔砖。

2. 常用烧结砖

（1）烧结普通砖　烧结普通砖又称为标准砖（图1-1）。按主要原料分为黏土砖（N）、页岩砖（Y）、煤矸石砖（M）和粉煤灰砖（F）。

烧结普通砖保温、隔热、耐久性能良好，可用于各种房屋的地上及地下结构。

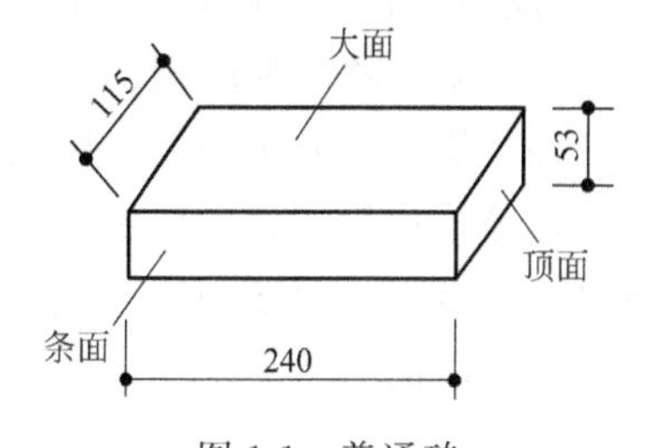

图1-1　普通砖

1）烧结普通砖的强度。

烧结普通砖按力学性能分为MU30、MU25、MU20、MU15和MU10五个强度等级。

2）烧结普通砖的质量。

强度和抗风化性能和放射性物质合格的砖，根据尺寸偏差、外观质量、泛霜和石灰爆裂分为优等品（A）、一等品（B）和合格品（C）三个质量等级。优等品适用于清水墙，一等品、合格品可用于混水墙。

《烧结普通砖》(GB 5101—2003）规定了烧结普通砖的产品分类、技术要求、试验方法、检验规则、标志、包装、运输和贮存等具体要求。

（2）烧结多孔砖　烧结多孔砖按主要原料也分为黏土砖（N）、页岩砖（Y）、煤矸石砖（M）和粉煤灰砖（F）。砖的外形为直角六面体，其长度、宽度、高度尺寸模数为：290、240、190、180、175、140、115、90。

如图 1-2 所示为 DM 型和 KP1 型烧结多孔砖。DM 型多孔砖有四种砖型两种孔型，即 DM1、DM2、DM3 和 DM4，其中※※※-1 为圆孔，※※※-2 为长方形孔，DMp 为配砖。

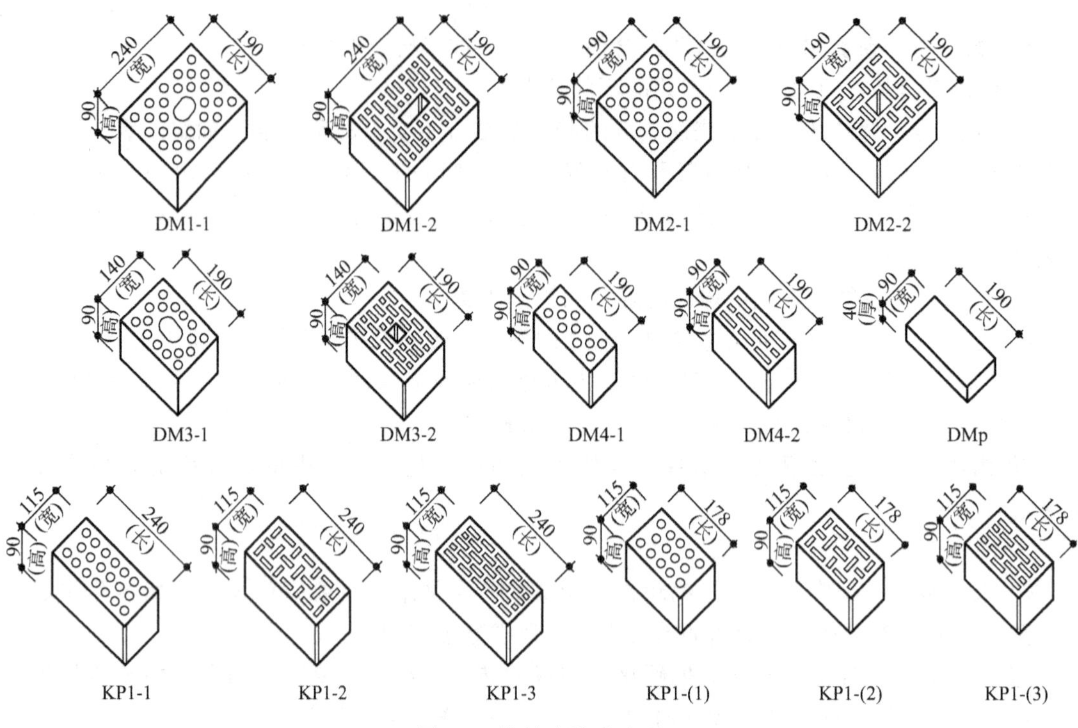

图 1-2 烧结多孔砖砖型

KP1 型多孔砖也有两种孔型，同样※※※-1 为圆孔，※※※-2 为长方形孔，KP-(※) 为“七分砖”。一般应优先选用长孔型砖。

烧结多孔砖抗压强度分为 MU30、MU25、MU20、MU15、MU10 五个强度等级。强度和抗风化性能合格的砖，根据尺寸偏差、外观质量、孔型及孔洞排列、泛霜、石灰爆裂分为优等品（A)、一等品（B）和合格品（C）三个质量等级。

《烧结多孔砖》(GB 13544—2000）规定了用于承重部位的烧结多孔砖的产品分类、技术要求、试验方法、检验规则、产品合格证、堆放和运输等具体要求。

(3) 烧结空心砖和空心砌块 烧结空心砖和空心砌块是以黏土、页岩、煤矸石等为主要原料，经焙烧而成的主要用于建筑物非承重部位砌体砖或砌块。按主要原料分为黏土砖和砌块（N)、页岩砖和砌块（Y)、煤矸石砖和砌块（M)、粉煤灰砖和砌块（F)。烧结空心砖和空心砌块的形状见图 1-3。

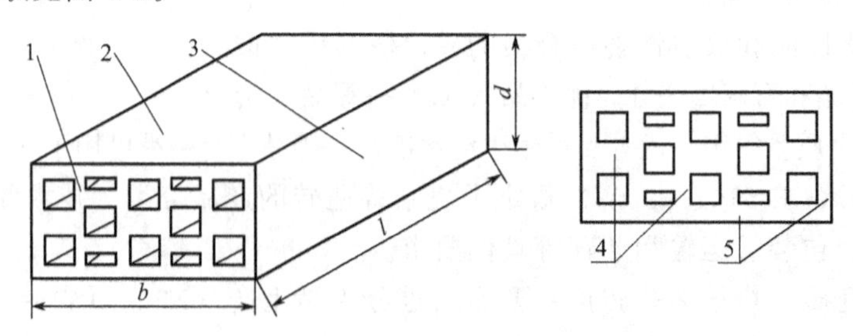

图 1-3 烧结空心砖和空心砌块

1—顶面；2—大面；3—条面；4—肋；5—壁；l—长度；b—宽度；d—高度

烧结空心砖的外形为矩形体，在与砂浆的接合面上应设有增加结合力的深度1mm以上的凹线槽，如图1-4、图1-5所示。烧结空心砌块如图1-5所示。

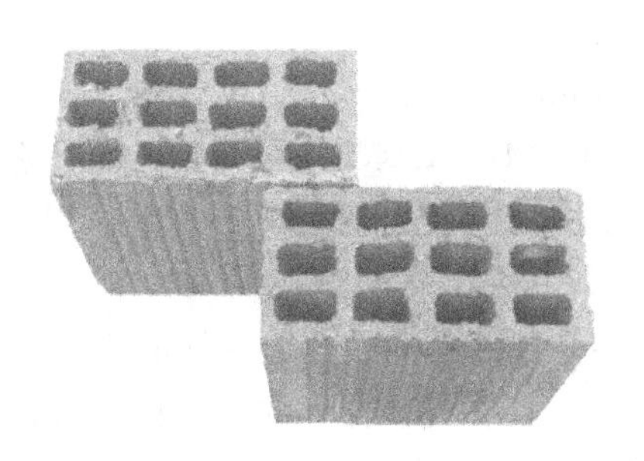

图1-4　烧结空心砖

图1-5　烧结空心砌块

烧结空心砖和砌块的长度、宽度、高度尺寸的模数为：390，290，240，190，180(175)，140，115，90(mm)。

常用的烧结空心砖的规格尺寸为：

① 290mm×190(140)mm×90mm；

② 240mm×180(175)mm×115mm。

烧结空心砖抗压强度分为MU10.0、MU7.5、MU5.0、MU3.5、MU2.5共五个强度级别。体积密度分为800、900、1000、1100(kg/m^3)四个密度级别。

强度、密度、抗风化性能和放射性物质合格的砖和砌块，根据尺寸偏差、外观质量、孔洞排列及其结构、泛霜、石灰爆裂、吸水率分为优等品(A)、一等品(B)和合格品(C)三个质量等级。在《烧结空心砖和空心砌块》(GB 13545—2003)中对其产品分类、技术要求、试验方法、检验规则、标志、包装、运输和贮存等都作了具体规定。

3. 非烧结砖

非烧结砖主要有蒸压灰砂砖、蒸压粉煤灰砖。

(1) 蒸压灰砂砖　蒸压灰砂砖是以石灰和砂为主要原料，掺入一定颜料和外加剂，经坯料制备、压制成型、蒸压养护而成的实心或空心灰砂砖(见图1-6)。

图1-6　蒸压灰砂砖

蒸压实心灰砂砖的块体尺寸与标准砖一样为240mm×115mm×53mm。

蒸压空心灰砂砖的孔洞率大于15%，其块体尺寸为240mm×115mm×53(90、115、175)mm。

实心蒸压灰砂砖根据抗压强度和抗折强度分为MU25、MU20、MU15、MU10四个级别。其中MU25、MU20、MU15级别的灰砂砖可用于基础及其他建筑，MU10级灰砂砖仅可用于防潮层以上的建筑。

蒸压灰砂砖不得用于长期受热200℃以上、受急冷急热和有酸性介质侵蚀的建筑部位。

《蒸压灰砂砖》(GB 11945—1999)中对实心蒸压灰砂砖的产品分类、技术要求、试验方法、检验规则、产品合格证、堆放和运输等都作了具体规定。

(2) 粉煤灰砖　粉煤灰砖是以粉煤灰、石灰或水泥为主要原料，掺加适量石膏、外加剂、颜料和集料等，经坯料制备、成型，再经高压或常压蒸汽养护而制成的实心粉煤灰砖。

粉煤灰砖的块体尺寸与标准砖一样为240mm×115mm×53mm。

粉煤灰砖的强度等级分为 MU30、MU25、MU20、MU15、MU10 五个级别。粉煤灰砖可用于工业与民用建筑的墙体和基础，但用于基础或用于易受冻融和干湿交替作用的建筑部位必须使用 MU15 及以上强度等级的砖。

粉煤灰砖也不得用于长期受热 200℃以上、受急冷急热和有酸性介质侵蚀的建筑部位。

《粉煤灰砖》(JC 239—2001) 中对粉煤灰砖的分类、原材料、技术要求、试验方法、检验规则、标志、使用说明书、包装、运输和贮存等都作了具体规定。

粉煤灰砖是大量利用粉煤灰的建材产品之一，并且可以利用湿排原状粉煤灰作为原料。每生产 1 万块砖，可利用粉煤灰 15t，是一种环保产品。

4. 混凝土砖

(1) 混凝土实心砖 (代号 SCB) 《混凝土实心砖》(GB/T 21144—2007) 规定，混凝土实心砖的块体尺寸与标准砖一样为 240mm×115mm×53mm。其密度等级按混凝土自身的密度分为 A 级 (≥2100kg/m³)，B 级 (1681～2099kg/m³) 和 C 级 (≤1680kg/m³) 三个密度等级。混凝土实心砖的抗压强度分为 MU40、MU35、MU30、MU25、MU20、MU15 六个等级。

(2) 混凝土多孔砖 (代号 CPB) 《混凝土多孔砖》(JC 943—2004)、《非承重混凝土空心砖》(GB/T 24492—2009) 规定，混凝土多孔砖 [图 1-7(a)] 的抗压强度分为 MU30、MU25、MU20、MU15、MU10 五个等级。按其尺寸偏差和外观质量分为一等品 (B) 和合格品 (C) 二个质量等级。

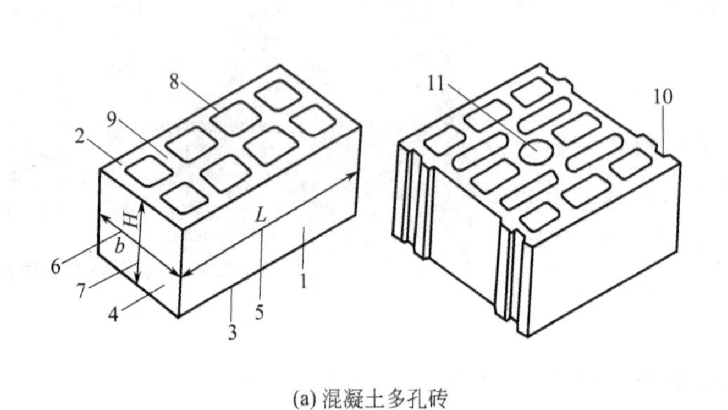

(a) 混凝土多孔砖

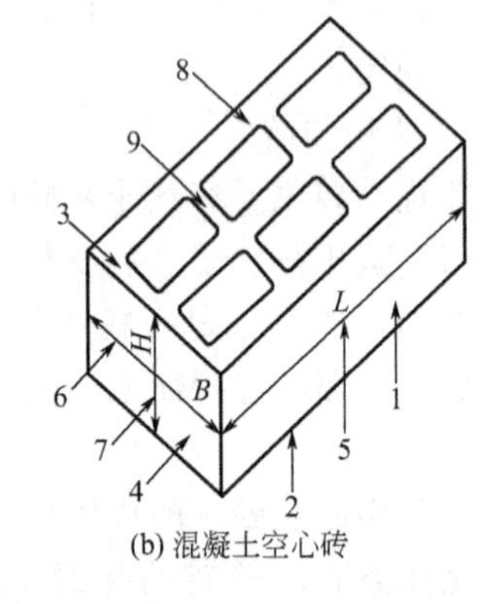

(b) 混凝土空心砖

图 1-7　混凝土多孔砖和非承重混凝土空心砖

1—条面；2—坐浆面 (外壁、肋的厚度较小的面)；3—铺浆面 (外壁、肋的厚度较大的面)；4—顶面；5—长度 (L)；6—宽度 (b)；7—高度 (H)；8—外壁；9—肋；10—槽；11—手抓孔

(3) 混凝土空心砖 (代号 NHB) 《非承重混凝土空心砖》(GB/T 24492—2009) 规定，混凝土空心砖 [图 1-7(b)] 的抗压强度分为 MU10、MU7.5、MU5 三个等级，按表观密度分为 1400、1200、1100、1000、900、800、700、600kg/m³ 八个等级，其长度模数取 360、290、240、190、140mm，宽度模数取 240、190、115、90mm，高度模数取 115、90mm。

（二）砌块

砌块是利用混凝土、工业废料（炉渣、粉煤灰等）或地方材料制成的人造块材，外形尺寸比砖大，具有制造设备简单，砌筑速度快的优点，符合了建筑工业化发展中墙体改革的要求。

砌块外形多为直角六面体，也有各种异形的。按砌块在组砌中的位置与作用可以分为主规格砌块和各种辅助砌块。砌块系列中主规格的长度、宽度或高度有一项或一项以上分别大于 365mm、240mm 或 115mm，但高度不大于长度或宽度的六倍，长度不超过高度的三倍。

砌块按尺寸和质量的大小不同分为小型砌块、中型砌块和大型砌块。砌块系列中主规格的高度：大于 115mm 而又小于 380mm 的称作小型砌块，简称小砌块；高度为 380～980mm 的称为中型砌块；高度大于 980mm 的称为大型砌块。使用中以小型砌块居多。

砌块按外观形状可以分为实心砌块和空心砌块。无孔洞或空心率＜25％的为实心砌块；空心率≥25％的砌块为空心砌块。空心砌块有单排方孔、单排圆孔和多排扁孔三种形式，其中多排扁孔对保温较有利。

根据材料不同，常用的砌块有普通混凝土与装饰混凝土小型空心砌块、轻集料混凝土小型空心砌块、粉煤灰小型空心砌块、蒸压加气混凝土砌块和石膏砌块。吸水率较大的砌块不能用于长期浸水、经常受干湿交替或冻融循环的建筑部位。

1. 混凝土砌块

（1）混凝土中型空心砌块（图 1-8） 混凝土中型空心砌块应用不多，现行标准为《中型空心砌块》[JC 716—1986（1996 确认）]，其主规格尺寸，长度为 500、600、800、1000mm；宽度为 200、240mm；高度为 400、450、800、900mm。强度按标号划分为 35、50、75、100、150 号，对应抗压强度为 3.43、4.90、7.36、9.81、14.72MPa。

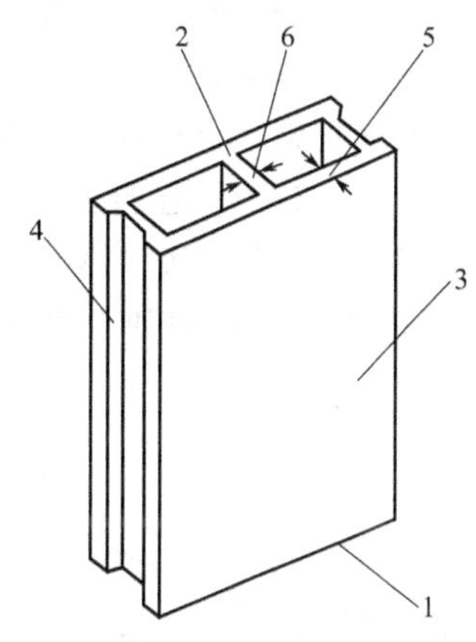

图 1-8 中型空心砌块
1—铺浆面；2—坐浆面；3—侧面；4—端面；5—壁；6—肋

（2）混凝土小型空心砌块 混凝土小型空心砌块主规格尺寸为 390mm×190mm×190mm，有两个方形孔，最小外壁厚应不小于 30mm，最小肋厚应不小于 25mm，空心率应不小于 25％（图 1-9）。对有节能保温要求的墙体可采用保温砌块，图 1-10 为保温砌块的一种。

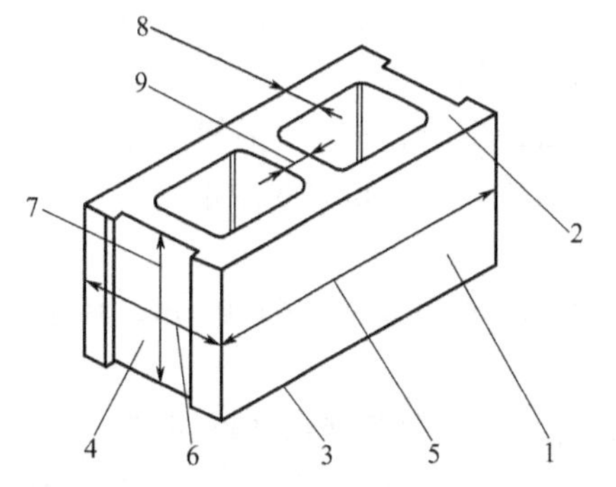

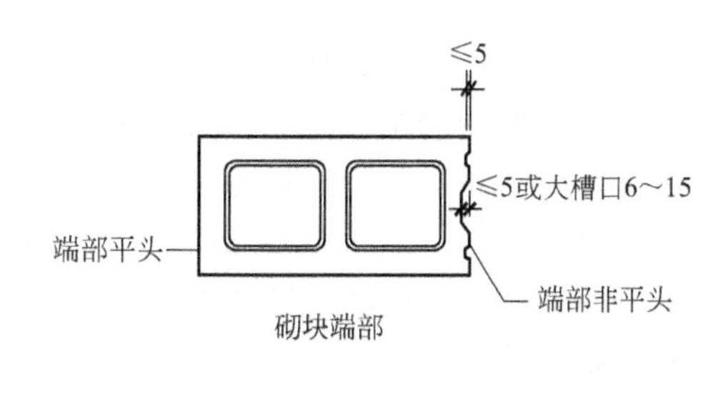

图 1-9 混凝土砌块
1—条面；2—坐浆面（肋厚较小的面）；3—铺浆面（肋厚较大的面）；4—顶面；5—长度；6—宽度；7—高度；8—壁；9—肋

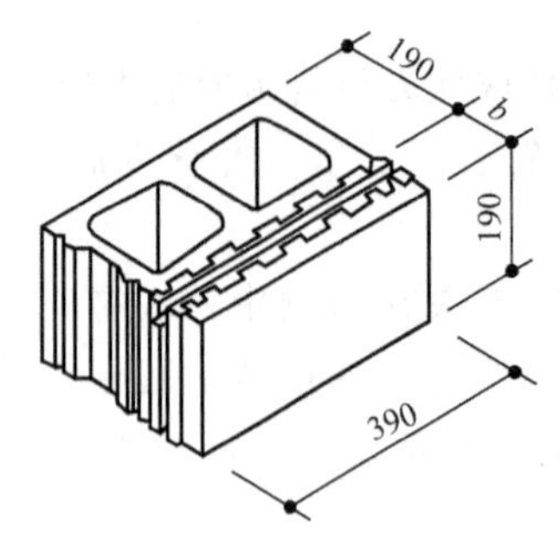

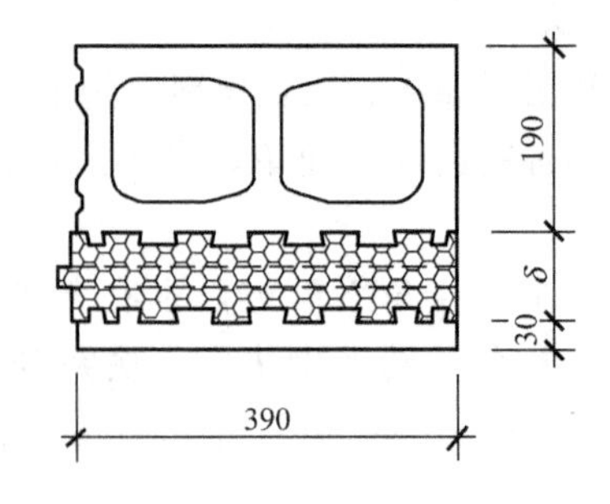

图 1-10　混凝土保温砌块

普通混凝土小型空心砌块按其强度分为 MU3.5、MU5、MU7.5、MU10、MU15、MU20 六个强度等级。

普通混凝土小型空心砌块按其尺寸偏差、外观质量分为优等品、一等品和合格品。

小型混凝土砌块现行标准有《普通混凝土小型空心砌块》(GB 8239—1997)。

2. 粉煤灰砌块

粉煤灰砌块以粉煤灰、石灰、石膏和轻集料为原料，加水搅拌、振动成型、蒸汽养护而成的砌块。分为实心砌块和空心砌块，实心砌块一般直接称为粉煤灰砌块。

(1) 粉煤灰砌块　粉煤灰砌块的主规格外形尺寸为 880mm×380mm×240mm，880mm×430mm×240mm。砌块端面应加灌浆槽，坐浆面宜设抗剪槽（图 1-11）。

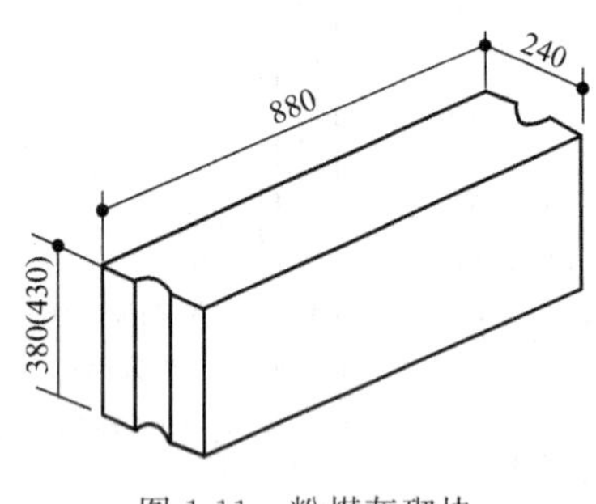

图 1-11　粉煤灰砌块

图 1-12　粉煤灰空心砌块

粉煤灰砌块按其立方体试件的抗压强度分为 MU10 和 MU13 两个强度等级。

粉煤灰砌块按其尺寸允许偏差、外观质量和干缩性能分为一等品（B）和合格品（C）。

《粉煤灰砌块》(JC 238—1991，1996 修订版）对粉煤灰砌块的使用范围、产品分类、技术要求、试验方法、检验规则、标志、储存和运输等都作了具体规定。

(2) 粉煤灰小型空心砌块　粉煤灰小型空心砌块是以粉煤灰、水泥、各种轻重集料、水为主要组分（也可加入外加剂等）拌和制成的小型空心砌块，其中粉煤灰用量不应低于原材料重量的 20%，水泥用量不应低于原材料重量的 10%。

粉煤灰小型空心砌块（图 1-12）的主规格尺寸为 390mm×190mm×190mm。其他规格尺寸由供需双方商定。

按孔的排数分为：单排孔（1）、双排孔（2）、三排孔（3）和四排孔（4）四类。

按强度等级分为 MU2.5、MU3.5、MU5.0、MU7.5、MU10.0、MU15.0 六个等级。

按尺寸偏差、外观质量、碳化系数分为：优等品（A）、一等品（B）和合格品（C）三个等级。

《粉煤灰混凝土小型空心砌块》(JC/T 862—2008）中对粉煤灰小型空心砌块的术语、分类、等级与标志、技术要求、试验方法、检验规则和运输堆放等都作了具体规定。

3. 加气混凝土砌块

加气混凝土砌块是以水泥、矿渣、粉煤灰、砂子为原料，加入铝粉或其他发泡引气剂作为膨胀加气剂，经过磨细、配料、浇注、切割、蒸养硬化等工序做成的一种轻质多孔材料，如图 1-13 所示。

图 1-13 加气混凝土砌块

加气混凝土砌块具有保温好、隔声好、可以切割、刨削、锯钻和钉入钉子的性能，常用于砌筑轻质隔墙、混凝土外板墙的内衬，但是不能作为承重墙。加气混凝土砌块吸水率高，一般可以达 60%～70%。由于砌块比较疏松，抹灰时表面粘接强度较低，抹灰前要先进行表面处理。

(1) 加气混凝土砌块的规格尺寸，见表 1-1。

表 1-1 加气混凝土砌块的规格尺寸

长度 L/mm	宽度 B/mm	高度 H/mm
800	100、120、125、150、180、200、240、250、300	200、240、250、300

(2) 加气混凝土砌块按强度和干密度分级。

强度级别有：A1.0、A2.0、A2.5、A3.5、A5.0、A7.5、A10 七个级别。代号数值表示其立方体抗压强度的平均值不小于该值。如 A7.5 表示该级别的加气混凝土砌块的立方体抗压强度的平均值不小于 7.5MPa。

干密度级别有：B03、B04、B05、B06、B07、B08 六个级别。详见表 1-2。

表 1-2 加气混凝土砌块的干密度

干密度级别		B03	B04	B05	B06	B07	B08
干密度/(kg/m³)	优等品(A)≤	300	400	500	600	700	800
	合格品(B)≤	325	425	525	625	725	825

砌块按尺寸偏差与外观质量、干密度、抗压强度和抗冻性分为优等品（A)、合格品(B) 两个等级。

《蒸压加气混凝土砌块》(GB 11968—2006）对蒸压加气混凝土砌块的术语和定义、产品分类、原材料、要求、检验方法、检验规则、堆放和运输等都作了具体规定。

4. 轻集料混凝土砌块

用堆积密度不大于 1100kg/m³ 的轻粗集料，与轻砂、普通砂（或无砂）配制成干表观密度不大于 1950kg/m³ 的轻集料混凝土制作而成的小砌块称为轻集料混凝土砌块。轻集料小砌块按轻集料种类分为：人造轻集料（页岩陶粒、黏土陶粒、粉煤灰陶粒、大颗粒膨胀珍珠岩)、天然轻集料（浮石、火山渣)、工业废料轻集料（自然煤矸石、煤渣等）配制的混凝土砌块。按用途分为保温型、承重保温型、承重型轻集料砌块。按砌块孔的排列分为实心、单排孔、多排孔砌块。轻集料混凝土小型空心砌块选用时应考虑的主要技术指标：强度、吸水率、干燥收缩值、相对含水率、抗冻性、碳化系数、软化系数、放射性。

《轻集料混凝土小型空心砌块》(GB/T 15229—2002）中对轻集料混凝土小型空心砌块的

术语、分类、技术要求、试验方法、检验规则/运输和堆放等都作了具体规定。

按砌块孔的排数分为五类：实心（0）、单排孔（1）、双排孔（2）、三排孔（3）和四排孔（4）。

按砌块密度等级分为八级：500、600、700、800、900、1000、1200、1400kg/m^3。实心砌块的密度等级不应大于800。

按砌块强度等级分为六级：1.5、2.5、3.5、5.5、7.5、10.0。分别表示砌块的抗压强度不低于该级的数值（MPa）。用于非承重内隔墙时，强度等级不宜低于3.5。

按砌块尺寸允许偏差和外观质量，分为两个等级：一等品、合格品。

轻集料混凝土小型空心砌块的主规格为390mm×190mm×190mm。

（三）石材

石材是最古老的土木工程材料之一，藏量丰富、分布很广，便于就地取材，坚固耐用，砌筑石材广泛用于砌墙和造桥。世界上许多的古建筑都是由石材砌筑而成，至今仍保存完好。但天然石材加工困难，自重大，开采和运输不够方便。

根据组成砌筑石材的岩石形成地质条件不同，砌筑石材可分为岩浆岩石材、沉积岩石材和变质岩石材。

砌筑石材的性质与技术要求如下：

1）力学性质——砌筑石材的力学性质除了考虑抗压强度外，根据工程需要，还应考虑它的抗剪强度、冲击韧性等。

2）耐久性——石材的耐久性主要包括有抗冻性、抗风化性、耐火性、耐酸性等。

3）放射性——有些石材（如部分花岗石）含有微量放射性元素，对于具有较强放射性的石材应避免用于室内。

砌筑用岩石经加工成块状或散粒状则称为石料。石料按其加工后的外形规则程度分为毛石和料石。

1. 毛石

毛石是由人工采用撬凿法和爆破法开采出来的不规格石块。一般要求在一个方向有较平整的面，中部厚度不小于150mm，每块毛石重约20～30kg。砌体用毛石呈块状，有乱毛石和平毛石之分（图1-14），乱毛石是指形状不规则的石块，平毛石是指形状不规则，但有两个平面大致平行的石块。毛石在砌筑工程中一般用于基础、挡土墙、护坡、堤坝和墙体。图1-15为毛石墙。

图1-14　乱毛石和平毛石

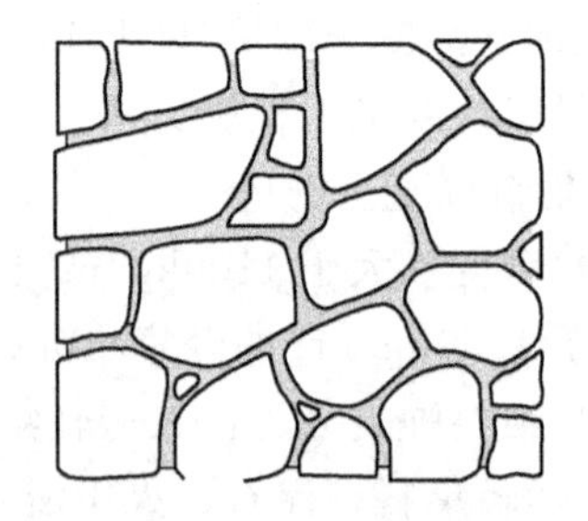

图1-15　毛石墙

2. 料石

砌筑用料石，按其加工面的平整程度分为粗料石和细料石（图1-16）。粗料石亦称块石，形状比毛石整齐，具有近乎规则的6个面，是经过粗加工而得的成品。在砌筑工程中用

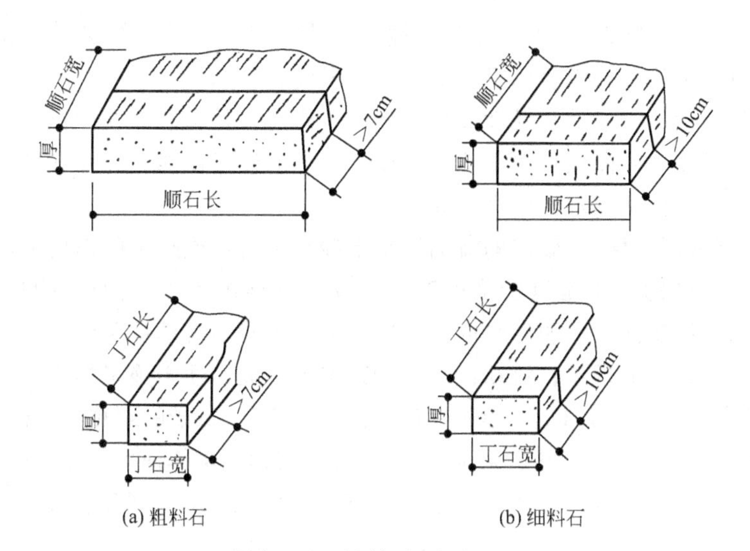

图 1-16　粗料石和细料石

于基础、房屋勒脚和毛石砌体的转角部位或单独砌筑墙体。

细料石是经过选择后，再经人工打凿和琢磨而成的成品。因其加工细度的不同，可分为细料石、半细料石等。由于已经加工，形状方正，尺寸规整，可用于砌筑较高级房屋的台阶、勒脚、石拱、墙体等，也可用作高级房屋饰面的镶贴。

关于砌筑用石材，目前无专门的国家和行业标准，现行《砌体结构设计规范》(GB 50003—2011) 对毛石、料石的强度等级分为 MU100、MU80、MU60、MU50、MU40、MU30、MU20 七个等级。

二、砌筑砂浆

（一）砌筑砂浆的作用和技术要求

1. 砌筑砂浆的作用

砌筑砂浆是将单个的砖块、石块或砌块组合成砌体的胶结材料，同时又是填充块体之间缝隙的填充材料。砂浆由胶结料（水泥、石灰）、细集料（砂）、水以及根据需要掺入的掺合料和外加剂等组分，按一定比例（质量比或体积比）混合后搅拌而成。

由于砌体受力的不同和块体材料的不同，因此要选择不同的砂浆进行砌筑。砌筑砂浆应具备一定的强度和工作度（或称和易性）。它在砌体中主要起三个作用：

1）胶结作用：砂浆能把各个块体牢固胶结在一起，保证砌体的整体性。

2）承载和传力作用：当砂浆硬结后，可以均匀地传递荷载，改善块体的受力状态。

3）保温隔热防水作用：由于砂浆填满了砖石间的缝隙，降低了砌体的透风性，对房屋起到保温隔热和防水的作用。

2. 砌筑砂浆的技术要求

(1) 砂浆强度　强度是砂浆的主要指标，其数值与砌体的强度有直接关系。砂浆强度是由砂浆试块的强度测定的。

影响砂浆强度的因素有：

1）砂浆的配合比——配合比是指砂浆中各种原材料的组合比例，一般由试验室提供。配制砂浆时应严格按配合比进行计量。

2）原材料——原材料的各种技术性能必须经过试验室测试检定，不合格的材料不得使用。

3）搅拌时间——砂浆必须经过充分地搅拌，使水泥、砂子、石灰膏等混合均匀。特别是水泥，如果搅拌不均匀，则会明显影响砂浆的强度。

（2）砂浆和易性　砂浆的和易性又称砂浆的工作性，是指砂浆在搅拌、运输、砌筑及抹灰等过程中易于操作，并能获得质量均匀，成型密实的砂浆性能。砂浆和易性是一项综合的技术性能，包括流动性和保水性两个方面。

1）流动性（或可塑性）　砂浆的流动性是指砂浆在自重或外力的作用下流动的性能，用稠度表示。砂浆稠度的大小是以砂浆稠度测定仪的圆锥沉入砂浆内的深度（mm）来表示的。圆锥沉入的深度越深，表明砂浆的流动性越大。砂浆的流动性不能过大，否则强度会下降并且出现分层、析水的现象；流动性小，砂浆偏干，又不便于施工操作，灰缝不易填充。

砂浆的流动性与砂浆的加水量、水泥用量、石灰膏用量、砂子的颗粒大小和形状、砂子的孔隙以及砂浆搅拌的时间等有关。对砂浆流动性的要求，可以因砌体种类、施工时大气温度和湿度等的不同而异。一般要求如表 1-3 所示。施工时，砂浆的稠度往往由操作者根据经验来掌握。

表 1-3　砌筑砂浆的施工稠度　　单位：mm

砌体种类	砂浆施工稠度
烧结普通砖砌体、粉煤灰砖砌体	70～90
混凝土砖砌体、普通混凝土小型空心砌块砌体、灰砂砖砌体	50～70
烧结多孔砖砌体、烧结空心砖砌体、轻集料混凝土小型空心砌块砌体、蒸压加气混凝土砌块砌体	60～80
石砌体	30～50

2）保水性　砂浆在存放、运输和砌筑过程中保持水分的能力称为保水性。或者说，是指砂浆从搅拌机出料到使用在砌体上，砂浆中的水和胶结料以及骨料之间分离的快慢程度，分离快的保水性差，分离慢的保水性好。砌筑的质量在很大程度上取决于砂浆的保水性，如果砂浆的保水性很差，新铺在砖面上的砂浆的水分很快被吸去，影响水泥正常硬化，降低了砂浆与砖面的粘接力，导致砌体质量下降。

保水性与砂浆的组分配合、砂子的粗细程度和密实度等有关。因此，砂浆的保水性要求也随块体材料的种类（多孔的或密实的）、施工条件和气候条件而定。提高砂浆的保水性常采取掺入适量的有机塑化剂或微沫剂的方法，而不应采取提高水泥用量的途径解决。

水泥砂浆可以达到较高的强度，但其流动性与保水性相对混合砂浆而言较差。

（二）砌筑砂浆的类别及选用

1. 砌筑砂浆的类别

（1）一般砌筑砂浆　一般砌筑砂浆分为水泥砂浆、混合砂浆二类。现行《砌体结构设计规范》规定：砂浆强度等级有 M15、M10、M7.5、M5 和 M2.5。

1）水泥砂浆　水泥砂浆是由水泥和砂子按一定比例混合搅拌而成，不加塑性掺合料，它可以配制强度较高的砂浆。水泥砂浆一般应用于基础、长期受水浸泡的地下室和承受较大外力的砌体。

2）混合砂浆　混合砂浆除了水泥和砂子外，还掺有塑性掺合料（如石灰膏、电石膏等）拌和而成。一般用于地面以上的砌体施工。混合砂浆由于加入了石灰膏等塑性掺合料，改善了砂浆的和易性，有利于砌体的密实度和砌筑工效的提高。

值得注意的是：最新发布的《砌筑砂浆配合的设计规程》（JGJ/T 98—2010）规定：水

泥砂浆及预拌砌筑砂浆的强度等级可分为M5、M7.5、M10、M15、M20、M25、M30；水泥混合砂浆的强度等级可分为M5、M7.5、M10、M15。

(2) 混凝土小型空心砌块和混凝土砖砌筑砂浆　混凝土小型空心砌块是目前我国替代实心黏土砖的主推承重块体材料。由于混凝土砌块的壁薄、孔洞率大，在同等的砂浆强度时，其砌体抗拉、抗弯和抗剪强度只有烧结普通砖砌体的1/3～1/2，这是用一般砂浆砌筑的混凝土小型空心砌块墙体容易开裂和渗漏的重要原因之一。因此采用性能良好的砂浆相当重要。

混凝土小型空心砌块砌筑砂浆是由水泥、砂、水以及根据需要掺入一定比例的掺合料(主要是粉煤灰)和外加剂等组分，外加剂包括减水剂、早强剂、促凝剂、缓凝剂、防冻剂等，采用机械拌和制成，用于砌筑混凝土小型空心砌块的砂浆，又称为混凝土砌块专用砌筑砂浆。它较传统的砌筑砂浆可使砌体灰缝饱满、粘接性能好，减少墙体开裂和渗漏，提高砌块建筑质量。

混凝土小型空心砌块砌筑砂浆必须采用机械搅拌，且搅拌时先加细集料、掺合料和水泥干拌1min，再加水湿拌。总的搅拌时间不得少于4min。若加外加剂，则在搅拌1min后加入。砂浆稠度为50～80mm，分层度为10～30mm。

为了与传统的砌筑砂浆相区别，《混凝土小型空心砌块和混凝土砖砌筑砂浆》(JC 860—2008)中规定以Mb标记，强度分为Mb5.0、Mb7.5、Mb10.0、Mb15.0、Mb20.0、Mb25.0六个等级。其抗压强度指标与M5.0、M7.5、M10.0、M15.0、M20.0、M25.0等级的一般砌筑砂浆抗压强度指标对应相等。

(3) 混凝土小型空心砌块灌孔混凝土　在混凝土小型砌块建筑中，为了提高房屋的整体性、承载力和抗震性能，常在砌块竖向孔洞中设置钢筋并浇注灌孔混凝土，使其形成钢筋混凝土芯柱。在有些混凝土小型砌块砌体中，虽然孔内并没有配钢筋，但为了增大砌体横截面面积，或为了满足其他功能要求，也需要灌孔。由于灌孔作业的特殊性，采用普通混凝土灌孔，难以保证灌注混凝土的密实性。为此，须采用专用混凝土来灌孔，这是一种高流动性、硬化后体积微膨胀或有补偿收缩性能的混凝土，使灌孔砌体整体受力性能良好，砌体强度大为提高。

灌孔混凝土中的掺合料主要采用粉煤灰，外加剂包括减水剂、早强剂、促凝剂、缓凝剂、膨胀剂等。灌孔混凝土的拌制应优先采用强制式搅拌机，搅拌时先加粗细骨料、掺合料、水泥干拌1min，最后加外加剂搅拌，总的搅拌时间不宜少于5min。当采用自落式搅拌机时，应适当延长其搅拌时间。灌孔混凝土的坍落度不宜小于180mm，其拌合物应均匀、颜色一致、不离析、不泌水。

为了与一般混凝土相区别，《混凝土砌块(砖)砌体用灌孔混凝土》(JC 861—2008)中规定以Cb标记，强度分为Cb20、Cb25、Cb30、Cb35和Cb40五个等级。其抗压强度指标与C20、C25、C30、C35和C40混凝土的抗压强度指标对应相等。

(4) 蒸压灰砂砖、蒸压粉煤灰砖专用砌筑砂浆　由于蒸压灰砂砖、蒸压粉煤灰砖是半干压法生产，制砖的钢模内部平整光滑，在高压力成型时使砖质地密实、表面光滑，吸水率也较小，这种光滑的表面影响了砖与砖的砌筑与粘接，使墙体的抗剪强度较普通黏土砖低1/3，从而影响了应用。

《砌体结构设计规范》(GB 50003—2011)已将蒸压灰砂砖、蒸压粉煤灰砖专用砌筑砂浆纳入砌体力学性能指标当中，其强度等级为Ms15、Ms10、Ms7.5、Ms5共4种。对蒸压砖专用砌筑砂浆，要求工作性好、黏结力高且耐候性强，承重蒸压砖砌体通缝抗剪强度平均值不应低于 0.29MPa。由于蒸压砖的尺寸精确，施工中应薄灰缝砌筑，以提高砌体的力学性能。

关于蒸压砖专用砌筑砂浆 Ms，目前尚无专门的国家或行业标准。

(5) 蒸压加气混凝土专用砌筑砂浆　蒸压加气混凝土制品自重轻、保温绝热性能好，但由于其内部的空隙，极易将砌筑（抹面）砂浆中的水分吸走，严重影响砂浆的水化凝结，降低灰缝粘接强度，也就降低了砌体沿通缝抗剪切强度，影响了加气混凝土制品的应用。因此，应当使用工作性（保水性、流动性、黏稠性、吸附性）好的专用砂浆。

国内外的试验研究表明，采用专用砂浆砌筑蒸压加气混凝土砌块，是保证墙体砌筑质量、提高砌体强度的有效方法，特别是提高加气混凝土砌体的抗剪强度尤为明显。

《砌体结构设计规范》(GB 50003—2011) 没有包括蒸压加气混凝土砌体，而《蒸压加气混凝土建筑应用技术规程》(JGJ/T 17—2008) 也没有规定必须采用专用砌筑砂浆，强度指标给出的仍是传统的普通砂浆。此前，虽有行业标准《蒸压加气混凝土用砌筑砂浆与抹面砂浆》(JC 890—2001)，但其侧重点主要是试验方法。

中国工程建设协会标准《蒸压加气混凝土砌块砌体结构技术规程》(CECS289—2010)，提出了加气混凝土砌体强度设计值是指用专用砂浆（Ma）砌筑的砌体强度。

采用专用砂浆砌筑应尽量为薄灰缝，研究表明，当灰缝厚度为 3～5mm 时，墙体不会在灰缝处产生热桥，这对保温墙体具有意义。

2. 砌筑砂浆的选用

《砌体结构设计规范》(GB 50003—2011) 规定：

(1) 烧结普通砖和烧结多孔砖砌体采用的砂浆等级：M15、M10、M7.5、M5 和 M2.5。

(2) 混凝土普通砖、混凝土多孔砖、单排孔混凝土砌块和轻集料混凝土砌块砌体用砂浆的强度等级：Mb20、Mb15、Mb10、Mb7.5 和 Mb5。

(3) 孔洞率不大于 35% 的双排孔或多排孔轻集料混凝土砌块砌体用砂浆的强度等级：Mb10、Mb7.5 和 Mb5。

(4) 蒸压灰砂普通砖、蒸压粉煤灰普通砖砌体用砂浆的强度等级：Ms15、Ms10、Ms7.5 和 Ms5。

(5) 毛料石、毛石砌体用砂浆的强度等级：M7.5、M5 和 M2.5。

(三) 砌筑砂浆的材料

1. 水泥

水泥的强度等级应根据设计要求进行选择。一般宜用 32.5 级的通用硅酸盐水泥或砌筑水泥；M15 以上强度等级的砌筑砂浆宜用 42.5 级通用硅酸盐水泥。

2. 砂

砂宜用中砂，其中毛石砌体宜用粗砂。砂的含泥量：对水泥砂浆和强度等级不小于 M5 的水泥混合砂浆不应超过 5%；强度等级小于 M5 的水泥混合砂浆，不应超过 10%。中砂应全部通过 4.75mm 的筛孔过筛。

3. 水

水质应符合现行行业标准《混凝土用水标准》(JGJ 63—2006) 的规定。

4. 掺合料

(1) 石灰膏　生石灰熟化成石灰膏时，应用孔径不大于3mm×3mm的网过滤，熟化时间不得少于7d；磨细生石灰粉的熟化时间不得小于2d。沉淀池中贮存的石灰膏，应采取防止干燥、冻结和污染的措施。配制混合砂浆时，禁止采用脱水硬化的石灰膏。

(2) 电石膏　电石膏是工业废料，水化后成青灰色乳浆，经过泌水和去渣后就可使用，制作电石膏的电石渣应用孔径不大于3mm×3mm的网过滤，检验时应加热至70℃并保持20min，没有乙炔气味后，方可使用。

(3) 粉煤灰　粉煤灰是火电厂排出的废料，在砌筑砂浆中掺入一定量的粉煤灰，可以增加砂浆的和易性。粉煤灰具有一定的活性，可节约水泥，但塑化性能不如石灰膏和电石膏。粉煤灰的品质指标应符合《用于水泥和混凝土中的粉煤灰》(GB/T 1596—2005) 的相关指标。

(4) 磨细生石灰粉　磨细生石灰粉的品质指标应符合相关要求。

5. 外加剂

(1) 早强剂、缓凝剂、防冻剂等　凡在砂浆中掺入早强剂、缓凝剂、防冻剂等外加剂，应经检验和试配符合要求后，方可使用。

(2) 塑化剂　塑化剂是一种被加入到砂浆中，能使砂浆产生大量微小的、高分散的、不破灭的空气乳浊液，并在硬化后，仍能保持微气泡的物质。塑化剂加入砂浆后首先是使砂-水混合物中的空气乳浊化，其次是在砂浆中的液-固、固-气界面上产生一系列表面作用，生成大量气泡，从而改善砂浆的各种性能。

1) 塑化剂分三种

① 松香树脂类，如：微末剂等。

② 阴离子表面活性剂，如：烷基苯磺酸盐等。

③ 复合塑化剂，如：松香酸钠。

2) 塑化剂的作用

① 改善新拌砂浆的流动性，可使砂浆的沉入度增加30%。

② 提高了砂浆的保水能力，大大减少了表面析水现象。

③ 改善了硬化砂浆的性能，密实度、强度、抗冻性、抗腐蚀能力等。

④ 代替石灰，节约部分水泥。

值得注意的是，有机塑化剂的掺加，可能导致砂浆后期强度的降低，例如，对微沫剂替代石灰膏制作水泥混合砂浆，砌体抗压强度较同强度等级的混合砂浆砌筑的砌体的抗压强度降低10%。因此，《砌体工程施工质量验收规范》(GB 50203—2002) 以强制性条文规定："凡在砂浆中掺入有机塑化剂、早强剂、缓凝剂、防冻剂等，应经检验和试配符合要求后，方可使用。有机塑化剂应有砌体强度的型式检验报告。"为此，已有不少地方建设行政主管部门发文严格限制有机塑化剂在砌筑砂浆中的应用。

(四) 砌筑砂浆的配制

1. 施工现场配制砌筑砂浆

(1) 砂浆技术条件

1) 水泥砂浆的表观密度不宜小于1900kg/m^3；水泥混合砂浆的表观密度不宜小于1800kg/m^3。

2) 砌筑砂浆的稠度按表1-3的规定选用。

3）砌筑砂浆的分层度不得大于30mm。水泥砂浆的保水率应≥80%；水泥混合砂浆的保水率应≥84%。

4）水泥砂浆中水泥用量不应小于200kg/m^3；水泥混合砂浆中水泥和石灰膏、电石膏等掺加料的总量可不小于350kg/m^3。

5）具有冻融循环次数要求的砌筑砂浆，经冻融试验后，质量损失率不得大于5%，抗压强度损失率不得大于25%。

（2）砌筑砂浆配合比计算与确定

1）水泥混合砂浆配合比计算

计算砂浆试配强度：

$$f_{m,0}=kf_2 \tag{1-1}$$

式中 $f_{m,0}$——砂浆的试配强度，精确至0.1MPa；

f_2——砂浆强度等级值，精确至0.1MPa；

k——系数，按表1-4取值。

当有统计资料时，砂浆现场强度标准差σ应按下式计算

$$\sigma=\sqrt{\frac{\sum_{i=1}^{n}f_{m,i}^2-n\mu_{f_m}^2}{n-1}} \tag{1-2}$$

式中 $f_{m,i}$——统计周期内同一品种砂浆第i组试件的强度，MPa；

μ_{f_m}——统计周期内同一品种砂浆n组试件强度的平均值，MPa；

n——统计周期内同一品种砂浆试件的总组数，$n\geq25$。

当不具有近期统计资料时，砂浆现场强度标准差σ可按表1-4取用。

表1-4 砂浆强度标准差σ及k值

强度等级 / 施工水平	砂浆强度标准差σ/MPa							k
	M5	M7.5	M10	M15	M20	M25	M30	
优良	1.00	1.50	2.00	3.00	4.00	5.00	6.00	1.15
一般	1.25	1.88	2.50	3.75	5.00	6.25	7.50	1.20
较差	1.50	2.25	3.00	4.50	6.00	7.50	9.00	1.25

2）计算水泥用量Q_c

每立方米砂浆中的水泥用量，应按下式计算：

$$Q_c=\frac{1000(f_{m,0}-\beta)}{\alpha\times f_{ce}} \tag{1-3}$$

式中 Q_c——每立方米砂浆的水泥用量，精确至1kg；

$f_{m,0}$——砂浆的试配强度，精确至0.1MPa；

f_{ce}——水泥的实测强度，精确至0.1MPa；

α，β——砂浆的特征系数，其中$\alpha=3.03$，$\beta=-15.09$。

在无法取得水泥的实测强度值时，可按下式计算f_{ce}：

$$f_{ce}=\gamma_c f_{ce,k} \tag{1-4}$$

式中 $f_{ce,k}$——水泥强度等级对应的强度值；

γ_c——水泥强度等级值的富余系数，该值应按实际统计资料确定，无统计资料时可

取 1.0。

3）计算掺加料用量

$$Q_D = Q_A - Q_c \tag{1-5}$$

式中　Q_D——每立方米砂浆的掺加料用量，精确至1kg；石灰膏使用时的稠度为（120±5）mm；

Q_c——每立方米砂浆的水泥用量，精确至1kg；

Q_A——每立方米砂浆中水泥和掺加料的总量，精确至1kg；可为350kg。

4）确定砂用量 Q_s

每立方米砂浆中的砂用量，应按干燥状态（含水率小于0.5%）的堆积密度值作为计算值（kg）。

5）用水量 Q_w

每立方米砂浆中的用水量，根据砂浆稠度等要求，可选用210～310kg。注意：

① 用水量中不包括石灰膏中的水；

② 当采用细砂或粗砂时，用水量分别取上限或下限；

③ 砂浆稠度小于70mm时，用水量可小于下限；

④ 施工现场气候炎热或干燥季节，可酌量增加用水量。

6）水泥砂浆配合比选用

水泥砂浆材料用量可按表1-5选用。

表1-5　每立方米水泥砂浆材料用量　　单位：kg/m^3

砂浆强度等级	水　泥	砂	用　水　量
M5	200～230	砂的堆积密度值	270～330
M7.5	230～260		
M10	260～290		
M15	290～330		
M20	340～400		
M25	360～410		
M30	430～480		

注：1. M15及M15以下强度等级水泥砂浆，水泥强度等级为32.5级，M15以上强度等级水泥砂浆，水泥强度等级为42.5级；

2. 根据施工水平合理选择水泥用量；

3. 当采用细砂或粗砂时，用水量分别取上限或下限；

4. 稠度小于70mm时，用水量可小于下限；

5. 施工现场气候炎热或干燥季节，可酌量增加用水量。

7）配合比试配、调整与确定

① 试配时应采用工程中实际使用的材料；应采用机械搅拌。搅拌时间，应自投料结束算起，对水泥砂浆和水泥混合砂浆，不得少于120s；对掺用粉煤灰和外加剂的砂浆，不得少于180s。

② 按计算或查表所得配合比进行试拌时，应测定砂浆拌合物的稠度和分层度，当不能满足要求时，应调整材料用量，直到符合要求为止。然后确定为试配时的砂浆基准配合比。

③ 试配时至少应采用三个不同的配合比，其中一个为基准配合比，其他配合比的水泥用量应按基准配合比分别增加及减少10%。在保证稠度、分层度合格的条件下，可将用水量或掺加料用量作相应调整。

④ 对三个不同的配合比进行调整后，应按现行行业标准《建筑砂浆基本性能试验方法

标准》(JGJ/T 70—2009) 的规定成型试件，测定砂浆强度，并选定符合试配强度要求且水泥用量最少的配合比作为砂浆配合比。

8) 砌筑砂浆配合比计算实例

试计算M5水泥石灰砂浆配合比：水泥42.5级；石灰膏稠度120mm；中砂，堆积密度1450kg/m³；施工水平一般。

① 计算砂浆试配强度 $f_{m,0}=kf_2=1.2\times5=6.0$ (MPa)

② 计算水泥用量 $Q_c=\dfrac{1000(f_{m,0}-\beta)}{\alpha\times f_{ce}}=\dfrac{1000\times[6.0-(-15.09)]}{3.03\times42.5}=164$ (kg)

③ 计算石灰膏用量 $Q_D=Q_A-Q_c=350-164=186$ (kg)

④ 确定砂用量（取1m³砂的堆积密度值） $Q_s=1450$ (kg)

⑤ 用水量取 $Q_w=270$ (kg)

水泥石灰砂浆配合比（水∶水泥∶石灰膏∶砂）为270∶164∶186∶1450。

以水泥为1，配合比为1.65∶1∶1.13∶8.84。

(3) 砂浆拌制及使用　砌筑砂浆应采用砂浆搅拌机进行拌制。砂浆搅拌机可选用活门卸料式、倾翻卸料式或立式，其出料容量常用200L。

搅拌时间从投料完算起，应符合下列规定：

1) 水泥砂浆和水泥混合砂浆，不得少于2min。

2) 水泥粉煤灰砂浆和掺用外加剂的砂浆，不得少于3min。

3) 掺用有机塑化剂的砂浆，应为3～5min。

拌制水泥砂浆，应先将砂与水泥干拌均匀，再加水拌和均匀。

拌制水泥混合砂浆，应先将砂与水泥干拌均匀，再加掺加料（石灰膏、电石膏）和水拌和均匀。

拌制水泥粉煤灰砂浆，应先将水泥、粉煤灰、砂干拌均匀，再加水拌和均匀。

掺用外加剂时，应先将外加剂按规定浓度溶于水中，在拌合水投入时投入外加剂溶液，外加剂不得直接投入拌制的砂浆中。

砂浆拌成后和使用时，均应盛入贮灰器中。如砂浆出现泌水现象，应在砌筑前再次拌和。

砂浆应随拌随用。水泥砂浆和水泥混合砂浆必须分别在拌成后3h和4h内使用完毕；当施工期间最高气温超过30℃时，必须分别在拌成后2h和3h内使用完毕。对掺用缓凝剂的砂浆，其使用时间可根据具体情况延长。

(4) 砌筑砂浆的质量检验

1) 砂浆试件的制作　采用立方体试件，每组试件3个，试模为尺寸70.7mm×70.7mm×70.7mm的带底试模。

将拌制好的砂浆一次性装满砂浆试模，成型方法根据稠度而定。当稠度≥50mm时采用人工振捣成型，当稠度<50mm时采用振动台振动成型。

试件制作后应在室温为(20±5)℃的环境下静置(24±2)h，当气温较低时，可适当延长时间，但不应超过两昼夜，然后对试件进行编号、拆模。试件拆模后应立即放入温度为(20±2)℃，相对湿度为90%以上的标准养护室中养护。

2) 砂浆试件抗压强度值的确定　砌筑砂浆试块强度验收时其强度合格标准必须符合以下规定：

① 以三个试件测值的算术平均值的1.35倍作为该组试件的砂浆立方体试件抗压强度平均值（精确至0.1MPa）。

② 当三个试件测值的最大值或最小值中如有一个与中间值的差值超过中间值的15%时，则把最大值及最小值一并舍去，取中间值作为该组试件的抗压强度值；如最大值和最小值与中间值的差均超过中间值的15%时，则该组试件的试验结果无效。

3）砌筑砂浆抗压强度的判定　同一验收批砂浆试块抗压强度平均值必须大于或等于设计强度等级所对应的立方体抗压强度；同一验收批砂浆试块抗压强度的最小一组平均值必须大于或等于设计强度所对应的立方体抗压强度的0.75倍。

抽检数量：每一检验批且不超过250m^3砌体的各种类型及强度等级的砌筑砂浆，每台搅拌机应至少抽检一次。

检验方法：在砂浆搅拌机出料口随机取样制作砂浆试块（同盘砂浆只应制作一组试块），最后检查试块强度试验报告单。

当施工中或验收时出现下列情况，可采用现场检验方法对砂浆和砌体强度进行原位检测或取样检测，并判定其强度：

① 砂浆试块缺乏代表性或试块数量不足；

② 对砂浆试块的试验结果有怀疑或有争议；

③ 砂浆试块的试验结果，不能满足设计要求。

2. 预拌砂浆

所谓预拌砂浆是指由专业生产厂生产的湿拌砂浆或干混砂浆。其质量主要由预拌生产方控制。

（1）湿拌砂浆　湿拌砂浆是指水泥、细集料、保水增稠材料、外加剂和水以及根据需要掺入的矿物掺合料等组分按一定比例，在搅拌站经计量、拌制后，采用搅拌运输车运送至使用地点，放入专用容器储存，并在规定时间内使用完毕的砂浆拌合物。

（2）干混砂浆　干混砂浆俗称干拌砂浆，又称干粉砂浆，是指经干燥筛分处理的细集料与水泥、保水增稠材料以及根据需要掺入的外加剂、矿物掺合料等组分按一定比例在专业生产厂混合而成的固态混合物，在使用地点按规定比例加水或配套液体拌和使用。

第三节　砌体结构的力学性能

一、无筋砌体结构

（一）砌体结构的抗压力学性能

受压是砌体的基本受力状态，砌体能承受的最大压应力，称为砌体的抗压强度。抗压强度是确定砌体及其构件受压破坏能力的一个重要指标。

1. 砌体受压破坏特征

试验表明：无筋砖砌体轴心受压从加荷开始直到破坏，大致经历三个阶段：

1）当砌体加载达极限荷载的50%～70%时，单块砖内产生细小裂缝。此时若停止加载，裂缝亦停止扩展［图1-17(a)］。

2）当加载达极限荷载的80%～90%时，砖内的有些裂缝连通起来，沿竖向贯通若干皮砖［图1-17(b)］。此时，即使不再加载，裂缝仍会继续扩展，砌体实际上已接近破坏。

3）当压力接近极限荷载时，砌体中裂缝迅速扩展和贯通，将砌体分成若干个小柱体，

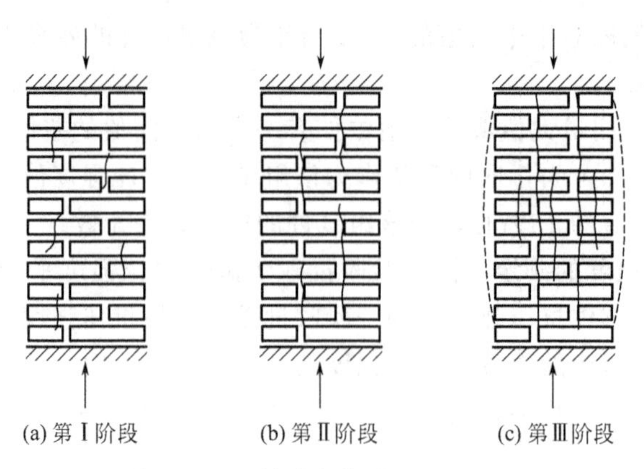

(a) 第Ⅰ阶段　(b) 第Ⅱ阶段　(c) 第Ⅲ阶段

图 1-17　无筋砖砌体受压破坏过程

砌体最终因被压碎或丧失稳定而破坏［图 1-17(c)］。

2. 砌体抗压强度与砖及砂浆强度的关系

（1）试验结果　上述砖、砂浆和砌体的受压试验中，当砖的抗压强度和弹性模量分别为16MPa、1.3×10^4MPa；砂浆的抗压强度和弹性模量分别为 1.3～6MPa、$(0.28\sim1.24)\times10^4$MPa 时；砌体的抗压强度和弹性模量却分别为 4.5～5.4MPa、$(0.18\sim0.41)\times10^4$MPa。由此可见：

1）砖的抗压强度和弹性模量值均大大高于砌体；

2）砌体的抗压强度和弹性模量可能高于、也可能低于砂浆相应的数值。

（2）原因分析　造成上述试验结果的原因有：

1）由于砖的表面不平整、砂浆铺砌又不可能十分均匀，这就造成了砌体中每一块砖不是均匀受压，而同时受弯曲及剪切的作用［图 1-18(a)、(b)］，因为砖的抗剪、抗弯强度远低于抗压强度，所以在砌体中常常由于单块砖承受不了弯曲应力和剪应力而出现第一批裂缝。在砌体破坏时也只是在局部截面上砖被压坏，对整个截面来说，砖的抗压能力并没有被充分利用，所以砌体的抗压强度总是比砖的抗压强度小。

2）砌体竖向受压时，要产生横向变形。强度等级低的砂浆横向变形比砖大（弹性模量比砖小），由于两者之间存在着粘接力，保证两者具有共同的变形，因此产生了两者之间的交互作用。砖阻止砂浆变形，使砂浆横向也受到压力，反之砖在横向受砂浆作用而受拉。砂浆处于各向受压状态，其抗压强度有所增加，因而用强度等级低的砂浆砌筑的砌体的抗压强度可以高于砂浆强度［图 1-18(c)］。

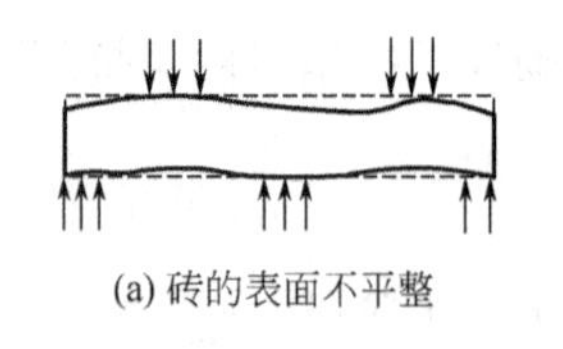

(a) 砖的表面不平整

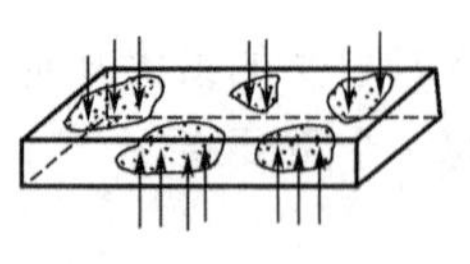

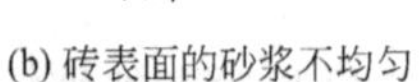

(b) 砖表面的砂浆不均匀

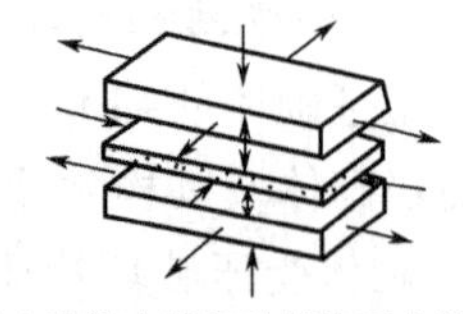

(c) 砌体中砖和砂浆的受力状态

图 1-18　砌体内砖和砂浆的复杂受力状态

3）由于强度等级高的砂浆和砖的横向变形相差很小，上述两者之间的交互作用不明显，砌体的强度就不能高于砂浆本身的强度。

3. 影响砌体抗压强度的主要因素

（1）块体和砂浆强度　块体和砂浆强度是决定砌体抗压强度最主要的因素。当块体的抗压强度较高时，砌体的抗压强度也较高，以砖砌体为例，当砖的强度增加一倍时，砌体的抗压强度大约增加60%。此外，砖砌体的破坏主要由于单块砖受弯剪应力作用引起的，所以砖除了要求有一定的抗压强度外，还必须有一定的抗弯（抗折）强度。现行国家标准对烧结普通砖、烧结多孔砖虽已取消了对抗折强度的要求，但对蒸压灰砂浆、蒸压粉煤砖仍然保留抗折要求。

对于高度较大的砌块，由于块体内引起的弯、剪、拉应力较小，块体的抗折强度对砌体抗压强度影响很小，所以对砌块也未规定抗折强度要求。

一般来说，砌体强度随块体和砂浆强度等级的提高而增大，但提高块体和砂浆强度等级，并不能按相同的比例提高砌体的强度。

(2) 砂浆的性能　除了强度之外，砂浆的变形性能和砂浆的流动性、保水性都对砌体抗压强度有影响。砂浆变形性能将影响块体受到弯剪应力和拉应力的大小。砂浆强度等级越低，变形越大，块体受到的拉应力和弯剪应力也越大，砌体强度也越低。砂浆的流动性（即和易性）和保水性好，容易使之铺砌成厚度和密实性都较均匀的水平灰缝，可以降低块体在砌体内的弯剪应力，提高砌体强度。但是，如果流动性过大（采用过多塑化剂），砂浆在硬化后的变形率也越大，反而会降低砌体的强度。所以性能较好的砂浆应是有良好的流动性和较高的密实性。

纯水泥砂浆的缺点在于它容易失水而降低其流动性，不易铺成均匀的灰缝层而影响砌体强度。所以，宜采用掺有塑性掺合料的混合砂浆砌筑砌体。

(3) 块体的形状及灰缝厚度　块体的外形对砌体强度也有明显的影响，块体的外形比较规则、平整，则块体承受弯矩、剪力的不利影响相对较小，从而使砌体强度相对较高。细料石砌体的抗压强度比毛料石砌体抗压强度可提高50%。灰砂砖具有比黏土砖更为整齐的外形，所以，两种砖砌体中，砖的强度等级相同时，灰砂砖砌体的强度要高于黏土砖砌体的强度。

砂浆灰缝的作用在于将上层砌体传下来的压力均匀地传到下层去，砌体中灰缝越厚，越难保证均匀与密实，除块体的弯剪作用程度加大外，受压灰缝横向变形所引起块体的拉应力也随之增大，严重影响砌体强度。所以当块体表面平整时，灰缝宜尽量减薄。对砖和小型砌块砌体，作为正常施工质量的标准，灰缝厚度应控制在8～12mm；对料石砌体，一般不宜大于20mm。

4. 砌体抗压强度平均值的计算

《砌体结构设计规范》(GB 50003—2011) 对各类砌体的抗压强度平均值的计算给出了统一计算公式及相关系数的取值（表1-6）。

表1-6　砌体轴心抗压强度平均值 f_m　　单位：MPa

砌体种类	$f_m=k_1f_1^a(1+0.07f_2)k_2$		
	k_1	a	k_2
烧结普通砖、烧结多孔砖、蒸压灰砂砖、蒸压粉煤灰砖	0.78	0.5	当 $f_2<1$ 时，$k_2=0.6+0.4f_2$
混凝土砌块	0.46	0.9	当 $f_2=0$ 时，$k_2=0.8$
毛料石	0.79	0.5	当 $f_2<0$ 时，$k_2=0.6+0.4f_2$
毛石	0.22	0.5	当 $f_2<2.5$ 时，$k_2=0.4+0.24f_2$

注：f_m——砌体的抗压强度平均值，MPa；
f_1——块体的强度，MPa；
f_2——砂浆的强度，MPa；
k_1——随砌体中块体类别和砌筑方法而变化的参数；
a——与块体高度有关的参数；
k_2——低强度等级砂浆砌筑的砌体强度修正系数。在表列条件之外时均等于1。

对于混凝土小型空心砌块的轴心抗压强度平均值，当 $f_2>10\text{MPa}$ 时，应乘系数（$1.1-0.01f_2$），MU20 的砌块砌体应乘以系数 0.95，且满足 $f_1\geqslant f_2$，$f_1\leqslant 20\text{MPa}$。即：

当 $f_2>10\text{MPa}$ 时，
$$f_m=k_1 f_1^a(1+0.07f_2)(1.1-0.01f_2) \tag{1-6}$$

当 $f_2>10\text{MPa}$，且采用 MU20 砌块时，
$$f_m=0.95k_1 f_1^a(1+0.07f_2)(1.1-0.01f_2) \tag{1-7}$$

5. 砌体抗压强度平均值、标准值和设计值

砌体结构设计计算采用以概率理论为基础的极限状态设计法。砌体抗压强度平均值 f_m 表示的是砌体抗压强度取值的平均水平，按表 1-6 中的公式进行计算。

砌体抗压强度标准值表示的是砌体抗压强度的基本代表值，由概率分布的 0.05 分位数确定。即

$$f_k=f_m-1.645\sigma_f=f_m(1-1.645\delta_f) \tag{1-8}$$

式中 f_k——砌体抗压强度标准值；

σ_f——砌体抗压强度标准差；

δ_f——砌体抗压强度变异系数，对砖、砌块及毛料石砌体，可取 $\delta_f=0.17$；对毛石砌体，可取 $\delta_f=0.24$。

砌体抗压强度设计值 f 是考虑了影响结构构件可靠因素后的材料强度指标，由其标准值除以材料性能分项系数（γ_f）而得，一般取 $\gamma_f=1.60$。

综上，砌体受压时，其抗压强度平均值、标准值和设计值三者之间的关系如下（毛石砌体除外）：

$$f_k=f_m(1-1.645\delta_f)=f_m(1-1.645\times 0.17)=0.72f_m \tag{1-9}$$

$$f=\frac{f_k}{\gamma_f}=\frac{f_k}{1.6}=0.62f_k \tag{1-10}$$

$$f=0.62\times f_k=0.62\times 0.72f_m=0.45f_m \tag{1-11}$$

这一结果说明砌体抗压强度设计值为其平均值的 45%。

对于施工阶段砂浆尚未硬化的新砌砌体，或经检测砂浆未硬化的已建砌体，则按砂浆强度为零代入相应公式进行计算。

（二）砌体的抗拉、抗弯、抗剪力学性能

1. 砌体的轴心抗拉性能

（1）砌体轴心受拉破坏形式　与砌体的抗压强度相比，砌体的抗拉强度很低。按照力作用于砌体方向的不同，砌体可能发生如图 1-19 所示的三种破坏。当轴向拉力与砌体的水平灰缝平行时，砌体可能发生沿竖向及水平向灰缝的齿缝截面破坏［图 1-19(a)］；或沿块体和竖向灰缝截面破坏［图 1-19(b)］。通常，当块体的强度等级较高而砂浆的强度等级较低时，砌体发生前种破坏形态；当块体的强度等级较低而砂浆的强度等级较高时，砌体则发生后种破坏形态。当轴向拉力与砌体的水平灰缝垂直时，砌体可能沿通缝截面破坏［图 1-19(c)］。由于灰缝的法向粘接强度是不可靠的，在设计中不允许砌体作为沿通缝截面轴心受拉的构件。

（2）影响砌体抗拉性能的因素　砌体的抗拉强度主要取决于灰缝的强度，即砂浆的强度。在水平灰缝内和竖向灰缝内，砂浆与块体的粘接强度是不同的。在竖向灰缝内，由于砂浆未能很好地填满及砂浆硬化时的收缩，大大地削弱甚至完全破坏二者的粘接，因此，在计算中对竖向灰缝的粘接强度不予考虑。在水平灰缝中，当砂浆在其硬化过

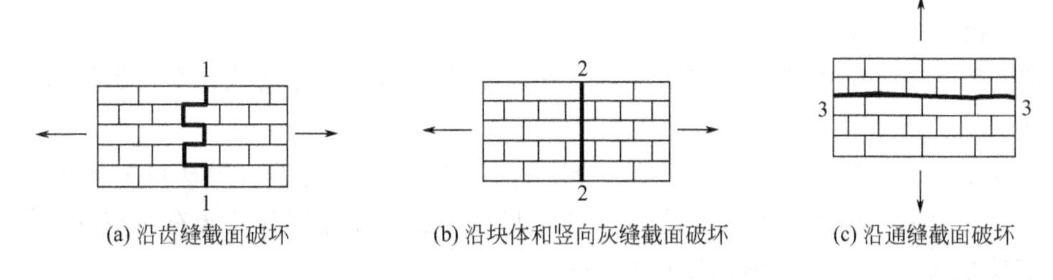

图 1-19　砖砌体轴心受拉破坏形式

程中收缩时，砌体不断发生沉降，灰缝中砂浆和砖石的粘接不仅未遭破坏，而且不断地增高，因此，在砌体抗拉强度计算中仅考虑水平灰缝中的粘接力，而不考虑竖向灰缝的粘接力。

砌体的抗拉承载力实际上取决于破坏截面上水平灰缝的面积，也即与砌筑方式有关。一般是按块体的搭砌长度等于块体高度的情况确定砌体的抗拉强度，如果搭砌长度大于块体高度（如三顺一丁砌筑时），则实际抗拉承载力要大于计算值，但因设计时不规定砌筑方式，所以不考虑其提高因素。

2. 砌体的抗弯、抗剪性能

（1）砌体受弯破坏形式　当砌体受弯时，总是在受拉区发生破坏。因此，砌体的抗弯能力将由砌体的弯曲抗拉强度确定。和轴心受拉类似，砌体弯曲受拉也有三种破坏形式。砌体在水平方向弯曲时，有两种破坏可能：沿齿缝截面破坏［图 1-20(a)］，以及沿块体和竖向灰缝破坏［图 1-20(b)］。砌体在竖向弯曲时，应采用沿通缝截面的弯曲抗拉强度［图 1-20(c)］。

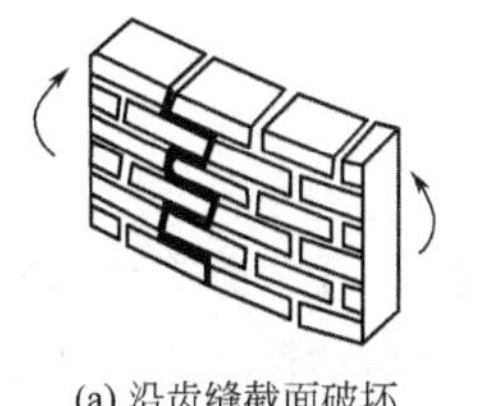
(a) 沿齿缝截面破坏

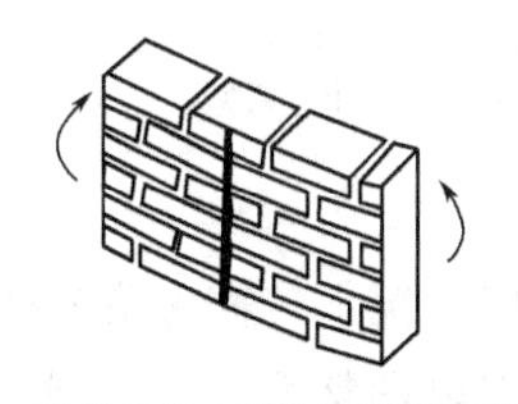
(b) 沿砌体和竖向灰缝截面破坏

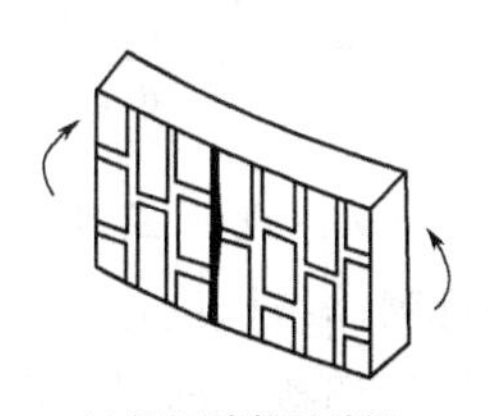
(c) 沿通缝截面破坏

图 1-20　砌体弯曲受拉破坏形式

砌体的弯曲受拉破坏形态也与块体和砂浆的强度等级有关。

（2）砌体受剪破坏形式　当砌体受剪时，根据构件的实际破坏情况可分为沿通缝剪切破坏［图 1-21(a)］、沿齿缝剪切破坏［图 1-21(b)］和沿阶梯形缝剪切破坏［图 1-21(c)］。沿块体和竖向灰缝的剪切破坏不但很少遇到，且其承载力往往将由其上皮砌体的弯曲抗拉强度

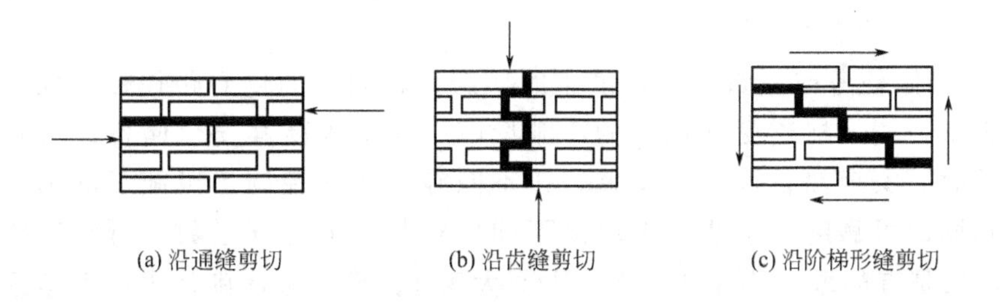

图 1-21　砌体受剪破坏形式

来决定，所以《砌体结构设计规范》（GB 50003—2011）仅仅规定了这三种抗剪强度。根据试验这三种抗剪强度基本一样。

通缝抗剪强度是砌体的基本强度指标之一，因为砌体沿灰缝受拉、受弯破坏都和抗剪强度有关系。

烧结多孔砖由于空心的存在，砌筑时砂浆嵌入孔洞形成销键，通缝抗剪强度还有所提高。但蒸压灰砂砖由于其表面较光滑，试验表明，其抗剪强度较普通砖有所降低。

3. 砌体抗拉、抗弯和抗剪强度计算公式

砌体的抗拉、弯曲抗拉及抗剪强度主要取决于灰缝的强度，即砂浆的强度。《砌体结构设计规范》(GB 50003—2011）规定这些强度都按统一公式确定（表 1-7）。

表 1-7　砌体轴心抗拉强度平均值、弯曲抗拉强度平均值、抗剪强度平均值

砌体种类	$f_{t,m}=k_3\sqrt{f_2}$	$f_{tm,m}=k_4\sqrt{f_2}$		$f_{v,m}=k_5\sqrt{f_2}$
	k_3	k_4		k_5
		沿齿缝	沿通缝	
烧结普通砖、烧结多孔砖	0.141	0.250	0.125	0.125
蒸压灰砂砖、蒸压粉煤灰砖	0.09	0.18	0.09	0.09
混凝土砌块	0.069	0.081	0.056	0.069
毛石	0.075	0.113	—	0.188

注：$f_{t,m}$——砌体的轴心抗拉强度平均值，MPa；
$f_{tm,m}$——砌体的弯曲抗拉强度平均值，MPa；
$f_{v,m}$——砌体的抗剪强度平均值，MPa；
f_2——由标准试验方法测得的砂浆强度，MPa；
k_3，k_4，k_5——各类砌体的拉、弯、剪强度平均值计算系数。

（三）砌体设计强度值的调整

进行砌体结构设计计算时，某些情况下，需考虑砌体在压、拉、弯、剪等受力状态的强度设计值的调整，即强度设计值应乘以调整系数 γ_a，这一点往往容易遗漏，造成设计错误。

1. 砌体设计强度值调整应考虑的因素

砌体在不同受力状态下虽按主要影响因素确定了各种砌体强度的统一计算公式，但对于实际工程中的砌体仍有一些重要因素未考虑在内，为此引入砌体强度设计值的调整系数 γ_a。这些重要因素有两个方面：

1）砌体强度实际中有可能降低。如当砌体采用水泥砂浆（纯水泥砂浆）砌筑时，由于砂浆的保水性不好，和易性差，砌体抗压强度可能降低达 5%～15%，其他强度可能降低达 20%。又如，当构件截面面积过小时，受各种偶然因素影响（如截面缺口、构件碰损等），可能导致砌体强度有较大降低。

2）从安全储备考虑。如对于有吊车的厂房，轴向力的偏心距往往较大，不但砌体的抗拉能力低，墙、柱还受到振动的不利影响，要求提高其安全储备；当验算施工中房屋的构件时，安全储备可适当降低；按不同施工质量控制等级施工的砌体，为保证它们具有相同的可靠度，通过 γ_a 来取用不同的材料性能分项系数。所有这些情况均在 γ_a 中反映，只是有的取 γ_a 小于 1，有的取 γ_a 大于 1。需要考虑砌体强度调整系数的使用情况如表 1-8 所示。

表 1-8 砌体强度设计值的调整系数

<table>
<tr><th>项　目</th><th colspan="3">砌体所处工作情况</th><th>γ_a</th></tr>
<tr><td rowspan="3">1</td><td colspan="3">有吊车房屋的砌体</td><td rowspan="3">0.9</td></tr>
<tr><td colspan="3">跨度不小于 9m 的梁下烧结普通砖砌体</td></tr>
<tr><td colspan="3">跨度不小于 7.5m 的梁下烧结多孔砖、蒸压灰砂砖、蒸压粉煤灰砖砌体、混凝土和轻骨料混凝土砌块砌体</td></tr>
<tr><td rowspan="2">2</td><td colspan="2">无筋砌体构件截面面积 $A<0.3m^2$</td><td rowspan="2">对砌体的局部受压，不考虑此项影响</td><td>$A+0.7$</td></tr>
<tr><td colspan="2">配筋砌体构件，当其中砌体构件截面面积 $A<0.2m^2$</td><td>$A+0.8$</td></tr>
<tr><td rowspan="2">3</td><td rowspan="2">水泥砂浆砌筑的砌体</td><td>对砌体抗压强度设计值</td><td rowspan="2">配筋砌体构件中，仅对砌体的强度设计值乘系数</td><td>0.9</td></tr>
<tr><td>对砌体其他强度设计值</td><td>0.8</td></tr>
<tr><td>4</td><td colspan="2">施工质量控制等级为 C 级</td><td>配筋砌体不得采用 C 级</td><td>0.89</td></tr>
<tr><td>5</td><td colspan="3">验算施工中房屋的构件</td><td>1.1</td></tr>
</table>

2. 砌筑质量对砌体强度设计值的影响

由于砌体的施工存在大量的人工操作过程，所以，砌体结构的质量也在很大程度上取决于人的因素。施工过程对砌体结构质量的影响直接表现在砌体的强度上。在采用以概率理论为基础的极限状态设计方法中，材料的强度设计值系由材料标准值除以材料性能分项系数确定，而材料性能分项系数与材料质量和施工水平相关。如块体在砌筑时的含水率、工人的技术水平等，其中砂浆水平灰缝的饱满度影响较大。四川省建筑科学研究院的试验资料表明，当砂浆饱满度由 80%降低到 65%时，砌体强度降低 20%左右。

在国际标准中，施工水平按质量监督人员、砂浆强度试验及搅拌、砌体工人技术熟练程度等情况分为三级，材料性能分项系数也相应取为不同的三个数值。

为与国际标准接轨，参照国际标准的有关规定及其控制实质，根据我国工程建设的实际，《砌体工程施工质量验收规范》(GB 50203—2002) 根据施工现场的质保体系、砂浆和混凝土的强度、砂浆的拌和方式以及砌筑工人技术等级，将砌体工程施工质量控制分为三个等级（表 1-9）。

表 1-9 砌体施工质量控制等级

<table>
<tr><th rowspan="2">项　目</th><th colspan="3">施工质量控制等级</th></tr>
<tr><th>A</th><th>B</th><th>C</th></tr>
<tr><td>现场质量管理</td><td>制度健全，并严格执行；非施工方质量监督人员经常到现场，或现场设有常驻代表；施工方有在岗专业技术管理人员，人员齐全，并持证上岗</td><td>制度基本健全，并能执行；非施工方质量监督人员间断地到现场进行质量控制；施工方有在岗专业技术管理人员，并持证上岗</td><td>有制度；非施工方质量监督人员很少作现场质量控制；施工方有在岗专业技术管理人员</td></tr>
<tr><td>砂浆、混凝土强度</td><td>试块按规定制作，强度满足验收规定，离散性小</td><td>试块按规定制作，强度满足验收规定，离散性较小</td><td>试块强度满足验收规定，离散性大</td></tr>
<tr><td>砂浆拌合方式</td><td>机械拌和；配合比计量控制严格</td><td>机械拌和；配合比计量控制一般</td><td>机械或人工拌和；配合比计量控制较差</td></tr>
<tr><td>砌筑工人</td><td>中级工以上，其中高级工不少于 20%</td><td>离、中级工不少于 70%</td><td>初级工以上</td></tr>
</table>

值得注意的是，我国长期以来，设计规范的安全度未和施工技术、施工管理水平等挂钩。而实际上它们对结构的安全度影响很大，因此，为保证规范规定的安全度，《砌体结构

设计规范》(GB 50003—2011）对砌体强度设计值的规定中，考虑了砌体施工质量控制等级而取不同的数值，如各类砌体抗压强度设计值都是按施工质量控制等级为B级时考虑的，如果施工质量控制等级为C级，则砌体强度设计值应乘以调整系数：$\gamma_a=0.89$，当采用A级施工控制等级时，可将砌体强度设计值提高5%。施工控制等级的选择主要根据设计和建设单位商定，并在工程设计图中明确设计采用的施工控制等级。

但是考虑到我国目前的施工质量水平，对一般多层房屋宜按B级控制，对配筋砌体剪力墙高层建筑，设计时宜选用B级的砌体强度指标，而在施工时宜采用A级的施工质量控制等级。这样做是有意提高这种结构体系的安全储备。

关于砂浆和混凝土的施工质量，可分为“优良”、“一般”和“差”三个等级，强度离散性分别对应为“离散性小”、“离散性较小”和“离散性大”。

（四）无筋砌体的主要类型

1. 砖砌体

（1）普通实心砖砌体　采用标准尺寸的烧结普通砖、蒸压灰砂砖及粉煤灰砖与砂浆砌筑成的墙或柱［图1-22(a)］。

（2）多孔砖砌体　采用烧结多孔砖与砂浆砌筑成的墙或柱［图1-22(b)］。

（3）空心砖砌体　采用烧结空心砖与砂浆砌筑成的墙或柱［图1-22(c)］。

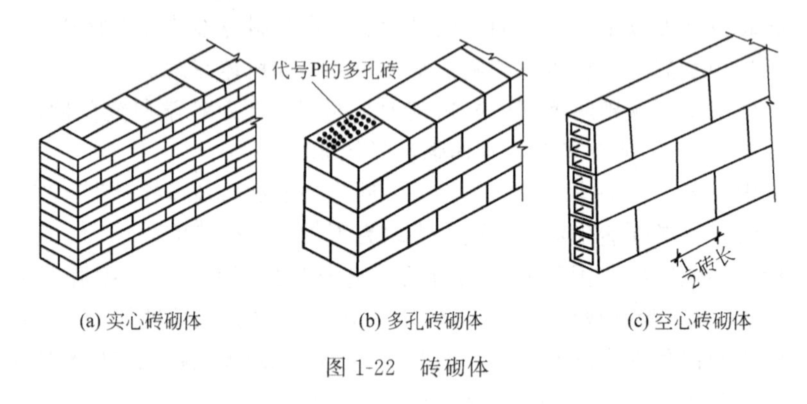

图1-22　砖砌体

（4）空斗墙砌体　用实心砖砌筑空斗墙，是我国的一种传统做法。所谓空斗墙，就是将部分或全部砖立砌于墙的两侧，而在墙的中间形成空斗。目前，采用的空斗墙的厚度一般为240mm，有一眠一斗、一眠多斗和无眠空斗等型式（图1-23）。采用空斗墙可以节省砖和砂浆的用量，减轻砌体自重，提高隔热保温性能。但较费人工，其整体性和抗震性能亦较差。

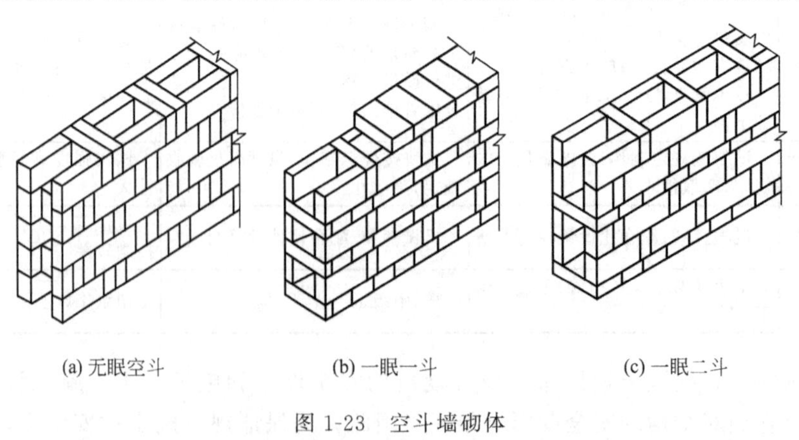

图1-23　空斗墙砌体

因此，在有振动、潮湿环境、管道较多的房屋或地震烈度为7度及7度以上的地区不宜建造空斗墙房屋。《砌体结构设计规范》(GB 50003—2011) 中已不再给出空斗墙砌体的强度计算指标。

2. 砌块砌体

砌块砌体是用中小型混凝土砌块或硅酸盐砌块与砂浆砌筑而成的砌体（图 1-24），可用于定型设计的民用建筑房屋，如宿舍、学校、办公楼以及一般工业建筑的承重墙或围护墙。

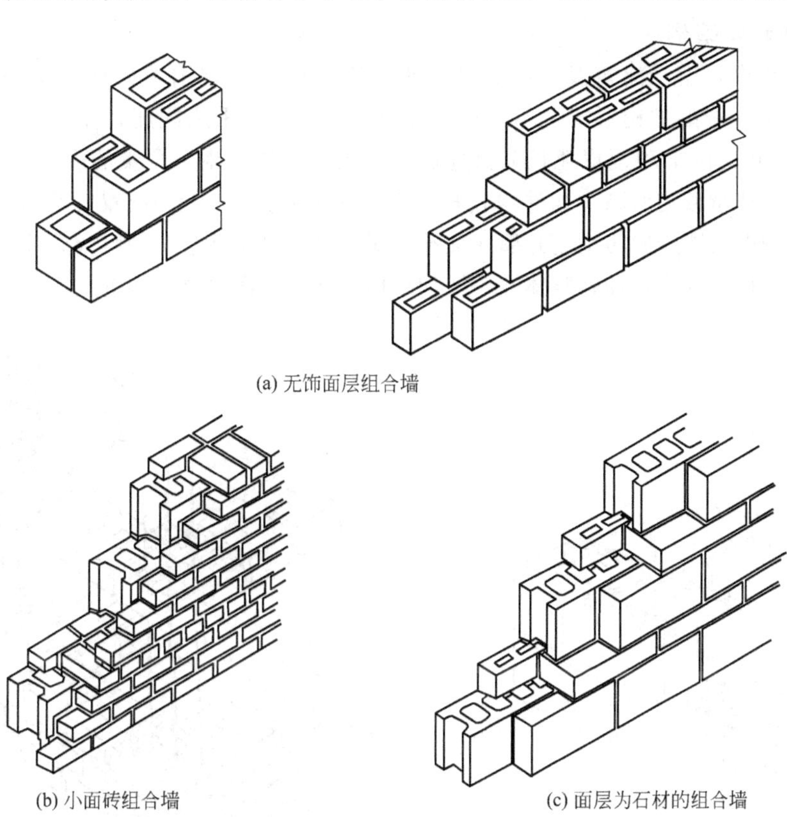

(a) 无饰面层组合墙

(b) 小面砖组合墙

(c) 面层为石材的组合墙

图 1-24 砌块砌体

3. 石材砌体

石材砌体分为料石砌体、毛石砌体和毛石混凝土砌体，见图 1-25。

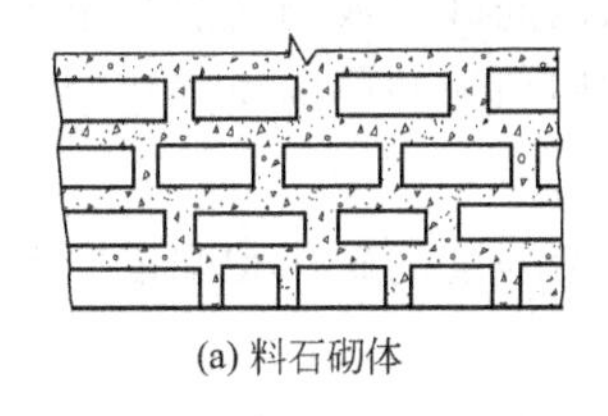

(a) 料石砌体

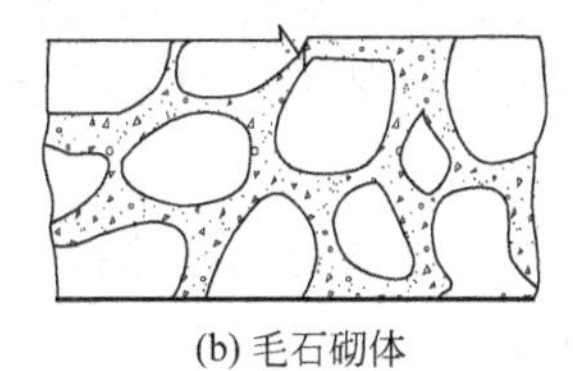

(b) 毛石砌体

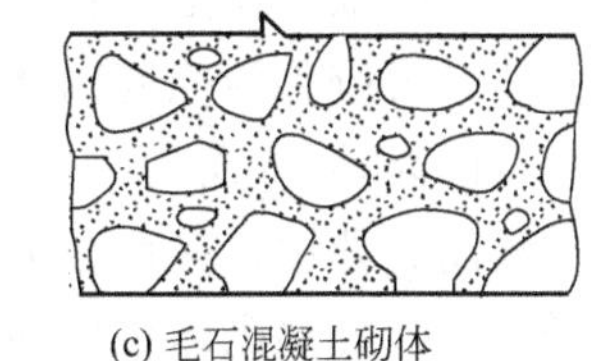

(c) 毛石混凝土砌体

图 1-25 石材砌体

采用天然料石或毛石与砂浆砌筑的砌体称为石材砌体。天然石材具有强度高、抗冻性强和导热性好的特点，是带形基础、挡土墙及某些墙体的理想材料。石砌体可就地取材，因此，在产石的山区应用较广。但料石砌体因其加工比较困难，故一般只在有较多熟练石工的地区才有条件采用。料石砌体可用作一般民用房屋的承重墙、柱和基础，还可用于建造石拱桥、石坝和涵洞等。毛石砌体因块材只有一个面较为平整，可以置于外墙面，而在中间须填入较多砂浆，因而抗压强度较低。

毛石混凝土砌体是在模板内交替铺置混凝土及形状不规则的毛石层筑成的。用于毛石混凝土中的混凝土，其含砂量应较普通混凝土高。通常，每浇灌 120～150mm 厚混凝土，再铺设一层毛石，将毛石插入混凝土中，再在石块上浇灌一层混凝土，交替地进行。毛石混凝土砌体用于一般民用房屋和构筑物的基础以及挡土墙等。

二、配筋砌体结构

在砌体结构中，由于建筑及一些其他要求，有些墙柱不宜用增大截面来提高其承载能力，用改变局部区域的结构形式也不经济，在此种情况下，采用配筋砌体是一个较好的解决方法。在 1933 年美国加利福尼亚长滩大地震中，无筋砌体产生了严重的震害。

为了提高砌体承载力和减少构件的截面尺寸，在砌体水平灰缝中配置钢筋网片或在砌体外部预留沟槽，槽内设置竖向粗钢筋并灌注细石混凝土（或水泥砂浆）的组合砌体。这种砌体可提高强度，减小构件截面，加强整体性，增加结构延性，从而改善结构抗震能力（图 1-26）。

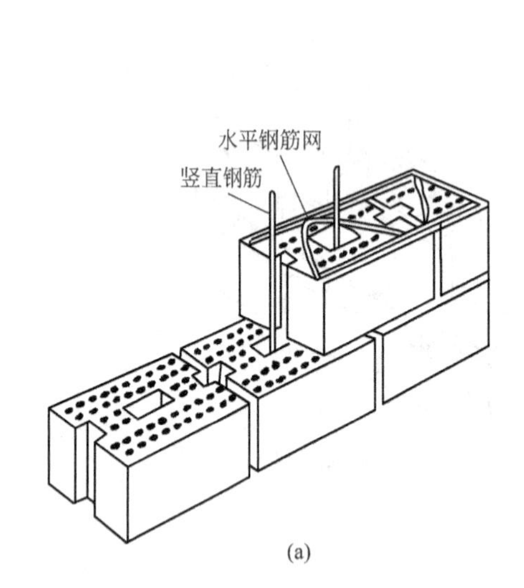

(a)

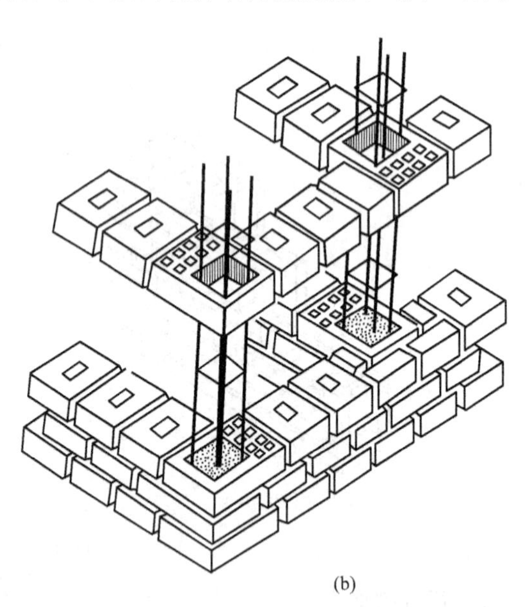
(b)

图 1-26　配筋砌体

所谓的配筋砌体是：在砌体中配置钢筋的砌体，以及砌体和钢筋砂浆或钢筋混凝土组合成的整体，可统称为配筋砌体。在对配筋砌体的研究基础上，人们用配筋小砌块兴建于地震区的建筑已高达 28 层。

在配筋砌体中，又可分为配纵筋的、直接提高砌体抗压、抗弯强度的砌体和配横向钢筋网片的、间接提高砌体抗压强度的砌体。

根据砌体所用的块体材料的不同，配筋砌体结构的类型一般分为配筋砖砌体和配筋砌块砌体两种类型。

（一）配筋砖砌体

配筋砖砌体可以分为四种：

（1）网状配筋砖砌体（柱、墙）；

（2）砖砌体和钢筋混凝土面层或钢筋砂浆面层的组合砌体（柱和墙）；

（3）砖砌体和混凝土构造柱组合砌体（墙或柱）；

（4）混凝土构造柱及网状配筋组合砖砌体（墙）。

1. 网状配筋砖砌体

（1）网状配筋砖砌体的特点　当在砖砌体上作用有轴向压力时，砖砌体在发生纵向压缩时也产生横向膨胀变形。如果能用某种方式阻止砌体横向变形的发展，则构件承受轴向压力的能力将大大提高。网状配筋砖砌体是在砌筑时，将事先制作好的钢筋网片按照一定的间距设置在砖砌体的水平灰缝内。在竖向荷载作用下，由于摩擦力和砂浆的粘接作用，钢筋网片被完全嵌固在灰缝内与砌体共同工作。这时，砖砌体纵向受压，钢筋横向受拉，因钢筋的弹性模量很大，变形很小，可以阻止砌体在受压时横向变形的发展，防止砌体因纵向裂缝的延伸过早失稳而破坏，从而间接地提高了受压承载力，故这种配筋又称间接配筋，间接配筋一般有网片式［图 1-27(a)］和连弯式［图 1-27(b)］两种，砌体和这种横向间接钢筋的共同工作可一直维持到砌体完全破坏。

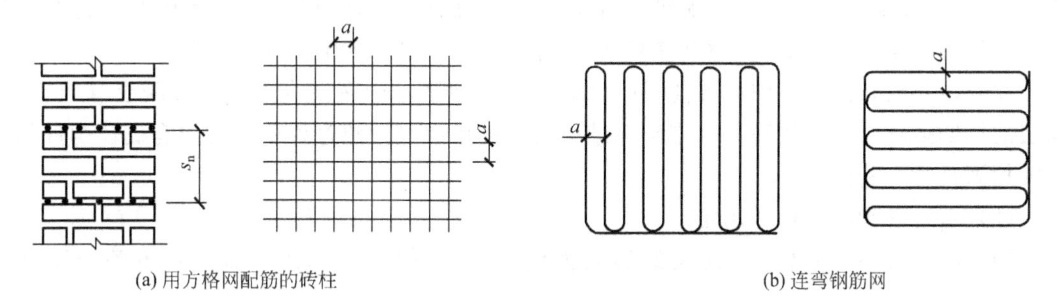

图 1-27　网状配筋砖砌体

（2）网状配筋砖砌体的构造规定

1）网状配筋砖砌体中的体积配筋率，不应小于 0.1%，并不应大于 1%。

2）采用方格钢筋网时，钢筋的直径宜采用 3～4mm；当采用连弯钢筋网时，钢筋的直径不应大于 8mm。

3）钢筋网中钢筋的间距不应大于 120mm，并不应小于 30mm。

4）钢筋网的间距，不应大于 5 皮砖，并不应大于 400mm。

5）网状配筋砖砌体所用的砂浆不应低于 M7.5；钢筋网应设置在砌体的水平灰缝中，灰缝厚度应保证钢筋上下至少各有 2mm 厚的砂浆层。

2. 配筋组合砖砌体

当荷载偏心距较大超过截面核心范围，无筋砖砌体承载力不足而截面尺寸又受到限制

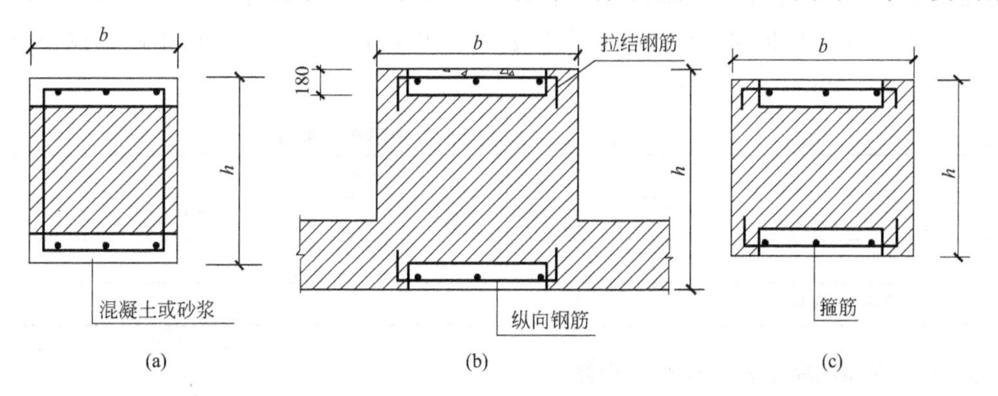

图 1-28　组合砖砌体构件截面

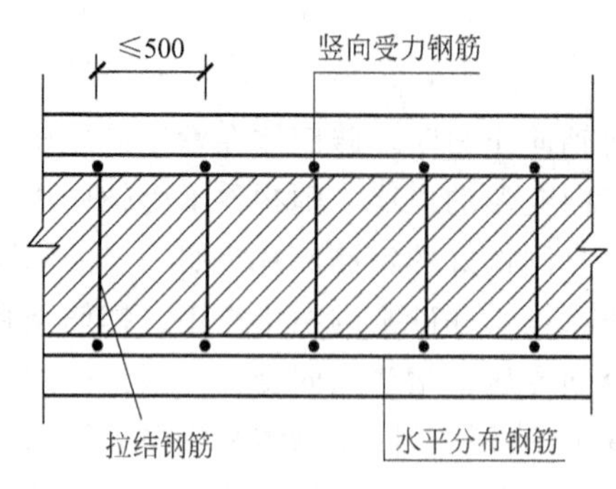

图 1-29 混凝土或砂浆面层组合墙

时，可采用砖砌体和钢筋混凝土面层或钢筋砂浆面层（图 1-28、图 1-29）组成的组合砖砌体构件。近年来，我国在对砌体结构房屋进行增层或改造的过程中，当原有的墙、柱承载力不足时，常在砖砌体构件表面做钢筋混凝土面层或钢筋砂浆面层形成组合砖砌体构件，以提高原有构件的承载力。

（1）组合砖砌体的受力特点 组合砖砌体中的砖砌体和钢筋混凝土面层（或砂浆面层）有较好的共同工作性能。组合砖砌体在轴心压力作用下，常在砌体面层混凝土（或面层砂浆）的结合处产生第一批裂缝。随着压力增大，砖砌体内逐渐产生竖向裂缝。由于钢筋混凝土（或钢筋砂浆）面层对砖砌体有横向约束作用，砌体内裂缝的发展较为缓慢。最后，砌体内的砖和面层混凝土（或面层砂浆）严重脱落甚至被压碎，或竖向钢筋在箍筋范围内压屈，组合砖砌体才完全破坏。

此外，在组合砖砌体中，砖能吸收混凝土（或砂浆）中多余水分，使混凝土（或砂浆）面层的早期强度有明显提高，这在砌体结构房屋的增层或改建过程中，对原有砌体构件的补强或加固是很有利的。

（2）组合砖砌体的构造规定

1）烧结普通砖砌体，所用砌筑砂浆强度等级不得低于 M7.5，砖的强度等级不宜低于 MU10。

2）混凝土面层，所用混凝土强度等级宜采用 C20。混凝土面层厚度应大于 45mm。

3）砂浆面层，所用水泥砂浆强度等级不得低于 M7.5。砂浆面层厚度为 30～45mm。

4）竖向受力钢筋宜采用 HPB235 级钢筋，对于混凝土面层，亦可采用 HRB335 级钢筋。受力钢筋的直径不应小于 8mm。钢筋的净间距不应小于 30mm。受拉钢筋的配筋率，不应小于 0.1%。受压钢筋一侧的配筋率，对砂浆面层，不宜小于 0.1%；对混凝土面层，不宜小于 0.2%。

5）箍筋的直径，不宜小于 4mm 及 0.2 倍的受压钢筋直径，并不宜大于 6mm。箍筋的间距，不应大于 20 倍受压钢筋的直径及 500mm，并不应小于 120mm。

6）当组合砖砌体一侧受力钢筋多于 4 根时，应设置附加箍筋或拉结钢筋。

7）对于组合砖墙，应采用穿通墙体的拉结钢筋作为箍筋，同时设置水平分布钢筋。水平分布钢筋竖向间距及拉结钢筋的水平间距，均不应大于 500mm。

8）受力钢筋的保护层厚度，不应小于表 1-10 中的规定。受力钢筋距砖砌体表面的距离，不应小于 5mm。

表 1-10 组合砖砌体混凝土保护层最小厚度

组合砖砌体	保护层厚度/mm	
	室内正常环境	露天或室内潮湿环境
组合砖墙	15	25
组合砖柱、砖垛	25	35

3. 砖砌体和混凝土构造柱组合砌体

此类配筋砖砌体区别于网状配筋砖砌体和配筋组合砖砌体的主要不同在于，它既不是在砖砌体表面配筋，也主要不在砖砌体内部灰缝内配筋，而是在砖砌体的一定的部位另外设置钢筋混凝土构造柱，利用构造柱与圈梁对砖砌体的约束作用，以提高砖砌体在地震荷载作用下的抗变形能力。

4. 混凝土构造柱及网状配筋组合砖砌体

此类配筋砖砌体无非是在设置钢筋混凝土构造柱的同时，再在砖砌体的水平灰缝内设置网状配筋。

（二）配筋砌块砌体

（1）配筋砌块砌体受力特点　配筋砌块砌体是在砌体中配置一定数量的竖向和水平钢筋，竖向钢筋一般是插入砌块砌体上下贯通的孔中，用灌孔混凝土灌实使钢筋充分锚固［图1-26(b)］，配筋砌体的灌孔率应大于33%，水平钢筋一般可设置在水平灰缝中或设置成箍筋，竖向和水平钢筋使砌块砌体形成一个共同工作的整体。配筋砌块墙体在受力模式上类同于混凝土剪力墙，即由配筋砌块剪力墙承受结构的竖向和水平作用，是结构的承重和抗侧力构件。由于配筋砌块砌体的强度高、延性好，可用于高层建筑结构。配筋砌块剪力墙结构在抗震设防烈度6度、7度、8度和9度地区建造房屋的允许层数可分别达到18层、16层、14层和8层。

（2）配筋砌块剪力墙构造规定

1）应在墙的转角、端部和孔洞的两侧配置竖向连续的钢筋，钢筋直径不宜小于12mm。

2）应在洞口的底部和顶部设置不小于2ϕ10的水平钢筋，其伸入墙内的长度不宜小于35d和400mm（d为钢筋直径）。

3）应在楼（屋）盖的所有纵横墙处设置现浇钢筋混凝土圈梁，圈梁的宽度和高度宜等于墙厚和砌块高，圈梁主筋不应少于4ϕ10，圈梁的混凝土强度等级不宜低于同层混凝土砌块强度等级的2倍，或该层灌孔混凝土的强度等级，也不应低于C20。

4）配筋砌块砌体墙其他部位的竖向和水平钢筋的间距不应大于墙长、墙高之半，也不应大于1200mm。对局部灌孔的砌块砌体，竖向钢筋的间距不应大于600mm。

5）配筋砌块砌体墙沿竖向和水平方向的构造配筋率均不宜小于0.07%。

（3）配筋砌块砌体柱构造规定

1）配筋砌块柱截面边长不宜小于400mm，柱高度与柱截面短边之比不宜大于30。

2）柱的纵向钢筋的直径不宜小于12mm，数量不少于4根，全部纵向受力钢筋的配筋率不宜小于0.2%。

3）箍筋设置应根据下列情况确定

① 当纵向受力钢筋的配筋率大于0.25%，且柱承受的轴向力大于受压承载力设计值的25%时，柱应设箍筋；当配筋率小于0.25%时，或柱承受的轴向力小于受压承载力设计值的25%时，柱中可不设置箍筋。

② 箍筋直径不宜小于6mm。

③ 箍筋的间距不应大于16倍的纵向钢筋直径、48倍箍筋直径及柱截面短边尺寸中较小者。

④ 箍筋应做成封闭状，端部应有弯钩。

⑤ 箍筋应设置在水平灰缝或灌孔混凝土中。

为确保配筋砌块砌体的工程质量、整体受力性能，应采用高粘接、工作性能好和强度较高的专用砂浆，及高流态、低收缩和高强度的专用灌孔混凝土。

（三）预应力配筋砌体

砌体作为结构材料其主要用于抗压，其抗拉强度很低，且不可靠，如砌体在受弯时的弯曲抗拉强度平均值仅仅是抗压强度平均值的1/20。针对抗压性能优良、抗拉性能差的材料，人们发明了预应力技术，即在构件的受拉区预先施加一定的压应力，使得构件受载后受拉区的拉应力须首先抵消此预先施加的压应力，从而在一定的意义上提高构件的承载性能。自然，将预应力技术应用到砌体结构中，也就顺理成章了。

所谓预应力配筋砌体，即在砖砌体的槽口内或砌块砌体的孔洞内，配置预应力筋（图1-30），以提高砌体的抗裂性或满足变形要求。此项技术在我国，由于缺少研究还缺乏成熟的经验。但在国外，预应力技术已逐渐进入砌体结构领域，预应力砌体的研究已由基本性能研究转入预应力砌体的实际应用和施工技术的研究，以及扩大预应力砌体应用的范围。如英国、瑞士等国对楼板、墙、柱和挡土墙中采用预应力，进行过预应力砌体梁的试验研究。1967年英国建成了一座竖向和环向施加预应力的砖砌水池，内径12m，高5m，池壁厚230mm，钢筋直径7mm。英国等国家也曾在墙体中均匀分布的预留孔槽、夹心墙内设置预应力筋，其间距约140～1100mm，用此种方式进行预应力传递较直接且分布均匀。不足之处是工程中需逐一张拉、锚固和灌浆，施工复杂。前苏联对非采暖的工业房屋的自承重墙曾采用大型预应力砖板材作为结构墙体，墙板厚仅1/2砖而带1砖壁柱，在两抗风圈梁（连系梁）之间的一段墙与连系梁由位置在砌体截面重心轴上的预应力钢筋联结。

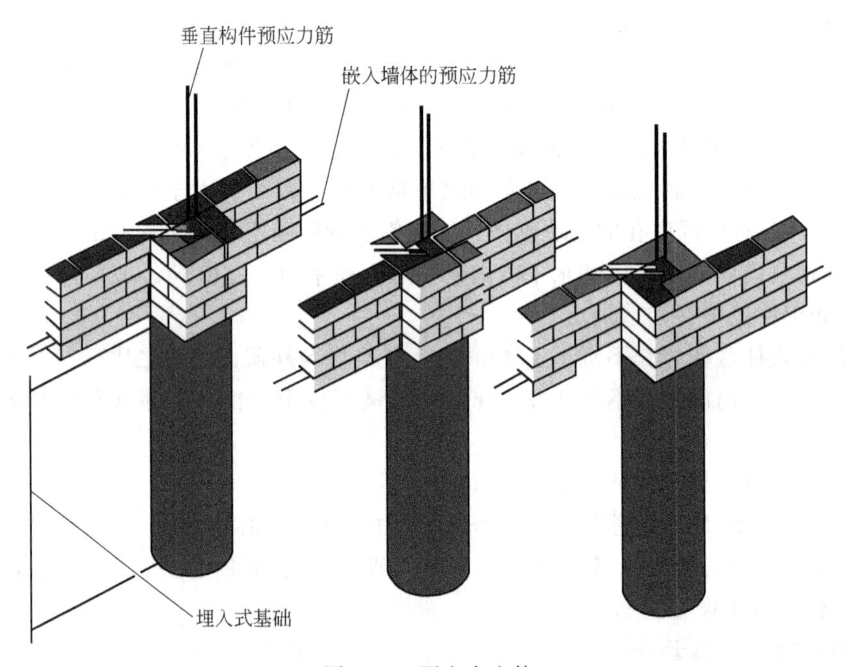

图1-30　预应力砌体

随着混凝土结构和钢结构的兴起，以及它们较强的抗拉强度，使砌体在结构材料方面不得不作出让位。但自20世纪50年代后期至60年代早期，由于砌体结构经济美观、施工迅速简便等优势，使人们对砌体结构的兴趣又开始提高。新的砌体结构已不再是传统的、仅凭经验设计的厚墙，而应该是薄厚度、大高度、多类型，并有良好经济效益、有实用设计规范指导设计的砌体结构工程。随着社会的发展，砌体结构必须满足新的和复杂结构的需求，满足抗震及各种变化荷载的需求。因此，改进砌体类型、砌体概念及研究方法，以便克服砌体材料的内部缺陷，充分利用其优势，发展预应力砌体是必然方向。

一般说来，无论是配筋还是预应力砌体其应用范围应包括：

1）改善抗弯性能，改善抗剪及抗拉强度；

2）提高竖向承载力；

3）抵抗有不均匀沉降及温度变化在墙体平面内产生的拉应力；

4）提高结构的延性和刚度，增强其抗震能力。

小　结

砌体结构是指由砌体（块体）材料和砂浆组砌而成的墙、柱作为建筑物主要受力构件的结构。是砖砌体、砌块砌体和石砌体结构的统称。

砌体是由块体和砂浆砌筑形成的共同受力体构件。块体可分为砖、砌块、石材三大类。

按块体的高度尺寸划分，通常把高度小于180mm的块体称为砖；高度大于180mm的称为砌块。按生产工艺的不同，砖分为烧结砖、非烧结砖和混凝土砖。烧结砖使用的原料及代号为：黏土砖（N）、页岩砖（Y）、煤矸石砖（M）和粉煤灰砖（F）。常用块体材料的类型、规格尺寸、抗压强度等级及执行的相应标准见表1-11。

砌筑砂浆分为水泥砂浆、混合砂浆两类。水泥砂浆一般应用于基础、长期受水浸泡的地下室和承受较大外力的砌体。混合砂浆一般用于地面以上的砌体施工。

为防止墙体开裂，混凝土小型空心砌块和混凝土砖（包括轻集料混凝土砌块）应采用性能良好的Mb型专用砌筑砂浆。而蒸压灰砂砖、蒸压粉煤灰砖则应采用工作性好、粘接力高且耐候性强的Ms型专用砌筑砂浆。蒸压加气混凝土砌块也应采用工作性（保水性、流动性、黏稠性、吸附性）好的专用砂浆砌筑。

混凝土小型空心砌块灌孔混凝土也应采用高性能的Cb型灌孔混凝土。

砌筑砂浆的配制应按行业标准《砌筑砂浆配合比设计规程》(JGJ 98—2000）的规定进行配合比的计算，按《建筑砂浆基本性能试验方法标准》(JGJ/T 70—2009）的规定进行试件成型和强度等质量指标的检验。

无筋砌体的抗压强度和弹性模量低于块体材料，可能高于、也可能低于砂浆相应的数值。

影响砌体抗压强度的主要因素有：块体和砂浆强度、砂浆的性能、块体的形状及灰缝厚度。

砌体受压时，其抗压强度平均值 f_m、标准值 f_k 和设计值 f 三者之间的关系为

$$f_k=0.72f_m \qquad f=0.62f_k=0.45f_m$$

砌体的抗拉、弯曲抗拉及抗剪强度主要取决于灰缝的强度，即砂浆的强度。

进行砌体结构设计时，某些情况下，需考虑砌体在压、拉、弯、剪等受力状态的强度设计值的调整，其中由于砌体结构的质量在很大程度上取决于砌筑质量，即人的因素，《砌体结构设计规范》(GB 50003—2011）规定，各类砌体抗压强度设计值都是按施工质量控制等级为B级时考虑的，如果施工质量控制等级为C级，则砌体强度设计值应乘以调整系数：$\gamma_a=0.89$，当采用A级施工控制等级时，可将砌体强度设计值提高5%。

无筋砌体的主要类型有：普通实心砖砌体、多孔砖砌体、空心砖砌体、空斗墙砌体，以及砌块砌体、石材砌体等。

表 1-11　砌体结构常用块体材料表

<table>
<tr><th colspan="3">类　型</th><th>规格尺寸</th><th>抗压强度等级</th><th>执行标准</th></tr>
<tr><td rowspan="8">砖</td><td rowspan="3">烧结砖</td><td>烧结普通砖</td><td>240mm×115mm×53mm</td><td>MU30、MU25、MU20、MU15、MU10</td><td>《烧结普通砖》(GB 5101—2003)</td></tr>
<tr><td>烧结多孔砖</td><td>长度、宽度、高度尺寸按模数</td><td>MU30、MU25、MU20、MU15、MU10</td><td>《烧结多孔砖》(GB 13544—2000)</td></tr>
<tr><td>烧结空心砖</td><td>长度、宽度、高度尺寸按模数</td><td>MU10.0、MU7.5、MU5.0、MU3.5、MU2.5</td><td>《烧结空心砖和空心砌块》(GB 13545—2003)</td></tr>
<tr><td rowspan="2">非烧结砖</td><td>蒸压灰砂砖</td><td>240mm×115mm×53mm</td><td>MU25、MU20、MU15、MU10</td><td>《蒸压灰砂砖》(GB 11945—1999)</td></tr>
<tr><td>粉煤灰砖</td><td>240mm×115mm×53mm</td><td>MU30、MU25、MU20、MU15、MU10</td><td>《粉煤灰砖》(JC 239—2001)</td></tr>
<tr><td rowspan="3">混凝土砖</td><td>实心砖(SCB)</td><td>240mm×115mm×53mm</td><td>MU40、MU35、MU30、MU25、MU20、MU15</td><td>《混凝土实心砖》(GB/T 21144—2007)</td></tr>
<tr><td>多孔砖(CPB)</td><td>长度、宽度、高度尺寸按模数</td><td>MU30、MU25、MU20、MU15、MU10</td><td>《混凝土多孔砖》(JC 943—2004)</td></tr>
<tr><td>空心砖(NHB)</td><td>长度、宽度、高度尺寸按模数</td><td>MU10、MU7.5、MU5</td><td>《非承重混凝土空心砖》(GB/T 24492—2009)</td></tr>
<tr><td rowspan="8">砌块</td><td rowspan="3">混凝土砌块</td><td>小型空心砌块</td><td>390mm×190mm×190mm</td><td>MU20、MU15、MU10、MU7.5、MU5、MU3.5</td><td>《普通混凝土小型空心砌块》(GB 8239—1997)</td></tr>
<tr><td>中型空心砌块</td><td>长度、宽度、高度尺寸按模数</td><td>标号 35、50、75、100、150 号</td><td>《中型空心砌块》(JC 716—1986,1996)</td></tr>
<tr><td>保温砌块</td><td>长度、宽度、高度尺寸按模数</td><td></td><td></td></tr>
<tr><td rowspan="2">粉煤灰砌块</td><td>实心砌块</td><td>880mm×380mm×240mm，880mm×430mm×240mm</td><td>MU13、MU10</td><td>《粉煤灰砌块》(JC 238—1991,1996 修订版)</td></tr>
<tr><td>小型空心砌块</td><td>390mm×190mm×190mm</td><td>MU2.5、MU3.5、MU5.0、MU7.5、MU10.0、MU15.0</td><td>《粉煤灰混凝土小型空心砌块》(JC/T 862—2008)</td></tr>
<tr><td colspan="2">加气混凝土砌块</td><td>长度、宽度、高度尺寸按模数</td><td>A1.0、A2.0、A2.5、A3.5、A5.0、A7.5、A10</td><td>《蒸压加气混凝土砌块》(GB 11968—2006)</td></tr>
<tr><td colspan="2">轻集料混凝土砌块</td><td>主规格为 390mm×190mm×190mm</td><td>1.5、2.5、3.5、5.5、7.5、10.0</td><td>《轻集料混凝土小型空心砌块》(GB/T 15229—2002)</td></tr>
<tr><td colspan="2">烧结空心砌块</td><td>长度、宽度、高度尺寸按模数</td><td>MU10.0、MU7.5、MU5.0、MU3.5、MU2.5</td><td>《烧结空心砖和空心砌块》(GB 13545—2003)</td></tr>
<tr><td rowspan="2">石材</td><td colspan="2">毛石(毛料)</td><td>从矿山分离下来，形状不规则</td><td rowspan="2">MU100、MU80、MU60、MU50、MU40、MU30、MU20</td><td rowspan="2">《砌体结构设计规范》(GB 50003—2011)</td></tr>
<tr><td colspan="2">料石</td><td>用毛料加工具有一定规格</td></tr>
</table>

所谓的配筋砌体是指在砌体中配置钢筋的砌体，以及砌体和钢筋砂浆或钢筋混凝土组合成的整体。一般有 4 种形式：①网状配筋砖砌体（柱、墙）；②砖砌体和钢筋混凝土面层或钢筋砂浆面层组合墙砌体（柱和墙）；③砖砌体和混凝土构造柱组合砌体（墙或柱）；④混凝土构造柱及网状配筋组合砖砌体（墙）。

网状配筋砌体是利用嵌固在灰缝内的钢筋网片阻止砌体在受压时的横向变形发展，间接提高砌体的受压承载力。

配筋组合砖砌体是利用钢筋混凝土（或钢筋砂浆）面层对砖砌体的横向约束作用，延缓砌体内裂缝的发展，从而提高砌体的受压承载力。

砖砌体和混凝土构造柱组合砌体是利用构造柱与圈梁对砖砌体的约束作用，提高砖砌体在地震荷载作用下的抗变形能力。

预应力配筋砌体，是在砖砌体的槽口内或砌块砌体的孔洞内，配置预应力筋，用以提高砌体的抗裂性或满足变形要求。

能力训练题

一、填空题

1. 砌体是由_________和_________砌筑形成的共同受力体构件。

2. 通常把高度_________的块体称为砖；高度_________的称为砌块。

3. 烧结砖按主要原料分为_________、_________、_________和_________。

4. 多孔砖是指孔洞率_________，孔的尺寸_________而数量_________的砖。常用于_________。

5. 空心砖是指孔洞率_________，孔的尺寸_________而数量_________的砖。常用于_________。

6. 砌块_________的为实心砌块；_________的砌块为空心砌块。

7. 一般砌筑砂浆强度等级分为_________________________五个等级。

8. 砂浆的和易性又称_______________，包括_________和_________两个方面。

9. 砌体的破坏不是由于砖受压耗尽其_________，而是由于形成若干个_________，砌体最终因被压碎或丧失稳定而破坏。

10. 砌体受剪时的破坏形式分为_________、_________和_________。

二、单选题

1. 砌体的抗压强度和弹性模量（　　）块体的抗压强度和弹性模量。

A. ≥　　B. ＞　　C. ≤　　D. ＜

2. 砌体局部受压可能有三种破坏形态，（　　）表现出明显的脆性，工程设计中必须避免发生。

A. 竖向裂缝发展导致的破坏——先裂后坏　　B. 劈裂破坏——一裂就坏

C. 局压面积处局部破坏——未裂先坏　　D. B和C

3. 砌体结构采用水泥砂浆砌筑，则其抗压强度设计值应乘以调整系数（　　）。

A. 0.9　　B. 0.85　　C. 0.75　　D. 0.7＋A

4. 砌体受压后的变形由三部分组成，其中（　　）的压缩变形是主要部分。

A. 砂浆层　　B. 空隙　　C. 块体　　D. 砂浆和空隙

5. 砖砌体的抗压强度低于其所用砖的抗压强度，其原因是（　　）。

A. 温度变化的影响　　B. 单块砖在砌体内处于复杂应力状态

C. 砖砌体整体性差　　D. 砖砌体稳定性不好

三、多选题

1. 砌筑砂浆的作用有（　　　）。

A. 胶结作用　　B. 承载和传力作用　　C. 保温隔热防水作用　　D. 抗震作用

2. 砌体强度随（　　　）的提高而增大，但提高（　　　）的等级，并不能按相同的比例提高砌体的强度。

A. 块体强度　　B. 砌体设计质量　　C. 砂浆强度　　D. 砌筑质量

3. 影响砌体抗压强度的主要因素有（　　　）。

A. 块体的强度　　B. 块体的形状　　C. 砂浆性能　　D. 砂浆的强度

4. 砌体的抗压强度和弹性模量（　　　）砂浆相应的数值。

A. 可能高于　　B. 肯定高于　　C. 可能低于　　D. 肯定低于

5. 对砌体结构房屋进行增层或改造时，如果原有的墙、柱承载力不足，可采取的措施有（　　　）。

A. 对砖砌体（柱、墙）采用网状配筋

B. 采用钢筋混凝土面层组合砌体（柱和墙）

C. 采用钢筋砂浆面层组合砌体（柱和墙）

D. 采用钢筋混凝土构造柱组合砌体

四、思考题

1. 什么是砌体结构？砌体结构有哪些特点？

2. 简述砖的定义，砖有哪些种类？

3. 简述砌块的定义，砌块有哪些种类？

4. 石材的特点是什么？石材分为哪两类？

5. 砌体工程用砂浆分几类？解释砂浆和易性的含义。

6. 如何确定砂浆试件的抗压强度值？

7. 简述砌体抗压强度与砖及砂浆强度的关系。

8. 简述砌体受压时，其抗压强度平均值、标准值和设计值三者之间的关系。

9. 砌体轴心受拉破坏有哪几种形式？

10. 砌体弯曲受拉破坏有哪几种形式？

11. 砌体剪切破坏有哪几种形式？

12. 砌体设计强度值的调整应考虑的因素有哪些？

13. 砌体工程施工质量控制分为几个等级？从哪些方面考核施工质量控制等级？

14. 什么是配筋砌体？配筋砖砌体有哪几类？

五、计算题

1. 试配制砌筑砖墙用的M7.5级的混合砂浆。水泥：32.5级普通硅酸盐水泥；中砂：含水率2%，堆积密度1480kg/m^3；石灰膏稠度105mm；施工水平一般，砂浆稠度要求70～100mm。

2. 混凝土小型空心砌块承重墙采用MU20空心砌块、Mb15水泥混合砂浆砌筑，试计算该墙体的抗压强度平均值、标准值和设计值。

3. 对题2的墙体，计算当砌体施工质量控制等级分别为A、B、C级时，该墙体的抗压强度设计值。

第二章 砌体结构工程

- 了解砌体结构工程的基本概念
- 熟悉砌体结构工程的房屋类型与承重体系，各类承重体系的构造及其特点
- 熟悉砌体结构工程的地震危害类别
- 掌握砌体结构工程主要的抗震设防措施
- 了解与砌体结构工程主体施工密切相关的其他分部工程的基本知识及设计施工要点

能力目标

- 能够在掌握砌体结构工程房屋类型、承重体系、抗震设防措施等知识的基础上，把握砌体结构工程图纸会审的思路和要点
- 能够掌控砌体结构工程施工工艺及质量控制的关键环节

一般地，人们并不严格区分砌体结构与砌体结构工程的概念。

砌体结构通常指建筑中的构件所采用的材料结构形式为砌体，其着眼点是构件。砌体结构按其承载性能一般分为无筋砌体、配筋砖砌体和配筋混凝土砌块砌体三种类型。

而砌体结构工程则是指单位工程的材料及其结构形式，其着眼点是整个建筑。如混凝土框架结构的房屋建筑，其中的填充墙采用砌体结构，但整个房屋建筑却并非砌体结构工程。

砌体结构工程与混合结构工程是密不可分的相关结构类型。广义地，混合结构是指不同材料的构件或部件混合组成的建筑结构。但通常所说的混合结构都是指建筑物的墙、柱、基础等竖向承重构件为砌体结构，而楼面、屋盖等横向承重构件（包括楼梯梯段和平台）则是由钢筋混凝土结构、钢结构甚至是木结构等组成。通常又把砌体结构工程称为砖混结构工程。一般多层砌体结构的建筑都属砖混结构工程。

第一节　砌体结构工程的房屋类型与承重体系

一、砌体结构工程的房屋类型

砌体结构工程的房屋类型按主体结构的层数及层高来进行区分，一般可分为单层房屋、多层房屋和高层房屋三类。

1. 砌体结构类型的选用

不同房屋类型的砌体结构工程对砌体结构类型的选用见表 2-1。

表 2-1　砌体结构工程选型一览表

房屋类型	砌体类型		
	无筋砌体	配筋砖砌体	配筋混凝土砌块砌体
单层空旷房屋		√	√
一般多层房屋	√	√	√
底框(含框支墙梁)多层房屋	√(砌体部分)	√	√
多排柱内框架多层房屋		√	√
高层房屋(8～12 层)		√	√
高层房屋(≥12 层)		√	√

2. 砌体类型的适用范围

(1) 在静力或非抗震设防 (<6 度) 条件下，当每种结构体系满足承载力、稳定和规定的变形要求，即结构正常使用功能要求，并同时具有较好的技术经济效果时，不同房屋类型的砌体结构工程所选用的砌体类型的适用范围见表 2-2。

表 2-2　非抗震设防时不同房屋类型的砌体结构工程所选用的砌体类型的适用范围

房屋类型	砌体类型	高度或跨度/m	层数或层高	高宽比
单层房屋	砖柱或砖壁柱	跨度≤15	柱顶高≤6.6m	
	组合砖柱(含壁柱)	跨度≤18	柱顶高≤7.2m	
	配筋砌块柱(含壁柱)	跨度≤24	柱顶高≤7.8m	
多层及高层房屋	无筋砌体墙	高度≤30	≤10 层	
	混凝土组合墙(加网状配筋)	高度≤42	≤14 层	≤6
高层房屋	配筋砌块剪力墙	高度≤60	≤20 层	≤6

注：1. 表中单层房屋的跨越构件系按预应力混凝土双 T 屋面板考虑的，当采用其他轻型钢结构屋盖时其跨度或高度可不受此限制。

2. 单层房屋宜设计成刚性或刚弹性方案房屋，多层砌体房屋应设计成刚性方案房屋。

(2) 在有抗震设防要求条件下，即在规定的地震作用下，每种结构体系在适用范围内应能满足小震不坏、中震可修和大震不倒的设防标准，其适用的高度、层数、层高、高宽比、跨度、抗震横墙间距，以及砌体墙段的局部尺寸均应符合《建筑抗震设计规范》(GB 50011—2010) 的相关规定。

3. 房屋的设计使用年限及安全等级

砌体结构房屋的设计使用年限和安全等级，应根据结构使用功能要求和重要性程度确定，并不应低于《建筑结构可靠度设计统一标准》(GB 50068—2001) 的有关规定；对一般砌体房屋可按使用年限 50 年和安全等级二级进行设计。

二、砌体结构工程的竖向承重体系

建筑的竖向承重体系即建筑的墙和柱。根据竖向承重构件的不同，可以把砌体结构工程分为一般砌体结构工程和底层框架结构工程。

一般砌体结构工程中，竖向承重构件自下而上全部为砌体墙。而在底层框架结构工程中，底层 (可以不止一层) 的竖向承重构件主要为钢筋混凝土柱，上部则仍然为砌体墙。

(一) 一般砌体结构工程

一般砌体结构工程主要应用于民用建筑。如住宅、宿舍、旅馆、招待所等居住建筑，以及供人们进行社会公共活动用的公共建筑。一般砌体结构的民用建筑工程的组成如图 2-1 所示。

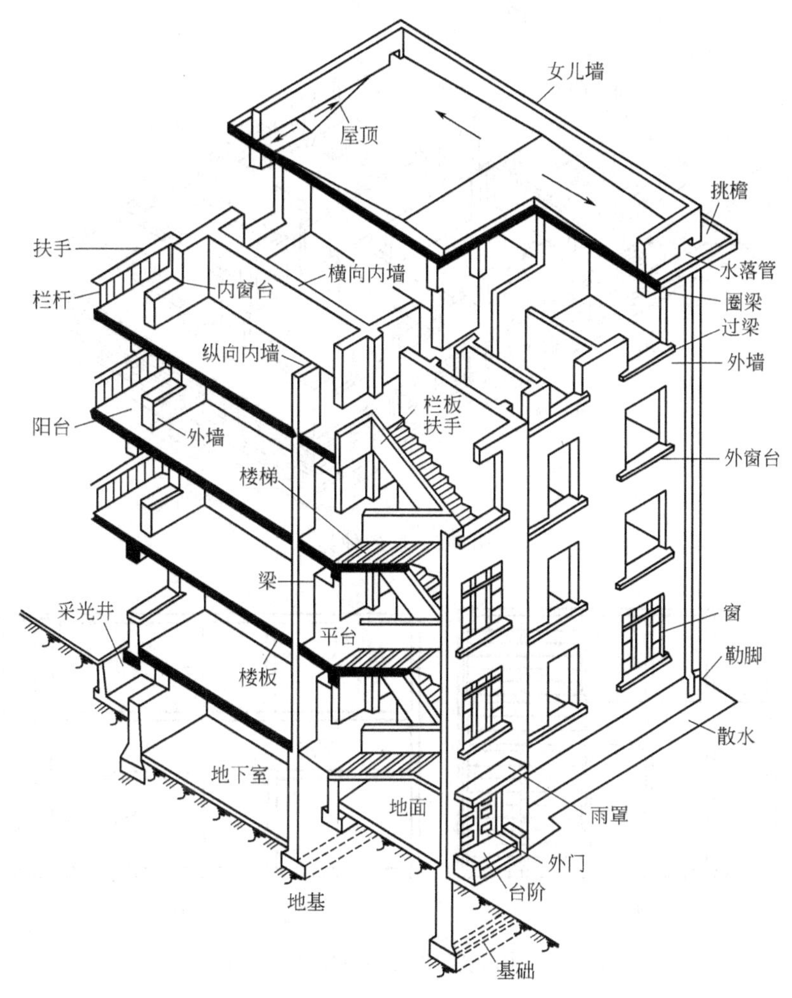

图 2-1　一般砌体结构民用建筑工程的组成

砌体结构房屋平面以矩形为主的结构形式得到了较广泛的应用。称此矩形的短边方向为横向，矩形的长边方向为纵向，相应方向的墙则分别称为横墙和纵墙；按墙体在建筑平面上所处的位置，可分为内墙和外墙，外墙是指房屋四周与外界接触的墙，位于室内的墙叫内墙；按照墙是否承受外力的情况分为承重墙和非承重墙。承受上部传来的荷载的墙是承重墙，只承受自重荷载的墙是非承重墙。墙的种类见图 2-2。

按竖向荷载的传递方式和途径，一般砌体结构工程可分为：横墙承重体系、纵墙承重体系和纵横墙承重体系。

1. 横墙承重体系

当楼屋盖的荷载主要传递到横墙时，相应的承重体系称为横墙承重体系。对于这种体系，当楼屋盖仅由单向板组成时，单向板就直接搁置在横墙上；当楼屋盖为单向板肋梁结构时，则其主梁搁置在横墙上。横墙承重体系建筑中，多数横向轴线处布置墙体，屋（楼）面荷载通过预制钢筋混凝土楼板传给各道横墙，横墙是主要承重墙，纵墙则主要承受自重，侧向支承横墙，保证房屋的整体性和侧向稳定性。图 2-3(a) 为横墙承重体系。房屋的每个开

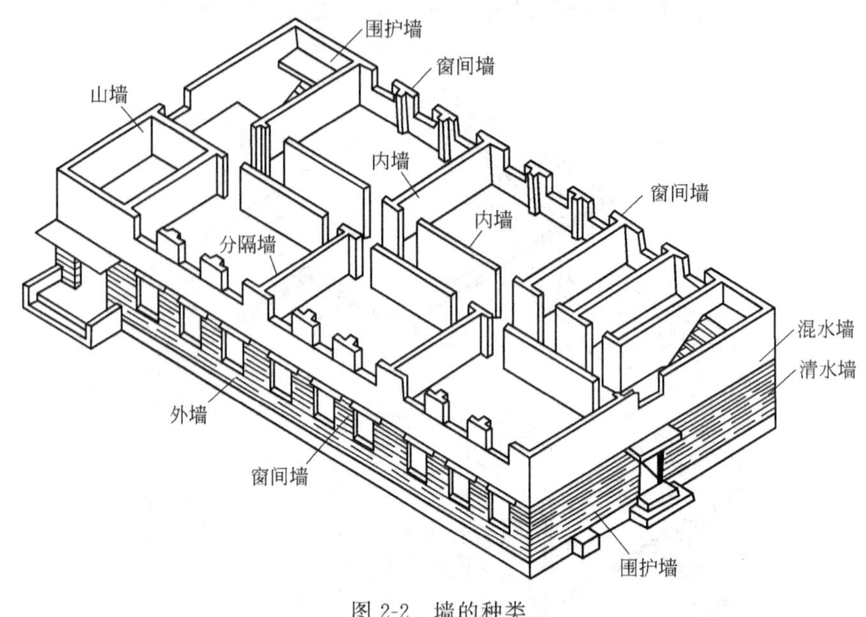

图 2-2　墙的种类

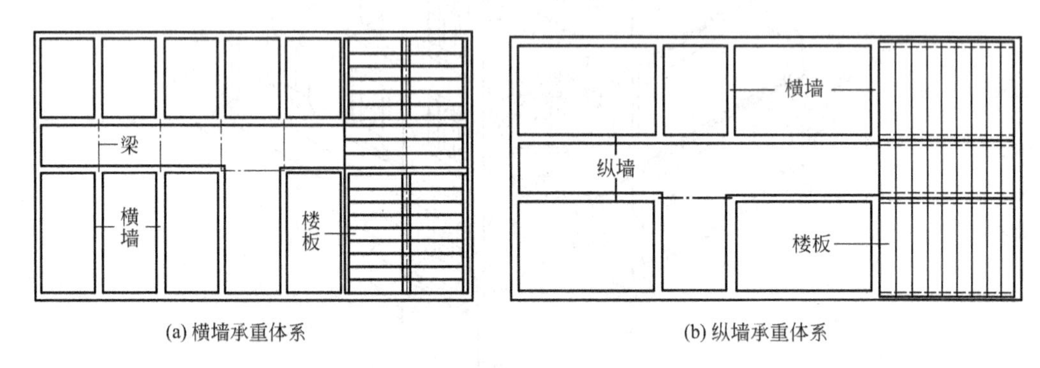

(a) 横墙承重体系　　(b) 纵墙承重体系

图 2-3　墙体承重体系

间都设置横墙，楼板和屋面板沿房屋的纵向布置，搁置在横墙上。

（1）横墙承重体系的屋（楼）面荷载传力途径为：

屋（楼）面荷载→屋（楼）面板→横墙→横墙基础→地基

（2）横墙承重体系的特点

1）房屋横墙间距小、数量多。由于房屋横墙间距较小（一般为 3～4.5m），将预制板两端直接搁置在横墙上是较为合理的布置方式。由于横向承重墙数量较多，房屋横向刚度加大，对于平面长宽比较大的房屋，有助于弥补房屋整体横向刚度的不足，对于抵抗风荷载、地震作用较为有利。

2）外纵墙不承重，承载力有富余，开窗灵活、方便，开窗面积和位置不受限制。

3）屋（楼）面构件简单，施工方便。

4）缺点是：房间布置不灵活，空间小，墙体材料用量大。

横墙承重体系主要用于 5～7 层的住宅、旅馆、小开间办公楼等。横墙承重体系的承载力和刚度比较容易满足要求，且由于墙体材料承载力的利用程度较低（潜力较大），故可用于建造较高的房屋。在我国，这类房屋最高有建到 11～12 层的。

2. 纵墙承重体系

当楼屋盖的荷载主要传递到纵墙时，相应的承重体系称为纵墙承重体系。纵墙承重体系中，屋（楼）面板沿横向布置，屋（楼）面荷载通过预制钢筋混凝土楼板传给各道纵墙。纵墙是主要承重墙。横墙承受自重和少量竖向荷载，侧向支承纵墙，见图 2-3(b)。

当需要大开间房间时，纵墙承重体系是把楼板沿纵向铺设在大梁上，大梁再搁置在纵墙上。

(1) 纵墙承重体系的屋（楼）面荷载传力途径为：

屋（楼）面荷载→屋（楼）面板→纵墙→纵墙基础→地基

(2) 纵墙承重体系的特点

1）房屋横墙间距大、数量少。当纵墙间距大时，房间可以有大空间，平面布置灵活。由于横墙数量较少，房屋整体横向刚度相对较弱。因此，在抗震设防地区和风荷载较大的地区，房屋横向应布置适当数量的横向砌体剪力墙。

2）由于外纵墙承重，墙体荷载大，开窗面积受到一定限制。

3）与横墙承重体系相比，墙体材料用料较少，屋、楼盖用料较多。

纵墙承重体系适用于教学楼、图书馆等使用上要求有较大空间的房屋，以及食堂、俱乐部、中小型工业厂房等单层和多层空旷房屋。纵墙承重的房屋，其墙体材料承载力被利用的程度较高（潜力较小），故层数不宜过多。

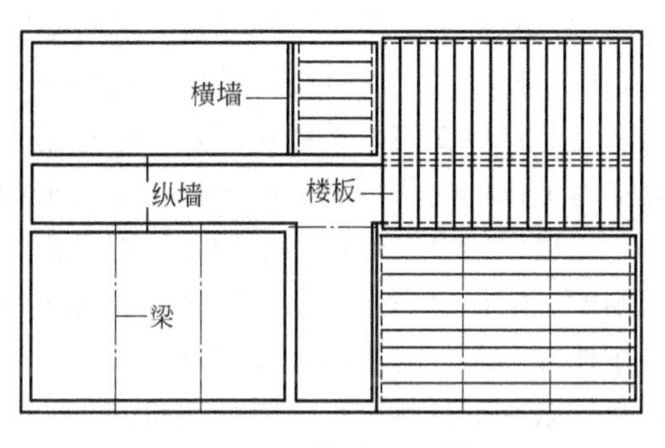

图 2-4　纵横墙承重体系

3. 纵横墙承重体系

由纵墙和横墙共同承受屋（楼）面板及其荷载的结构布置称为纵横墙承重体系，也称混合承重体系（图 2-4）。

(1) 纵横墙承重体系的屋（楼）面荷载传力途径为：

屋（楼）面荷载→板（或梁）→ 纵墙→纵墙基础 / 横墙→横墙基础 →地基

(2) 纵横墙承重体系特点

1）房间空间介于前述两种体系之间。

2）房屋纵横两向都有承重墙，当房屋纵横两向墙体数量及平面尺寸接近时，房屋两个方向的刚度接近，有利于抗震、抗风。

3）与前述两种体系相比，纵横墙均承重，墙体材料利用率高，墙体应力也比较均匀。

纵横墙承重体系既可以使房间拥有较大的使用空间，其平面布置较灵活，建筑物刚度也好。这种布置方法适用于开间、进深尺寸变化较多的建筑，如医院、教学楼、办公楼及点式住宅等建筑。

如图 2-4 所示的采用钢筋混凝土预制板作楼（屋）面的建筑可采用纵横墙承重体系外，目前砖混结构工程中大量采用的现浇楼（屋）面就是典型的纵横墙承重体系，在这类承重体系中，一般无所谓承重墙和非承重墙之分。

《建筑抗震设计规范》（GB 50011—2010）要求：多层砌体房屋应优先采用横墙承重或纵横墙共同承重的结构体系，不应采用砌体墙和混凝土墙混合承重的结构体系。

4. 砌体结构工程的静力计算方案

砌体结构房屋墙、柱的计算与房屋的空间刚度有关。横墙较多且间距较小，其屋盖和层间楼盖可以视作结构的横隔板，这种房屋属于刚性结构；横墙很少、间距超过一定范围的则属于弹性结构。我国《砌体结构设计规范》根据房屋的空间工作性能将砌体结构房屋的静力计算分为三种方案：刚性方案、弹性方案和刚弹性方案。

(1) 刚性方案　认为房屋的空间刚度很大，在水平荷载作用下，由于结构的空间作用，墙、柱顶点位移很小，将屋盖和层间楼盖视作墙、柱的刚性支座。对于单层房屋，墙、柱可按上端不动铰支于屋盖，下端嵌固于基础的竖向构件计算。对于多层房屋，在竖向荷载作用下，墙、柱在每层高度范围内，可近似地按两端铰支的竖向构件计算；在水平荷载作用下，墙、柱可按竖向连续梁计算。民用建筑和大多数公共建筑均属于这种方案。此时，横墙间的水平荷载由纵墙承受，并通过屋盖或楼盖传给横墙，横墙可以视作嵌固于基础的竖向悬臂梁，考虑轴向压力的作用按偏心受压和剪切计算，并应满足一定的刚度要求。

(2) 弹性方案　认为房屋的空间刚度很小，在水平荷载作用下，墙、柱处于平面受力状态，其相对水平位移较大。此时，墙、柱内力应按有侧移的平面排架或框架计算。单层厂房和仓库等建筑常属于这种方案。

(3) 刚弹性方案　认为房屋的空间刚度介于刚性方案与弹性方案之间，在水平荷载作用下，墙、柱顶点受屋（楼）盖的一定约束，其水平位移较弹性方案小，屋（楼）盖可以视作墙、柱的弹性支座。单层房屋也常采用这种方案。此时，在荷载作用下，墙、柱内力可按考虑空间工作的侧移折减后的平面排架或框架计算。

工程中绝大多数砌体结构房屋都是由纵、横承重墙和楼盖、屋盖组成，都具有一定的空间刚度，因而恰当地利用空间刚度和考虑结构的空间作用，对工程设计有实际意义。如对满足刚性方案条件的房屋，按刚性方案的计算，墙体的内力比按弹性方案的计算结果小得多，从而可以减少材料用量，降低造价。

(二) 底层框架结构体系

在城市规划设计中，往往要求临街的住宅、办公楼等建筑在底层设置商店、饭店、邮局或银行等，一些旅馆因使用功能上的要求，也往往要在底层设置门厅、食堂、会议室等，由于建筑底层使用要求上需要大空间房间，就出现了多层砌体结构工程的底层（可以不止一层）是以钢筋混凝土柱为竖向承重构件的混凝土框架结构，上部则为砌体结构的底层框架结构体系（图 2-5、图 2-6）。底层框架结构是我国现阶段经济条件下特有的一种结构，属上、下两种不同材料，不同性质的混合式结构，从抗震上讲它是一种不合理的结构形式，但限于我国当今的经济发展水平，目前还无法取消，因此在我国内地尤其是广大中西部地区的临街建筑中仍普遍采用。

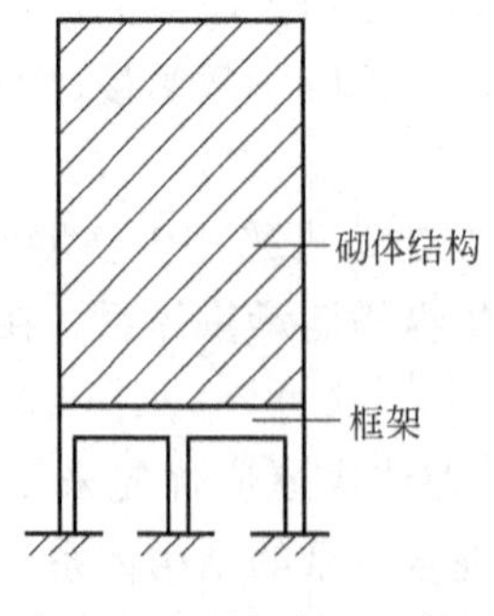

图 2-5　底层框架承重体系

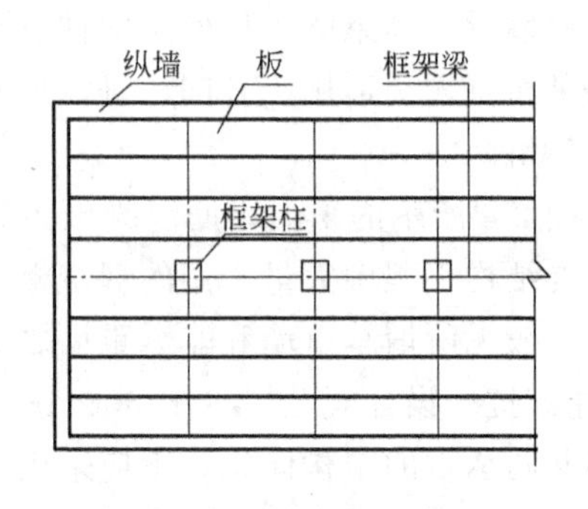

图 2-6　内框架承重体系

底框结构的另一种混合结构形式是内框架结构体系。

1. 底层框架结构

（1）底层框架结构承重体系的传力途径为：

上部砌体结构的墙体重量和楼面荷载→框架梁→框架柱→基础→地基

（2）底层框架结构的特点

1）与纯框架结构房屋相比，底层框架结构具有节约造价、缩短工期、施工方便等优点。

2）这种结构体系是由上、下两部分抗震性能相差较大的两种结构所组成，从房屋自重荷载上看，属上重下轻的结构；从刚度来看，属上刚下柔；从材料性能看，在地震作用下，下部框架一般为延性破坏，而上部砌体结构为脆性破坏，且房屋结构的竖向刚度在转换层发生突变，在底层结构中易产生应力集中现象，对抗震明显不利。5.12 汶川地震也证明了这一点。

由于底层框架结构抗震性能问题，不少地方不容许此种混合结构形式存在。如果在抗震设防地区要采用底层框架结构，那么在结构设计中就必须采用合理的抗震概念设计和抗震措施。为了不使房屋沿高度方向的刚度突变过大（主要是底层与二层刚度的变化），《建筑抗震设计规范》（GB 50011—2010）对房屋上、下层侧移刚度的比值做了限制规定：对于底层框架-抗震墙砌体房屋的纵横两个方向，第二层计入构造柱影响的侧向刚度与底层侧向刚度的比值，抗震 6、7 度设防时不应大于 2.5，8 度设防时不应大于 2.0，且均不应小于 1.0。要做到这一点，必须在底部框架中布置一定数量的抗震（剪力）墙，而不允许将底层做成纯框架结构。从这个意义上讲，底层框架结构的准确定义应该是“底层框架—抗震墙结构”。

2. 内部框架结构

内框架承重体系是指建筑物外墙采用砌体承重，内部设置钢筋混凝土柱，柱与两端支于外墙的横梁形成内框架。外纵墙兼有承重和围护作用。如图 2-6 所示。

（1）内框架承重体系的屋（楼）面荷载传力途径为：

屋（楼）面荷载→板（或梁)→内框架梁→ 外纵墙→纵墙基础 / 内框架柱→柱基础 →地基

（2）内框架承重体系特点

1）周边采用砌体墙承重，与全框架结构相比，可节省钢材、水泥和木材，比较经济，施工较方便。

2）由于全部或部分取消内墙，横墙较少，房屋的空间刚度较差。

3）混凝土柱和墙体材料不同，压缩性不一致，且基础沉降也不易一致，如果设计不当，结构容易产生不均匀竖向变形，使结构产生较大的附加内力。

4）由于框架和墙体的变形性能相差较大，地震时易由于变形不协调而破坏。

5）施工工序较多，影响施工进度。

内框架砌体结构由于其抗震性能较差，一般仅可用于层数不多的工业厂房、仓库和商店等需要较大空间的房屋。

值得注意的是，内部框架结构属于淘汰类型。从《建筑抗震设计规范》的修订看，89 规范删去了“底部内框架砖房”的结构形式；2001 规范将“内框架砖房”限制于多排柱内框架；2010 修订，考虑到“内框架砖房”已很少使用且抗震性能较低，已经取消了相关内容。

三、砌体结构工程的横向承重体系

砌体结构工程的横向承重体系即房屋的楼面与屋面，或称楼盖与屋盖。

砌体结构工程房屋可采用的横向承重体系有：装配式钢筋混凝土楼（屋）盖、钢筋混凝土现浇楼（屋）盖、装配整体式钢筋混凝土楼（屋）盖和轻钢结构屋盖。轻钢结构屋盖通常用在单层或非永久性砌体结构工程房屋中。

1. 装配式钢筋混凝土楼（屋）盖

所谓装配式钢筋混凝土楼（屋）盖就是预制板结构，即采用预制板作楼面或屋盖的基本构件，施工采用工厂预制＋现场装配的工艺程序，施工进度快，节省模板，工业化程度高，但整体性较差。20 世纪我国的的砌体结构工程大都采用这类楼（屋）盖。

常用的预制板有实心板、空心板、槽形板、T 形板、夹心板等（图 2-7），一般均为本地区通用定型构件，由预制构件厂供应。

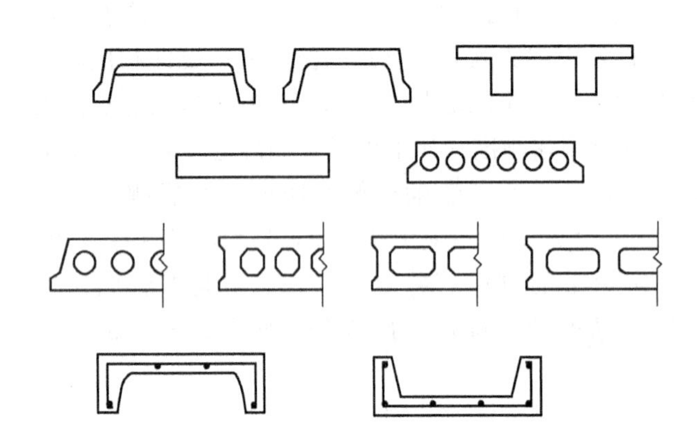

图 2-7 预制板的类型

实心板上下表面平整，制作简单，适用于荷载及跨度较小的走廊板、楼梯平台板、地沟盖板等。

空心板较实心板的自重轻，节省材料，且刚度大，隔音、隔热效果亦好，但其板面不能任意开洞。空心板的空洞可为圆形、正方形、长方形、椭圆形等，如图 2-7 所示。

槽形板有肋向下的正槽形板和肋向上的倒槽形板。正槽形板可以较好利用板面混凝土受压，但不能提供平整的天棚，倒槽形板则与之相反。槽形板的板面开洞较自由，在工业建筑中应用较广，但其隔音、隔热效果较差。

夹心板通常做成自防水保温屋面板，在两层混凝土中间填充泡沫混凝土等保温材料，将承重、保温、防水三者结合在一起。

普通钢筋混凝土空心板或双钢筋混凝土平板的跨度不宜大于 4.2m；预应力混凝土空心板的跨度不宜大于 6.9m；一般预应力混凝土平板的跨度不宜大于 9m。

1993 年，我国引进了美国 SPANCRETE 公司（SMC）的 SP 预应力空心板技术。SP 板专指引进美国 SPANCRETE 公司（SMC）的制造设备、工艺流程、专利技术和 SP 商标使用权生产的预应力混凝土空心板或墙板，其最大适用跨度可达 18m。住房和城乡建设部多年来一直把 SP 板列为重点科技推广项目。《SP 预应力空心板》图集经住房和城乡建设部正式批准出版以来，已先后进行四次大的修订、完善和补充。在我国多数地区禁止或限制传统预制板生产应用后，SP 板已成为首选替代产品。

2. 钢筋混凝土现浇楼（屋）盖

在砌体竖向墙体砌筑到设计标高后，支设楼板模板、绑扎钢筋、浇筑混凝土，即形成砌体结构工程的现浇楼（屋）盖。这种工艺楼盖整体性好，抗震抗冲击性能好，防水性好，对不规则平面的适应性强；其缺点是费工、费模板，施工工期长。由于传统工艺制作的预应力空心板（冷拔低碳钢丝预应力空心板）抗震性能差，且一些小企业生产质量难以保证，所以我国多数地区已经禁止或限制传统预制板在房屋建筑中的使用，而使得钢筋混凝土现浇楼（屋）盖已经成为目前砌体结构工程的主流楼（屋）盖形式。

3. 装配整体式钢筋混凝土楼（屋）盖

装配整体式钢筋混凝土楼（屋）盖是预制装配工艺和现浇工艺的结合，即在楼盖施工时，先将预制板吊装装配就位，然后再在预制板上布筋浇筑后浇层混凝土，形成叠合板。这种施工工艺既保持了预制装配工艺施工速度快的优点，又具有现浇工艺整体性好的优点，但造价相对较高。

叠合板结构宜采用预制的预应力薄板作为叠合板的底板，并兼作底模，与上部现浇叠合层共同工作，形成叠合式楼板。预应力薄板的厚度应不小于跨度的1/100，并不小于50mm。现浇叠合层的厚度应根据板的跨度、荷载的大小来确定，一般为60～150mm。叠合板的最大跨度可达7.5m，适用于各类民用建筑。

《建筑抗震设计规范》（GB 50011—2010）明确规定：多、高层建筑的混凝土楼、屋盖宜优先采用现浇混凝土板。当采用预制装配式混凝土楼、屋盖时，应从楼盖体系和构造上采取措施确保各预制板之间连接的整体性。

第二节　砌体结构工程抗震

一、砌体结构工程震害

国内外震害调查表明，由于砌体材料的延性不好，砌体结构工程的整体连接性能相对较差，因此，未经抗震设计的砌体结构房屋的抗震的性能是比较弱的。但是，震害调研和国内外大量试验研究也证明，砌体结构工程只要进行抗震设计、采取合理的抗震构造措施、确保施工质量，仍能有效地应用于地震设防区。

（一）地震震害

地震是地壳深处发生岩层断裂、错动而产生的振动波，首先到达地面的是纵波，表现为房屋的上下颠簸，房屋受到竖向地震作用；随之而来的是横波和面波，表现为房屋的水平摇晃，房屋受到水平地震作用。震中区附近，竖向地震作用明显，房屋先受颠簸使结构松散，接着在受到水平地震作用时就更容易破坏和倒塌。离震中较远地区，竖向地震作用往往可忽略，房屋损坏的主要原因是水平地震作用。

据统计，我国大陆地震约占世界大陆地震的三分之一。其原因是因为我国正好处于地球的两大地震带之间。

通常用震级来衡量一次地震释放能量的多少，用地震烈度来反映某一地区的地面及建筑物遭受一次地震影响的强弱程度，一个地区的地震基本烈度是指该地区今后一定时间内，在一般场地条件下可能遭遇的最大基本烈度，大体为在设计基准期超越概率为10%的地震烈度。现行抗震设计规范适用于设防烈度为6、7、8、9度地区建筑工程的抗震设计。

（二）砌体结构工程的地震危害类别

1. 一般砌体结构工程的震害

(1) 墙体交叉裂缝　如图 2-8 所示，这种裂缝的产生主要是由于地震时施加于墙体的往复水平地震剪力与墙体本身所受竖向压力引起的主拉应力过大，超过砌体的抗拉强度而产生的剪切裂缝。由于裂缝起因于主拉应力过大，故呈倾斜阶梯状；又由于地震水平剪力是往复的，故呈交叉状。墙体开裂后，裂缝两侧砌体间由于存在摩擦力仍能吸收地震能量，并在砌体间滑移错位的变形过程中逐渐消耗地震能量。若这时砌体破碎过多，墙体将丧失承载力而倒塌。通常则是在墙体开裂后刚度减小，房屋周期加长，导致水平地震作用减小，因而更多地表现为墙体上具有很宽的交叉裂缝而房屋却并不倒塌。7～9 度地震区，这种交叉裂缝在内外纵横墙上、窗间墙上时有发生，裂缝宽度有时可达 10 余厘米。交叉裂缝发生的规律是：底层墙体比顶层严重；层数多、层高大的墙体比层数少、层高小的严重；砂浆强度低的墙体比砂浆强度高的严重。

图 2-8　墙体交叉裂缝

(2) 转角墙及内外墙连接处的破损　如图 2-9 所示，这种破坏往往表现为内外墙连接处的竖向裂缝、房屋四周转角处三角形或菱形墙体崩落、外纵墙大面积倒塌等。这主要是由于内外墙连接处和房屋四周转角处刚度较大，分担较多的地震作用，以及当房屋质量中心与刚度中心偏离引起扭转而在房屋四周和端部产生过大复合应力的缘故。这类破损的规律是：纵墙承重房屋比横墙承重房屋严重；墙体平面布置不规则、不对称时比规则、对称时严重；内外墙不设置圈梁时比设置时严重；房屋四角开有较大洞口，设置空旷房间或楼梯间时更严重；砌体施工质量差，尤其是内外墙的连接质量差时严重。

(3) 突出屋面楼梯间、电梯间、附墙烟囱、女儿墙等附属结构的破损　由于地震的动力

图 2-9　转角墙处的破损

作用，使得在房屋突出部位产生“鞭鞘效应”，使水平地震剪力放大而引起上述结构部位的震害。破损的严重程度与突出屋面结构面积的大小有关，突出部分的面积相对于下层面积愈小，破损愈严重。如图 2-10 为楼梯间破损。

图 2-10 楼梯间破损

(4) 空旷空间墙体的开裂　开间大的外墙和房屋顶层大房间的墙体，往往受弯剪或水平弯曲而使墙体发生通长水平裂缝。这是由于房间大，抗震墙体相距较远，地震剪力不能通过楼（屋）盖直接传给这些墙体，部分或大部分水平地震作用要由垂直于水平地震作用方向的墙体承担，而这些墙体平面外的刚度小，砌体的抗弯强度低。这种开裂在 7、8 度地震区的砌体结构空旷房屋中时有发生。它大体有以下一些规律：空旷房间的外纵墙或山墙开裂严重；楼（屋）盖错层、房屋平面凹凸变化处、墙体在门窗洞口过分被削弱处开裂严重。如图 2-11 所示的外纵墙坍塌。

图 2-11 外纵墙坍塌

(5) 碰撞损坏　无论是伸缩缝还是沉降缝，当缝宽未满足防震缝宽度要求时，变形缝两侧房屋因振动特性和振幅不同会引起互相碰撞，导致两侧房屋发生局部挤压损坏（图 2-12）。

图 2-12　碰撞破损

图 2-13　楼盖破坏

(6) 砌体结构房屋楼盖的破损　如图 2-13 所示，由于板、梁在墙体上的支承长度不够以及拉结不妥等而引起此类震害。在横墙承重房屋中，预制板与外纵墙无可靠拉结，一旦在横向水平地震作用下外纵墙被甩出，就可能带动靠外纵墙的部分横墙和楼板一起跌落引起房屋局部倒塌。震害调查还表明，设置在楼盖标高处的钢筋混凝土或配筋砖圈梁在保证墙体与预制板、梁的连接方面起重要作用。无圈梁砌体结构房屋在地震时的损坏程度，远较有圈梁的相应房屋严重得多。另外，现浇钢筋混凝土楼盖的抗震性能大大优于预制楼盖。

图 2-14　门窗过梁损坏

(7) 门窗过梁的损坏　如图 2-14 所示，砖砌平拱、弧拱过梁对变形极为敏感，在地震时易形成端头的倒八字裂缝和跨中的竖向裂缝，甚至引起局部倒塌；而在一般情况下，钢筋混凝土过梁优于钢筋砖过梁，钢筋砖过梁又优于砖砌平拱、弧拱过梁。各种过梁，凡位于房屋尽端处，其损坏都比位于房屋中部的严重，而且上层房屋尽端处的过梁比下层损坏严重。

(8) 设有钢筋混凝土构造柱时墙体的损坏　现浇钢筋混凝土构造柱与圈梁一起构成墙体的边框，形成砖墙和“隐形”钢筋混凝土框架的组合结构，具有很大的抗变形能力。在往复的水平地震作用下，这类墙体通常还可能发生交叉裂缝，但由于构造柱的存在，墙体裂缝的宽度不会很大。当水平地震剪力很大时，钢筋混凝土构造柱也可能破损，其位置一般在柱头附近，现象是破损处混凝土崩裂、钢筋屈曲，同时墙体裂缝两侧的滑移错位加大，交叉裂缝显著变宽，但构造柱一般能较有效地防止墙体倒塌。

(9) 非结构构件的震害　这类震害的例子有较重的室内外悬挂物坠落、大面积抹灰吊顶脱落等。

从总体来看，多层砖房的震害具有以下规律性：层数越多，破坏越严重；横墙越少，破坏越严重；层高越高，破坏越严重；砂浆强度等级低，破坏严重；房屋两端及转角处震害严重；下层比上层破坏严重；预制楼板砖房比整体现浇楼板砖房破坏严重；横墙比纵墙破坏严重；墙肢布置不均匀时破坏严重。

2. 底层框架结构的震害

底层框架砖房的上部各层的纵横墙体相对较密，不仅重量大，侧移刚度也大。当房屋的底层主要承重结构为框架时，纵横墙数量较少，侧移刚度比上部小得多，是一种“上重下轻、上刚下柔”的结构体系。由于房屋的底层与上部结构的刚度产生突变，在水平地震作用下，将产生“变形集中”，房屋的侧向变形在相对薄弱的底层较大，而其他各层相对较小。如图 2-15、图 2-16 所示。

图 2-15　底层框架建筑底层坍塌

国内外地震震害调查表明：底层框架砖房的破坏是相当严重的，而且破坏均发生在底部框架，破坏严重的部位为柱顶和柱底，梁的支座处也有竖向裂缝产生。6～8 度地区房屋的底层横墙出现斜裂缝或交叉裂缝，外纵墙在窗口上下出现水平裂缝或在窗间墙上出现交叉裂缝，外墙转角处出现交叉斜裂缝，严重时墙角局部倒塌，房屋上部震害与多层砖房相似，但破坏程度比多层砖房轻，这是由于带有框架的柔性底层房屋的周期变长，地震作用减小，当框架柱屈服后，限制地震作用向上部传递，从而减轻上部砖房的震害。9 度及以上地区，多数情况是底层倒塌，上面几层原地坐落。

底层框架砖房的震害特点为：

1）震害多发生在房屋的底层，房屋上部震害与多层砖房类似，其破坏强度比底层小；

2）房屋层数越多、高度越大，震害越严重；

3）底层为框架结构时的震害比底层为框架—剪力墙结构时震害大；剪力墙少的房屋震害比剪力墙多时严重；

图 2-16　底层框架柱顶压溃

4）底层的震害表现为：墙比柱严重，柱比梁严重；

5）底层为内框架的砖房破坏严重；

6）施工质量好，地基坚实的房屋震害相对较轻。

二、砌体结构工程抗震设防措施

多层砌体结构房屋目前仍是我国主要的结构类型之一，尤其是在中西部地区。砌体材料脆性大，抗拉、抗剪能力低，抗地震能力差，震害表明，在强烈地震作用下，一般多层砌体房屋工程的破坏部位主要是墙身，楼盖本身的破坏较轻。底层框架结构则主要是底层框架柱的破坏严重。因此，抗震设防的措施主要从建筑物的总体布置、砌体结构选型以及构造措施三个方面进行。

（一）建筑物的总体布置

当房屋的平面和立面布置不规则，亦即平面上凹凸曲折、立面上高低错落时，震害往往比较严重。这一方面是由于各部分的质量和刚度分布不均匀，在地震时，房屋各部分将产生较大的变形差异，使各部分连接处的变形突然变化而引起应力集中。另一方面是由于房屋的质量中心和刚度中心不重合，在地震时，地震作用对刚度中心有较大的偏心距，因而，不仅使房屋产生剪切和弯曲，而且还使房屋产生扭转，从而大大加剧了地震的破坏作用。

对于突出屋面的部分，由于鞭鞘效应将使地震作用增大。突出部位愈细长，受地震作用愈大，震害往往更为严重。

因此，房屋的平、立面布置宜规则、对称，房屋的质量分布和刚度变化宜均匀。在平面布置方面，应避免墙体局部突出和凹进，如为 L 形或槽形时，应将转角交叉部位的墙体拉通，使水平地震作用能通过贯通的墙体传到相连的另一侧。如侧翼伸出较长（超过房屋宽度），则应以防震缝将其分割成若干独立单元，以免由于刚度中心和质量中心不一致而引起扭转振动，以及在转角处由于应力集中而破坏。此外，应尽量避免将大房间布置在单元的两端。在立面布置方面，应避免局部的突出。如必须布置局部突出的建筑物时，应采取措施，在变截面处加强连接，或采用刚度较小的结构并减轻突出部分的结构自重。

楼层错层外墙体往往震害较重，故楼层不宜有错层，否则应采取特别加强措施。

（二）砌体结构选型

1. 砌体结构房屋层数、高度和高宽比的限制

（1）砌体结构房屋层数、高度的限制　砌体结构房屋层数愈多、总高度愈大、层高愈高、高宽比愈大，则房屋所受的地震作用效应愈大，由房屋整体弯曲在墙体中产生的附加应力也愈大，震害可能愈严重。同时，由于我国当前砌体材料的强度等级较低，房屋层数愈多、高度愈大，将使墙体截面加厚、结构自重和地震作用都将相应加大，对抗震十分不利。

1）砌体结构房屋的层数和总高度的限值如表 2-3 所示。

表 2-3　砌体结构房屋的层数和总高度的限值

房屋类别		最小抗震墙厚度/mm	烈度和设计基本地震加速度											
			6		7				8				9	
			0.05g		0.10g		0.15g		0.20g		0.30g		0.40g	
			高度/m	层数	高度/m	层数	高度/m	层数	高度/m	层数	高度/m	层数	高度/m	层数
多层砌体房屋	普通砖	240	21	7	21	7	21	7	18	6	15	5	12	4
	多孔砖	240	21	7	21	7	18	6	18	6	15	5	9	3
	多孔砖	190	21	7	18	6	15	5	15	5	12	4	—	—
	小砌块	190	21	7	21	7	18	6	18	6	15	5	9	3
底部框架-抗震墙砌体房屋	普通砖 多孔砖	240	22	7	22	7	19	6	16	5	—	—	—	—
	多孔砖	190	22	7	19	6	16	5	13	4	—	—	—	—
	小砌块	190	22	7	22	7	19	6	16	5	—	—	—	—

注：1. 房屋的总高度指室外地面到主要屋面板板顶或檐口的高度，半地下室从地下室室内地面算起，全地下室和嵌固条件好的半地下室应允许从室外地面算起；对带阁楼的坡屋面应算到山尖墙的 1/2 高度处。

2. 室内外高差大于 0.6m 时，房屋总高度应允许比表中的数据适当增加，但增加量应少于 1.0m。

3. 乙类的多层砌体房屋仍按本地区设防烈度查表，其层数应减少一层且总高度应降低 3m；不应采用底部框架-抗震墙砌体房屋。

2）横墙较少的多层砌体房屋，总高度应比表 2-3 的规定降低 3m，层数相应减少一层；各层横墙很少的多层砌体房屋，还应再减少一层。横墙较少是指同一楼层内开间大于 4.2m 的房间占该层总面积的 40％以上；其中，开间不大于 4.2m 的房间占该层总面积不到 20％且开间大于 4.8m 的房间占该层总面积的 50％以上为横墙很少。

3）6、7 度时，横墙较少的丙类多层砌体房屋，当按规定采取加强措施并满足抗震承载力要求时，其高度和层数应允许仍按表 2-3 的规定采用。

4）采用蒸压灰砂砖和蒸压粉煤灰砖的砌体的房屋，当砌体的抗剪强度仅达到普通黏土砖砌体的 70％时，房屋的层数应比普通砖房减少一层，总高度应减少 3m；当砌体的抗剪强度达到普通黏土砖砌体的取值时，房屋层数和总高度的要求同普通砖房屋。

（2）砌体结构房屋层高的限制　多层砌体承重房屋的层高，不应超过 3.6m。

底部框架-抗震墙砌体房屋的底部，层高不应超过 4.5m；当底层采用约束砌体抗震墙时，底层的层高不应超过 4.2m。当使用功能确有需要时，采用约束砌体等加强措施的普通砖房屋，层高不应超过 3.9m。

（3）砌体结构房屋高宽比的限制　多层砌体房屋总高度与总宽度的最大比值，宜符合表 2-4 的要求。

表 2-4　砌体结构房屋最大高宽比

烈度	6 度	7 度	8 度	9 度
最大高宽比	2.5	2.5	2.0	1.5

注：1. 单面走廊房屋的总宽度不包括走廊宽度。
2. 建筑平面接近正方形时，其高宽比值适当减小。

2. 多层砌体结构房屋的结构选型

(1) 承重方案的选择　历次地震震害表明，与横墙承重方案相比，纵墙承重方案由于其横墙较少，间距较大，地震时易遭破坏。因此，多层砖房应优先采用横墙承重或纵横墙共同承重的结构体系。不应采用砌体墙和混凝土墙混合承重的结构体系。

纵横向砌体抗震墙的布置应符合下列要求：

1) 宜均匀对称，沿平面内宜对齐，沿竖向应上下连续；且纵横向墙体的数量不宜相差过大；

2) 平面轮廓凹凸尺寸，不应超过典型尺寸的 50%；当超过典型尺寸的 25%时，房屋转角处应采取加强措施；

3) 楼板局部大洞口的尺寸不宜超过楼板宽度的 30%，且不应在墙体两侧同时开洞；

4) 房屋错层的楼板高差超过 500mm 时，应按两层计算；错层部位的墙体应采取加强措施；

5) 同一轴线上的窗间墙宽度宜均匀；墙面洞口的面积，6、7 度时不宜大于墙面总面积的 55%，8、9 度时不宜大于 50%；

6) 在房屋宽度方向的中部应设置内纵墙，其累计长度不宜小于房屋总长度的 60%（高宽比大于 4 的墙段不计入)。

(2) 抗震横墙最大间距限制　在横向水平地震作用下，砌体结构房屋的楼（屋）盖和横墙是主要抗侧力构件。它们要同时满足传递横向水平地震作用时承载力和水平刚度的要求。《建筑抗震设计规范》对不同类别楼（屋）盖的抗震横墙最大间距加以限制的目的，主要是为了使楼（屋）盖具有传递地震作用给横墙的水平刚度。多层砌体结构房屋抗震横墙的间距不应超过表 2-5 的要求。

表 2-5　房屋抗震横墙的间距　　单位：m

房屋类别		烈度			
		6 度	7 度	8 度	9 度
多层砌体房屋	现浇或装配整体式钢筋混凝土楼、屋盖	15	15	11	7
	装配式钢筋混凝土楼、屋盖	11	11	9	4
	木屋盖	9	9	4	—
底部框架-抗震墙砌体房屋	上部各层	同多层砌体房屋			—
	底层或底部两层	18	15	11	—

注：1. 多层砌体房屋的顶层，除木屋盖外的最大横墙间距应允许适当放宽，但应采取相应加强措施。
2. 多孔砖抗震横墙厚度为 190mm 时，最大横墙间距应比表中数值减少 3m。

(3) 墙体局部尺寸限制　表 2-6 为多层砌体结构房屋局部尺寸的限值，这是经地震区的宏观调查资料分析得到的。规定局部尺寸限值的目的在于防止因这些部位的失效而造成整栋结构的破坏甚至倒塌，另外也可以防止承重构件失稳。

表 2-6 房屋的局部尺寸限值 单位：m

部 位	烈 度			
	6度	7度	8度	9度
承重窗间墙最小宽度	1.0	1.0	1.2	1.5
承重外墙尽端至门窗洞边的最小距离	1.0	1.0	1.2	1.5
非承重外墙尽端至门窗洞边的最小距离	1.0	1.0	1.0	1.0
内墙阳角至门窗洞边的最小距离	1.0	1.0	1.5	2.0
无锚固女儿墙(非出入口处)的最大高度	0.5	0.5	0.5	0.0

注：1. 局部尺寸不足时，应采取局部加强措施弥补，且最小宽度不宜小于1/4层高和表列数据的80%。
2. 出入口处的女儿墙应有锚固。

(4) 防震缝的设置 房屋有下列情况之一时宜设置防震缝：

1) 房屋立面高差在6m以上；

2) 房屋有错层，且楼板高差大于层高的1/4；

3) 各部分结构刚度、质量截然不同。

防震缝应沿房屋全高设置，两侧应布置抗震墙，基础可不设防震缝。

防震缝宽度不宜过窄，以免发生垂直于缝方向的振动时，由于两部分振动周期不同，互相碰撞而加剧破坏。缝宽应根据烈度和房屋高度确定，可采用70～100mm。当房屋中设有沉降缝或伸缩缝时，沉降缝和伸缩缝也应符合防震缝的要求。

(5) 其他结构措施

1) 楼梯间不宜设置在房屋的尽端或转角处。

2) 不应在房屋转角处设置转角窗。

3) 横墙较少、跨度较大的房屋，宜采用现浇钢筋混凝土楼、屋盖。

(6) 地下室与基础 地下室对上部结构的抗震性能影响较大。历次地震震害表明，地下室对房屋上部结构的抗震起有利作用，相应房屋的震害较轻。因此，有条件时，应当结合使用要求或人防需要，建造满堂地下室。

必须注意，若仅有部分地下室，则在有无地下室的交接处最易破坏，故二者之间应设防震缝予以隔开。同一结构单元的基础，宜采用同一类型的基础。基础底面宜埋置在同一标高上，否则应按1∶2的台阶逐步放坡，同时应增设基础圈梁。软弱地基（包括软弱黏性土，可液化和严重不均匀地基）上的房屋宜沿外墙及所有承重内墙增设基础圈梁一道。

由于配筋砌体（特别是竖向配筋的砌体）的抗震性能较好，故有条件时，应优先选用配筋砌体。

(三) 构造措施

多层砌体结构工程的抗震构造措施主要从设置构造柱和圈梁，加强横向楼（屋）盖与墙体的连接，加强楼梯间的整体性等方面着手。但对于不同砌体材料的房屋建筑，具体措施有所不同。

1. 多层砖砌体房屋

(1) 钢筋混凝土构造柱

1) 构造柱的作用 钢筋混凝土构造柱是唐山大地震以来在砌体房屋结构上采用的一项重要构造措施。它是指在房屋内、外墙或纵、横墙交接处设置的竖向钢筋混凝土构件，其构造如图2-17所示。

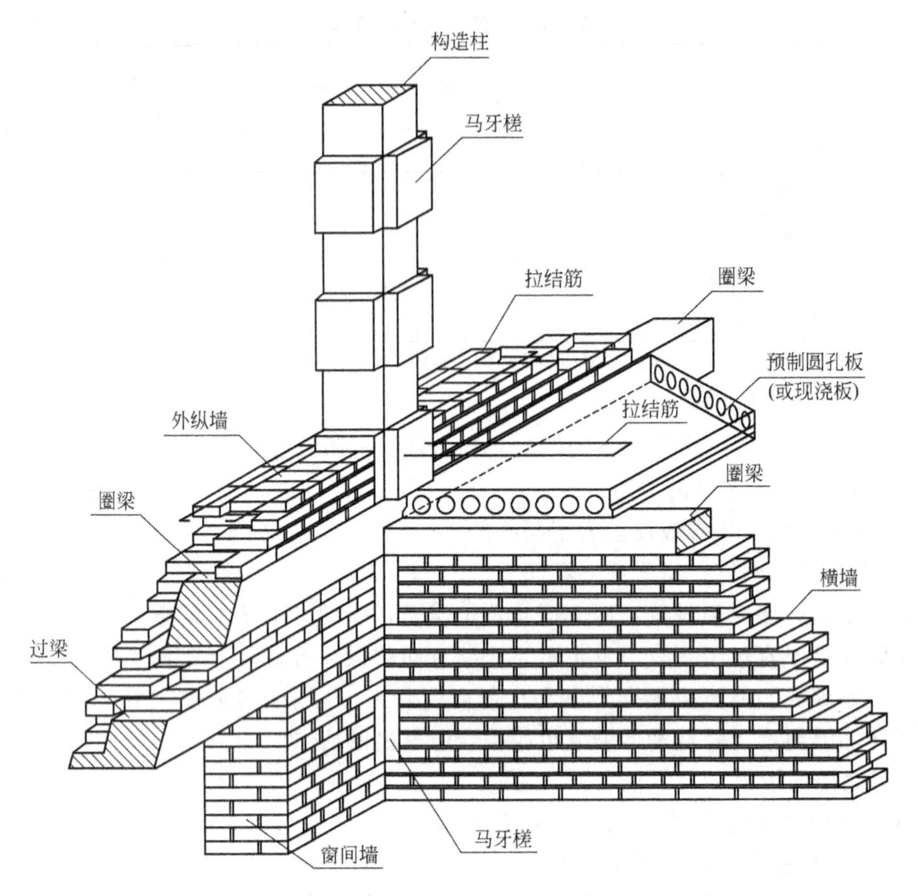

图 2-17　砌体结构工程中的构造柱和圈梁

近年来的震害调查表明，无论在已有房屋加固或新建房屋中所设置的钢筋混凝土构造柱，都起到了约束墙体的变形、加强结构的整体性以及良好的抗倒塌作用。

试验研究表明，在砖砌体交接处设置钢筋混凝土构造柱后，墙体的刚度增大不多，而抗剪能力可提高10%～20%，变形能力可大大增大，延性可提高3～4倍。当墙体周边设有钢筋混凝土圈梁和构造柱时，在墙体达到破坏的极限状态下，由于钢筋混凝土构造柱的约束，使破碎的墙体中的碎块不易散落，从而能保持一定的承载力，以支承楼盖而不至发生突然倒塌。因此，构造柱不是一般意义上的柱而是墙体的约束构件。设置构造柱的目的是约束墙体，而不是增强砌体的抗剪能力，更不是为了解决砌体结构工程的超高和增层问题。

2）构造柱的设置　《建筑抗震设计规范》(GB 50011—2010）对钢筋混凝土构造柱的设置有如下要求：

① 构造柱设置部位，一般情况下应符合表2-7的要求。

② 外廊式和单面走廊式的多层房屋，应根据房屋增加一层的层数，按表2-7的要求设置构造柱，且单面走廊两侧的纵墙均应按外墙处理。

③ 横墙较少的房屋，应根据房屋增加一层的层数，按表2-7的要求设置构造柱。当横墙较少的房屋为外廊式或单面走廊式时，应按上述②款要求设置构造柱；但6度不超过四层、7度不超过三层和8度不超过二层时，应按增加二层的层数对待。

④ 各层横墙很少的房屋，应按增加二层的层数设置构造柱。

表 2-7　多层砖房构造柱设置要求

<table>
<tr><th colspan="4">房屋层数</th><th colspan="2" rowspan="2">设置部位</th></tr>
<tr><th>6 度</th><th>7 度</th><th>8 度</th><th>9 度</th></tr>
<tr><td>四、五</td><td>三、四</td><td>二、三</td><td></td><td rowspan="3">楼、电梯间四角，楼梯段上下端对应的墙体处；
外墙四角和对应转角；
错层部位横墙与外纵墙交接处；
大房间内外墙交接处；
较大洞口两侧</td><td>隔 12m 或单元横墙与外纵墙交接处；楼梯间对应的另一侧内横墙与外纵墙交接处</td></tr>
<tr><td>六</td><td>五</td><td>四</td><td>二</td><td>隔开间横墙（轴线）与外墙交接处；
山墙与内纵墙交接处</td></tr>
<tr><td>七</td><td>≥六</td><td>≥五</td><td>≥三</td><td>内墙（轴线）与外墙交接处；
内墙的局部较小墙垛处；
内纵墙与横墙（轴线）交接处</td></tr>
</table>

注：较大洞口，内墙指不小于 2.1m 的洞口；外墙在内外墙交接处已设置构造柱时，应允许适当放宽，但洞侧墙体应加强。

⑤ 采用蒸压灰砂砖和蒸压粉煤灰砖的砌体房屋，当砌体的抗剪强度仅达到普通黏土砖砌体的 70%时，应根据增加一层的层数按上述①～④款要求设置构造柱；但 6 度不超过四层、7 度不超过三层和 8 度不超过二层时，应按增加二层的层数对待。

（2）钢筋混凝土圈梁

1）圈梁的作用　圈梁的作用最早是出于增强房屋的整体性和空间刚度，防止由于地基不均匀沉降或较大振动作用等对房屋产生的不利影响。其中以设置在基础顶面部位和檐口部位的圈梁对抵抗不均匀沉降作用最为有效。当房屋中部沉降较两端为大时，位于基础顶面部位的圈梁作用较大；当房屋两端沉降较中部为大时，则位于檐口部位的圈梁作用较大。

而现在砌体结构工程中设置圈梁，其主要目的是作为提高抗震性能的重要措施。《建筑抗震设计规范》（GB 50011—2010）对此作了明确规定，钢筋混凝土圈梁的抗震作用主要是：

① 增强楼盖水平刚度，尤其是在预制板楼面周围或紧贴板下设置的圈梁可以在水平面内将装配式楼板连成整体，使楼盖能够在各道墙体间传递水平地震作用；

② 作为构造柱的连接点（支点），使构造柱能够起到各层约束墙体的作用；

③ 作为墙体侧面的边框的一部分，即墙段两端由构造柱约束，上下则由抗震圈梁约束；

④ 此外，圈梁还在一定的程度上起到增强纵、横墙的连接，限制墙体尤其是外纵墙和山墙在平面外的变形的作用。

2）圈梁的设置　圈梁的设置与结构体系或房屋类别，房屋的长度、高度、开间、墙体类别、墙体高厚比、风荷载、地质条件、整体刚度以及振动设备等因素相关。

《砌体结构设计规范》（GB 50003—2011）规定：

① 空旷单层房屋（如车间、仓库、食堂等）。

砖砌体房屋。当檐口标高为 5～8m 时，应在檐口标高处设置圈梁一道，檐口标高大于 8m 时，应增加设置数量。

砌块及料石砌体房屋。当檐口标高 4～5m 时，应在檐口标高处设置圈梁一道，檐口标高大于 5m 时，应增加设置数量。

对有吊车或较大振动设备的单层工业厂房，当未采取隔振措施时，除在檐口或窗顶标高处设置现浇钢筋混凝土圈梁外，尚应增加设置数量。

② 多层砌体民用房屋（如宿舍、办公、住宅等）。

当层数为 3～4 层时，应在底层和檐口标高处各设置一道圈梁。当层数超过 4 层时，除应在底层和檐口标高处各设置一道圈梁外，至少在所有纵、横墙上隔层设置。

多层砌体工业房屋，应每层设置现浇钢筋混凝土圈梁。

设置墙梁的多层砌体结构房屋，应在每层的所有纵、横墙上设置浇钢筋混凝土圈梁。

《建筑抗震设计规范》（GB 50011）规定：装配式钢筋混凝土楼、屋盖或木屋盖的砖房，应按表 2-8 的要求设置圈梁；纵墙承重时，抗震横墙上的圈梁间距应比表内要求适当加密。

表 2-8　多层砖砌体房屋现浇钢筋混凝土圈梁设置要求

墙　类	烈　度		
	6、7 度	8 度	9 度
外墙和内纵墙	屋盖处及每层楼盖处	屋盖处及每层楼盖处	屋盖处及每层楼盖处
内横墙	屋盖处及每层楼盖处； 屋盖处间距不应大于 4.5m； 楼盖处间距不应大于 7.2m； 构造柱对应部位	屋盖处及每层楼盖处； 各层所有横墙，且间距不应大于 4.5m； 构造柱对应部位	屋盖处及每层楼盖处； 各层所有横墙

现浇或装配整体式钢筋混凝土楼、屋盖与墙体有可靠连接的房屋，应允许不另设圈梁，但楼板沿抗震墙体周边均应加强配筋并应与相应的构造柱钢筋可靠连接。

（3）加强楼梯间的整体性　5.12 汶川地震中一个普遍的建筑破坏现象就是作为逃生通道的楼梯间破坏比较严重，造成了相当的人员伤亡。究其原因，主要是从构造上看，楼梯间没有各层楼板的支承，楼梯间的墙仅处于休息平台、斜跑楼梯板的局部支承下，特别是顶层楼梯间上方的墙体，有一层半高处于无侧边支承的状况，因而地震时最容易破坏。因此，必须加强楼梯间的抗震构造。现行《建筑抗震设计规范》（GB 50011—2010）中，对楼梯间的抗震构造作了如下规定：

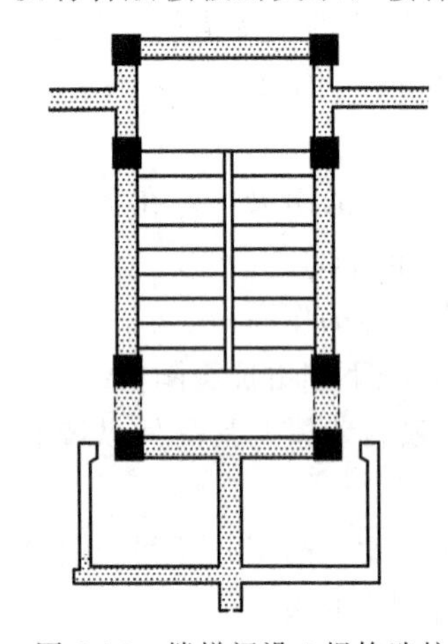
图 2-18　楼梯间设 8 根构造柱

1）增设楼梯间的构造柱，在强制性条文 7.3.1 条中，要求楼梯间四角以及楼梯段上下端对应的墙体处设置构造柱，于是，楼梯间共有 8 根构造柱（图 2-18），有助于形成应急疏散的安全岛。

2）加强楼梯间墙体的抗震能力，在 3.7.3 条补充规定“楼梯间的非承重墙体，应采取与主体结构可靠连接或锚固等避免地震时倒塌伤人或砸坏重要设备的措施”。

3）7.3.8 条的强制性规定

① 顶层楼梯间墙体应沿墙高每隔 500mm 设 2ϕ6 通长钢筋和ϕ4 分布短钢筋平面内点焊组成的拉结网片或ϕ4 点焊网片；7～9 度时其他各层楼梯间墙体应在休息平台或楼层半高处设置 60mm 厚、纵向钢筋不应少于 2ϕ10 的钢筋混凝土带或配筋砖带，配筋砖带不少于 3 皮，每皮的配筋不少于 2ϕ6，砂浆强度等级不应低于 M7.5 且不低于同层墙体的砂浆强度等级。

② 楼梯间及门厅内墙阳角处的大梁支承长度不应小于 500mm，并应与圈梁连接。

③ 装配式楼梯段应与平台板的梁可靠连接，8、9 度时不应采用装配式楼梯段；不应采用墙中悬挑式踏步或踏步竖肋插入墙体的楼梯，不应采用无筋砖砌栏板。

④ 突出屋顶的楼、电梯间，构造柱应伸到顶部，并与顶部圈梁连接，所有墙体应沿墙高每隔 500mm 设 2ϕ6 通长钢筋和ϕ4 分布短筋平面内点焊组成的拉结网片或ϕ4 点焊网片。

2. 多层砌块房屋

砌块的块型较大、竖缝较高，且边肋宽度仅为 30mm 左右，砌筑砂浆不易饱满，因此，多层砌块房屋的抗震措施除执行普通砖砌体的相关规定外，还有设置芯柱等独有的抗震措施。

（1）芯柱的设置及其作用　芯柱是指在砌块墙体上下贯通的孔洞中插入钢筋并浇灌混凝土而形成的柱子。墙体通过芯柱上下贯通或内外拉结，增强了砌体结构的整体性。芯柱的更主要的作用是提高砌块砌体的抗剪强度，同时，对砌块砌体的变形能力和延性亦有较大提高。当然，其提高的幅度与芯柱的设置数量和部位有关。

芯柱的设置的部位和数量见表 2-9。

表 2-9　多层小砌块房屋芯柱设置要求

房屋层数				设置部位	设置数量
6 度	7 度	8 度	9 度		
四、五	三、四	二、三		外墙转角，楼、电梯间四角，楼梯斜梯段上下端对应的墙体处； 大房间内外墙交接处； 错层部位横墙与外纵墙交接处； 隔 12m 或单元横墙与外纵墙交接处	外墙转角，灌实 3 个孔； 内外墙交接处，灌实 4 个孔； 楼梯斜段上下端对应的墙体处，灌实 2 个孔
六	五	四		同上； 隔开间横墙（轴线）与外纵墙交接处	
七	六	五	二	同上； 各内墙（轴线）与外纵墙交接处； 内纵墙与横墙（轴线）交接处和洞口两侧	外墙转角，灌实 5 个孔； 内外墙交接处，灌实 4 个孔； 内墙交接处，灌实 4～5 个孔； 洞口两侧各灌实 1 个孔
	七	≥六	≥三	同上； 横墙内芯柱间距不大于 2m	外墙转角，灌实 7 个孔； 内外墙交接处，灌实 5 个孔； 内墙交接处，灌实 4～5 个孔； 洞口两侧各灌实 1 个孔

注：外墙转角、内外墙交接处、楼（电）梯间四角等部位，应允许采用钢筋混凝土构造柱替代部分芯柱。

其中对外廊式和单面走廊式的多层房屋、横墙较少的房屋、各层横墙很少的房屋，尚应分别按《建筑抗震设计规范》（GB 50011）第 7.3.1 条关于增加层数的对应要求，按增加后的层数设置芯柱。

（2）砌块房屋中设置构造柱的要求　实践证明：空心混凝土砌块中普遍采用灌芯柱做法也有它的缺点。①芯柱设置的数量多，浇灌混凝土费时费工。②一些施工单位尚未掌握砌筑和浇灌芯柱混凝土的关键技术，材料也不配套。③芯柱浇灌后的质量无法检查，从而产生工程隐患。④芯柱以单根钢筋插入，受力作用并不理想。因此，《砌体结构设计规范》提出了在墙体的交接部位采用钢筋混凝土构造柱替代芯柱的做法。门窗洞口两侧的芯柱，一般不必以构造柱来替代，对于墙段中部是否以构造柱替代单根芯柱，应视墙体的抗剪强度要求由设计而定。

（3）砌块房屋中圈梁的设置　小砌块房屋各楼层均应设置现浇钢筋混凝土圈梁（表 2-10），不得采用槽形小砌块作模。圈梁宽度不应小于 190mm，配筋不应少于 4ϕ12。现浇或装配整体式钢筋混凝土楼、屋盖与墙体有可靠连接，可不另设圈梁，但楼板沿墙体周边应加强配筋并应与相应的构造柱可靠连接。

表 2-10　小砌块房屋现浇钢筋混凝土圈梁设置要求

墙　类	烈　　度	
	6、7	8
外墙和内墙	屋盖处及每层楼盖处	屋盖处及每层楼盖处
内横墙	屋盖处及每层楼盖处； 屋盖处沿所有横墙； 楼盖处间距不应大于 7m； 构造柱对应部位	屋盖处及每层楼盖处； 各层所有横墙

（4）砌块墙体的其他构造措施　多层小砌块房屋的层数，6 度时超过五层、7 度时超过四层、8 度时超过三层和 9 度时，在底层和顶层的窗台标高处，沿纵横墙应设置通长的水平现浇钢筋混凝土带；其截面高度不小于 60mm，纵筋不少于 2ϕ10，并应有分布拉结钢筋；其混凝土强度等级不应低于 C20。

水平现浇混凝土带亦可采用槽形砌块替代模板，其纵筋和拉结钢筋不变。

3. 底框房屋

底框房屋由两种不同材料和结构组成，由于上下的材料和结构均不相同，结构的自振特性差异较大，因此，其抗震性能较差。在抗震方面除与一般多层砌体结构房屋一样设置构造柱、圈梁外，还有一些特殊的要求，其中最主要的措施是在底部框架中设置抗震墙。

（1）底部抗震墙　底部框架-抗震墙结构中的抗震墙，既是承担竖向荷载的主要构件，更是承担水平地震作用的主要构件，承担 100％的水平地震作用。

1）上部的砌体墙体与底部的框架梁或抗震墙，除楼梯间附近的个别墙段外均应对齐。

2）房屋的底部，应沿纵横两方向设置一定数量的抗震墙，并应均匀对称布置。6 度且总层数不超过四层的底层框架-抗震墙砌体房屋，应允许采用嵌砌于框架之间的约束普通砖砌体或小砌块砌体的抗震墙，但应计入砌体墙对框架的附加轴力和附加剪力并进行底层的抗震验算，且同一方向不应同时采用钢筋混凝土抗震墙和约束砌体抗震墙；其余情况，8 度时应采用钢筋混凝土抗震墙，6、7 度时应采用钢筋混凝土抗震墙或配筋小砌块砌体抗震墙。

3）底层框架-抗震墙砌体房屋的纵横两个方向，第二层计入构造柱影响的侧向刚度与底层侧向刚度的比值，6、7 度时不应大于 2.5，8 度时不应大于 2.0，且均不应小于 1.0。

4）底部两层框架，抗震墙砌体房屋纵横两个方向，底层与底部第二层侧向刚度应接近，第三层计入构造柱影响的侧向刚度与底部第二层侧向刚度的比值，6、7 度时不应大于 2.0，8 度时不应大于 1.5，且均不应小于 1.0。

5）底部框架-抗震墙砌体房屋的抗震墙应设置条形基础、筏形基础等整体性好的基础。

（2）楼盖的抗震要求

1）过渡层的底板应采用现浇钢筋混凝土板，板厚不应小于 120mm；并应少开洞、开小洞，当洞口尺寸大于 800mm 时，洞口周边应设置边梁。

2）其他楼层，采用装配式钢筋混凝土楼板时均应设现浇圈梁；采用现浇钢筋混凝土楼板时应允许不另设圈梁，但楼板沿抗震墙体周边均应加强配筋并应与相应的构造柱可靠连接。

（3）底框房屋的钢筋混凝土托墙梁

1）梁的截面宽度不应小于 300mm，梁的截面高度不应小于跨度的 1/10。

2）箍筋的直径不应小于 8mm，间距不应大于 200mm；梁端在 1.5 倍梁高且不小于 1/5

梁净跨范围内，以及上部墙体的洞口处和洞口两侧各500mm且不小于梁高的范围内，箍筋间距不应大于100mm。

3）沿梁高应设腰筋，数量不应少于2Φ14，间距不应大于200mm。

4）梁的纵向受力钢筋和腰筋应按受拉钢筋的要求锚固在柱内，且支座上部的纵向钢筋在柱内的锚固长度应符合钢筋混凝土框支梁的有关要求。

（4）底层框架房屋的材料要求

1）框架柱、混凝土墙和托墙梁的混凝土强度等级，不应低于C30。

2）过渡层砌体块材的强度等级不应低于MU10，砖砌体砌筑砂浆强度的等级不应低于M10，砌块砌体砌筑砂浆强度的等级不应低于Mb10。

第三节　砌体结构工程的其他分部工程

《建筑工程施工质量验收统一标准》（GB 50300—2001）将一个单位工程分为地基与基础、主体结构、屋面、装饰装修4个建筑及结构分部工程和建筑设备安装工程的建筑给水排水及采暖、建筑电气、通风与空调、电梯和智能建筑5个分部工程，加上节能分部，共计10个分部。一般砌体结构工程不一定涉及所有的分部，但作为土建施工人员，了解与主体结构施工密切关联的分部工程的基本知识，是必要的。

一、砌体结构工程的给排水系统

给排水系统是建筑工程，尤其是民用建筑工程必不可少的配套设施，其管道敷设与建筑结构施工必须配合进行，因此了解给排水系统的基本设计特点及其与砌体工程施工的关系，是必要的。注意到砌体结构工程目前主要是多层建筑，因此主要介绍多层民用建筑的给排水系统。

1. 室内给水系统

（1）室内给水系统组成　给水系统的任务是将市政给水管网或自备水源的水，在满足用户对水质、水量、水压的要求下，输送到室内各用水点。室内给水系统由引入管（进户管）、水表节点、管道系统（干管、立管、支管）、给水附件（阀门、水表、配水龙头）等组成。

（2）给水方式及特点　普通民用多层建筑的给水方式一般采取直接给水方式，即室内给水管网直接与外部给水管网连接，利用外网水压供水。给水管网的布置也通常采用“下行上给式”，即进户水平干管敷设在专门的地沟内或在底层直接埋地敷设，自下向上供水。

（3）给水管道的敷设

1）进户水平干管（引入管）应注意的是：①防冻防压——室外部分：管顶标高在冰冻线以下20cm，覆土不小于0.7～1.0m；②离墙：在基础下通过；③留洞：穿基础d+200mm。如图2-19所示。

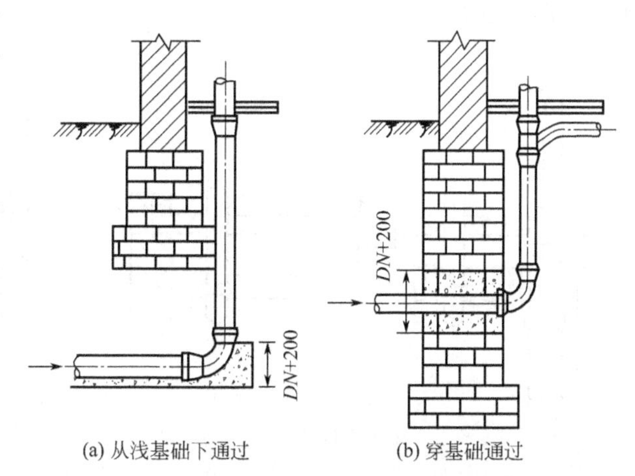

图2-19　进户水平干管进入建筑物

2）室内给水管道可明敷或暗敷，一般根据建筑或室内工艺设备的要求及管道材质的不同来规定。明敷是管道在室内沿墙、梁、柱、天花板下、地板旁暴露敷设。其优点是造价低，便于安装维修，缺点是不美观，易产生凝结水和积灰，妨碍环境卫生。

室内给水管道暗敷有直埋与非直埋两种形式，直埋式有嵌墙敷设、埋地或在地坪面层内敷设；非直埋式有管道井、管廊、吊顶内，地坪架空层内敷设。给水管道不得直接敷设在建筑物结构层内。

2. 排水系统

建筑排水系统根据所接纳的污废水类型不同，可分为生活污水管道系统、工业废水管道系统和屋面雨水管道系统三类。民用建筑的生活污水是无压重力排放，因此水平管道都应有一定的水力坡度，以使排水畅通。

(1) 室内排水系统组成　排水系统的基本要求是迅速通畅地排除建筑内部的污废水，保证排水系统在气压波动下不致使水封破坏。其组成包括以下几部分：

1) 卫生器具或生产设备受水器，是排水系统的起点。

2) 存水弯，是连接在卫生器具与排水支管之间的管件，防止排水管内腐臭、有害气体、虫类等通过排水管进入室内。如果卫生器具本身有存水弯，则不再安装。

3) 排水管道系统，由排水横支管、排水立管、埋地干管和排出管组成。排水横支管是将卫生器具或其他设备流来的污水排到立管中去。排水立管是连接各排水支管的垂直总管。埋地干管连接各排水立管。排出管将室内污水排到室外第一个检查井。

4) 通气管系，是使室内排水管与大气相通，减少排水管内空气的压力波动，保护存水弯的水封不被破坏。

5) 清通设备，是疏通排水管道、保障排水畅通的设备。包括检查口、清扫口和室内检查井。

(2) 室外排水系统组成　室外排水系统由排水管道、检查井、跌水井、雨水口和化粪池等组成。

(3) 异层排水与同层排水　所谓异层排水是相对于同层排水而言，又称为下排水，即本层的排水管（排污横管和排水支管）穿越楼板进入下层空间 [图 2-20(a)]，这是一种传统的做法。而同层排水则是本层的排水管（排污横管和排水支管）均不穿越楼板进入下层空间，在同楼层内平面施工敷设，管道敷设完成后，用煤焦渣等轻质材料填实作为垫层，垫层再做防水层和面层。这种在本层套内就能解决问题的排水方式。简称“同层安装”，也叫同层排水。见图 2-20(b)。

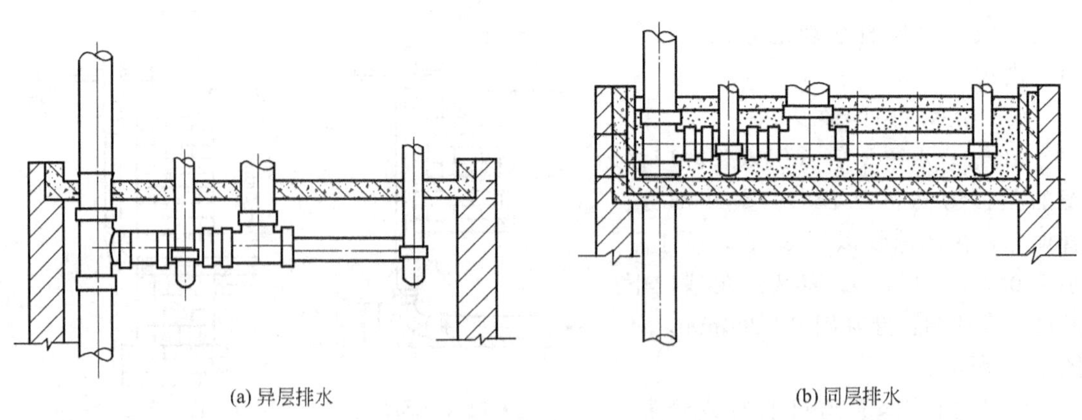
(a) 异层排水　　(b) 同层排水

图 2-20　异层排水与同层排水

异层排水方案要求主体结构施工时在厨卫间的楼面上按设计位置预留穿楼面的竖管孔洞。同层排水有降板、局部降板和不降板三种方案，不降板方案对主体施工方便，通过垫高卫生间地面的垫层解决水平支管的隐蔽，这种方案采用的不多，原因是容易产生“内水外溢”。降板、局部降板方案即卫生间的楼面标高要比楼层面标高降低至少350mm以上，这给楼面施工带来一定的不便。

二、砌体结构工程的电气系统

民用建筑的电气系统涉及面广，以住宅电气系统为例，包括：供配电系统、电气设备、照明系统、火灾自动报警及联动系统、安全防范系统、通信网络系统、信息网络系统、管理与监控系统、家庭控制器、线路敷设、防雷及安全接地等。既有所谓的强电，又有弱电，各类布线（电源线、电话线、闭路电视线、网络数据线、信号控制线等）既要考虑用户接口端的使用方便，还要注意因计量、管理等要求而形成的各自的体系，并且几乎所有的布线基本都采用暗敷，因此，电气系统与建筑主体结构施工期间最密切的关联就是各类布线管布设以及配电箱、接线盒、开关盒的预埋或预留孔洞。

1. 各类暗管的敷设

长期以来，随着民用建筑配套设施的增加与完善，人们对建筑美观要求的提升，各类强电弱电以及水、暖、燃气等管线都走暗敷方案，导致预埋暗敷的管线数量日益增多、管径变大，施工过程中存在的问题日益突出，尤其是对砌体结构墙体的结构强度和整体性带来了非常不利的影响，日益增多的管线暗埋对传统砌体结构的设计和施工都提出了更高更新的要求。这一方面要求设计者应在施工图中注明相关槽洞的位置、标高及截面尺寸，交代施工要求，避免后期凿槽打洞。另一方面也要求施工的组织者必须全面认识砌体结构工程的设计与施工，在施工准备阶段要吃透图纸，熟悉所建工程的结构，对各类预埋管的数量、走向、埋设方式做到心中有数，才能够在施工过程中，在质量上保证不因管线预埋而降低结构构件的承载能力，在进度上完成管线预埋与主体结构施工的同步进行，避免不必要的后期开洞、剔槽甚至是砸墙等既造成施工费用增加又严重损害结构质量的现象发生。

（1）垂直预埋管线　当垂直预埋管线埋设在钢筋混凝土柱或者钢筋混凝土剪力墙中时，敷设方法相对简单，仅需将线路套管改为钢管，并与结构钢筋绑扎固定，防止在浇筑振捣混凝土时偏位即可。由于电气管线直径较小，对混凝土墙、柱影响不大，可根据需要灵活布置。但砌体结构工程中，要将垂直管线埋设于砌体墙体中，其埋设方式相对复杂，也是电气安装工程与土建工程矛盾较多的地方。因此，除非必要，应该尽可能将垂直管线通过管道井敷设，或暗敷在构造柱中。

（2）水平预埋管线

1）在预制装配式楼盖中的埋设　一般多层砌体结构工程预制装配式楼盖通常使用的是预应力混凝土空心板。在预制板楼盖中布置管线需要预先了解预制板的布置方式，使管线沿预制板中圆孔或板缝布置。需要注意的是，在圆孔中布置管线时，引出凿孔要避开板受力主筋位置。当管线沿板缝布置时，由于通常板缝宽度为20～30mm，预埋管线会导致灌缝难以密实，此时，宜将需布管的板缝调宽至40～50mm，在板缝中附加一根ϕ12钢筋加以解决。

2）在现浇混凝土楼盖中的埋设　预埋电气管线在现浇板中的平面布置方式较为灵活，但应注意不宜将管线在现浇板内交叉，也不可并排布置，敷设在钢筋混凝土现浇楼板内的电线管最大外径不宜超过板厚的1/3。这是由于现浇板的板厚一般为80～150mm，管线对混凝土截面的削弱比较大，而且通长的管线会在混凝土板内造成薄弱带，处理不慎就会引起混凝土板开裂，或留下工程隐患。

在现浇板中敷设的水平预埋管也应采取预防机械损伤措施，埋设于现浇板内的管线弯曲半径不小于管外径的10倍。

2. 配电箱的预留孔洞

建筑工程施工中，常存在各工种之间配合不好的问题。如水电安装中应在砌体上开的洞口、埋设的管道等往往在砌好的砌体上打凿，对砌体的破坏较大。或者预留孔洞的做法不规范，同一个单位工程，预留洞位置不统一、或大或小等现象普遍。

造成这一现象的原因，一是建筑设计对于弱电系统的设计深度，一般做不到施工图阶段。在实际施工中，弱电系统一般需要专业承包商进行二次深化设计。而业主选择了不同的弱电承包商，会带来不同的弱电设备和安装工艺。因此，预留的弱电箱孔洞不合适，需要修改，经常发生。二是施工技术人员的专业素质问题，一方面不少电气施工人员只知道照电气专业图纸施工，根本不看其他专业的图纸，或者是看不懂其他专业图纸；另一方面，负责主体施工的土建总包单位的施工人员同样也不注意或者看不懂水电等设备专业的图纸，因此放松甚至放弃监控，以包代管，从而造成差错。

因此，作为一个建筑施工技术人员应当全面掌握与建筑工程相关的各方面知识。

从设计的角度，墙体中预留的电器开关箱、消防栓箱等洞口宜选择在受力较小的墙段，否则应进行承载力验算或采取加强措施。

3. 防雷设施

防雷设计的技术措施应按现行国家标准《建筑物防雷设计规范》（GB 50057）进行防雷分类，民用住宅年预计雷击次数均大于0.06次/年、且少于0.3次/年，均应划为第三类防雷建筑物。

建筑物的防雷装置分为两大部分：即外部防雷装置和内部防雷装置。见图2-21。防直击雷的措施如下

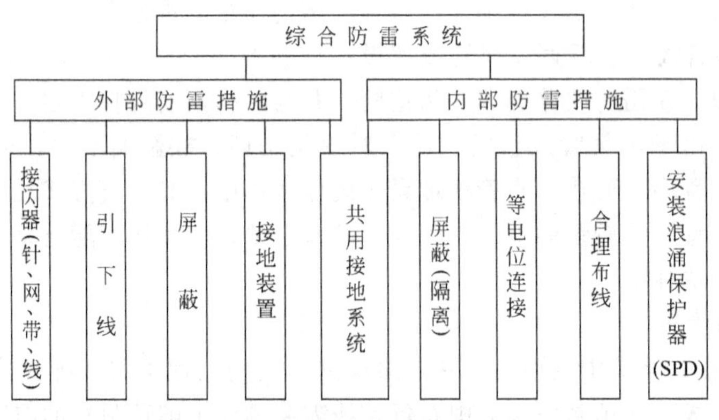

图2-21　建筑物综合防雷系统

1）接闪器采用避雷针、避雷带（网），或两者混合的方式，还宜利用建筑物的金属屋面作为接闪器，但应符合规范要求。

2）引下线应优先利用建筑物钢筋混凝土柱或剪力墙中的主钢筋，还宜利用建筑物的消防梯、钢柱、金属烟囱等作为引下线。

当利用钢筋混凝土柱中的钢筋、钢柱作为自然引下线，并同时采用基础钢筋作为接地装置时，不设断接卡，但应在室外适当地点设若干与柱内钢筋相连的连接板，供测量、外接人

工接地体和作等电位联结用。

砌体结构的建筑物，若不能利用结构中的钢筋作引下线时，在外墙四周另设引下线，并在离地 1.8m 处装设断接卡。其 1.7m 至地下 0.3m 一段应采取保护措施。

3）接地装置应优先利用建筑物钢筋混凝土基础内的钢筋。有钢筋混凝土地梁时，应将地梁内钢筋连成环形接地装置；没有钢筋混凝土地梁时，可在建筑物周边无钢筋的闭合条形混凝土基础内，用━ 40×4 镀锌扁钢直接敷设在槽坑外沿，形成环形接地。

三、砌体结构工程的节能

节约能源已成为我国社会发展的一项重要国策，建筑节能在节约能源的系统工程中占有举足轻重的地位，我国政府十分重视建筑节能工作。

建筑节能，指在建筑材料生产、房屋建筑和构筑物施工及使用过程中，满足同等需要或达到相同目的的条件下，尽可能降低能耗。对主要作为民用建筑的砌体结构工程而言，节能是指在保证民用建筑使用功能和室内热环境质量的前提下，降低其使用过程中能源消耗的活动。

《建筑节能工程施工质量验收规范》（GB 50411—2007）规定，建筑节能工程作为单位建筑工程的一个分部工程，由墙体、幕墙、门窗、屋面、地面、采暖、通风与空气调节、空调与采暖系统冷热源及管网、配电与照明、监测与控制 10 个分项节能工程组成。

对建筑物进行墙体保温是建筑节能的有效途径之一。因此，砌体结构工程的墙体保温是重要的节能分项工程。经过多年的技术发展及工程实践，已有若干种保温材料及其体系可以成功应用于外墙外保温工程，其中聚氨酯硬泡外墙外保温系统就是一种综合性能良好的新型外墙保温体系。

（一）墙体节能技术

节能保温墙体施工技术主要分为外墙内保温和外墙外保温两大类。

1. 外墙内保温技术

外墙内保温施工，是在外墙结构的内部加做保温层。内保温施工速度快，操作方便灵活，可以保证施工进度。内保温应用时间较长，技术成熟，施工技术及检验标准是比较完善的。推广的内保温技术有：增强石膏复合聚苯保温板、聚合物砂浆复合聚苯保温板、增强水泥复合聚苯保温板、内墙贴聚苯板抹粉刷石膏及抹聚苯颗粒保温料浆加抗裂砂浆压入网格布的做法。

但内保温会多占用使用面积，“热桥”问题不易解决，容易引起开裂，还会影响施工速度，影响居民的二次装修，且内墙悬挂和固定物件也容易破坏内保温结构。内保温在技术上的不合理性，决定了其必然要被外保温所替代。

“热桥”是指处在外墙和屋面等围护结构中的钢筋混凝土或金属梁、柱、肋等部位。因这些部位传热能力强，热流较密集，内表面温度较低，故称为热桥。

2. 外墙外保温技术

适用于砌体结构外墙的外保温技术主要有以下几种：

（1）硬泡聚氨酯板外墙外保温系统　用胶黏剂将聚氨酯板粘接在外墙上，聚氨酯板表面做玻纤网增强薄抹面层和饰面层。

（2）现场喷涂硬泡聚氨酯外墙外保温系统　在墙面上现场涂刷聚氨酯防潮底漆和喷涂聚氨酯硬泡保温层，涂刷聚氨酯界面砂浆，并抹胶粉 EPS 颗粒保温浆料找平层，表面做玻纤网增强抗裂砂浆薄抹面层和饰面层。图 2-22 为聚氨酯硬泡外墙外保温系统基本构造示意图。

（3）EPS 板（模塑聚苯板）外墙外保温系统　又称 EPS 板薄抹灰系统。用胶黏剂将 EPS 板粘接在外墙上，EPS 板表面做玻纤网增强薄抹面层和饰面层。

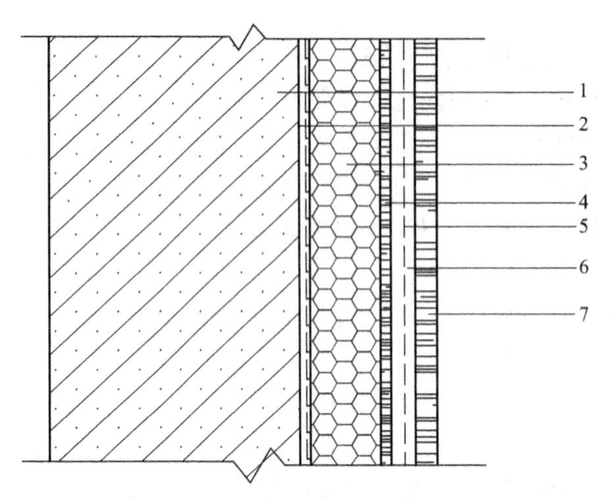

图 2-22 聚氨酯硬泡外墙外保温系统基本构造示意图
1—基层墙体；2—防潮隔汽层（必要时）+胶黏剂（必要时）；3—聚氨酯硬泡保温层；4—界面剂（必要时）；5—玻纤网布（必要时）；6—抹面胶浆（必要时）；7—饰面层

（4）胶粉 EPS 颗粒保温浆料外墙外保温系统　又称保温浆料系统。胶粉 EPS 颗粒保温浆料经现场拌和后抹在外墙上，表面做玻纤网增强抗裂砂浆薄抹面层和饰面层。

（5）XPS 板（挤塑聚苯板）外墙外保温系统　用胶黏剂将 XPS 板粘接在外墙上，XPS 板表面做玻纤网增强薄抹面层和饰面层。粘接 XPS 板及做抹面层前，先在 XPS 板表面涂界面剂。

（6）岩棉板外墙外保温系统　用机械固定件将岩棉板固定在外墙上，外挂热镀锌钢丝网并喷涂喷砂界面剂。外抹 20mm 厚胶粉 EPS 颗粒保温浆料找平层，并做玻纤网增强抗裂砂浆薄抹面层和饰面层。

（7）装配式保温装饰一体化外墙外保温系统　工业化生产保温装饰复合板，芯材为聚氨酯泡沫塑料等。外表为涂仿瓷、仿天然石材的 0.5mm 铝板，内贴 0.06mm 铝箔防潮层，侧边设有防水榫槽。安装时将龙骨固定在外墙上，用不锈钢钉将复合板固定在龙骨上。

（8）保温装饰板外墙外保温系统　保温装饰板以挤塑聚苯板等为保温层，表面复合铝板氟碳涂料、石材、面砖等面层，可直接粘贴于基墙表面，也可干挂，板缝用密封胶密封。

上述外墙外保温技术中，硬泡聚氨酯外墙外保温技术是住房和城乡建设部重点推广的墙体节能技术，其施工将在本书第八章讲述。

3. 外墙外保温系统基本要求

1）应能适应基层的正常变形而不产生裂缝或空鼓；

2）应能长期承受自重而不产生有害的变形；

3）应能承受风荷载的作用而不产生破坏；

4）应能耐受室外气候的长期反复作用而不产生破坏；

5）在罕遇地震发生时不应从基层上脱落；

6）用于高层建筑时，应采取防火构造措施；

7）应具有防水渗透性能；

8）外保温复合墙体的保温、隔热和防潮性能应符合《民用建筑热工设计规范》(GB 50176—1993）和相关节能设计标准规定；

9）各组成部分应具有物理、化学稳定性。所有组成材料应彼此相容并应具有防腐性，同时应具有防生物侵害性能；

10）在正确使用和正常维护的条件下，使用年限应不少于 25 年。正常维护包括局部修补和饰面层维修两部分。对局部破坏应及时修补。对于不可触及的墙面、饰面层正常维修周期应不少于 5 年。

（二）其他节能分项工程

1. 屋面节能技术

屋面节能技术的关键是屋面保温隔热系统的构造措施。即无论是采用普通防水屋面还是倒置式防水屋面、聚氨酯喷涂屋面、架空隔热屋面、种植屋面，都应根据热工计算设置相应的保温层，保温层宜选用吸水率低、密度和热导率小的并有一定强度的材料，如EPS板、XPS板等。

2. 门窗节能技术

建筑门窗的节能技术主要从门窗材料和气密性能两个方面着手，提高门窗的保温绝热性能。

(1) 门窗材料

1) 为提高门窗的保温性能，门窗型材可采用木-金属复合型材、塑料型材、隔热铝合金型材、隔热钢型材、玻璃钢型材等。

2) 为提高建筑门窗、玻璃幕墙的保温性能，宜采用中空玻璃。当需进一步提高保温性能时，可采用Low-E中空玻璃、充惰性气体的Low-E中空玻璃、两层或多层中空玻璃等。严寒地区可采用双层外窗，进一步提高保温性能。

3) 为提高建筑门窗、玻璃幕墙的隔热性能，降低遮阳系数，可采用吸热玻璃、镀膜玻璃（包括热反射镀膜、Low-E镀膜等）。进一步降低遮阳系数可采用吸热中空玻璃、镀膜（包括热反射镀膜、Low-E镀膜等）中空玻璃等。

(2) 气密性能

1) 为提高门窗的气密性能，门窗的面板缝隙应采取良好的密封措施。玻璃或非透明面板四周应采用弹性好、耐久的密封条密封或注密封胶密封。

2) 开启扇应采用双道或多道密封，并采用弹性好、耐久的密封条。推拉窗开启扇四周应采用中间带胶片毛条或橡胶密封条密封。

3) 严寒、寒冷、夏热冬冷地区，门窗周边与墙体或其他围护结构连接处应为弹性构造，采用防潮型保温材料填塞，缝隙应采用密封剂或密封胶密封。

小　结

砌体结构工程一般是指建筑物的墙、柱、基础等竖向承重构件为砌体结构，而楼面、屋盖等横向承重构件（包括楼梯梯段和平台）则是钢筋混凝土结构的混合结构工程，通常又称为砖混结构工程。

砌体结构工程的房屋类型按主体结构的层数及层高，一般可分为单层房屋、多层房屋和高层房屋三类。按竖向承重构件的不同，可以分为一般砌体结构工程和底层框架结构工程。

一般砌体结构工程按竖向荷载的传递方式不同，可分为：横墙承重体系、纵墙承重体系和纵、横墙承重体系。横墙承重体系房屋的横向刚度大，有利于抵抗风荷载和地震荷载，但房间布置不灵活，空间小，墙体材料用量大。纵墙承重体系则相反，房间可以有大空间，平面布置灵活，但房屋整体横向刚度相对较弱，不利于抗震和抵抗风荷载，且墙体材料用料较少，屋、楼盖用料较多。纵、横墙承重体系房屋的空间和平面布置介于前两种体系之间，结构上可以做到房屋两个方向的刚度接近，有利于抗震、抗风，墙体材料利用率高，墙体应力也比较均匀。

底层框架结构房屋属上、下两种不同材料，不同性质的混合式结构，不利于抗震，因此，必须在底部框架中布置一定数量的抗震（剪力）墙，而不允许将底层做成纯框架结构。从这个意义上讲，底层框架结构的准确定义应该是“底层框架-抗震墙结构”。

砌体结构工程房屋可采用的横向承重体系有：钢筋混凝土现浇楼（屋）盖、装配式钢筋混凝土楼（屋）盖、装配整体式钢筋混凝土楼（屋）盖和轻钢结构屋盖。

砌体材料的延性不好，砌体结构工程的整体连接性能相对较差，因此，未经抗震设计的砌体结构房屋的抗震性能较弱。但是，砌体结构工程只要进行抗震设计、采取合理的抗震构造措施、确保施工质量，仍能有效地应用于地震设防区。

砌体结构工程抗震设防措施主要从建筑物的总体布置、砌体结构选型以及构造措施三个方面进行。建筑物的总体布置要求房屋的平、立面布置宜规则、对称，房屋的质量分布和刚度变化宜均匀。砌体结构选型主要从房屋层数、高度和高宽比的限制；承重方案的选择；抗震横墙最大间距限制；墙体局部尺寸限制；防震缝的设置；地下室与基础的结构形式等方面进行控制。构造措施则主要从设置构造柱（空心小砌块房屋设芯柱）和圈梁，加强横向楼（屋）盖与墙体的连接，加强楼梯间的整体性等方面着手。

砌体结构工程的其他与主体结构施工关系较密切的分部工程主要有给排水、电气（包括防雷）以及节能工程。其中水、电管线在竖向砌体结构中的暗设是砌体结构工程施工中必须高度重视的问题。

能力训练题

一、填空题

1. 根据竖向承重构件的不同，可以把砌体结构工程分为____________和____________。

2. 按竖向荷载的传递方式和途径，一般砌体结构工程可分为________________、________________和________________。

3. 《建筑抗震设计规范》（GB 50011—2010）明确规定：多、高层建筑的混凝土楼、屋盖宜优先采用____________。当采用____________时，应从楼盖体系和构造上采取措施确保____________之间连接的整体性。

4. 通常用____________来衡量一次地震释放能量的多少，用____________来反映某一地区的地面及建筑物遭受一次地震影响的强弱程度。

5. 现浇或装配整体式钢筋混凝土楼、屋盖与墙体有可靠连接的房屋，应________________，但楼板沿抗震墙体周边均应加强配筋并应与相应的构造柱钢筋可靠连接。

6. 芯柱是指在砌块墙体____________________而形成的柱子。

二、单选题

1. 砌体结构房屋的空间刚度与（　　）有关。

A. 屋盖（楼盖）类别、横墙间距　　B. 横墙间距、有无山墙

C. 有无山墙、施工质量　　D. 屋盖（楼盖）类别、施工质量

2. 先将预制板吊装装配就位，然后再在预制板上布筋浇筑后浇层混凝土，形成叠合板，这种楼（屋）盖是（　　）。

A. 装配式钢筋混凝土楼（屋）盖　　B. 钢筋混凝土现浇楼（屋）盖

C. 装配整体式钢筋混凝土楼（屋）盖　　D. 钢筋混凝土叠合楼（屋）盖

3. 多层砌体承重房屋的层高，不应超过（　　）m。

A. 2.8　　B. 3.0　　C. 3.3　　D. 3.6

4. 多层砖房楼梯间的构造柱应该有（　　）根。

A. 4　　B. 6　　C. 8　　D. 10

5. 设置构造柱的目的是（　　）。

A. 增强砌体的抗剪能力　　B. 解决砌体结构工程的超高问题

C. 解决砌体结构工程的增层问题　　D. 约束砌体墙体

三、多选题

1.《建筑抗震设计规范》(GB 50011—2010) 要求：多层砌体房屋应优先采用（　　）的结构体系，不应采用砌体墙和混凝土墙混合承重的结构体系。

A. 横墙承重　　B. 纵墙承重　　C. 纵横墙承重体系　　D. 混凝土墙承重

2. 钢筋混凝土圈梁的作用有（　　）。

A. 增强楼盖水平刚度

B. 作为构造柱的支点

C. 增强纵、横墙的连接，限制墙体尤其是外纵墙和山墙在平面外的变形

D. 作为墙体侧面的边框的一部分，对墙体起约束作用

3. 抗震设防烈度 8 度、9 度时，砌体结构房屋（　　）。

A. 不应采用装配式楼梯段

B. 不应采用现浇式楼梯段

C. 不应采用无筋砖砌栏板

D. 不应采用墙中悬挑式踏步或踏步竖肋插入墙体的楼梯

4. 抗震设防 6 度的 6 层小砌块房屋，其芯柱设置的规定有（　　）。

A. 外墙转角处，灌实 3 个孔

B. 外墙转角处，灌实 5 个孔

C. 内外墙交接处，灌实 4 个孔

D. 楼梯段上下对应的墙体处，灌实 2 个孔

5. 底框房屋的材料要求有（　　）。

A. 框架柱、混凝土墙和托墙梁的混凝土强度等级，不应低于 C30

B. 过渡层砌体块材的强度等级不应低于 MU10

C. 砖砌体砌筑砂浆强度的等级不应低于 M10

D. 砌块砌体砌筑砂浆强度的等级不应低于 Mb10

四、思考题

1. 什么是砌体结构工程？砌体结构工程与混合结构工程有何关系？

2. 砌体结构工程的房屋有哪几种类型？

3. 一般砌体结构工程有哪几种竖向承重体系？各有何特点？

4. 底框结构房屋有哪些类型？各有何特点？

5. 砌体结构工程的横向承重体系有哪几类？各有何特点？

6. 一般砌体结构工程的地震震害有哪些类型？

7. 底框结构工程的地震震害有何特点？

8. 从结构选型方面，砌体结构工程的抗震措施有哪些？

9. 从构造措施方面，砌体结构工程的抗震措施有哪些？

10. 构造柱有何作用？其设置有哪些规定？

11. 圈梁有何作用？其设置有哪些规定？

12. 简述多层砌块房屋的芯柱设置及其作用。

13. 多层砌块房屋为什么还要设置构造柱？

14. 底框房屋的抗震设防应采取哪些主要措施？

15. 简述砌体结构工程的给排水系统。

16. 简述砌体结构工程的电气系统。

17. 简述砌体结构工程节能主要从哪几个方面进行？各有何技术措施？

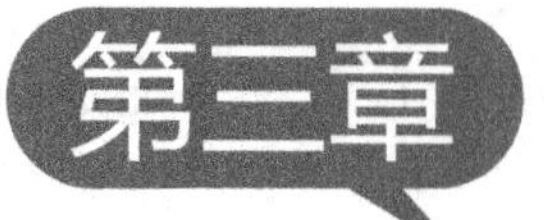

砌体结构工程施工准备工作

- 熟悉砌体结构工程的施工程序和施工准备工作的主要内容
- 熟悉建筑工程技术标准的分级、分类及其体系
- 了解砌体结构工程施工所涉及的主要机具、设备（包括脚手架）的类型、规格及安装架设
- 熟悉砖砌体的组砌形式、砌筑操作工艺

能力目标

- 能根据工程实际完成施工准备中施工环境调研、施工技术准备、施工现场准备的相应工作
- 能正确理解、应用相应的技术标准、规范、规程，能正确对待和选用标准图集
- 能正确选用砌体结构工程所需的机具、设备，能够对机具、设备的安设，脚手架的搭设进行质量和安全措施的监控
- 具备对砌筑工艺过程进行质量监控的能力

与其他建筑工程的施工一样，砌体结构工程的施工也要经历施工准备、项目施工、项目验收三大阶段，每个阶段都要从人、机、料、法（工艺技术）、环（环境）五个方面进行控制，以期实现安全、质量、工期、成本这四大项目施工的目标。

第一节　施工准备工作

一、砌体结构工程的施工程序

砌体结构工程的施工程序如图 3-1 所示。

二、施工准备工作的内容

每项建筑工程施工准备工作的内容，视该工程规模、地点及相应的具体条件的不同而有所不同。按照施工项目的具体特点和要求确定施工准备工作的具体内容。

一般工程的施工准备工作的内容可归纳为六个部分：调查研究收集资料、技术准备、施工现场准备、物资准备、施工现场人力资源准备和季节性施工准备。

（一）调查研究收集资料

有关施工资料的调查收集可归纳为两部分内容，即自然条件的调查收集和技术经济条件

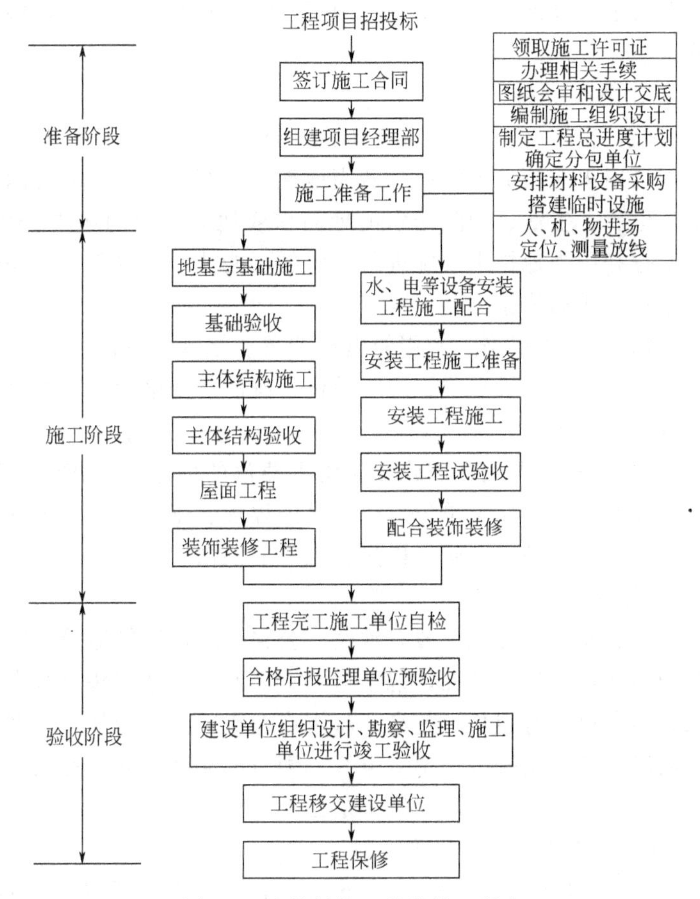

图 3-1　砌体结构工程的施工程序

的调查收集。自然条件是指通过自然力活动而形成的与施工有关的条件，如地形地貌、工程地质、水文地质及气象条件等。技术经济条件是指通过社会经济活动而形成的与施工活动有关的条件，如项目所在地供水、供电、道路交通能力；地方建筑材料的生产供应能力及建筑劳务市场的发育程度；当地民风民俗、生活供应保障能力等。

1. 原始资料的调查

原始资料的调查主要是对工程条件、工程环境特点和施工条件等施工技术与组织的基础资料进行调查，以此作为项目准备工作的依据。

1）施工现场的调查——包括工程的建设规划图、建设地区区域地形图、场地地形图、控制桩与水准基点的位置及现场地形、地貌特征等资料。这些资料一般可作为设计施工平面图的依据。

2）工程地质、水文地质的调查——包括工程钻孔布置图、地质剖面图、地基各项物理力学指标试验报告、地质稳定性资料、暗河及地下水水位变化、流向、流速及流量和水质等资料。这些资料一般可作为选择基础施工方法的依据。

3）气象资料的调查——包括全年、各月平均气温，最高与最低气温，及以下气温的天数和时间；雨季起止时间，最大及月平均降水量及雷暴时间；主导风向及频率，全年大风的天数及时间等资料。这些资料一般可作为确定冬、雨期季节施工工作的依据。

4）周围环境及障碍物的调查——包括施工区域现有建筑物、构筑物、沟渠、水井、古墓、文物、树木、电力架空线路、人防工程、地下管线、枯井等资料。这些资料可作为布置现场施工平面的依据。

2. 收集给排水、供电等资料

1）收集当地给排水资料。调查当地现有水源的连接地点、接管距离、水压、水质、水费及供水能力和与现场用水连接的可能性。若当地现有水源不能满足施工用水的要求，则要调查附近可作为施工生产、生活、消防用水的地面水或地下水源的水质、水量、取水方式、距离等条件。还要调查利用当地排水设施进行排水的可能性，排水距离、去向等资料。这些可作为选用施工给排水方式的依据。

2）收集供电资料。调查可供施工使用的电源位置、接入工地的路径和条件，可以满足的容量、电压及电费等资料或建设单位、施工单位自有的发变电设备、供电能力。这些资料可作为选择施工用电方式的依据。

3）收集供热、供气资料。调查冬季施工时附近蒸汽的供应量、接管条件和价格，建设单位自有的供热能力以及当地或建设单位可以提供的煤气、压缩空气、氧气的能力及它们至工地的距离等资料。这些资料是确定施工供热、供气的依据。

3. 收集交通运输资料

建筑施工中主要的交通运输方式一般有铁路、公路、水运和航运等。收集交通运输资料是调查主要材料及构件运输通道的情况，包括道路、街巷、途经的桥涵宽度、高度，允许载重量和转弯半径限制等资料。有超长、超高、超宽或超重的大型构件、大型起重机械和生产工艺设备需整体运输时，还要调查沿途架空电线、天桥的高度，并与有关部门商议避免大件运输对正常交通产生干扰的路线、时间及解决措施。

4. 收集三材、地方材料及装饰材料等资料

“三材”即钢材、木材和水泥。一般情况下应摸清三材市场行情，了解地方材料如砖、砂、灰、石等材料的供应能力、质量、价格、运费情况；当地构件制作、木材加工、金属结构、钢木门窗；商品混凝土、建筑机械供应与维修、运输等情况；脚手架、模板和大型工具租赁等能提供的服务项目、能力、价格等条件；收集装饰材料、特殊灯具、防水、防腐材料等市场情况。这些资料用作确定材料的供应计划、加工方式、储存和堆放场地及建造临时设施的依据。

5. 社会劳动力和生活条件调查

项目所在地的社会劳动力和生活条件调查主要是了解当地能提供的劳动力人数、技术水平、来源和生活安排；能提供作为施工用的现有房屋情况；当地主、副食产品供应、日用品供应、文化教育、消防治安、医疗单位的基本情况以及能为施工提供支援的能力。这些资料是拟订劳动力安排计划、建立员工生活基地、确定临时设施的依据。

（二）技术准备

技术准备是根据施工图纸、施工地区调查研究收集的资料，结合工程特点，为施工建立必要的技术条件而做的准备工作。

1. 熟悉和会审图纸

熟悉和审查施工图纸的主要目的是使施工单位工程技术管理人员了解和掌握图纸的设计意图、构造特点和技术要求，为编制施工组织设计提供各项依据。通常，按图纸自审、会审和现场签证等三个阶段进行。图纸自审是由施工单位主持，并写出图纸自审记录。图纸会审则由建设单位主持，设计、监理和施工单位共同参加，形成图纸会审纪要，由建设单位正式

行文，四方共同会签并加盖公章，作为指导施工和工程结算的依据。图纸现场签证是在工程施工中，遵循技术核定和设计变更签证制度，对所发现的问题进行现场签证，作为指导施工、竣工验收和结算的依据。

施工单位熟悉和自审图纸时应注意如下几点：

1）施工图纸是否符合国家的有关技术政策、经济政策和相关的规定。

2）施工图纸与其说明书在内容上是否一致，施工图纸及其各组成部分间有无矛盾和错误。

3）建施图与结施、电施、水施等相关图纸，在尺寸、坐标、标高和说明方面是否一致，技术要求是否明确。

4）熟悉工业项目的生产工艺流程和技术要求，掌握配套投产的先后次序和相互关系，审查设备安装图纸与其相配合的土建图纸，在坐标和标高尺寸上是否一致，土建施工的质量标准能否满足设备安装的工艺要求。

5）图纸基础设计或地基处理方案同建造地点的工程地质和水文地质条件是否一致，弄清建筑物与地下构筑物、管线间的相互关系。

6）掌握拟建工程的建筑和结构的形式和特点，需要采取哪些新技术；复核主要承重结构或构件的强度、刚度和稳定性能否满足施工要求，对于工程复杂、施工难度大和技术要求高的分部（分项）工程，要审查现有施工技术和管理水平能否满足工程质量和工期要求，建筑设备及加工定货有何特殊要求等。

7）对设计技术资料有否合理化建议及其他问题。在审查图纸过程中，对发现的问题应做出标记，做好记录，以便在图纸会审时提出。

2. 编制施工组织设计

施工组织设计是指导拟建工程进行施工准备和组织施工的基本的技术经济文件。

它的任务是要对具体的拟建工程的施工准备工作和整个的施工过程，在人力和物力、时间和空间、技术和组织上，做出一个全面而合理、符合好、快、省、安全要求的安排。有了科学合理的施工组织设计，施工准备工作，正式施工活动才能有计划、有步骤、有条不紊地进行。从施工管理与组织的角度讲，编制施工组织设计是技术准备乃至整个施工准备工作的中心内容。由于建筑工程没有一个通用定型的、一成不变的施工方法，所以每个建筑工程项目都需要分别确定施工方案和施工组织方法，也就是要分别编制施工组织设计，作为组织和指导施工的重要依据。

3. 编制施工图预算和施工预算

建筑工程预算是反映工程经济效果的技术经济文件，在我国现阶段也是确定建筑工程预算造价的法定形式。建筑工程预算按照不同的编制阶段和不同的作用，可以分为设计概算、施工图预算和施工预算三种。

施工图预算是按照施工图确定的工程量、施工组织设计所拟定的施工方法、建筑工程预算定额及其取费标准编制的确定建筑安装工程造价和主要物资需要量的技术经济文件。

施工预算是根据施工图预算、施工图样、施工组织设计、施工定额等文件进行编制的。它是施工企业内部经济核算和班组承包的依据，是编制工程成本计划的基础，是控制施工工料消耗和成本支出的依据。

施工图预算与施工预算存在很大的区别。施工图预算是甲乙双方确定预算造价、发生经济联系的技术经济文件；而施工预算则是施工企业内部经济核算的依据。施工预算直接受施工图预算的控制。

（三）施工现场准备

施工现场准备即通常所说的室外准备。它是按照施工组织设计的要求进行的施工现场具体条件的准备工作，主要内容有：清除障碍物、三通一平、测量放线、搭设临时设施等。

1. 清除障碍物

施工场地内的一切障碍物，无论是地上的或是地下的，都应在开工前清除。这些工作一般是由建设单位来完成的，但也有委托施工单位来完成的。如果由施工单位来完成这项工作，应注意如下几点：

1）一定要事先摸清现场情况，尤其是在城市的老区内，由于原有建筑物和构筑物情况复杂，而且往往资料不全，在清除前需要采取相应的措施，防止发生事故。

2）对于房屋的拆除一般要把水源、电源切断后才可进行拆除。对于较坚固的房屋和地下老基础，则可采用爆破的方法拆除，但这需要委托有相应资质的专业爆破作业单位来承担，并且必须报经公安部门批准方可实施。

3）架空电线（电力、通信）、地下电缆（包括电力、通信）的拆除，要与电力部门或通信部门联系并办理有关手续后方可进行。

4）自来水、污水、煤气、热力等管线的拆除，应委托专业公司来完成。

5）场地内若有树木，需报园林部门批准后方可砍伐。

6）拆除障碍物后，留下的渣土等杂物都应清除出场外。运输时，应遵守交通、环保部门的有关规定，运土的车辆要按照指定的路线和时间行驶，并采取封闭运输车或在渣土上洒水等措施，以避免渣土飞扬而污染环境。

2. 三通一平

在施工场地内，接通施工用水、用电、道路和平整场地的工作简称为“三通一平”。一些工地可能还需要供应蒸汽，架设热力管线，称为“热通”；通压缩空气，称为“气通”；通电话作为联络通信工具，称为“话通”；还可能因为施工中的特殊要求，有其他的“通”，但最基本的、对施工现场施工活动影响最大的还是水通、电通、道路通这“三通”。

1）平整施工场地。清除障碍物后，即可进行场地平整工作。平整场地工作是根据建筑施工总平面图规定的标高，通过测量，计算出填挖土方工程量，设计土方调配方案，组织人力或机械进行平整工作。如果工程规模较大，这项工作可以分段进行，先完成第一期开工的工程用地范围内的场地平整工作，再依次进行后续的平整工作，为第一期工程项目尽早开工创造条件。

2）修通道路。施工现场的道路是组织施工物资进场的动脉。为保证施工物资能早日进场，必须按施工总平面图的要求，修好现场永久性道路以及必要的临时道路。为节省工程费用，应尽可能利用已有的道路。为使施工时不损坏路面和加快修路速度，可以先修路基或在路基上铺简易路面，施工完毕后，再铺永久性路面。

3）通水。施工现场的通水包括给水和排水两个方面。施工用水包括生产、生活与消防用水。通水应按照施工总平面图的规划进行安排。施工给水设施应尽量利用永久性给水线路。临时管线的铺设，既要满足生产用水的需要和使用方便，还要尽量缩短管线。施工现场的排水也十分重要，尤其是在雨季，场地排水不畅，会影响施工和运输的顺利进行，因此要做好排水工作。

4）通电，包括施工生产用电和生活用电。通电应按照施工组织设计要求布设线路和通电设备。电源首先应考虑从国家电力系统或建设单位已有的电源上获得。如供电系统不能满足施工生产、生活用电的需要，则应考虑在现场建立发电系统，以保证施工的连续、顺利进行。

5）施工中如需要通热、通气或通电信，也应该按照施工组织设计要求，事先完成。

3. 定位测量放线

建筑物四周外廓主要轴线的交点决定了建筑物在地面上的位置，该交点称为定位点或角点。建筑物的定位就是根据规划及设计，将定位点测设到地面上。

测量放线的任务是以定位点为依据，把拟建的建筑物、构筑物及管线等测设到地面上或实物上，并用各种标志表现出来，以作为施工的依据。

建筑物定位放线是确定整个工程平面位置的关键环节，实施施工测量中必须保证精度，杜绝错误，否则其后果将难以处理。建筑物定位、放线，应提交有关部门和甲方（或监理人员）验线，以保证定位的准确性。沿红线建筑的建筑物放线后，还要由城市规划部门验线，以防止建筑物压红线或超红线，为正常顺利地施工创造条件。

在测量放线前，应对测量仪器进行检验和校正，熟悉并校核施工图样，校核红线桩与水准点，制定出测量、放线方案。

4. 搭建临时设施

现场生活和生产用的临时设施，在布置安排时，要遵照当地有关规定进行规划布置。如房屋的间距、标准是否符合卫生和防火要求，污水和垃圾的排放是否符合环境的要求等。临时建筑平面图及主要房屋结构图，都应报请城市规划、市政、消防、交通、环境保护等有关部门审查批准。

为了施工方便和安全，对于指定的施工用地的周界，应用围栏围挡起来，围挡的形式和材料及高度应符合市容管理的有关规定和要求。在主要入口处设标示牌，标明工程名称、施工单位、工地负责人等。

各种生产、生活用的临时设施，包括特种仓库、混凝土搅拌站、预制构件场、机修站、各种生产作业棚、办公用房、宿舍、食堂、文化生活设施等，均应按照批准的施工组织设计规定的数量、标准、面积、位置等要求来组织修建，大、中型工程可分批、分期修建。

此外，在考虑施工现场临时设施的搭设时，应尽量利用原有建筑物，尽可能减少临时设施的数量，以便节约用地，节约投资。

（四）物资准备

物资准备是项目施工必须的物质基础。在施工项目开工之前，必须根据各项资源需要量制订计划，分别落实货源，组织运输和安排好现场储备，使其满足项目连续施工的需要。

物资准备是一项较为复杂而又细致的工作，它包括机具、设备、材料、成品、半成品等多方面的准备。

1. 材料准备

（1）建筑材料准备的计划和合同　建筑材料的准备主要是根据工料分析，按照施工进度计划的使用要求和材料储备定额和消耗定额，分别按照材料名称、规格、使用时间进行汇总，编制出建筑材料需要量计划，为组织备料、确定材料的仓库面积或堆场面积以及组织运输提供依据。建筑材料的准备包括：“三材”、地方材料、装饰材料的准备。准备工作应根据材料的需要量计划，组织货源，确定物资加工、供应地点和供应方式，签订物资供应合同。

（2）材料的储备　应根据施工现场分期分批使用材料的特点，按照以下原则进行材料的储备。

1）应按工程进度分期、分批进行，现场储备的材料多了会造成积压，增加材料保管的负担，同时，也多占用流动资金；储备少了又会影响正常生产。

2）做好现场保管工作，以保证材料的原有数量和原有的使用价值。

3）现场材料的堆放应合理。现场储备的材料，应严格按照施工平面布置图的位置堆放，以减少二次搬运，且应堆放整齐，标明标牌，以免混淆，并应做好防水、防潮、易碎材料的保护工作。

4）应做好技术试验和检验工作，对于无出厂合格证明和没有按规定测试的原材料，一律不得使用，特别对于没有使用储存经验的材料或进口原材料以及某些再生材料的储备更要严格把关。

2. 构配件及制品加工准备

根据施工预算提供的构件、配件及制品名称、规格、数量和质量，分别确定加工方案和供应渠道，以及进场后的储存地点和方式，编制出其需要量计划，为组织运输和确定堆场面积提供依据。工程项目施工中需要大量的预制构件、门窗、金属构件、水泥制品以及卫生洁具等，这些构件、配件必须事先提出订制加工单。对于采用商品混凝土现浇的工程，则先要到生产单位签订供货合同，注明品种、规格、数量、需要时间及送货地点等。

3. 施工机具设备的准备

施工所需机具设备门类繁多，如各种土方机械，混凝土、砂浆搅拌设备，垂直及水平运输机械，吊装机械、机具，钢筋加工设备，木工机械，焊接设备，打夯机，抽水设备等，应根据施工方案和施工进度计划，确定其类型、数量和进场时间，然后确定其供应方法和进场后的存放地点、方式，编制出施工机具需要量计划，以此作为组织施工机具设备运输和存放的依据。

4. 模板和脚手架的准备

模板和脚手架是施工现场使用量大、堆放占地大的周转材料。模板及其配件规格多、数量大，对堆放场地要求比较高，一定要分规格、型号整齐码放，便于使用及维修。大钢模一般要求立放，并防止倾倒，在现场也应规划出必要的存放场地。钢管脚手架、吊栏脚手架等都应按指定的平面位置堆放整齐，扣件等零件还应防雨，以防锈蚀。

（五）施工现场人力资源准备

施工现场人员组织准备是指工程施工必须的人力资源准备。工程项目施工现场人员包括项目经理部管理人员（施工项目管理层）和现场生产工人（施工项目作业层）。现场施工人员的选择和组合，将直接关系到工程质量、施工进度及工程成本。因此，施工现场人员的组织准备是工程开工前施工准备的一项重要内容。

1. 项目经理部的组建

（1）项目经理部的人员配备　施工项目经理部是指在施工项目经理领导下的施工项目经营管理层，其职能是对施工项目实行全过程的综合管理。项目经理部人员在工程项目施工现场的人力资源中处于核心地位，项目经理部人员可以分为项目经理和其他管理人员。

项目经理是完成项目施工任务的最高责任者、组织者和管理者，是工程项目施工过程中责权利的主体，在整个工程项目活动中占有举足轻重的地位。项目经理在项目经理部中处于核心地位，因此，项目经理一般由公司总经理聘任，以使其成为公司法人代表在工程项目上的全权委托代理人。

项目经理确定后，由项目经理根据工程施工项目任务的具体需要和施工企业的规定选配其他管理人员，组建项目经理部。

项目经理部其他管理人员配置的种类和总量规模，根据工程项目规模的大小、建筑特点、技术难度等因素决定。从项目经理部所行使的职能来看，项目经理部应当配置能满足项目施工正常运行的预算、成本、合同、技术、施工、质量、安全、机械、物资、后勤等方面的管理人员。

(2) 项目经理部的机构设置　施工项目经理部的机构设置和人员配备必须根据工程项目任务的具体情况而定，一般应包括如下几方面的部门：

1) 经营部——负责处理合同预算、工程变更、工程分包及与建设单位、设计单位的关系。

2) 财务会计部——负责项目的财务、会计、成本管理及项目内部的各种核算。

3) 施工管理部——负责施工的现场管理、生产调度、施工技术统计工作。

4) 物资设备部——负责项目所需的材料、机械设备的供应管理工作。

5) 质量安全部——负责施工项目安全质量的检查、监督和控制工作。

6) 生活服务部——负责施工项目的治安保卫、生活保障、后勤管理工作。

2. 施工项目作业层的组建

施工项目作业层是指直接从事施工劳务操作的劳务队伍，是施工项目经理部依据经济合同进行管理的对象。

(1) 施工项目劳务作业层的来源与结构形式　根据我国目前的建筑业的管理体制，施工劳务作业层工人都是由劳务分包队伍提供。

施工项目劳务作业层的现场组织方法一般有如下两种形式：

1) 只进行劳务分包。即施工项目的分部分项工程均由项目部组织施工，与分包队伍只有劳务分包关系。

2) 子项目分包即项目部自己组织主体施工（包括初装饰工程），其余如基础打桩、构件加工、水电、暖通、设备安装、玻璃幕墙、高级装饰等，均按专业进行项目分包。

组建项目劳务作业层的时候，要注意特种作业工种的作业人员必须经有关单位培训考核合格后持证上岗。特种作业人员包括电工，金属焊接、切割工，起重机械作业［含起重机械（含电梯）司机，司索工，信号指挥工，安装与维修工］，现场内机动车辆驾驶，以及登高架设作业（架子工）等作业人员。

(2) 基本施工班组的确定　基本施工班组应根据工程的特点、现有的劳动力组织情况及施工组织设计的劳动力需要量计划来确定选择。

砌体结构工程一般以混合施工班组的组织形式较好。在结构施工阶段，主要是砌筑工程，应以瓦工为主，配备适量的架子工、木工、钢筋工、混凝土工以及小型机械工等。装饰阶段则以抹灰、油漆工为主，配备适当的木工、管道工和电工等。这些混合施工队的特点是人员配备较少，工人以本工种为主兼做其他工作，工序之间的衔接比较紧凑，因而劳动效率较高。

3. 施工队伍的教育

施工准备阶段，施工项目部要对劳务队伍进行必要的劳动纪律、施工质量和施工安全方面的教育、培训和安全技术交底。对于采用新工艺、新结构、新材料、新技术的工程，还应该组织有关的管理人员和操作工人进行技术培训，以确保施工质量和安全施工。

（六）季节性施工准备

季节性施工主要是冬期施工和雨期施工，这些不利气候条件对施工质量、成本、工期和安全都会产生很大影响，为此必须做好冬、雨季施工准备工作。

项目在冬季施工时，既要合理地安排冬季施工项目，又要重视冬季施工对临时设施的特殊要求，及早做好技术物资的供应和储备，并加强冬季施工的消防和保安措施。

项目雨季施工过程中，既要合理地确定施工项目和施工进度，又要做到晴、雨结合，尽量增加有效施工天数，同时要做好现场排水和防洪准备，采取有效的道路防滑和防沉陷措施，并加强施工现场物资管理工作。同时要考虑季节影响，一般大规模土方和深基础施工应避开雨季。寒冷地区入冬前应做好围护结构，冬季以安排室内作业和结构安装为宜。

第二节　建筑工程技术标准

参与建筑工程施工活动的，有建设、勘察、设计、施工、监理、材料设备供应单位以及监督、试验检测机构等各有关方面和各工程建设主管部门，在工程项目建设的勘察、设计、建筑产品备件的生产制作、施工以及质量验收的过程中，为了确保工程建设的质量，建设各方都必须遵守统一的规则，这就是标准。

标准是对重复性事物和概念所做的统一规定，它以科学、技术和实践经验的综合成果为基础，经有关方面协商一致，由主管机关批准，以特定形式发布，作为共同遵守的准则和依据。

一、建筑工程标准体系

建筑工程标准体系是以国家、行业标准为主导，建立起的相关各方具有内在联系的有机整体。

（一）我国标准的编号、分级与分类

1. 标准的编号规则

我国标准的编号由标准代号、标准发布顺序号和标准发布年号三部分组成。当标准只做局部修改时，在标准编号后加“××××年版”。

2. 标准的分级

按照标准化法，我国工程建设标准分为国家标准、行业标准、地方标准和企业标准四级。在各级标准中。实施范围越小的标准，技术要求的水平越高。

（1）国家标准　由国家标准化和工程建设标准化主管部门联合发布，在全国范围内实施。1991年以后，强制性标准代号采用GB，推荐性标准代号采用GB/T。发布顺序号大于50000者为工程建设标准，小于50000者为工业产品标准。（以前工程建设国家标准的代号采用GBJ）。

（2）行业标准　由工程建设行业标准化主管部门发布，在全国工程建设行业内实施。同时报国家标准化主管部门备案。行业标准的代号随行业而不同。对建筑工业行业，强制性标准采用JG，推荐性标准采用JG/T，属于工程建设标准的，在行业代号后加字母J。例如JGJ 79—2002，JGJ/T 14—2004。

(3) 地方标准　地方标准的代号随发布标准的省、市、自治区而不同。强制性标准代号采用"DB＋地区行政区划代码的前两位数"。推荐性标准在上述代号后＋斜线/＋字母 T。属于工程建设标准的，不少地区在 DB 后另加字母 J。例如北京市标准 DBJ 01-39—1998，DBJ/T 01-92—2004。

(4) 企业标准　由企业单位制定，在本企业内实施。企业产品标准报当地标准化主管部门备案。企业标准代号为 Q。

3. 标准的分类

我国的技术标准分为强制性标准和推荐性标准两类。

(1) 强制性标准　凡保障人体健康、人身财产安全的标准和法律、行政法规规定强制执行的标准均属于强制性标准。

(2) 推荐性标准　强制性标准以外的标准，均属于推荐性标准。

我国实行的是强制性标准与推荐性标准相结合的标准体制。其中，强制性标准具有法律属性，在规定的适用范围内必须执行；推荐性标准具有技术权威性，经过合同或行政性文件确认采用后，在确认的范围内也具有法律属性。

4. 工程建设标准的表达形式

1) 标准：其内容一般是基础性和方法性的技术要求。

2) 规范：其内容一般是通用性和综合性的技术要求。

3) 规程：其内容一般是专用性和操作性的技术要求。

(二) 建筑工程标准体系的范畴

对建筑施工过程进行控制的建筑工程标准体系主要由三大部分构成。

1. 建筑工程施工质量验收标准规范

验收标准规范是指建筑工程必须达到的最低质量标准，所有质量指标只有一个等级，即通过验收或不通过验收，其规定的质量指标都必须达到。这是施工单位必须达到的施工质量指标，也是建设单位验收工程质量所必须遵守的规定，同时也是政府质量监督以及解决施工质量纠纷仲裁的依据。

建筑工程施工质量验收标准规范由《建筑工程施工质量验收统一标准》(GB 50300—2001) 和配套的《砌体工程施工质量验收规范》(GB 50203—2002) 等 14 本分部工程验收规范，以及基本试验方法标准和现场检测标准组成。

2. 施工工艺标准

施工工艺标准是建筑施工过程中进行具体操作的依据，是施工质量全过程控制的基础。施工工艺标准的构成复杂，它既可以是一项专门的技术标准，也可以是施工过程中某专项的标准。

施工工艺标准主要是一些技术规程、操作规程，工艺、方法类内容本来就属于生产控制的范畴，除少量涉及验收的内容须在验收规范中反映外，一般以推荐性行业标准、地方标准或企业标准的形式反映。如《多孔砖砌体结构技术规范》(JGJ 137—2001，2002 年版)、《设置钢筋混凝土构造柱多层砖房抗震技术规程》(JGJ/T 13—94) 等。

系统的施工工艺标准除地方标准外，主要有：

(1) 工法　工法是指以工程为对象、工艺为核心，运用系统工程的原理，把先进技术和科学管理结合起来，经过工程实践形成的综合配套的施工方法。它具有先进、适用和保证工程质量与安全、提高施工效率、降低工程成本等特点。工法是企业标准的重要组成部分，是企业开发应用新技术工作的一项重要内容，是企业技术水平和施工能力的重要标志。

工法分为国家级（一级、二级）、省（部）级和企业级。与砌体结构工程相关的国家级工法有：《“多孔砖＋苯板＋加气混凝土砌块”复合保温墙体施工工法》（GJYJGF030—2008）、《装饰、承重、保温节能砌块墙体施工工法》（GJYJGF032—2008）、《蒸压加气砌块施工工法》（GJEJGF038—2008）等。

工法自批准发布之日起计算其有效期，国家级工法的有效期为6年，省（部）级工法由发布部门规定。

（2）CECS（中国工程建设标准化协会标准） 根据原国家计划委员会的要求，由中国工程建设标准化协会发布“协会标准”，在全国范围内实施。协会标准的代号一律采用CECS。与砌体结构工程相关的有：《蒸压灰砂砖砌体结构设计与施工规程》（CECS 20—1990）、《砖混结构房屋加层技术规范》（CECS 78—1996）、《植物纤维石膏渣空心砌块应用技术规程》（CECS 201—2006）、《蒸压粉煤灰砖建筑技术规范》（CECS 256：2009）、《混凝土砖建筑技术规范》（CECS 257：2009）等。

3. 评优标准

创优是施工单位树立信誉、占领市场途径之一，评优标准是为了鼓励施工单位创造优质工程。优质工程是参建各方和有关单位共同努力的结果，所以评优标准不能单纯以一个指标来界定，必须通过验收对设计、土建、装修等进行专项评优或综合评优。评优标准是社会中介机构对工程质量评定优质工程的准绳。

“施工工艺操作”、“施工质量验收”和“评优”三个阶段的划分实际上与质量管理的质量保证、质量监督、质量评价三大体系相呼应。

（三）建筑施工标准体系的层次划分

标准层次的划分主要是表面共性标准对个性标准、上层次标准对下层次标准所具有的指导、制约和贯彻关系。其中，第一层次为“强制性条文”；第二层次为“建筑工程施工质量

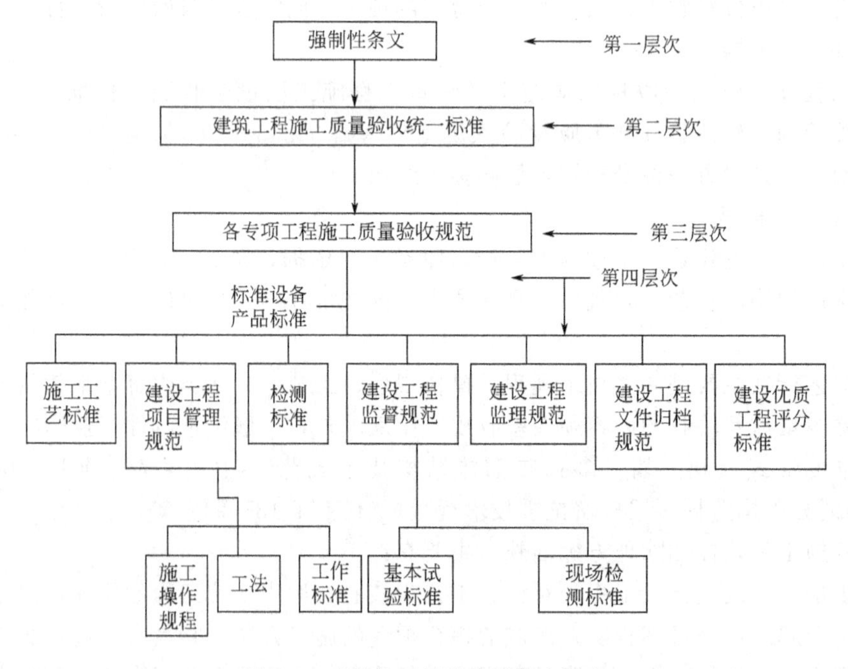

图3-2 建筑施工标准体系层次划分

验收统一标准”；第三层次由“各个专项施工质量验收系列规范”共同构成；第四层次为“各个专项标准、规范、规程”等。层次划分如图3-2所示。

自2000年4月起，住房和城乡建设部开始发布实施《工程建设标准强制性条文（房屋建筑部分）》。这是房屋建筑领域中现行强制性国家和行业标准中直接涉及人民生命财产安全、人身健康、环境保护和公众利益的，必须严格执行的强制性条文的汇编本。其目的是重新界定强制性条文的范围，更加突出重点，有利于保证国务院《建设工程质量管理条例》通过施工图审查和竣工验收等工程建设重要环节来切实贯彻执行，确保建设工程的质量。

自2000年以来，《工程建设标准强制性条文（房屋建筑部分）》发布了2000版、2002版，目前已发布2009版。内容分为建筑设计、建筑设备、建筑防火、建筑节能、勘察和地基基础、结构设计、抗震设计、鉴定加固和维护、施工质量、施工安全等十个专篇。

（四）标准设计图集

工程建设标准设计图集（一般简称为标准图集）是指国家、行业和地方对于工程建设构配件与制品、建筑物、构筑物、工程设施和装置等编制的通用设计文件，为新产品、新技术、新工艺和新材料推广使用编制的应用设计文件。

1. 标准设计图集的作用

（1）保证工程质量　标准图集一般是由技术水平较高的单位编制，并经有关专家审查，建设行政主管部门批准实施，因此具有一定的权威性。大部分标准图集是可以直接引用到工程设计图纸中的。只要设计人员能够恰当地选用，就能够保证设计的正确性，只要施工人员按设计要求的标准图施工，就能保证施工的正确性，不能直接引用的标准图集，也可对工程技术工作起到重要的指导作用，从而保证工程质量。

（2）提高设计速度　工程建设中存在着大量的施工（或加工）详图设计文件。当这些多次反复使用的内容被编制成标准图集后，设计人员只要将所选用的标准图集编号和内容名称写在设计文件上，施工单位就可以购图施工，从而简化了设计人员的重复劳动。

（3）促进行业技术进步　对于不断发展的新技术和新产品，建设行政主管部门一般会组织有关生产、科研、设计、施工等各方，经过论证后适时编制标准图集。工程界通常认为它的实施是新技术走向成熟的标志之一，因此，标准图集是促进科技成果转化为生产力的重要手段和工具，它对促进新技术，新产品的推广应用，推动工程建设的产业化起到了重要的作用。

（4）引导正确贯彻现行规范　标准图集一般是对现行有关规范（程）和标准的图示化和具体化，便于工程技术人员更加正确地理解和贯彻规范（程）和标准。

2. 标准设计图集的分级

依据1999年1月6日原建设部建设［1999］4号文件颁布的《工程建设标准设计管理规定》，标准设计图集分为两个级别。一些大型设计院也编制了本院设计工作中使用的通用设计图。见表3-1。

表3-1　标准设计图集的分级

分　级	主管部门	使用范围
国家建筑标准设计	住房和城乡建设部	在全国范围内跨行业使用
地方建筑标准设计	省、自治区、直辖市的建设主管部门	在地区内使用

3. 国家建筑标准设计图集的编号

中国建筑标准设计研究院受建设部委托，负责国家建筑标准设计图集的组织编制和出版发行工作。国家建筑标准设计图集分有不同的专业，不同的专业的代号见表 3-2。

表 3-2　国家建筑标准设计图集专业代号一览表

专业	代号	专业	代号	专业	代号	专业	代号
建筑	J	结构	G	给水排水	S	暖通空调	K
动力	R	弱电	X	人防	F		

1985 年以后，国家建筑标准设计的编号由批准年代号、专业代号、类别号、顺序号、分册号组成，例如：03 G101—1 图集的编号含义见图 3-3。

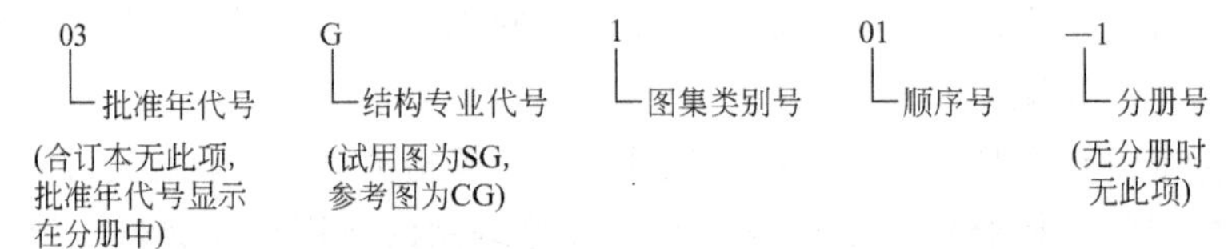

图 3-3　国家建筑标准设计的编号示例

当一本图集修编时，只改变批准年代号（有时将试用图改为标准图），其余不变。

4. 砌体结构工程相关的国家建筑标准图集

值得注意的是，目前砌体结构工程（砖混结构）的施工图纸，基本上描述的都是混凝土结构件的设计内容，对砌体结构部分仅在总说明中用文字简单表述，指明采用的标准设计图集。因此，标准图集对砌体结构工程就显得尤为重要。

建筑和结构专业与砌体工程相关的国家建筑标准图集见表 3-3。

表 3-3　建筑和结构专业与砌体工程相关的国家建筑标准图集

序号	图集号	标准类别	图　集　名　称
1	02(03) J102—1	标准图	混凝土小型空心砌块墙体建筑构造
2	02 J102—2	标准图	框架结构填充小型空心砌块墙体建筑构造
3	02 J121—1	标准图	外墙外保温建筑构造(一)
4	03 J104	标准图	蒸压加气混凝土砌块建筑构造
5	03 J114—1	标准图	轻集料空心砌块内隔墙
6	03 J122	标准图	外墙内保温建筑构造
7	04 J101	标准图	砖墙体建筑构造(烧结多孔砖与普通砖、蒸压类砖)
8	04 J114—2	标准图	石膏砌块内隔墙
9	05 J102—1	标准图	混凝土小型空心砌块墙体建筑构造
10	06 SJ105	试用图	砌体填充墙建筑构造
11	06 J121—3	标准图	外墙外保温建筑构造(三)
12	96 SG613—1	试用图	混凝土小型空心砌块结构构造(非抗震设防)
13	96 SG613—2	试用图	混凝土小型空心砌块结构构造(抗震设防)
14	96 SG613—1～2	试用图	混凝土小型空心砌块结构构造(抗震设防)

续表

序号	图集号	标准类别	图集名称
15	02 SG614	试用图	框架结构填充小型空心砌块墙体结构构造
16	03 SG615	试用图	配筋混凝土砌块砌体建筑结构构造
17	03 G322—1	标准图	钢筋混凝土过梁(烧结普通砖)
18	03 G322—2	标准图	钢筋混凝土过梁(烧结多孔砖砌体)
19	03 G322—3	标准图	钢筋混凝土过梁(混凝土小型空心砖块砌体)
20	03 G329—1	标准图	建筑物抗震构造详图
21	03 G363	标准图	多层砖房钢筋混凝土构造柱抗震节点详图
22	03 G372	标准图	钢筋混凝土雨篷
23	04 G211	标准图	砖烟囱(高度 30m、40m、50m、60m)
24	04 G329—2	标准图	建筑物抗震构造详图(单层砌体房屋)
25	04 G329—3	标准图	建筑物抗震构造详图(砖墙楼房)
26	04 G329—4	标准图	建筑物抗震构造详图(小砌块墙楼房)
27	04 G329—5	标准图	建筑物抗震构造详图(配筋砖砌体楼房)
28	04 G329—6	标准图	建筑物抗震构造详图(局部框架房屋)
29	04 G329—7	标准图	建筑物抗震构造详图(砖排架房屋)
30	04 G612	标准图	砖墙结构构造(烧结多孔砖与普通砖、蒸压砖)
31	05 SG516	试用图	混凝土砌块系列块型
32	05 G613	标准图	混凝土小型空心砌块墙体结构构造
33	05 SG614—1	试用图	砌体填充墙连接构造
34	05 SG615	试用图	配筋混凝土砌块砌体建筑结构构造
35	06 SG614	试用图	砌体填充墙结构构造

二、建筑工程标准的应用

(一) 标准、规范(程)的应用

1. 选用标准、规范(程)时应注意的问题

1) 各级标准、规范(程)都由主管部门进行管理,必须选用有效版本才具有法律属性。

2) 认真阅读“总则”,正确理解其适用范围和技术原则。

3) 对于综合性规范,例如《建筑设计防火规范》(GB 50016—2006)等,除执行与本专业有关的章、节外,还应执行与其他专业有关的条文内容。

2. 执行标准、规范(程)时应注意的问题

1) 我国现行标准、规范(程)的条文按其要求严格程度不同,用词分为三级:

① 表示很严格,非这样做不可的用词:正面词采用“必须”,反面词采用“严禁”。

② 表示严格,在正常情况下均应这样做的用词:正面词采用“应”,反面词采用“不应”,或“不得”。

③ 表示允许稍有选择,在条件许可时首先应这样做的用词:正面词采用“宜”,反面词

采用“不宜”；表示有选择，在一定条件可以这样做的用词采用“可”。

2）规范、标准中的黑体字条文是强制性条文，强制性条文是必须遵照执行、不得违背的条文。

3）当几本现行标准对同一问题均有要求，但要求不一致时，通常设计单位应由总工程师决定处理意见，必要时还应由政府主管部门批准。

4）对标准、规范（程）的条文不理解或有异议时，通常由标准的主编单位负责解释。

5）工作中遇到国内现行标准、规范（程）不适用或无明确规定时，可以借鉴国际或发达国家的标准；也可以根据现行标准的原则和精神提出处理方法。但应由政府有关主管部门批准。

6）当甲方提出执行国际或其他国家的标准时，要在合同中注明并报有关主管部门批准。

（二）选用标准图集的注意事项

各级标准图集的编制原则和使用对象是类似的，但编制内容和编排方式是有差异的。在选用结构标准图集时，应注意以下问题：

（1）标准图集是随着规范的修编、技术的发展和市场的需要不断修编的，因此应选用有效（现行）版本，不得选用作废版本。

（2）使用标准图集时必须阅读总说明，重点明确以下两点：

1）标准图集一般是依据现行有关规范（程）和标准编制的，在总说明中会列出它们的名称、编号和版本。这些规范（程）和标准可能修改，而标准图集的修编通常有滞后性。因此，选用时必须核对其依据的规范（程）和标准是否为有效版本。

2）在总说明中均会说明该标准图集的适用范围和设计计算原则。选用时必须判断其是否适用于自己的工程。如不（完全）适用时，设计单位应修改或自行设计。

3）标准图集经常对一个问题给出几个做法，尤其是国家标准图集要适用于不同的建设要求和不同的地城。此时，选用者应根据个体设计的实际情况，在设计文件中注明所选用的类型，以避免错误。

4）严格意义上讲，标准图集属推荐性标准，因此，设计单位可以选用、也可以不选用或部分选用，施工单位在施工中必须遵从设计单位的设计要求，对认为设计与标准图集有出入的情况，可以在图纸会审中提出质疑，不得抛开设计，擅自选用标准图施工。

（三）地方标准法规的应用

由于我国地域辽阔，各地地理、气象等环境不一样，为了适应各地区的特殊情况，不少省、市、自治区都发布了地方标准，施工必须遵从所在地的地方标准，不能错误地认为地方标准的级别低于国家标准而不予实施，实施范围愈小的标准，技术要求的水平愈高。

第三节　砌筑机具设备

一、砂浆制备设备（灰浆搅拌机）

将砂、水泥（或石膏、石灰）和水均匀搅拌成灰浆的机械。分周期作用式和连续作用式两种。一般施工现场使用的多为周期作用式灰浆搅拌机，现行行业标准《灰浆搅拌机》（JG/T 42—2006）对公称容量不大于1000L的周期式灰浆搅拌机的分类及产品的技术要求等作了明确规定。

1. 周期作用式

（1）灰浆搅拌机的形式　灰浆搅拌机的基本形式如表 3-4 所示。小容量的灰浆搅拌机一般为移动式，依靠人工加料。

表 3-4　灰浆搅拌机的形式

类组代号	UJ		
型代号	W(卧轴)	L(立轴)	T(筒转)
示意图	正视图	俯视图	正视图

卧轴式灰浆搅拌机［图 3-4(a)］，由搅拌筒、搅拌轴、传动装置、底架等组成。搅拌轴水平安置在槽形搅拌筒内，在轴的径向臂架上装有几组搅拌叶片，随着轴的转动，搅拌筒里的混合料在搅拌叶片的作用下被强行搅拌。

当制备少量灰浆时也可采用立轴式灰浆搅拌机［图 3-4(b)］。这种搅拌机的搅拌筒是一个水平放置的圆筒，圆筒中央有一根回转立轴，立轴的臂架上装有几组搅拌叶片，随着立轴的转动，搅拌筒里的混合料受到叶片的强力搅拌，搅拌好的灰浆由搅拌筒底部的卸料门卸出。

筒转式灰浆搅拌机［图 3-4(c)］是利用搅拌筒以及筒内壁圆周安装的若干搅拌叶片。工作时，筒体绕其自身轴旋转，利用叶片对筒内物料进行的分割、提升、洒落和冲击作用，使配合料的相互位置不断进行重新分布而得以拌和。

(a) 卧轴式　(b) 立轴式　(b) 筒转式

图 3-4　灰浆搅拌机

（2）灰浆搅拌机的型号及基本参数　灰浆搅拌机的型号由类组、型、主参数、更新代号等组成。

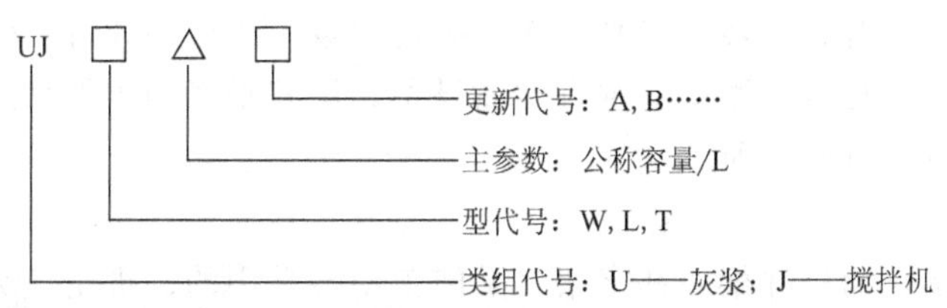

灰浆搅拌机的公称容量是指其出料容量，分别为 50、100、150、200、250、300、350、500、750、1000L。灰浆搅拌机的进料容量为公称容量的 1.25 倍。

(3) 灰浆搅拌机的搅拌时间　如表3-5所示，灰浆搅拌机应在规定的时间内将混合物料搅拌成匀质灰浆。

表3-5　灰浆搅拌机搅拌时间　　单位：s

公称容量/L	50～350		500～1000	
搅拌物	水泥砂浆	石灰砂浆、混合砂浆等	水泥砂浆	石灰砂浆、混合砂浆等
筒转式	70	90	80	100
立轴式、卧轴式	60	80	70	90

2. 连续作用式

连续作用式灰浆搅拌机主体部分为一长形圆筒，圆筒中央装有一根水平通轴，轴由电动机通过传动装置驱动。圆筒分隔为供料仓、计量仓和搅拌仓，水平轴与每个仓的对应位置上，分别装有供料叶片，计量螺旋叶片和搅拌叶片。预拌好的干料由进料口加入，经给料叶片和计量螺旋叶片，均匀地向搅拌仓喂料。搅拌仓入口处装有喷水管，由水表计量均匀加水，混合料经搅拌叶片搅拌并送到卸料口卸出。连续式灰浆搅拌机可根据施工现场情况灵活配置，进料口可直接与储料罐相连进料，也可在进料口装上料斗，倒入袋装干料。出料口可与吊罐或灰浆泵相连。这种灰浆搅拌机可以边进料边出料，除了搅拌灰浆外，还能搅拌细石混凝土和纸筋石灰，生产率高。

3. 灰浆搅拌机的安装

砂浆搅拌机应安置在坚实、平整的地方。机座要高出地面，以利出料。机座旁挖有排水沟，以排出清洗搅拌机的废水。使用时，砂子应过筛，筛除石块、杂物，要待转速正常时才可按规定的数量加水、加料，禁止满载荷启动、超负荷运转。严禁用棍棒等拨弄拌筒中的物料。

二、垂直运输设备

砌筑工程需用的各种材料（砖、砂浆）、工具（脚手架管、脚手板、灰槽等）均需送到各楼层的施工面上去，运输量很大。运输过程除了保证安全外，还要防止砖的破损和砌筑砂浆的分层离析，因此需要合理地选择运输机具。

（一）垂直运输机具的类型

垂直运输设施指担负垂直输送材料和工具的机械设备和设施。砌体结构工程中常用的垂直运输设施有塔式起重机、井字架、龙门架等。垂直运输设施可分为两类：一类既能进行垂直运输又能进行水平运输，主要有塔式起重机和带有较长起重杆的井架拔杆；另一类则只进行垂直运输，楼层水平运输依靠其他设备完成，主要有龙门架和不带起重扒杆的井架。

1. 塔式起重机

塔式起重机具有提升、回转、水平输送（通过起重小车移动和臂杆仰俯）等功能，不仅是重要的吊装设备，而且也是重要的垂直运输设备，用其垂直和水平吊运长、大、重的物料仍为其他垂直运输设备（施）所不及。

2. 井架

井式垂直运输架，通称井架或井字架，是施工中最常用的、也是最为简便的垂直运输设施。它的稳定性好、运输量大，除用型钢或钢管加工的定型井架之外。还可采用脚手架材料搭设。

一般的井架多为单孔井架，井架内设吊盘（也可在吊盘下加设混凝土料斗），两孔或三孔井架可以分别设置吊盘或料斗，以满足同时运输多种材料的需要。井架上可根据需要设置拔杆，其起重量一般为0.5～1.5t，回转半径可达10m。

如图3-5所示为普通型钢井架，由立柱、平撑、斜撑等杆件组成。在房屋建筑中一般都采用单孔四柱角钢井架，有两种构造方法：一种是用单根角钢由螺栓连接而成；另一种方法是在工厂组焊成一定长度的节段，然后运至工地安装，一般轻型小井架多采用这种方法。普通型钢井架常用搭设高度40m，要求设置缆风绳，高度15m以下时设一道，15m以上每增高10m增设一道，缆风绳宜用直径9mm的钢丝绳。

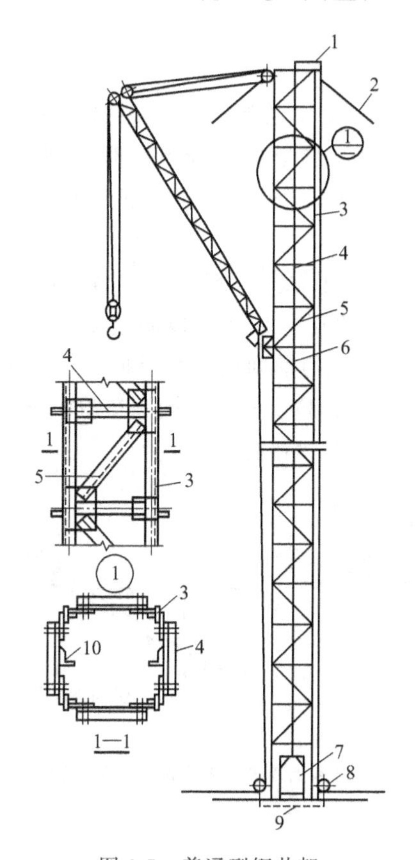

图3-5　普通型钢井架

1—天轮；2—缆风绳；3—立柱；4—平撑；5—斜撑；6—钢丝绳；7—吊盘；8—地轮；9—垫木；10—导轨

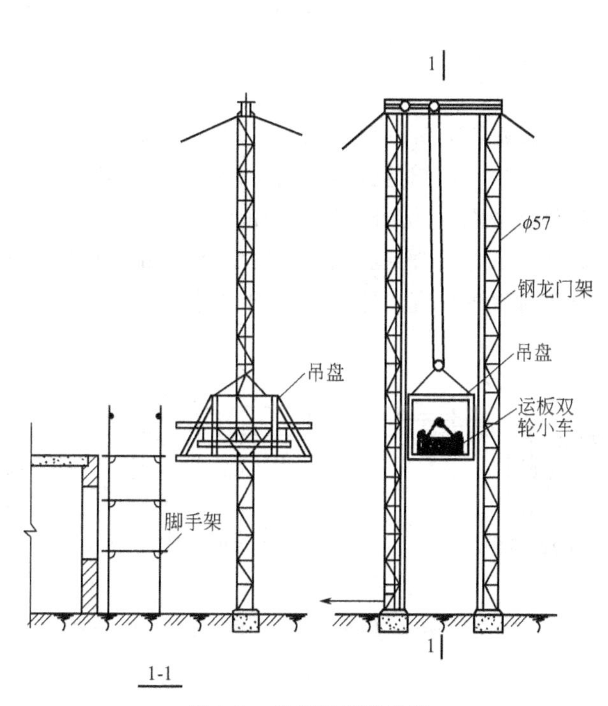

图3-6　龙门架构造及安装位置示意图

3. 龙门架

龙门架又称门架，是砌体结构工程常用的垂直提升设备。在龙门架上装设滑轮（天轮及地轮）、导轨、吊盘（上料平台）、安全装置以及起重索、缆风绳等即构成一个完整的垂直运输体系。龙门架构造简单，制作容易，用材少，装拆方便。但由于立柱刚度和稳定性较差，一般常用于低层建筑。如果分节架设，逐步增高，并与建筑物加强连接，也可以架设较大的高度。普通龙门架如图3-6所示。

立柱是采用型钢或钢管焊接而成的格构柱，其截面形式有三角形和正方形两种，每节格构柱长3m，上下端设有连接板，板上留有螺栓孔，节与节之间用螺栓连接。在门架顶角要拉四根缆风，一般用直径不小于12mm的钢丝绳。吊盘的平面尺寸以考虑能运最大尺寸构件为宜，构造形式依具体情况而定，可采用角钢、槽钢、铺板（钢脚手板或木脚手板）等做成。

龙门架的安装可采用预先拼装，整体扳起法起吊的方法进行安装。也可采用分节安装，即先将第一节吊装就位，固定好地脚螺栓，然后用断面较大的杉木杆（或钢管）绑在已立好的第一节立柱上，杉木杆顶部系上滑轮，穿好绳索系住第二节立柱的1/2处，用绞磨或人力拉起第二节立柱，就位在第一节立柱上用螺栓拧紧，每安装一节后，应系好缆风绳或加临时支撑固定，然后依次吊装直到全部就位，安上横梁。

龙门架安装完成后必须进行校正，导轨垂直度及间距尺寸的偏差不得大于±10mm，所有的安全装置必须齐全，正式使用前应进行试运转。

4．卷扬机

卷扬机是一种牵引机械，龙门架、井字架一般都配套使用卷扬机牵引钢丝绳来提升吊盘或拔杆，常用的电动卷扬机分为快速、慢速两种。快速卷扬机又分单筒和双筒两种，快速卷扬机的钢丝绳牵引速度为25～50m/min，配合井架、龙门架作垂直和水平运输等用。

安装卷扬机的位置应选择地势稍高，地基坚实的地方，距离第一个转向定滑轮的距离不宜小于20倍卷筒宽度，以利排水与观测构件的起吊。卷扬机必须固定，以防止工作时产生滑动或倾覆，常用固定方法如图3-7所示。卷扬机卷筒中心应与前面第一个导向滑轮中心线垂直，当绳索绕到卷筒两边时，倾斜角α不得超过1.5°（图3-8）。钢丝绳绕入卷筒的方向应与卷筒轴线垂直，这样能使钢丝绳圈排列整齐，不致斜绕和互相错叠挤压。

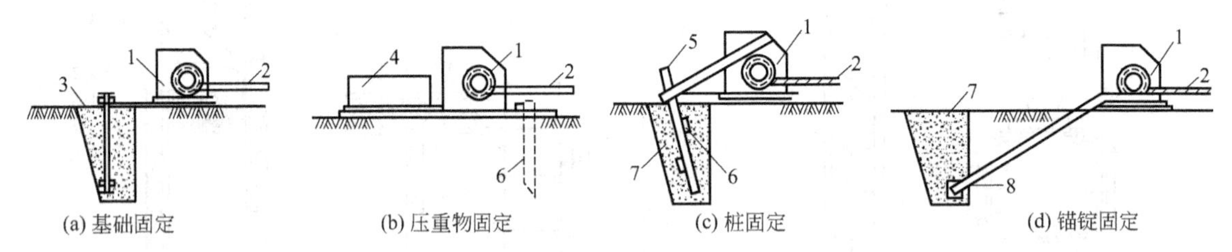

图3-7 卷扬机固定示意图

1—卷扬机；2—钢丝绳；3—混凝土基础；4—压重；5—桩；6—板；7—素土夯实（或混凝土）；8—锚锭

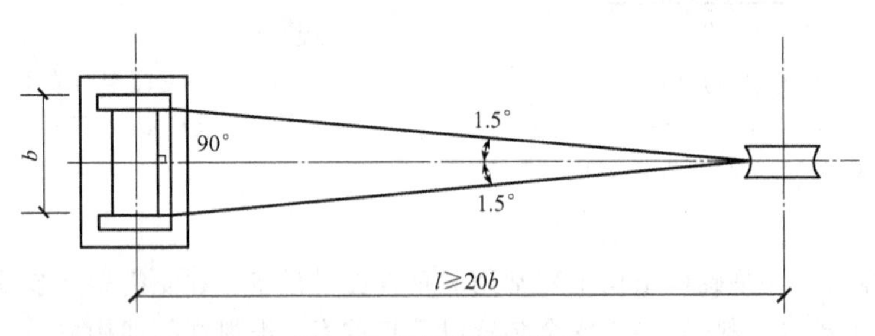

图3-8 卷扬机平面位置

使用电动卷扬机时，应经常检查电气线路、电动机等是否良好，电磁抱闸是否有效，全机接地有无漏电现象等；卷扬机使用的钢丝绳应与卷筒牢固地卡好，在吊起重物后放松钢丝绳时卷筒上最少应保留四圈。

（二）垂直运输设备的设置要求

（1）覆盖面和供应面　塔吊的覆盖面是指以塔吊的起重幅度为半径的圆形吊运覆盖面

积；垂直运输设施的供应面是指借助于水平运输手段（手推车等）所能达到的供应范围。其水平运输距离一般不宜超过80m。建筑工程的全部的作业面应处于垂直运输设施的覆盖面和供应面的范围之内。

（2）供应能力　塔吊的供应能力等于吊次乘以吊量（每次吊运材料的体积、重量或件数）；其他垂直运输设施的供应能力等于运次乘以运量，运次应取垂直运输设施和与其配合的水平运输机具中的低值。另外，还需乘以一个数值为0.5～0.75的折减系数，以考虑由于难以避免的因素对供应能力的影响（如机械设备故障和人为的耽搁等）。

垂直运输设备的供应能力应能满足高峰工作量的需要。

（3）提升高度　设备的提升高度能力应比实际需要的升运高度高出不少于3m，以确保安全。

（4）水平运输手段　在考虑垂直运输设施时，必须同时考虑与其配合的水平运输手段。施工现场内的水平运输，常用的有机动翻斗车和人力两轮手推小车两种。机动翻斗车适应施工现场场地狭窄和路面不平的能力较强，效率比人力小车高数倍，是目前施工现场地面水平运输的主要机具。

当使用井架、龙门架等垂直运输设施时，一般使用手推车（单轮车、双轮车和各种专用手推车）作水平运输。其运载量取决于每提升一次可同时装入手推车的数量以及单位时间内的提升次数。

当使用塔式起重机作垂直和水平运输时，要解决好料笼和料斗等材料容器的问题。由于外脚手架承受集中荷载的能力有限，因此一般不使用塔吊直接向外脚手架供料；当必须用其供料时，则需视具体条件分别采取以下措施：

1）在脚手架外增设受料台，受料台悬挂在结构上（准备2～3层用量，用塔吊安装）；

2）使用组联小容器，整体起吊，分别卸至各作业地点；

3）在脚手架上设置小受料斗（需加设适当的拉撑），将砂浆分别卸注于小料斗中。

（5）装设条件　垂直设施装设的位置应具有相适应的装设条件，如具有可靠的基础、与结构拉结和水平运输通道条件等。

（6）设备效能的发挥　必须同时考虑满足施工需要和充分发挥设备效能的问题。当各施工阶段的垂直运输量相差悬殊时，应分阶段设置和调整垂直运输设备，及时拆除已不需要的设备。

（7）安全保障　垂直提升设备属危险性较大的特种设备，应该高度重视其安全保障，严格进行管理。

1）设备的安全技术条件应符合相关规定，配套安全装置应当齐备、可靠；

2）设备的安装和拆卸应由有专业资质的单位和人员实施，并按规定进行验收合格后方可投入使用；

3）垂直提升设备的操作人员属特种作业人员，应经专门培训、持证上岗；

4）应建立健全垂直提升设备的安全管理制度和安全操作规程，加强安全检查和维护保养。

第四节　砌筑脚手架

砌筑脚手架是砌体结构工程施工中的一项临时设施。其作用是供工人在上面进行砌筑等施工操作，堆放砌筑材料，以及进行材料的短距离水平运送。砌筑施工时，工人的劳动生产率受砌体的砌筑高度影响，在距地面 0.6m 左右时生产率最高，砌筑高度低于或高于 0.6m 时，生产率相对降低，且工人劳动强度增加。砌筑到一定高度，则必须搭设脚手架。考虑到砌墙工作效率及施工的组织等因素，每次搭设脚手架的高度确定为 1.2～1.4m 左右，称为"一步架高度"，也叫墙体的可砌高度。步高应注意使每楼层高为整步数。

脚手架的搭设质量对施工人员的人身安全、工程进度和工程质量有着直接影响。脚手架必须满足以下几点要求：

① 要有足够的坚固性和稳定性，施工期间在允许荷载和气候条件下，不产生变形、倾斜或摇晃现象，确保施工人员人身安全。砌筑用脚手架的施工荷载取 $3kN/m^2$，并考虑两步同时作业。

② 要有足够的工作面，能满足工人操作、材料堆放以及运输的需要。脚手架的宽度一般为 1.5～2m。只堆料和操作，1～1.5m 宽即可；还需运输，则宜 2m 及以上。

③ 因地制宜，就地取材，尽量节约用料。

④ 构造简单，装拆方便，并能多次周转使用。

脚手架按其搭设位置不同，可分为外脚手架和里脚手架两大类。凡搭设在建筑物外围的统称为外脚手架，既用于外墙砌筑，又用于外墙面装修。常用的有多立杆式脚手架、门式脚手架等；凡搭设在建筑物内部的统称为里脚手架。

脚手架按其所用材料不同，又可分为钢脚手架、木脚手架、竹脚手架等。目前广泛采用的是各种类型的钢脚手架。

一、外脚手架

（一）钢管扣件式脚手架

1. 钢管扣件式脚手架的基本构造

钢管扣件式脚手架由钢管杆件用扣件连接而成，属于多立杆式脚手架，具有工作可靠、装拆方便和适应性强等优点，因此得到广泛应用。钢管扣件式脚手架由钢管、扣件、底座和脚手板等组成，如图 3-9 所示。

钢管一般用 ϕ48mm、厚 3.5mm 的焊接钢管。用作立杆、纵向水平杆、剪刀撑和斜杆的钢管长度为 4～6.5m（这样的长度一般重 25kg 以内，适合人工操作）。用作横向水平杆的钢管长度以 1.8～2.2m 为宜。以适应脚手架宽的要求。钢管必须进行防锈处理。

扣件是采用螺栓紧固的扣接件，为可锻铸铁铸造而成，用于钢管之间的连接，其基本形式有三种，如图 3-10 所示。

(a) 直角扣件（十字扣），用于两根呈垂直交叉钢管的连接；

(b) 旋转扣件（回转扣），用于两根呈任意角度交叉钢管的连接；

(c) 对接扣件（筒扣、一字扣），用于两根钢管的对接连接。

底座是设于立杆底部的垫座，用以传递荷载到地面上，底座如图 3-11 所示。

脚手板铺设于脚手架的操作层上，作为工人施工活动的操作平台及堆放材料用，要求有足够的强度、刚度和板面平整。其厚度不宜小于 50mm，宽度不宜小于 200mm，重量不宜大于 30kg。可采用冲压钢脚手板、钢木脚手板、竹脚手板等。

2. 钢管扣件式脚手架的搭设

(1) 构造形式　钢管扣件式脚手架的基本形式有双排、单排两种。如图 3-12 所示。

单排脚手架只有一排立杆，小横杆的另一端搁置在墙体上，构架形式与双排架基本相同，但使用上有较多的限制。

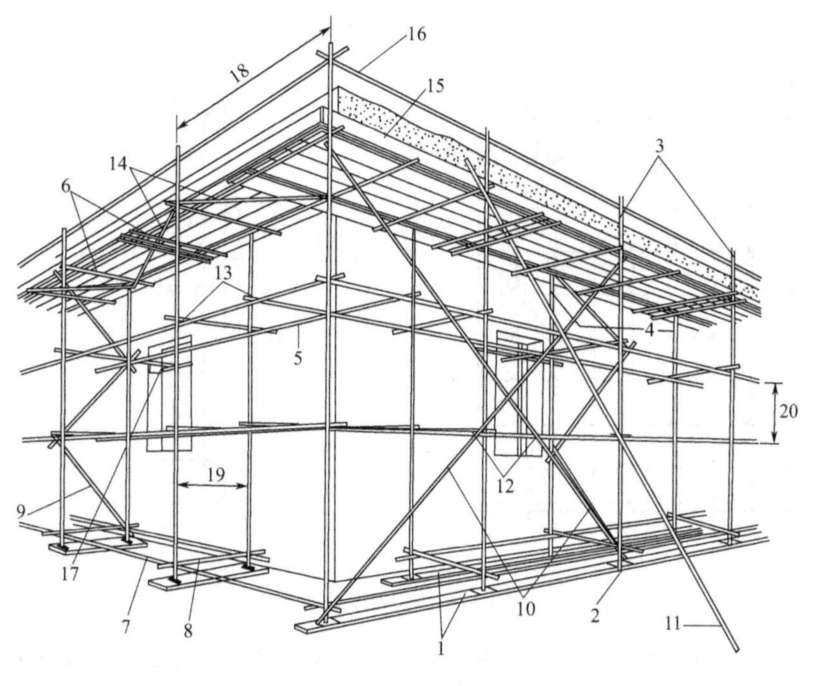

图 3-9 钢管扣件式脚手架构造

1—垫板；2—底座；3—外立杆；4—内立杆；5—纵向水平杆（大横杆）；6—横向水平杆（小横杆）；7—纵向扫地杆；8—横向扫地杆；9—横向斜撑；10—剪刀撑；11—抛撑；12—旋转扣件；13—直角扣件；14—水平斜撑；15—挡脚板；16—防护栏杆；17—连墙固定杆；18—立杆纵距（柱距）；19—立杆横距（排距）；20—步距

(a) 直角扣件

(b) 旋转扣件

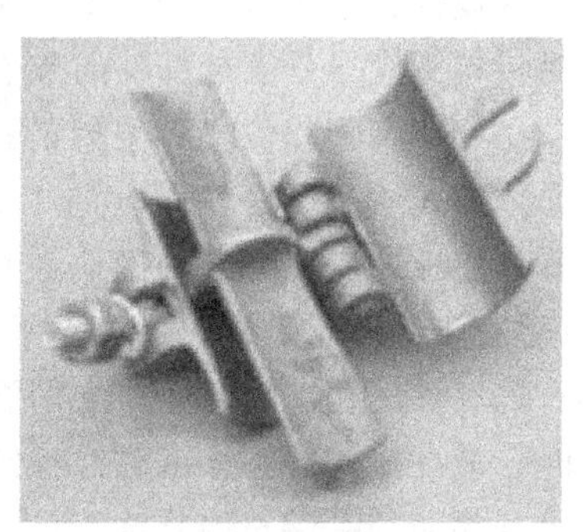

(c) 对接扣件

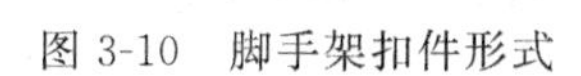

图 3-10 脚手架扣件形式

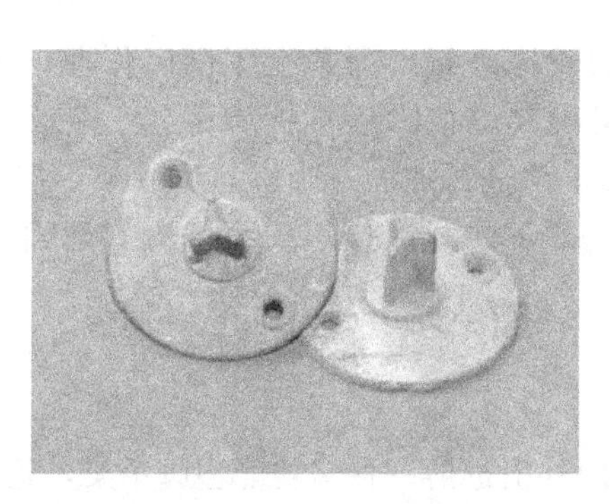

图 3-11 钢管脚手架底座

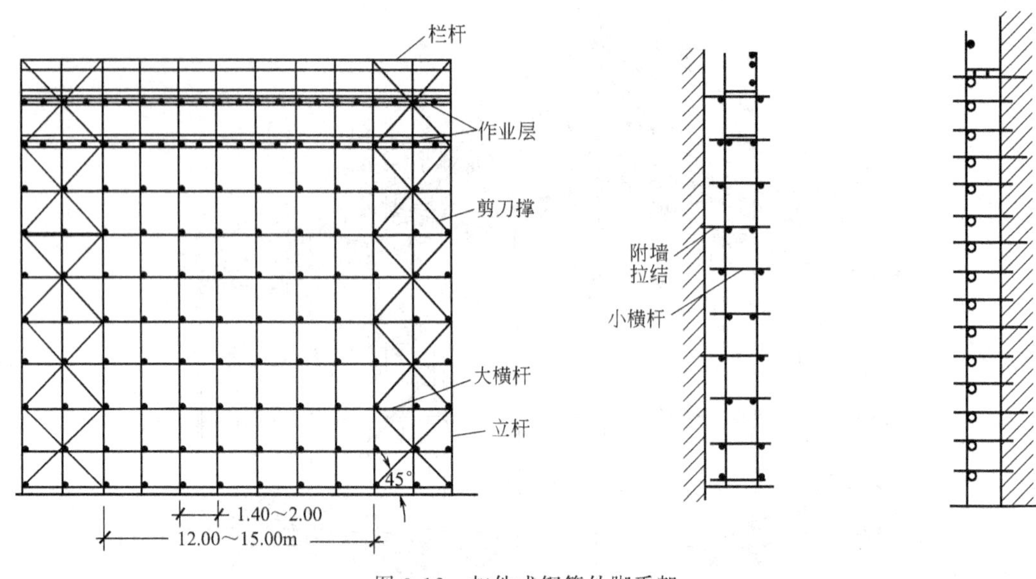

图 3-12 扣件式钢管外脚手架

1）使用限制。搭设高度＜20m，即一般只用于 6 层以下的建筑（仅作防护用的单排外架，其高度不受此限制）；不准用于一些不适于承载和固定的砌体工程，脚手眼的设置部位和孔眼尺寸均有较为严格的限制。一些对外墙面的清水或饰面要求较高的建筑，考虑到墙脚手眼可能造成的质量影响时，也不宜使用单排脚手架。

2）构造要求。为了确保单排脚手架的稳定承载能力和使用安全，在构造上要求：连墙点的设置数量不得少于三步三跨一点，且连接点宜采用具有抗拉压作用的刚性构造；杆件的对接接头应尽量靠近杆件的节点；立杆底部支垫可靠，不得悬空。

(2) 钢管扣件式脚手架的搭设和拆除 脚手架搭设范围的地基，表面应平整，排水畅通，如表层土质松软，应加 150mm 厚碎石或碎砖夯实，对高层建筑脚手架基础应进行验算。垫板、底座均应准确地放在定位线上。竖立第一节立杆时，每 6 跨应暂设置一根抛撑（垂直于纵向水平杆，一端支承在地面上），直至固定件架设好后方可根据情况拆除。架设具有连墙件的构造层时，应立即设置连墙件。连墙件距离操作层的距离不应大于二步，当超过时，应在操作层下采取临时稳定措施，直到连墙件架设完后方可拆除。双排脚手架的横向水平杆靠墙的一端至墙装饰面的距离应小于 100mm。杆端伸出扣件的长度不应小于 100mm。安装扣件时，螺栓拧紧的扭力矩不应小于 40N·m，不大于 70N·m。除操作层的脚手板外，宜每隔 12m 高满铺一层脚手板。

脚手架的拆除按由上而下，逐层向下的顺序进行，严禁上下同时作业，所有固定件应随脚手架逐层拆除。严禁先将连墙件整层或数层拆除后再拆脚手架。分段拆除高差不应大于 2 步，如高差大于 2 步，应按开口脚手架进行加固。当拆至脚手架下部最后一节立柱时，应先架临时抛撑加固，后拆固定件。卸下的材料应以安全的方式运出或吊下，严禁抛扔。

（二）门式钢管脚手架

1. 门式钢管脚手架的构造

门式钢管脚手架是 20 世纪 80 年代初由国外引进的一种多功能型脚手架，是以门架、交叉支撑、连接棒、挂扣式脚手板或水平架、锁臂等组成基本结构，再设置水平加固杆、剪刀撑、扫地杆、封口杆、托座与底座，并采用连墙件与建筑物主体结构相连的一种标准化钢管脚手架。门架单元见图 3-13。门式钢管脚手架组成见图 3-14。

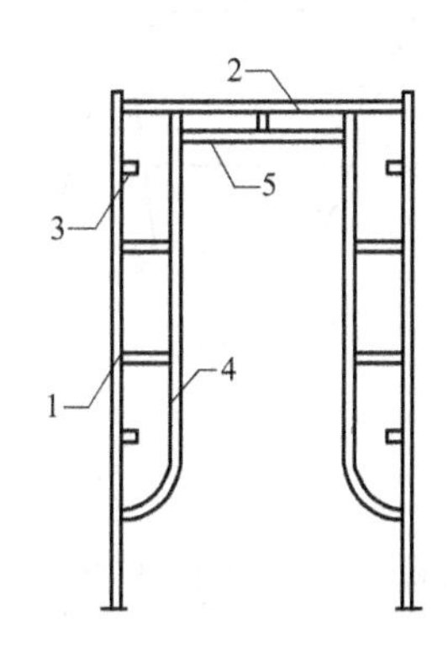

图 3-13 门架单元

1—立杆；2—横杆；3—锁销；4—立杆加强杆；5—横杆加强

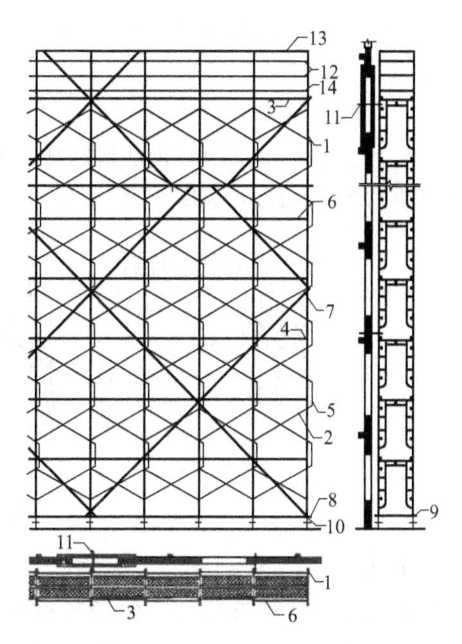

图 3-14 门式钢管脚手架的组成

1—门架；2—交叉支撑；3—挂扣式脚手板；4—连接棒；5—锁臂；6—水平加固杆；7—剪刀撑；8—纵向扫地杆；9—横向扫地杆；10—底座；11—连墙件；12—栏杆；13—扶手；14—挡脚板

门式钢管脚手架几何尺寸标准化，结构合理，受力性能好，充分利用钢材强度，承载能力高，施工中装拆容易、架设效率高，省工省时、安全可靠、经济适用。若门架下部安放轮子，也可以作为机电安装、油漆粉刷、设备维修等活动的工作平台。

门式钢管脚手架的最大搭设高度，应根据表 3-6 确定。

表 3-6 门式钢管脚手架搭设高度

施工荷载标准值/(kN/m^2)	搭设高度/m
3.0～5.0	≤45
≤3.0	≤60

注：施工荷载系指一个架距内各施工层均布施工荷载的总和。

2. 门式脚手架搭设程序

1）脚手架的组装 应自左端延伸向右端，自下而上按步架设，并逐层改变搭设方向，减少误差积累，不可自两端相向搭设或相间进行，以避免结合处错位，难于连接。

2）脚手架搭设的顺序 铺设垫木（板）→安放底座→自一端起立门架并随即装交叉支撑→安装水平架（或脚手板）→安装钢梯→安装水平加固杆→照上述步骤，逐层向上安装→按规定位置安装剪刀撑→装配顶步栏杆。

3）脚手架一次搭设高度不应超过最上层连墙件三步或自由高度小于 6m，以保证脚手架稳定。

二、里脚手架

里脚手架主要在建筑内隔墙的砌筑和内粉刷时使用。一般里脚手架多制成工具式的，种类繁多。但其基本形式主要是凳式、折叠式、支柱式等几种。

1. 凳式里脚手架

凳式里脚手架是最简单的里脚手架，即沿墙摆设若干马凳，在马凳上铺脚手板组成。马凳可用毛竹、木料、角钢和钢筋等组成。马凳高度一般为 1.2～1.4m，长度为 1.2～1.5m，马凳间距约 1.5～1.8m（图 3-15）。

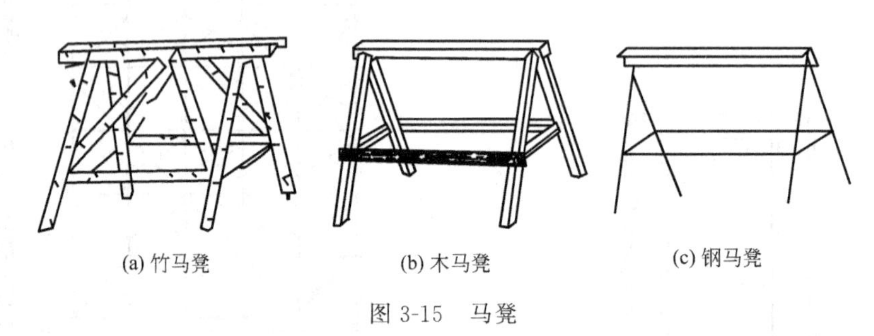

(a) 竹马凳　(b) 木马凳　(c) 钢马凳

图 3-15　马凳

2. 折叠式里脚手架

折叠式里脚手架有三种：角钢折叠式里脚手架（图 3-16）、钢管折叠式里脚手架（图 3-17）和钢筋折叠式里脚手架（图 3-18）。

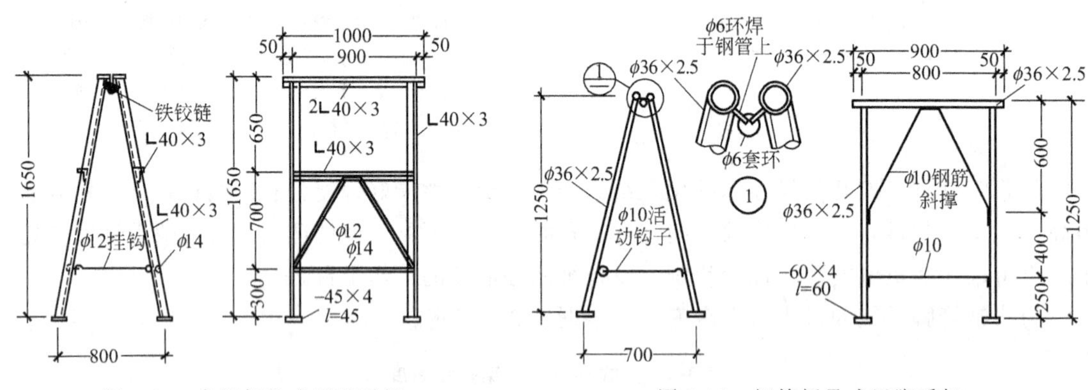

图 3-16　角钢折叠式里脚手架　　图 3-17　钢管折叠式里脚手架

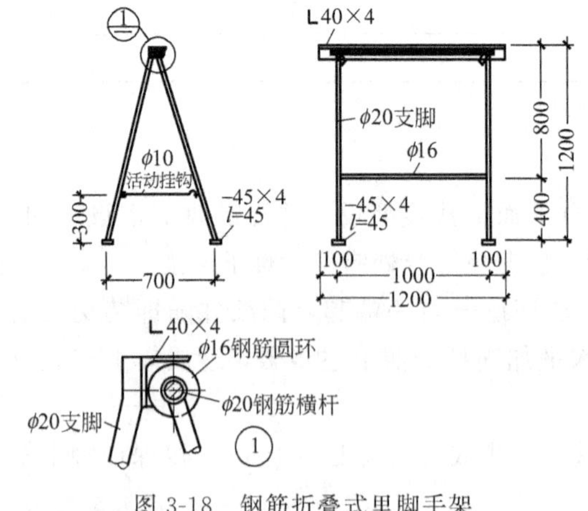

图 3-18　钢筋折叠式里脚手架

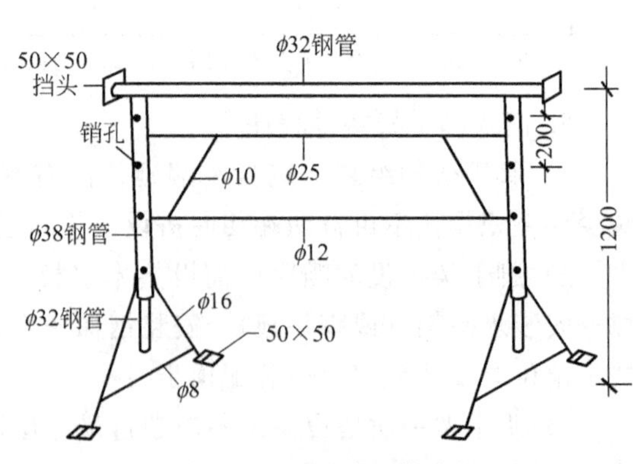

图 3-19　双联式钢管支柱

由于支柱的三个腿造成运输、贮存不便，有一种改进型，是将一对钢管支柱用钢筋托架连在一起，横杆与插管连在一起，做成双联式的，支腿改成八字形（图3-19）。

3. 支柱式里脚手架

支柱式里脚手架是由若干个支柱及横杆组成，上铺脚手板。常用的套管式支柱如图3-20所示，插管插入立管中，以销孔间距调节高度，插管顶端的U形支托搁置方木横杆，用以铺设脚手板。

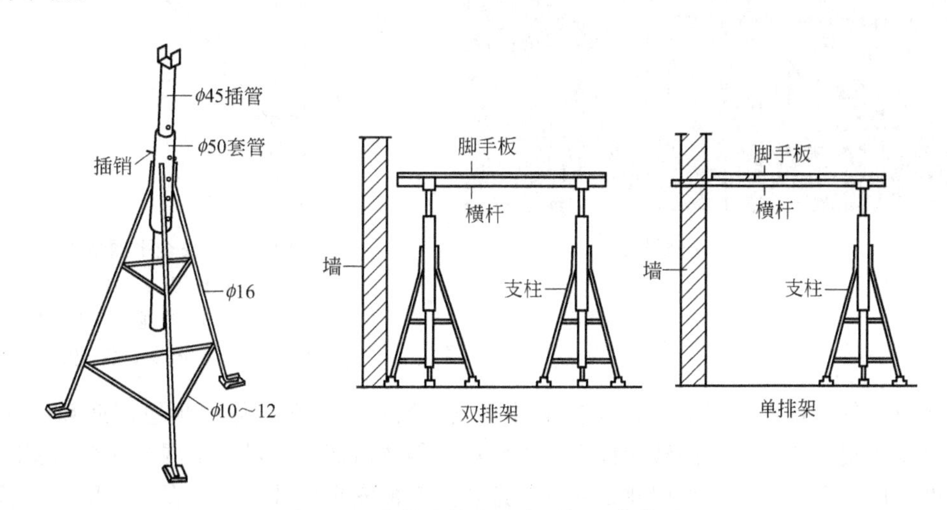

图 3-20 套管支柱式里脚手架及其搭设

三、脚手架的安全措施

1. 安全网架设

当外墙砌砖高度超过3m或立体交叉作业时，必须设置安全网。安全网分为平网和立网两类。

安装平面不垂直水平面，主要用来接住坠落的人和物的安全网称为平网；安装平面垂直水平面，主要用来防止人或物坠落的安全网称为立网。平网要能承受重100kg、底面积为$2800cm^2$的模拟人形砂包冲击后，网绳、边绳、系绳都不断裂（允许筋绳断裂），冲击高度10m，最大延伸率不超过1.5m。平网大多采用直径为5mm的尼龙绳（也有用涤纶绳）编结而成。其网眼为8～14cm，网片3m×6m及4m×8m等规格。立网边绳、系绳断裂强力不低于300kgf（1kgf=9.80665N），网绳的断裂强力为150～200kgf，网目的边长不大于10cm。立网和平网必须严格地区分开，立网绝不允许当平网使用。

一般清水墙、混水墙的砌筑及装饰装修作业需搭设里、外脚手架。对外脚手架，挂设全封闭安全立网，立网上下部分用尼龙绳或麻绳牢固地固定在脚手架两道纵向水平杆上，拉直、拉紧，底边的系绳系结牢固，同一层网的连接要牢固、严密，立网的搭设随脚手架的进度挂设，上口高出作业面不少于1.2m。安全立网搭设如图3-21所示。

仅混水墙砌筑可以全部采用里脚手架完成，对只有里脚手架的情形，应当在墙外侧架设安全平网，其伸出墙面宽度应不小于2m，外口要高于里口500mm，两网搭接应扎接牢固，每隔一定距离应用拉绳将斜杆与地面锚桩拉牢。施工过程中要经常对安全网进行检查和维修，严禁向安全网内扔进木料和其他杂物。

图3-22为安全平网搭设的一种方式。用φ48×3.5mm钢管搭设，水平杆1放在上层窗口的墙内与安全网的内水平杆4绑牢，水平杆2放在下层窗口的墙外与安全网的斜杆绑牢，水平杆3放在墙内与水平杆2绑牢。支设安全网的斜杆5间距应不大于4m。

图 3-21　安全立网搭设

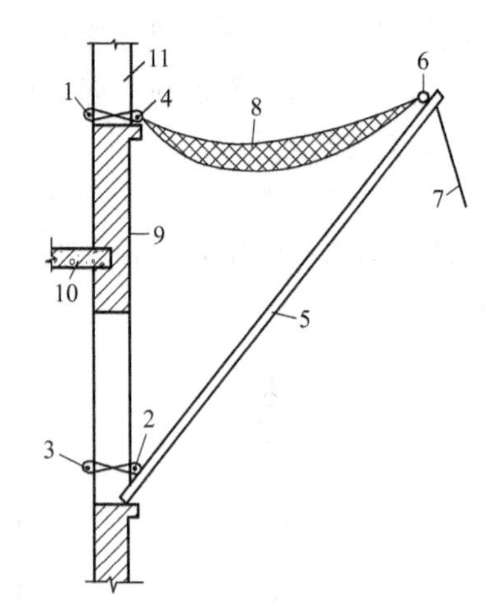

图 3-22　安全平网搭设

1～3—水平杆；4—内水平杆；5—斜杆；6—外水平杆；7—拉绳；8—安全网；9—外墙；10—楼板；11—窗口

对无窗口的山墙，可在墙角设立杆来挂安全平网；也可在墙体内预埋钢筋环以支撑斜杆；还可用短钢管穿墙，用回转扣件来支设斜杆。但要沿墙外架设安全网。安全网要随楼层施工进度逐层上升。多层、高层建筑除一道逐步上升的安全网外，尚应在第二层和每隔三～四层加设固定的安全网。

2. 防触电防雷

钢脚手架（包括钢井架、钢龙门架、钢独脚拨杆提升架等）不得搭设在距离 35kV 以上的高压线路 4.5m 以内的范围和距离 1～10kV 高压线路 2m 以内的地区，否则使用期间应断电或拆除电源。

过高的脚手架必须按规定有防雷措施。

第五节　砌筑操作工艺

砌体施工是依靠手工将一块一块的块体用砂浆组砌成墙、柱类受力构件的过程，因此了解砌筑操作工艺对施工组织者是必要的。

一、砌筑操作基本术语

（一）普通砖

1. 普通砖的术语

普通砖的标准尺寸是 240mm×115mm×53mm，三对相等的面中，最大的面称为大面，长的一面称顺面或条面，短的一面称顶面或丁面。砌筑时为了错缝搭接，需要将个别标准砖砍成七分头、半砖、二寸头，必要时，还要砍成二寸条（图 3-23）。

2. 砖在砌体中的位置术语

普通砖砌筑在砌体中时，随其砌筑摆放的位置不同，分卧砌（平砌）、立砌、陡砌。卧砌的砖，如果其长度方向与墙体的长度方向一致称为“顺砖”、与墙体的长度方向垂直则称为“丁砖（顶砖）”，或者说条面朝外为顺砖，顶面朝外为丁砖；陡砌，又称为“斗砌”或“斗砖”，斗砖砌在墙体的一侧又称作“侧砌”或“侧砖”，见图 3-24。

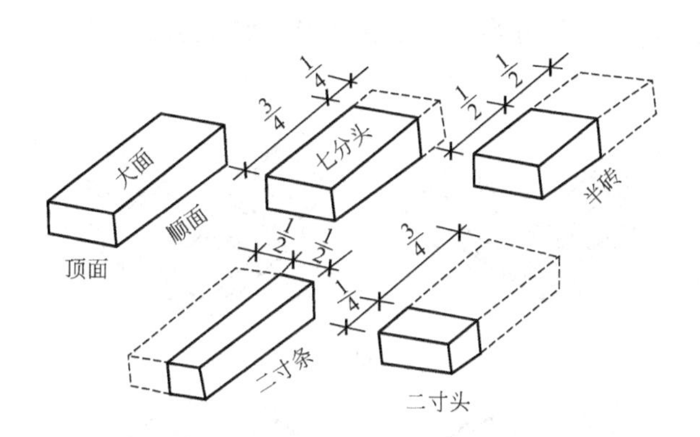

图 3-23　整砖及砍砖的各部分名称

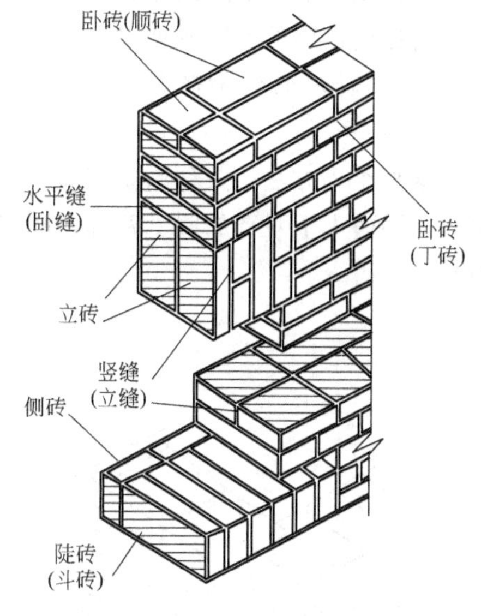

图 3-24　砖墙构造名称

无论何种砌法，灰缝只有两种，即水平缝（卧缝）和竖缝（立缝）。

（二）墙体

1. 清水墙

清水墙指砖墙的外墙面砌成后，不需要对外墙面进行抹灰装饰，只需要勾缝，即成为成品，使砖砌体呈现横平竖直、错缝搭接的自然美感。清水墙对砖的质量和砌筑质量要求都较高。

2. 浑水墙

浑水墙是相对于清水墙而言的，即墙体砌筑完成后，还需要做抹灰或贴面砖等装饰，才成为成品，因而对砌砖质量要求相对低一些，通常也不需要勾缝。

3. 墙体的厚度

砖墙的厚度习惯上以砖长为基数来称呼，如半砖墙、一砖墙、一砖半墙等。工程上以它们的标志尺寸来称呼，如一二墙、二四墙、三七墙等。常用墙厚的尺寸规律见表 3-7。

表 3-7　普通砖墙厚度的构造、尺寸及称谓　　单位：mm

砖墙断面					
尺寸组成	115×1	115×1+53+10	115×2+10	115×3+20	115×4+30
构造尺寸	115	178	240	365	490
标志尺寸	120	180	240	370	490
工程称谓	一二墙	一八墙	二四墙	三七墙	四九墙
习惯称谓	半砖墙	3/4 砖墙	一砖墙	一砖半墙	两砖墙

二、砖砌体的组砌形式

砖在砌体中的不同排列组合方式，称为砖砌体的组砌形式。

（一）砖墙的组砌形式

1. 一顺一丁

这种组砌方法，又称满条满顶。从墙的立面看，为一皮丁砖、一皮顺砖相互错缝 1/4 而砌成。顺砖上下对齐的叫十字缝，顺砖上下层相互错开半砖的叫骑马缝，如图 3-25、图3-26 所示。

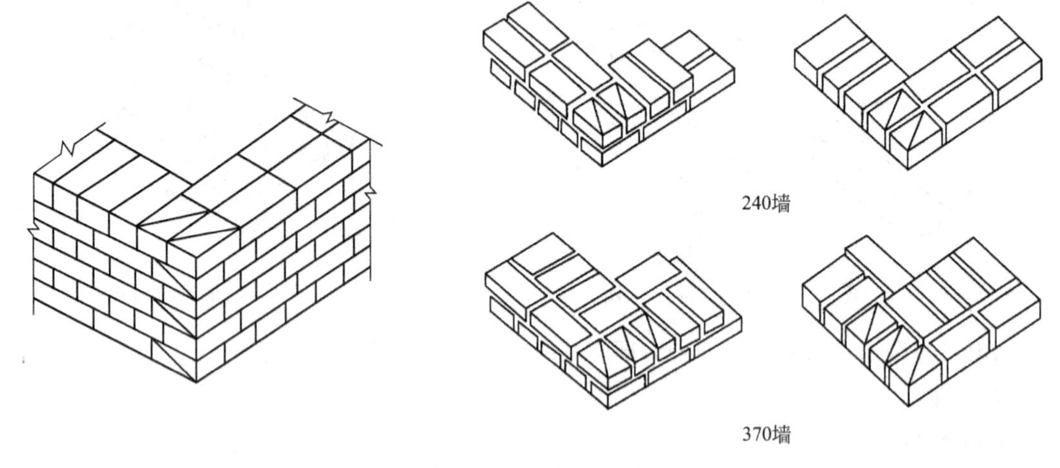

图 3-25 一顺一丁砌法

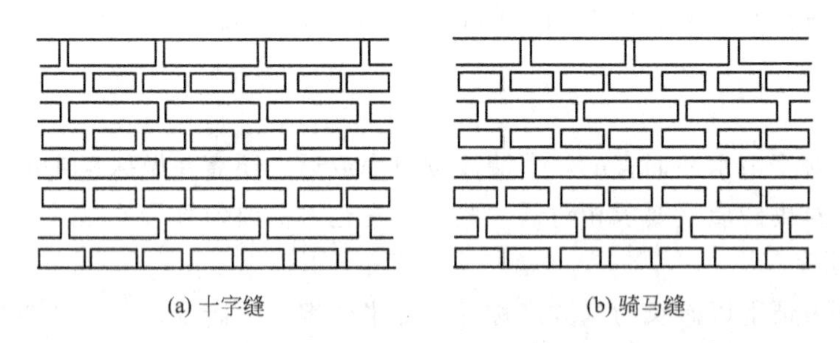

图 3-26 一顺一丁的两种砌法

一顺一丁砌筑形式，适合于砌筑一砖、一砖半及二砖墙。该法砌筑的墙体受力合理，整体性好，易于操作，墙面也容易控制平直，目前应用较广。但当砖的规格不一致时，竖缝不易对齐，在墙的转角、丁字接头、门窗洞口等处都要砍砖，因此砌筑效率受到一定限制。

2. 梅花丁

在同一皮上，由顺砖和丁砖相间铺砌而成，墙体厚度至少为一砖，如图 3-27 所示。这种砌法内外竖缝每皮都能错开，整体性好，灰缝整齐、美观，适于砌筑一砖或一砖半的清水墙或砖的规格不一致的墙体。但施工比一顺一丁砌法复杂，该法砌筑效率较低。

3. 三顺一丁

三顺一顶砌法是指三皮中全部顺砖与一皮中全部丁砖相互交替叠砌而成，上下皮顺砖之间搭接 1/2 砖长，顺砖与丁砖之间搭接 1/4 砖长，同时要使檐墙与山墙的丁砖层不在同一皮，以利于搭接。当墙厚≥370mm 时，里墙皮也要砌一顺一丁。

图 3-27　梅花丁砌法

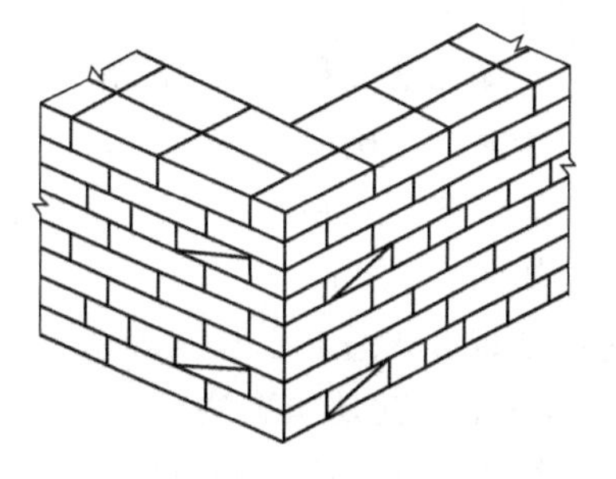

图 3-28　三顺一丁砌法

这种砌法常在砖的规格不太一致时，以及砌清水墙时使用，容易使墙面达到平整美观，在转角处可减少七分头。同时由于顺砖多，砌筑效率较高，且能利用部分半砖，但出现三皮通缝，易使墙体整体性稍差，多适用于砌筑一砖和一砖半墙。如图 3-28 所示。

4. 五顺一丁

这种组砌方法，从墙的立面看，为一皮丁砖、五皮顺砖，强度和整体性更差，但能更多地利用半砖（图 3-29）。当墙厚≥370mm 时，里墙皮也要砌一顺一丁。

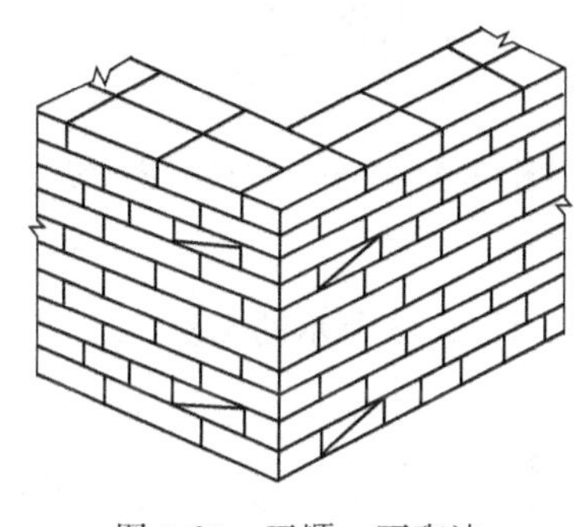

图 3-29　五顺一丁砌法

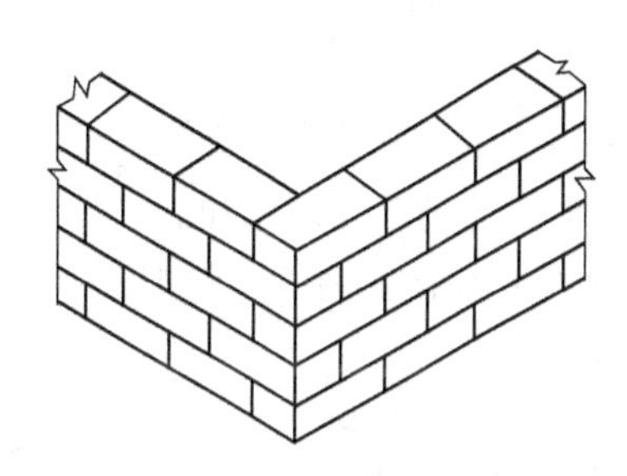

图 3-30　全顺砌法

5. 全顺砌法

这种组砌方法也称为条砌法，从墙的立面看，每皮砖均为顺砖，各砖错缝均为 1/2 砖长。这种方法主要用于半砖隔墙，其形式如图 3-30 所示。

6. 丁砌法

这种组砌方法，从墙的立面看，每一皮砖均为丁砖，各砖错缝为 1/4 砖长，常用于半圆和弧形砖墙以及圆形建筑物，如烟囱、水塔、水池、圆仓等的墙身，如图 3-31 所示。

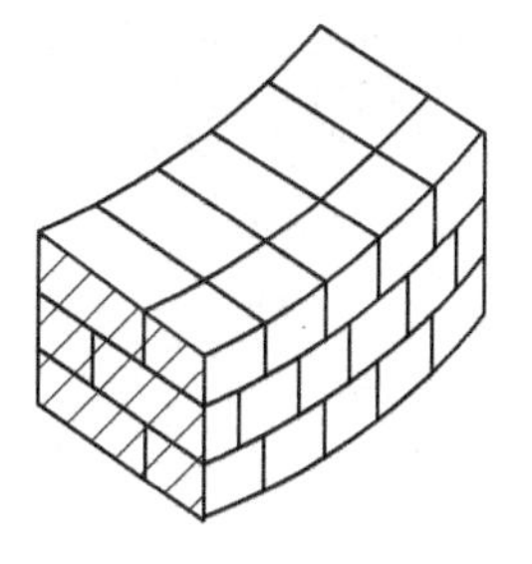

图 3-31　丁砌法

图 3-32　三七缝砌法

7. 三七缝砌法

这种组砌方法，每层都有七分头丁砖，其优点同一顺一丁法，如图 3-32 所示。

8. 两平一侧

两平一侧砌法又称 180mm 墙组砌法，是指由二皮顺砖和旁砌一块侧砖相隔砌成。当墙厚为 3/4 砖时，平砌砖均为顺砖，上下皮卧砌顺砖间竖缝错开 1/2 砖长；上下皮卧砌顺砖与侧砌顺砖间竖缝相互错开 1/2 砖长，上下皮丁砖与侧砌顺砖间竖缝隙相互错开 1/4 砖长。其组砌方法如图 3-33 所示。

这种砌筑形式适合于 3/4 砖墙和 5/4 砖墙。

9. 300mm 厚砖墙组砌法

这种组砌方法是砌筑两皮砖为一层，平砌部位采用两顺或两丁砖，侧砖仍为一顺砖，第二个砌筑层，则平砌与侧面的位置相互交错，如图 3-34 所示。

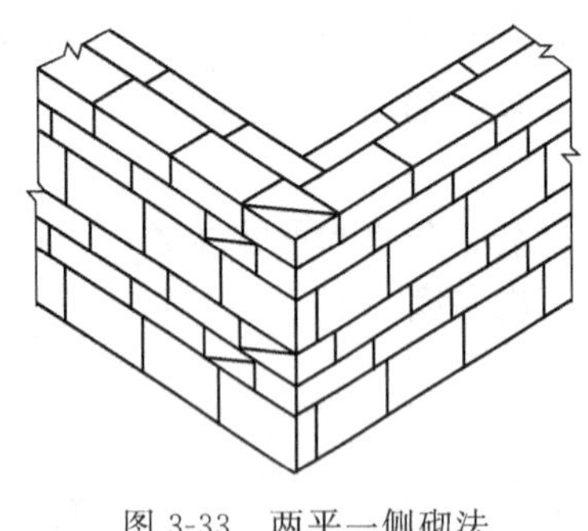

图 3-33　两平一侧砌法

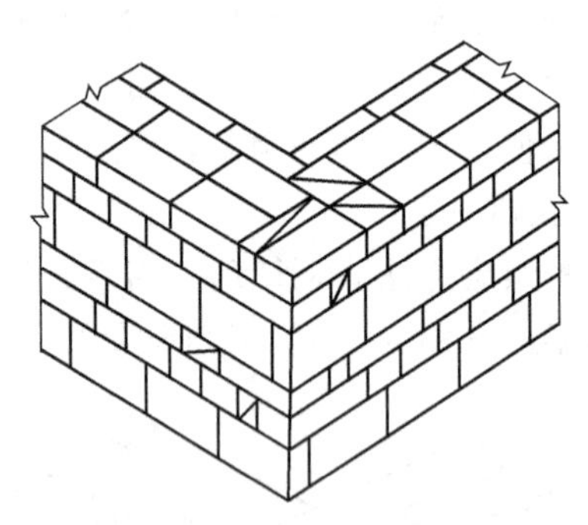

图 3-34　300mm 厚砖墙组砌法

10. 十字墙及丁字墙组砌法

在内外墙交接及内墙交接时，往往会遇到如图 3-35、图 3-36 所示的砌法。

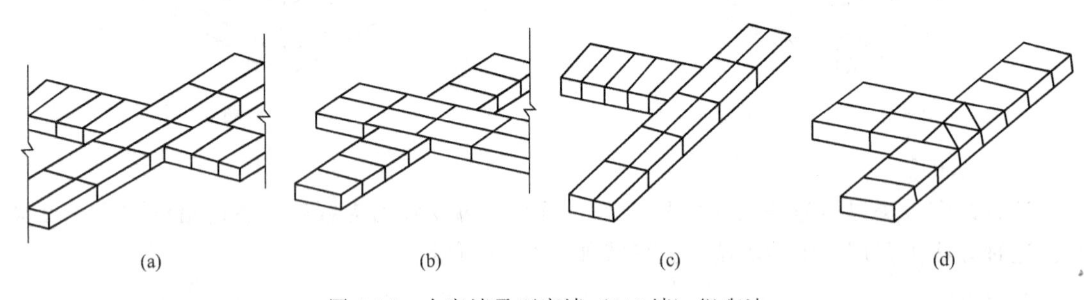

(a)　(b)　(c)　(d)

图 3-35　十字墙及丁字墙（240 墙）组砌法

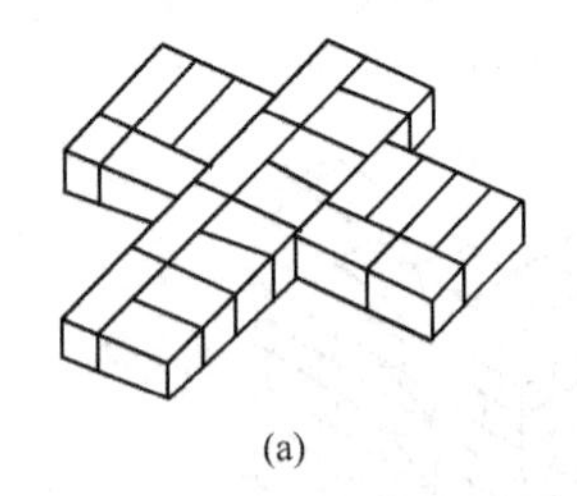

(a)

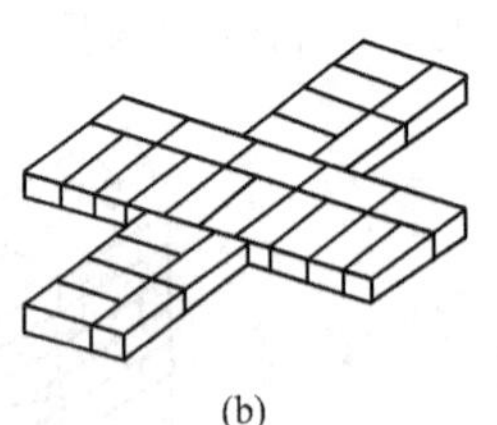

(b)

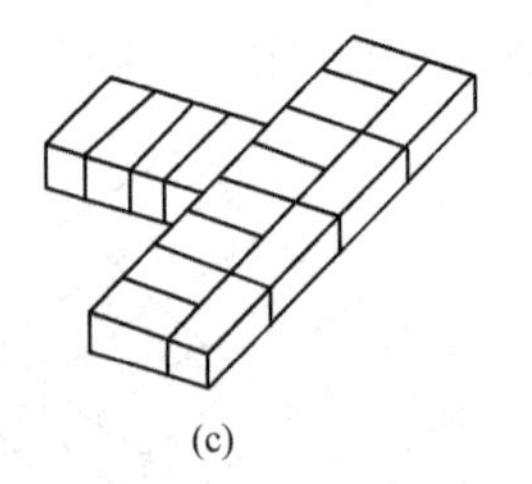

(c)

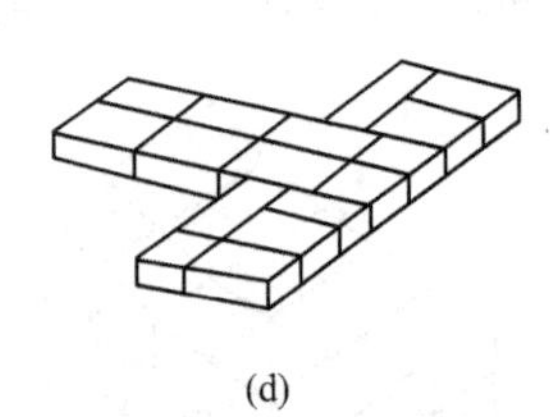

(d)

图 3-36　十字墙及丁字墙（370 墙）组砌法

（二）砖柱的组砌形式

一般常见的砖柱尺寸有 240mm×240mm、370mm×370mm、490mm×490mm、370mm×490mm、490mm×620mm 等，其组砌方法如图 3-37 所示。

砖柱砌筑不允许包心砌法，即不允许出现竖向通缝，图3-38所示的错误组砌方式将出现

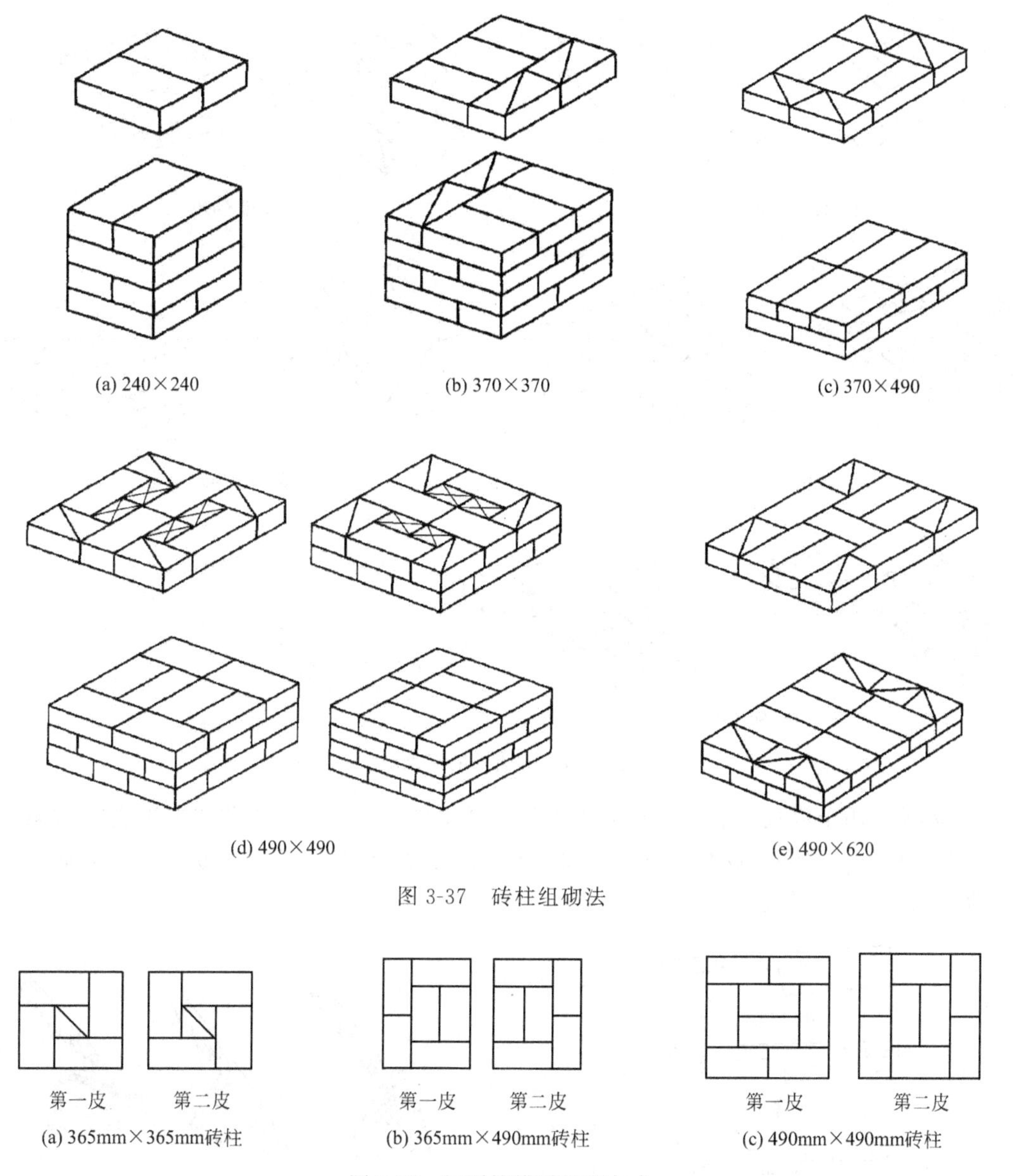

图 3-37　砖柱组砌法

图 3-38　矩形柱错误组砌方式

竖向通缝。

（三）附墙垛的组砌法

砌外墙往往有附加墙垛，240mm、370mm、490mm 宽度墙垛的几种组砌方法，如图 3-39所示。

三、砌筑用工具

1. 砌筑用手工工具

砌筑工是一项以手工操作为主的技术工种，砌筑用手工工具品种较多，地区差异也大。常见的手工工具有：

1）瓦刀　又叫砖刀，是砌筑工最基本的砌筑工具（图 3-40），由个人使用及保管，用于摊铺砂浆、砍削砖块、打灰条等。

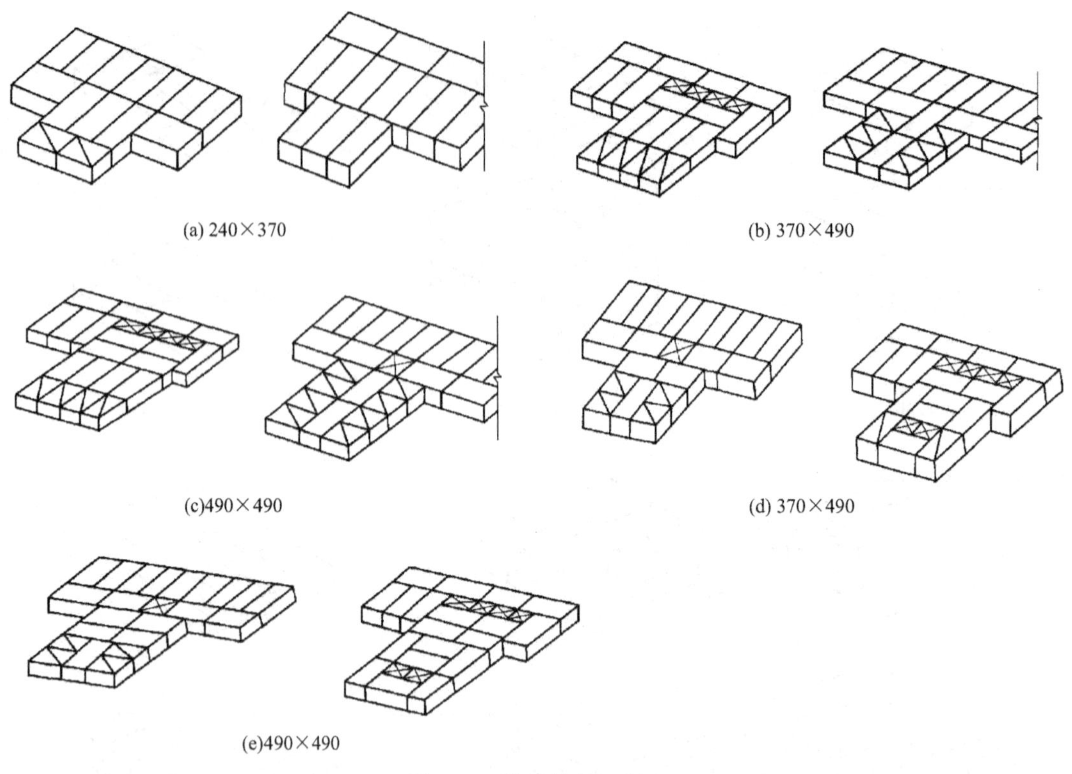

(a) 240×370　　(b) 370×490

(c)490×490　　(d) 370×490

(e)490×490

图 3-39　附墙垛的组砌法

2）大铲　用于铲灰、铺灰和刮浆的工具（图 3-41），也可以在操作中用它随时调和砂浆。大铲以桃形者居多，也有长三角形和长方形。是实施“三一”（一铲灰、一块砖、一揉挤）砌筑法的主要工具。

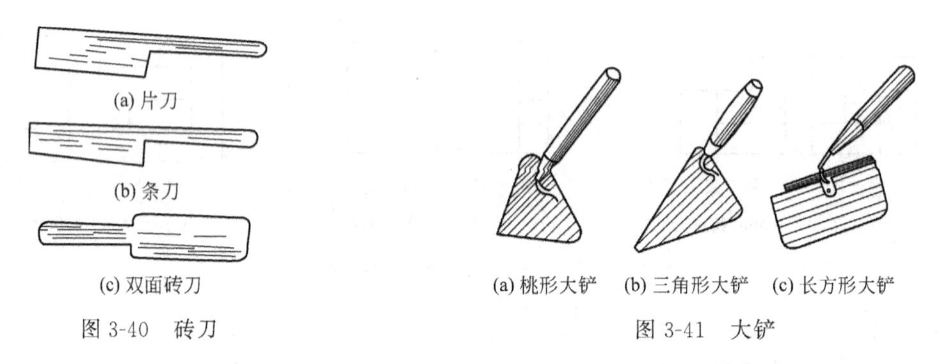

(a) 片刀　(b) 条刀　(c) 双面砖刀

图 3-40　砖刀

(a) 桃形大铲　(b) 三角形大铲　(c) 长方形大铲

图 3-41　大铲

3）刨锛　用以打砍砖块的工具，也可以当做小锤与大铲配合使用［图 3-42(a)］。

4）摊灰尺　用不易变形的木材制成，操作时放在墙上作为控制灰缝及铺砂浆用［图 3-42(b)］。

5）溜子　又叫灰匙、勾缝刀［图 3-42(c)］，一般用 $\phi 8$ 钢筋打扁制成，并装上木柄，用于清水墙勾缝。用 0.5～1mm 厚的薄钢板制成的较宽的溜子，则用于毛石墙的勾缝。

6）灰板　又叫托灰板［图 3-42(d)］，用不易变形的木材制成。在勾缝时，用它承托砂浆。

7）抿子　［图 3-42(e)］是用 0.8～1mm 厚的钢板制成，并铆上执手，安装木柄成为工具，可用于石墙的抹缝、勾缝。

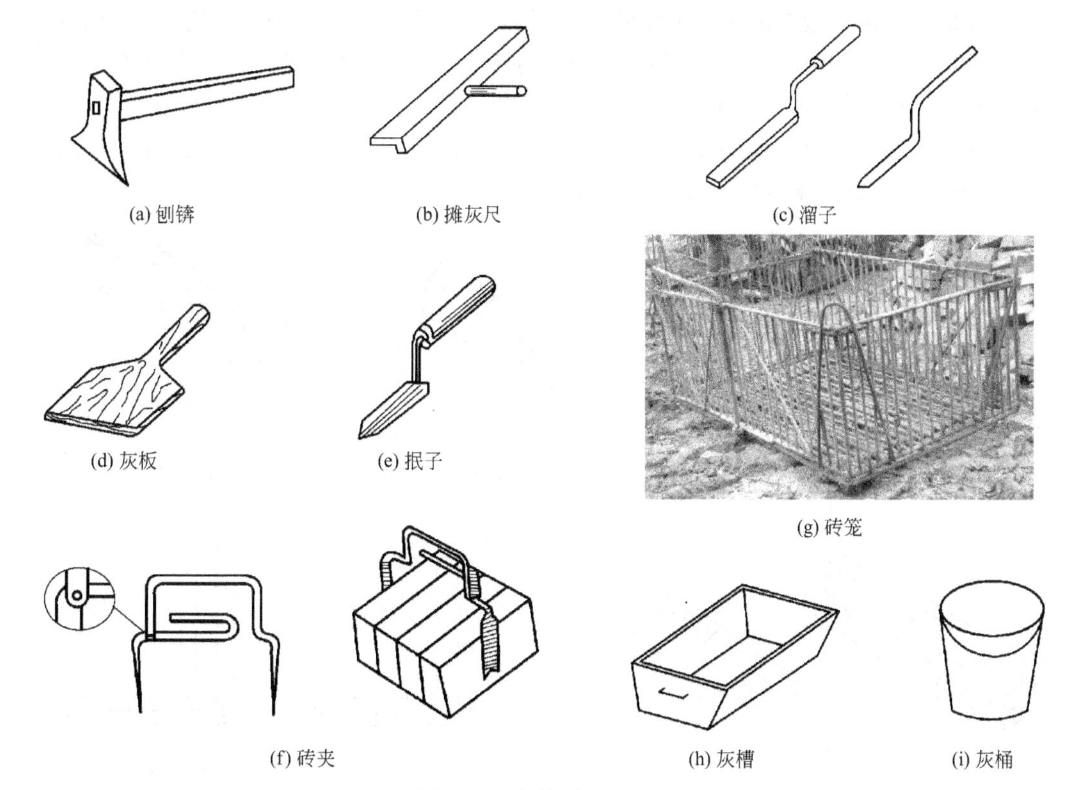

(a) 刨锛　(b) 摊灰尺　(c) 溜子　(d) 灰板　(e) 抿子　(f) 砖夹　(g) 砖笼　(h) 灰槽　(i) 灰桶

图 3-42　砌筑用手工工具

8）砖夹　可用 ϕ16 钢筋锻造，一次可以夹起 4 块标准砖，用于装卸砖块［图 3-42(f)］。

9）砖笼　采用塔吊施工时，吊运砖块的工具［图 3-42(g)］。施工时，在底板上先码好一定数量的砖，然后把砖笼套上并固定，再起吊到指定地点，周转使用。

10）灰槽　用 1～2mm 厚的黑铁皮制成，供存放砂浆用［图 3-42(h)］。现在常用的还有塑料、胶皮灰桶［图 3-42(i)］。

11）其他　如橡皮水管、大水桶、灰铺、灰勺、钢丝刷及扫帚等。

2. 砌筑用测量工具

1）钢卷尺，有 1m、2m、3m、5m 等多种规格。钢卷尺主要用来量测轴线尺寸、位置及墙长、墙厚，还有门窗洞口的尺寸、留洞位置等。

2）托线板，又称靠尺板，用于检查墙面垂直和平整度。由施工单位用木材自制，长 1.2～1.5m；也有用铝合金制成的［图 3-43(a)］。

3）线锤［图 3-43(a)］，吊挂垂直度用，主要与托线板配合使用。

4）塞尺［图 3-43(b)］，与托线板配合使用，用以测定墙、柱的平整度偏差。塞尺上每一格表示厚度方向 1mm。使用时，托线板一侧紧贴于墙或柱面上，由于墙或柱面本身的平整度不够，必然与托线板产生一定的缝隙，用塞尺轻轻塞进缝隙，塞进几格就表示墙面或柱面偏差几毫米。

5）水平尺，用铁或铝合金制成，中间镶嵌玻璃水准管，用来检查砌体对水平位置的偏差［图 3-43(c)］。

6）准线，是砌墙时拉的细线，一般使用直径为 0.5～1.0mm 的棉线、麻线、尼龙线或弦线，用于砌体砌筑时拉水平用，另外也用来检查水平缝的平直度。

7）百格网，用于检查砌体水平缝砂浆饱满度的工具［图 3-43(d)］。用铁丝编制而成，也有在有机玻璃上划格而成，其规格为一块标准砖的大面尺寸。将其长度宽度方向各分成 10 格，共 100 个小格，故称百格网。

8）方尺，用木材或金属制成边长为 200mm 的直角尺，有阴角和阳角两种，分别用于检查砌体内外转角的方整程度。方尺形状如图 3-43(e)、(f) 所示。

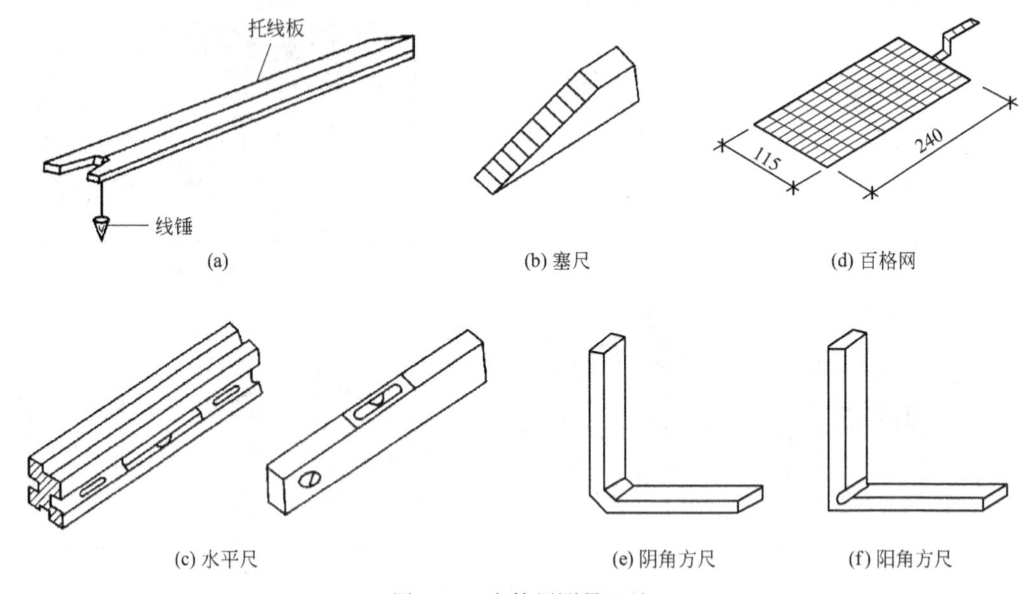

(a)　(b) 塞尺　(d) 百格网

(c) 水平尺　(e) 阴角方尺　(f) 阳角方尺

图 3-43　砌筑用测量工具

3. 皮数杆

皮数杆（图 3-44）是用方木或角钢制成的一种标杆，砌筑时用来控制墙体竖向尺寸及各部位构件的竖向标高，并保证灰缝厚度的均匀性。因此，要根据设计要求、砖的规格及水平灰缝的厚度，在皮数杆上标明砖的皮数及竖向构造的变化部位。皮数杆分为基础用和地上用两种。

基础用皮数杆比较简单，一般使用 30mm×30mm 的方木杆，由现场施工员绘制。杆上应标出砖皮数、大放脚，地圈梁、防潮层、洞口、管道、沟槽和预埋件的标高位置，以及±0.000标高、底层室内地面等。皮数杆上的砖层应按顺序编号，画到防潮层底的标高处，砖层必须是整皮数。

±0.000 以上的皮数杆，也称大皮数杆。一般由施工技术人员经计算排画，经质量检验人员检测合格后方可使用，大皮数杆应标注出砖皮数、窗台、窗顶、预埋件、拉结筋、圈梁等的位置。如果房屋构造比较复杂，皮数杆应该编号，并对号入座。

绘制皮数杆时，要注意的是砖的厚度不是取标准值 53mm，而是在施工现场随机取 10 皮砖叠放，测量其总高度，计算其平均厚度，以此厚度作为绘制砖层标高的基本数据。同样，对于水平灰缝的厚度，可以初定为 10mm，然后经过测算，通过调整水平灰缝的厚度在 8～12mm 之间，保证在窗台标高、圈梁下标高处为整数皮砖。

四、砌筑操作工艺

（一）砌筑操作基本技能

砖砌体是由砖和砂浆共同组成的。每砌一块砖，需经铲灰、铺灰、取砖、摆砖四个动作

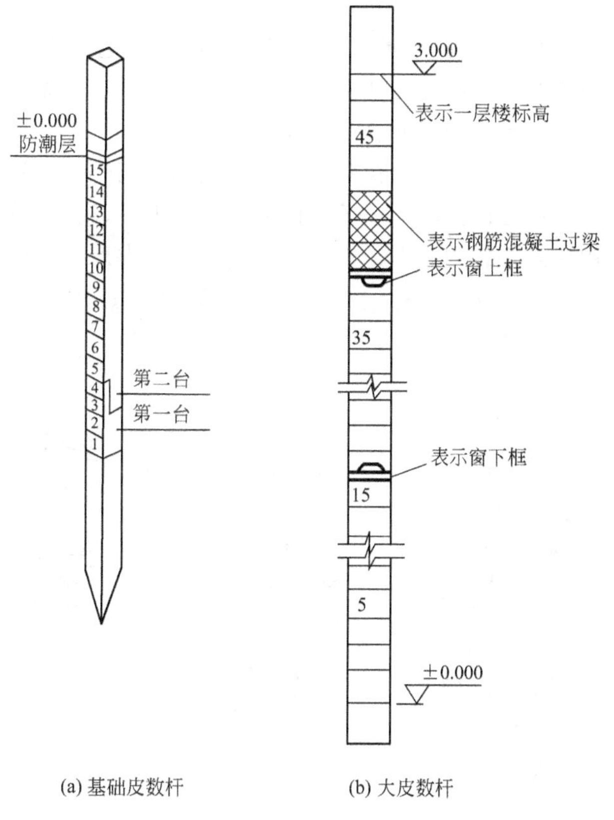

(a) 基础皮数杆　　(b) 大皮数杆

图 3-44　皮数杆

来完成，再加上砍砖，这几个动作是砌筑工的基本功。

1）铲灰，是用瓦刀、大铲或灰瓢将置放在灰槽或灰桶内的砌筑砂浆取出的动作，铲灰应掌握好取灰的数量，尽量做到一刀灰一块砖。

2）铺灰，砌砖速度的快慢和砌筑质量的好坏与铺灰有很大关系。灰铺得好，砌起砖来会觉得轻松自如，砌好的墙也干净利落。

3）取砖，取砖和铲灰的动作应该一次完成。取砖时包括选砖，操作者对摆放在身边的砖要进行全面的观察，哪些砖适合砌在什么部位，要做到心中有数。旋砖，目的是挑选平整美观的砖面。如砌清水墙，正面必须色泽一致，棱角整齐，这就要求操作者将取在手掌上的砖用旋转的方法来选换砖面，使最合适的面朝向墙的外侧。如图 3-45 所示。

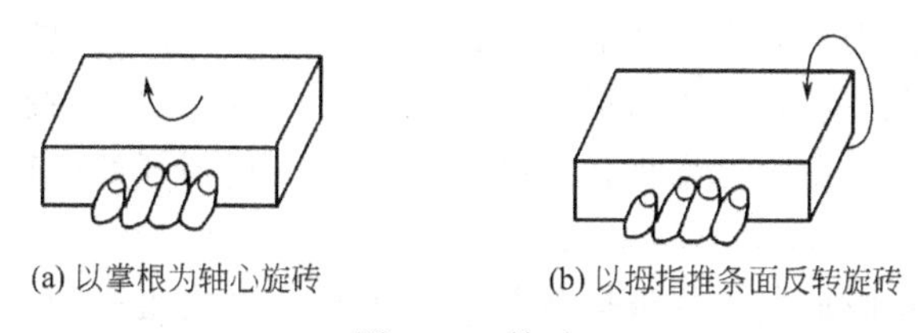

(a) 以掌根为轴心旋砖　　(b) 以拇指推条面反转旋砖

图 3-45　旋砖

4）摆砖，是完成砌砖的最后一个动作，砌体能不能达到横平竖直、错缝搭接、灰浆饱满、整洁美观的要求，关键在摆砖。摆放前用瓦刀沾少量灰浆刮到砖的端头上，抹上“碰头灰”，使竖向砂浆饱满。摆放时要注意手指不能碰撞准线。砖摆上墙以后，如果高出准线，可以稍稍揉压砖块，也可用瓦刀轻轻叩打。灰缝中挤出的灰可用瓦刀随手刮起甩入竖缝中。

5）砍砖，为了满足砌体的组砌要求，需要将标准砖砍成七分头、二寸条等形状。其中七分头用得最多，砖的砍凿一般用瓦刀或刨锛作为砍凿工具，当所需形状比较特殊且用量较多时，也可利用扁头钢凿、尖头钢凿配合手锤砍凿。

被砍的砖应该外观平整、无缺棱、掉角、裂缝，也不能用烧过火的砖和欠火砖。选好砖后标定砍凿位置，当使用瓦刀砍凿时，一手持砖使条面向上，以瓦刀所刻标记处伸量一下砖块，在相应长度位置用瓦刀轻轻划一下，然后用力斩一、二刀即可完成。当使用刨锛时，一手持砖使条面向上，以刨锛手柄所刻标记对准砖的条面，轻轻晃动刃口，就在砖的条面上划出了印子，然后举起刨锛砍凿划痕处，一般1～2下即可完成。七分头砖的砍凿如图3-46所示。

图3-46　七分头砖的砍凿

二寸条（约57mm×240mm），是比较难以砍凿的。目前电动工具比较多，可以利用电动工具来切割，也可利用瓦刀、刨锛手工方法砍凿，或者手锤钢凿法，即利用手锤和钢凿（錾子）配合，以减少砖的破碎损耗。

（二）砌筑工艺方法

1. “三一”砌砖法

“三一”砌砖法又称铲灰挤砌法，它的基本动作是“一铲灰、一块砖、一挤揉”。具体操作顺序及要领如图3-47所示。

（1）操作方法

1）步法　操作时，人应顺墙体斜站，左脚在前，离墙约15cm左右，右脚在后，距墙及左脚跟约30～40cm。砌筑方向是由前往后退着走，这样操作可以随时检查已砌好的砖是否平直。砌完3～4块顺砖后，左脚后退一大步（约70～80cm），右脚后退半步，人斜对墙面可砌筑约50cm，砌完后左脚退半步，右脚退一步，恢复到开始砌砖时部位。如此反复上述步法继续砌砖。

2）铲灰取砖　铲灰时取灰量要根据灰缝厚度大小，以满足一块砖的需要量为准。取砖时应随拿砖随挑选好下一块砖。左手拿砖，右手拿灰，同时拿起来，以减少弯腰次数，争取砌筑时间。

3）铺灰　铺灰是砌筑中比较关键的动作，铺灰动作可分为甩、溜、丢、扣等。

在砌顺砖时，当墙砌得不高而且距操作者较远时，可采用溜灰方法铺灰；当墙砌得较高，近身砌砖时可采用扣灰方法铺灰；还可以采用甩灰方法铺灰。

图 3-47 “三一”砌砖法砌砖动作

在砌丁砖时，当墙砌得较高而且近身时，可采用丢灰方法铺灰；还可以来用扣灰方法铺灰。

不论采用哪一种铺灰动作，都要求铺出的灰条近似砖的外形，厚度使摊铺面积正好能砌一块砖，长度比一块砖稍长 1～2cm，宽约 8～9cm，灰条与墙面距离约 2cm，并与前一块砖的灰条相接。不要铺得超过已砌完的砖太多，否则先铺的灰由于砖吸水分会变稠，不利于下一块砖揉挤。清水墙砌完砖应将灰缝缩入墙内 10～12mm，即所谓砌缩口灰，砂浆不铺到边，以便预留出勾缝深度。

4）揉砖　左手拿砖在已砌好的砖前约 3～4cm 处开始平放推挤，并用手轻揉。在揉砖时，眼要上边看线，下边看墙皮，左手中指随即同时伸出，摸一下上下砖棱是否齐平。砌好一块砖后，随即用铲将挤出的砂浆刮回，放在竖缝中或投入灰斗内。揉砖的目的是使砂浆饱满。以揉到下齐砖棱上齐线为适宜，要做到平齐、轻放、轻揉。

采用“三一”砌砖法时，所用砂浆的稠度宜为 7～9cm。砂浆太稠不易揉砖，竖缝也填不满；太稀则砂浆易从大铲上滑下去，操作不方便。

(2) 操作环境布置　砖和灰斗在操作面上的安放位置，应以方便操作者砌筑为准，安放不当会打乱步法，增加砌筑中的多余动作。

灰斗的放置由墙角开始，第一个灰斗布置在离大角 600～800mm 处，沿墙的灰斗距离为 500mm 左右，灰斗之间码放两排砖，要求排放整齐。遇有门窗洞口处可不放料，灰斗位置相应退出门窗口 600～800mm，材料与

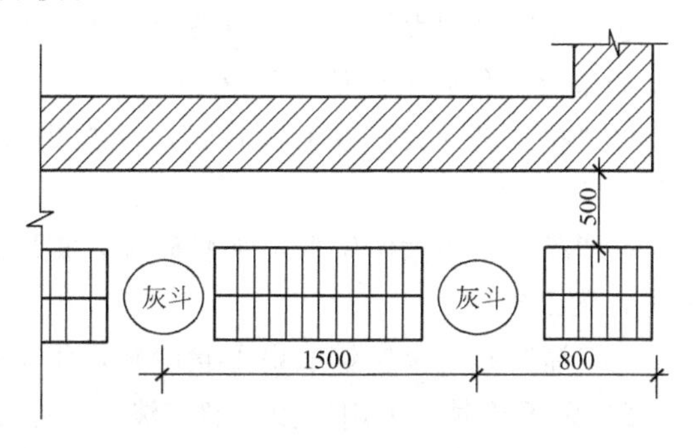

图 3-48 灰斗和砖的排放

墙之间留出500mm，作为操作者的工作面。砖和砂浆的运输在墙内楼面上进行。灰斗和砖的排放如图3-48所示。

(3)“三一”砌砖法的优缺点　由于铺出来的砂浆面积相当于一块砖的大小，并随即揉砖，因此灰缝容易饱满粘接力强，能保证砌筑质量；在挤砌时随手刮去挤出的砂浆，使墙面保持清洁。

这种操作方法一般是个人单干，发挥分工协作的效能较差；操作时取砖、铲灰、铺灰、转身、弯腰等烦琐动作较多，要耗去一定时间，影响砌筑效率。因而实际中常用2铲灰砌3块砖或3铲灰砌4块砖的办法来提高砌筑效率。

“三一”砌砖法适合于砌窗间墙、柱、垛、烟囱筒壁等较短的部位。

2.“二三八一”砌砖法

“二三八一”砌砖法是在“三一”砌砖法的基础上，将各种最佳动作加以汇总、简化、提炼，重新组合成符合人体生理活动规律的砌砖动作，即两种步法、三种身法、八种铺灰手法、一种挤浆和刮余浆动作。这种砌砖法促使砌砖动作实现科学化、标准化，从而达到了降低劳动强度，提高砌筑质量和效率的目的。

(1) 两种步法　两种步法即丁字步和并列步。砌砖采取后退砌法，开始砌筑时，人斜站成丁字步，按丁字步迈出一步，可砌1m长的墙。砌至近身，前腿后退半步，成并列步正面对墙，又可砌50cm长的墙。砌完后将后腿移至另一灰槽边，复而又成丁字步，重新完成如上动作。

(2) 三种身法　身法主要指砌砖弯腰动作，分为侧身弯腰、丁字步正弯腰、并列步正弯腰三种动作。铲灰拿砖时用侧身弯腰，成丁字步正弯腰进行铺灰砌砖，砌至近身前腿后撤，使铲灰→拿砖→侧身弯腰→转身成并列步→正弯腰进行铺灰砌砖，身体重心还原。

(3) 八种铺灰手法

1) 砌顺砖时，采用“甩、扣、泼、溜”四种手法。见图3-49。

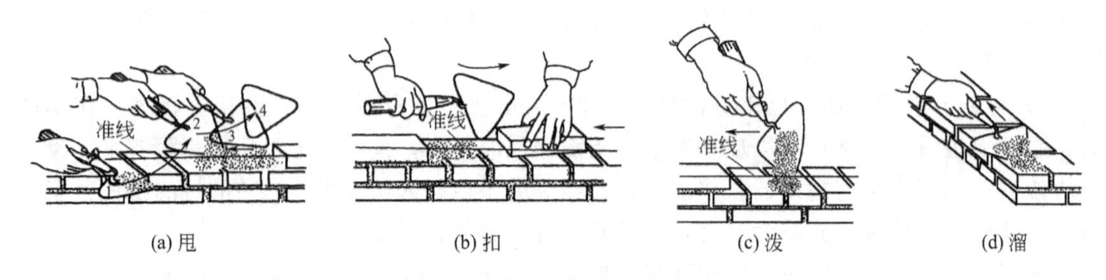

图3-49　砌顺砖时的四种手法

①“甩”是用大铲铲取均匀条状砂浆，提升到砌筑部位，将铲转90°（手心向上），顺砖面中心甩出，使砂浆拉长均匀落下。

②“扣”是用大铲取条状砂浆，反扣出砂浆，铲面运动路线与“甩”正好相反，手心向下。

③“泼”是用大铲铲取扁平状砂浆，提取到砌筑面上将铲面翻转，手柄在前，平行向前推进，泼出砂浆。

④“溜”是用大铲铲取扁平状砂浆，将铲送到墙角部位，比齐墙边抽铲落浆。

2) 砌丁砖时，采用“扣、溜、泼、一带二”四种手法（图3-50)。

①“扣”是用大铲铲取砂浆时前部略低，扣在砖面上的砂浆是外口稍厚一些。

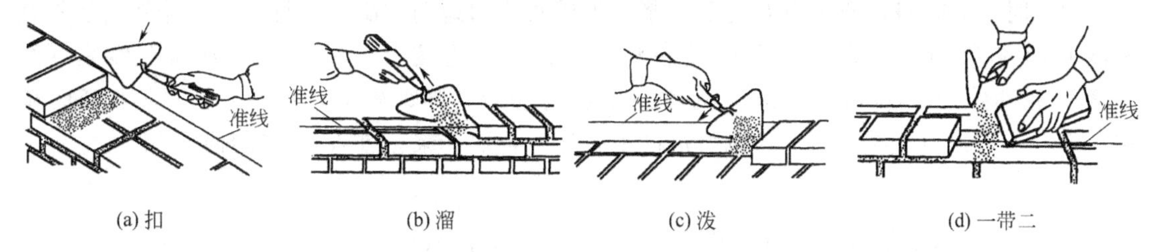

(a) 扣　　(b) 溜　　(c) 泼　　(d) 一带二

图 3-50　砌丁砖时的四种手法

②“溜”是用大铲铲取扁平状砂浆，铺灰时将手臂伸过准线，铲边比齐墙边，抽铲落浆。

③“泼”是用大铲铲取扁平状砂浆，泼灰时落灰点向里移 20mm，挤浆后成深 10mm 左右的缩口缝。

④“一带二”是用大铲铲取砂浆，大铲即将向下落灰前，右手持砖伸到落灰的位置，当砂浆向下落时，砖顺面的一端也落上少许砂浆，这样砖放到的位置便有了碰头灰。这种铺灰后要用大铲摊一下砂浆，才可摆砖挤压。

(4) 一种挤浆和刮余浆动作　挤浆时将砖落在砖长（宽）约 2/3 砂浆条处，将高出灰缝厚度的砂浆，推挤入竖缝内。同时通过揉搓将过多的砂浆挤出，随后把余浆甩入碰头缝内或回刮带回灰槽。接刮余浆应与挤浆同时完成。余浆有时一次刮不净，可在转身铲灰之际，由前向后回刮一次，将余浆带回灰槽。若砌清水墙，则回刮动作改为用铲边划缝动作，使砌墙作业同时完成部分划缝工作。随时检查砖下棱对齐情况，如有偏差及时调整（图 3-51）。

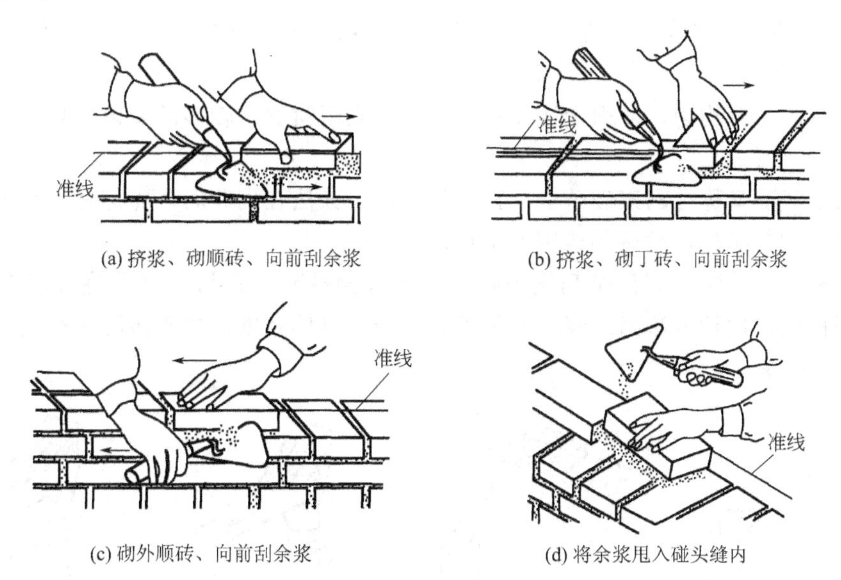

(a) 挤浆、砌顺砖、向前刮余浆　　(b) 挤浆、砌丁砖、向前刮余浆

(c) 砌外顺砖、向前刮余浆　　(d) 将余浆甩入碰头缝内

图 3-51　挤浆和刮余浆动作

3. 摊尺铺灰法

(1) 操作方法　砌砖时，先在墙上铺 1m 左右长度的砂浆，用摊灰尺找平，然后在其上砌砖，称为摊尺铺灰法，又叫坐浆砌砖法，它是利用摊尺来控制摊铺砂浆的厚度。

操作时，人站立的位置以距离墙面 10～15cm 为宜，左脚在前，右脚在后，人斜对墙面，砌筑时随着砌筑前进方向，退着走，每退一步可砌 3～4 块顺砖长。

砌筑时，先转身用双手拿灰勺取砂浆，把砂浆均匀地倒在墙上，每次砂浆摊铺长度不宜超过1m。再转过身来，左手拿摊尺，平搁在砖墙的边棱上，右手拿瓦刀刮平砂浆（图3-52），在砌砖时，右手握瓦刀，左手拿砖，披好竖缝，随即砌上，看齐、放平、摆正。砌完一段后，将瓦刀放在最后一块砌好的砖上，转身再取砂浆，进入下一循环操作。

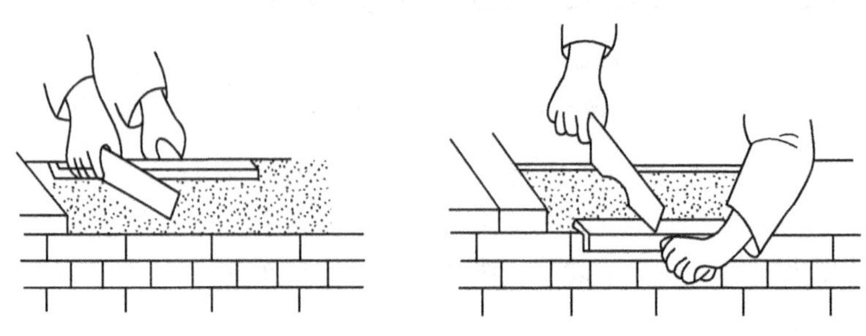

图 3-52　摊尺铺灰法

要注意的是，摊尺铺灰法的竖缝砂浆要另外用瓦刀抹上去，不允许在摊平后的砂浆中刮取竖缝浆，以免影响水平灰缝的砂浆饱满度。

摊尺铺灰砌筑时，当砌一砖墙时，可一人自行铺灰砌筑，墙较厚时可组成二人小组，一人铺灰，一人砌砖，分工协作密切配合，这样会提高工效。

（2）摊尺铺灰法的优缺点　由于用摊尺控制了水平灰缝厚度，因此灰缝整齐，缩进一致，墙面整洁，砂浆损耗较少。

但由于摊尺仅厚1cm，砂浆层较薄，砖只能摆上，不能挤浆，因此水平灰缝不易饱满，粘接力不强，竖缝不满，会影响砌筑质量。为此，可把摊尺加厚至超过水平灰缝平均厚度3mm以上，以便将摆砖改为挤砌。另外，用瓦刀摊铺砂浆也较费时，每一块砖要另披竖缝，会影响砌筑效率。

摊尺铺灰法灰缝均匀，墙面清洁美观，适合于砌门窗洞口较多的墙体或独立柱等。

4. 满刀灰刮浆法

满刀灰刮浆法又称为刮浆砌砖法、瓦刀批灰法，该法在砌砖时，先用瓦刀将砂浆刮在砖粘接面上和砖的灰缝处，然后将砖用刀按在墙上。

刮浆法有两种手法，一种是刮满刀灰，将砖底满抹砂浆；另一种是将砖底四边刮上砂浆，而中间留空，此种方法因灰浆不易饱满，易降低砌体强度。故砌砖时一般应采用满刀灰刮浆法（图3-53）。

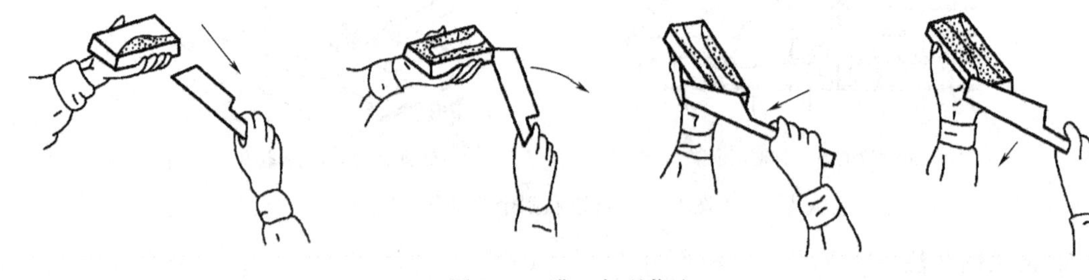

图 3-53　满刀灰刮浆法

刮浆法具体操作方法：通常使用瓦刀，操作时右手拿瓦刀，左手拿砖，先用左手正手拿砖，用瓦刀把砂浆刮在砖的侧面，然后再左手反手拿砖，用瓦刀抹满砖的大面，并在另一侧刮上砂浆，要刮布均匀，中间不要留有空隙，四周可以稍厚一些，中间稍薄些。与墙上已砌好的砖接触的头缝即碰头灰也要刮上砂浆。当砖块刮好砂浆后，放在墙上，挤压至准线平齐。如有挤出墙面的砂浆须用瓦刀刮下填于头缝内。

这种方法砌筑的砖墙因砂浆刮得均匀，灰缝饱满，所以砖墙质量较好，但工效较低，通常仅用于铺砌砂浆有困难的部位，如砌平拱、弧拱、窗台虎头砖、花墙、炉灶、空斗墙等。

5. 铺浆挤砌法

铺浆法是采用铺灰工具，先在墙面上铺砂浆，然后将砖压紧在砂浆层，并推挤粘接的一种砌砖方法。

当采用铺浆法砌筑时，铺浆长度不得超过750mm，施工期间气温超过30℃时，铺浆长度不得超过500mm。铺浆挤砌法分为单手和双手两种挤浆方法。

1）单手挤浆法（图3-54） 操作者应沿砌筑方向退着走。砌顺砖时，左手拿砖距前面的砖块约5～6cm处将砖放下，砖稍稍蹭灰面，沿水平方向向前推挤，把砖前灰浆推起作为立缝隙处砂浆（俗称挤头缝）。并用瓦刀将水平灰缝挤出墙面的灰浆刮清甩填于立缝内。

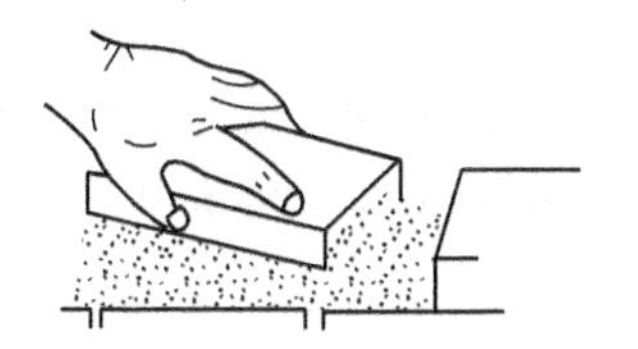
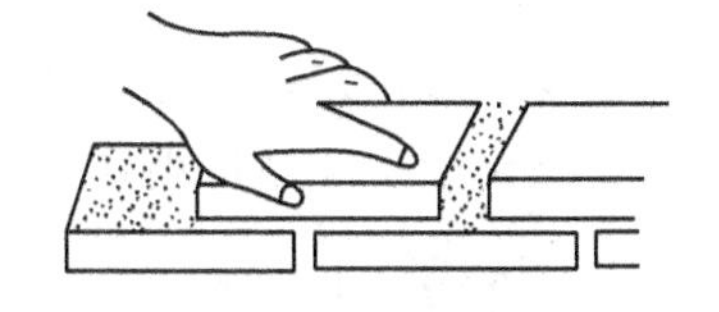
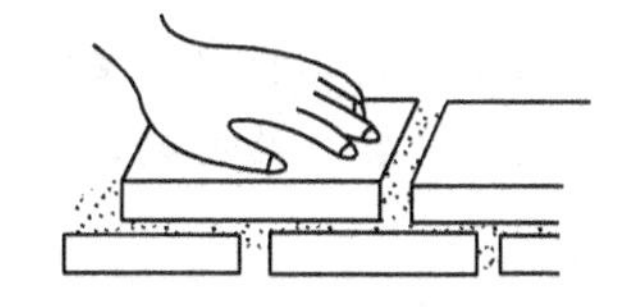

图3-54 单手挤浆法

砌丁砖时，将砖擦灰面放下后，挤浆的砖口略倾斜，用手掌横向往前挤，到将接近一指缝时，砖块略向上翘，以便带起灰浆挤入立缝内，将砖压到与准线平齐为止，并将内外挤出的灰浆刮净，甩填于立缝内。

当砌墙的内侧顺砖时，应将砖由外向里靠，水平向前挤推。这样立缝处砂浆容易饱满，同时用瓦刀将反面墙水平缝挤出的砂浆刮起，甩填在挤砌的立缝内。挤浆砌筑时，手掌要用力，使砖与砂浆密切结合。

2）双手挤浆法（图3-55） 双手挤浆法的操作方法基本与单手挤浆法相同，但它的要求与难度要高一些。拿砖时，靠墙的一只手先拿，另一只手跟着上去，也可双手同时取砖；两眼要迅速查看砖的边角，将棱角整齐的一边先砌在墙的外侧；取砖和选砖几乎同时进行。为此操作必须熟练，无论是砌丁砖还是顺砖，靠墙的一只手先挤，另一只手迅速跟着挤砌。其他操作方法与单手挤浆法相同。

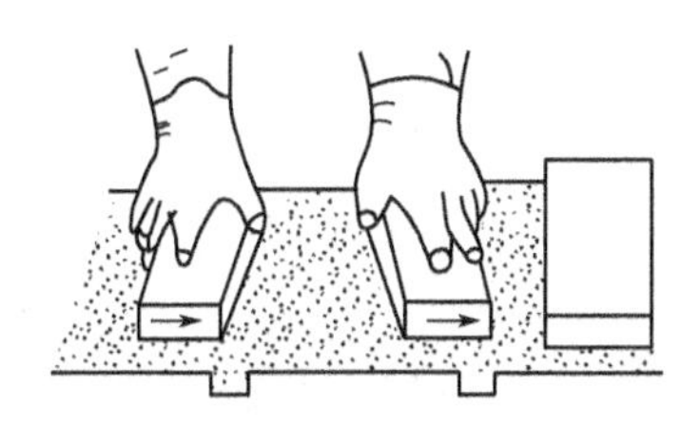

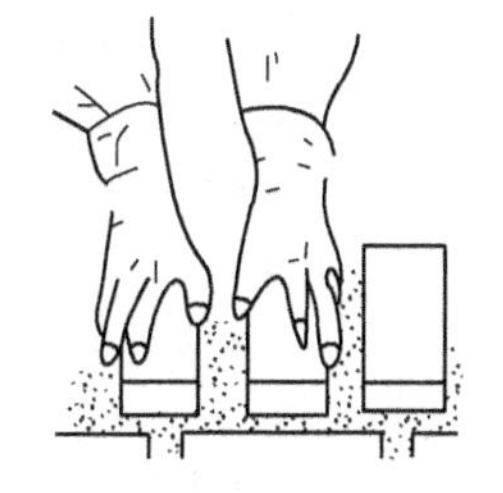

图3-55 双手挤浆法

铺浆挤砌法，可采用2～3人协作进行，劳动效率高，劳动强度较低，且灰缝饱满，砌筑质量较高，但快铺快砌应严格掌握平推平挤，保证灰浆饱满。该法适用于长度较大的混水墙及清水墙；对于窗间墙、砖垛、砖柱等短砌体不宜采用。

小　结

砌体结构工程的施工要经历施工准备、项目施工、项目验收三大阶段。施工准备阶段的工作内容可归纳为六个部分：调查研究收集资料、技术准备、施工现场准备、物资准备、施工人力资源准备和季节性施工准备。

建筑施工必须遵循相应的技术标准。我国的标准分为四级（国家、行业、地方、企业）两类（强制性、推荐性）。工程建设标准有标准、规范、规程三种表达形式。

对建筑施工过程进行控制的建筑工程标准体系主要由质量验收标准规范、施工工艺标准和评优标准三大部分构成，与质量监督、质量保证、质量评价三大体系相呼应。工法和标准设计图集是工程建设标准体系的重要组成部分。施工者必须严格执行与建设工程相关的强制性标准和强制性条文，正确对待和选用推荐性标准和标准图集。

砌体工程施工用到的主要机具设备有灰浆搅拌机和塔机、井架、龙门架、卷烟机等垂直提升设备，以及脚手架。合理布置机具设备的位置，落实相关的安全措施，是确保安全、高效施工的前提。

砌体结构工程的主要操作工种是砌筑作业，块体的正确组砌，是保证砌体达到设计的结构强度和稳定性的关键，先进科学的砌筑方法是保证砌筑质量、提高砌筑工效的基础。

能力训练题

一、填空题

1. 施工准备阶段的工作有____________、____________、____________、____________、____________、____________。

2. 图纸会审由____________主持，____________和________、________单位共同参加，形成图纸会审纪要，由____________正式行文，四方共同会签并加盖公章，作为指导施工和工程结算的依据。

3. 施工现场准备的主要内容有____________、____________、____________、____________。

4. 工法是指____________、____________，____________，把先进技术和科学管理结合起来，经过工程实践形成的综合配套的施工方法。

5. “二三八一”砌砖法的含义是____________、____________、____________、____________。

二、单选题

1. 在规定的适用范围内，不执行强制性标准，属于（　　）行为。

A. 违法　　B. 违规　　C. 违约　　D. 违章

2. 拒不执行合同确认的推荐性标准，属于（　　）行为。

A. 违法　　B. 违规　　C. 违约　　D. 违章

3. 工法自批准发布之日起计算其有效期，国家级工法的有效期为（　　）年。

A. 3　　B. 5　　C. 6　　D. 8

4. 多立杆式外脚手架的搭设中，步距是指（　　）。

A. 横向水平杆间的距离　　B. 纵向水平杆间的距离

C. 同排立杆间的距离　　D. 连墙件之间的距离

5. 用UJL200型灰浆搅拌机拌制砌筑用混合砂浆，其搅拌时间不得少于（　　）s。

A. 60　　B. 70　　C. 80　　D. 90

三、多选题

1. 标准设计图集的作用有（　　　）。

A. 保证工程质量　　B. 提高设计速度

C. 促进行业技术进步　　D. 引导正确贯彻现行标准规范

2. 对05SG615标准图集，说法正确的有（　　　）。

A. 这是2005年发行的标准图集　　B. 这是2005年批准发布的标准图集

C. 这是一本结构专业的标准图集　　D. 这是一本结构专业的试用图集

3. 关于一砖半墙，说法正确的是（　　　）。

A. 其标志尺寸为370mm　　B. 其构造尺寸为365mm

C. 其构造尺寸也为370mm　　D. 其工程称谓为“三七墙”

4. 关于“十字缝”、“骑马缝”的正确说法是（　　　）。

A. 都属于一顺一丁组砌方法　　B. 都属于三顺一丁组砌方法

C. 顺砖上下对齐的叫十字缝　　D. 顺砖上下层相互错开半砖的叫骑马缝

5. 对于铺砌砂浆有困难的部位（如砌平拱、弧拱、窗台虎头砖），最适宜的砌筑方法是（　　）。

A. 三一砌筑法　　B. 摊尺铺灰法

C. 满刀灰刮浆法　　D. 铺浆挤砌法

四、思考题

1. 砌体结构工程施工准备包括哪些内容？
2. 砌体结构工程技术准备包括哪些内容？
3. 施工单位熟悉和自审图纸时应注意哪些问题？
4. 砌体结构工程施工现场准备包括哪些内容？
5. 砌体结构工程施工物资准备包括哪些内容？
6. 砌体结构工程施工人力资源准备包括哪些内容？
7. 什么是标准的分级？什么是标准的分类？
8. 工程建设标准的表达形式有哪几种？其内容有何不同？
9. 标准设计图有何作用？标准设计图分几级？
10. 施工中应用建筑工程标准要注意哪些方面的问题？
11. 砂浆制备设备有哪些类型？不同类型灰浆搅拌机的搅拌时间有何规定？
12. 砌筑工程使用的垂直提升设备有哪些种类？选用垂直提升设备应考虑哪些问题？
13. 砌筑脚手架有哪些类型？脚手架的安全措施有哪些？
14. 什么是清水墙？什么是浑水墙？墙体的厚度如何称谓？
15. 普通砖墙有哪些组砌形式？各有何特点？
16. 基础皮数杆和主体皮数杆有何不同？如何制作皮数杆？
17. 常用的砌筑方法有哪几种？
18. 什么叫“三一”砌筑法？
19. 什么叫“二三八一”砌筑法？

砌体结构工程的基础施工

- 了解砌体结构工程基础施工的程序和主要施工内容
- 熟悉定位放线、土方开挖、验槽钎探及地基处理的基本做法及要求
- 掌握砌体结构工程墙下条形刚性基础的施工程序、施工工艺和质量要求
- 熟悉底框结构工程的钢筋混凝土独立基础、条形基础、片筏式基础的施工程序和施工工艺
- 了解架空层和地下室的施工工艺和要求

能力目标

- 掌握砌体结构工程定位放线的基本技能
- 具有组织土方开挖施工的基本能力
- 具备对墙下条形刚性基础、钢筋混凝土独立基础、条形基础、片筏式基础、架空层和地下室的施工过程进行工艺监控的能力

基础施工是砌体结构工程正式施工的开始，涉及定位放线、土方开挖、验槽及地基处理，基础施工根据具体工程基础的结构形式的不同，有不同的施工程序和工艺。

第一节　土方开挖

一、定位放线

（一）工程定位

进行房屋建筑施工首先必须对拟建工程的具体位置进行定位。工程定位，一般包括两个方面的内容，一是平面位置定位，一是标高定位。

根据施工场地上建筑物主轴线控制点或其他控制点，将拟建建筑物外墙轴线的交点用经纬仪投测到地面所设定位桩顶面一固定点（通常为木桩顶面作为标志的小钉上）作为标志的测量工作，就称为工程平面定位，简称定位。

根据施工现场水准控制点，推算±0.000标高，或根据±0.000与某建筑物、某处标高相对关系，用水准仪和水准尺在供放线用的龙门桩上标出相关标高，作为拟建工程标高控制的参照基准，就是所谓的标高定位。

1. 工程平面定位

一般用经纬仪进行直线定位，然后用钢尺沿视线方向丈量出两点间所需的距离。平面定位有三种方法。

（1）根据“建筑红线”及定位桩点的定位　所谓建筑红线，是当地建设行政主管部门依据当地的总体规划，在地面上测设的允许用地的边界点的连线，是不可超越的法定边界线。而定位桩点是建筑红线上标有坐标值或标有与拟建建筑物成某种关系值的桩点。

（2）拟建建筑物与原有建筑物的相对定位　拟建建筑物与已有建筑物或现存地面物体有相对关系的定位。一般可根据设计图上给出的拟建建筑物与已有建（构）筑物或道路中心线的位置关系数据，定出拟建建筑物主轴线的位置。

（3）现场建立控制系统定位　是在建筑总平面图上建立的正方形或矩形网格系统。其格网的交点称为控制点。

2. 工程标高定位

设计±0.000 标高，有两种表示方法，一种是绝对标高，即离国家规定的某一海平面的高度；另一种是相对标高，即与周围地物的比较高度。

（1）绝对标高表示的±0.000 的定位　施工图上一般均注明±0.000 相对于绝对标高的数值，该数值可从建筑物附近的水准控制点或大地水准点引测，并在供放线的龙门桩或施工场地固定建筑物上标出。

（2）相对标高表示的±0.000 的定位　在拟建建筑物周围原有建筑较多，或邻近街道较近时，通常在施工图上直接标注±0.000 的位置与某建筑物或某地标物的某处标高相同或成某种相对关系，则可由该处进行引测。

3. 定位资料整理

定位工作结束后，应对定位资料进行及时整理，定位资料的内容有：工程名称、建筑面积、建设单位、设计单位、施工单位、监理单位；测量人员、预检人员签名；测量日期与预检日期等。

（二）放线

定位完成后应进行基槽或独立柱基的开挖放线工作。所谓放线，是指根据已定位的外墙轴线交点桩（通常称为角桩），详细测设出建筑物各轴线的交点桩（或称中心桩），然后根据交点桩在自然地面上标示出基槽（或基坑）的开挖范围及边线，因为一般均用白灰撒出标示线，所以俗称放灰线，简称放线。

常规砌体结构工程大多限于多层建筑范畴，其基础一般为浅基础形式，基础土方开挖的方法与程序随基础的具体结构形式的不同而有一定的差异。一般地，有地下室工程需大开挖形成基坑。无地下室工程，对一般砌体结构工程通常采用墙下条形基础，作基槽开挖即可；对底框结构的工程，一般为柱基，若为独立柱基，围绕柱基分别开挖小型基坑即可，若为柱下条形基础或柱下十字交叉基础，则还得开挖连接各柱基基坑的条基基槽。

1. 设置轴线控制桩或龙门板

由于基槽开挖后，角桩和中心桩将被挖掉，为了便于施工中恢复各轴线位置，应把各轴线延长到槽外安全地点，并做好标志。其方法有设置轴线控制桩（引桩）和龙门板两种。

（1）测设轴线控制桩（引桩）　中小型建筑物的轴线引桩通常是根据角桩测设的。如有条件也可把轴线引测到周围原有的地物上，并做好标志，以此来代替引桩。

（2）设置龙门板　在一般民用建筑中，常在基槽开挖线以外一定距离处设置龙门板，如图 4-1 所示，并使龙门板的上缘标高恰好为±0.000，用经纬仪将边轴线都引测，并标钉在

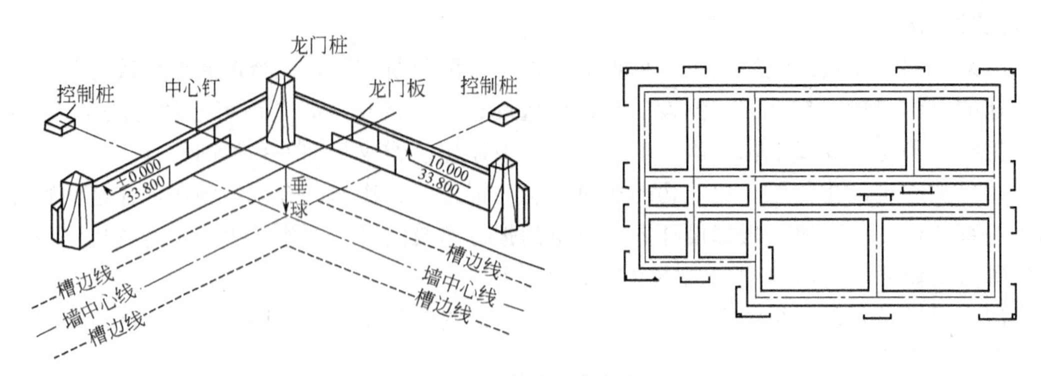

图 4-1　控制桩与龙门板

龙门板上。

用龙门板保存定位轴线和±0.000 标高是传统的方法，现在由于测量仪器的先进和广泛使用，不少建筑工地已不再设龙门板了，但角桩控制桩（引桩）以及标高基准的设置还是必须的。

2. 确定基槽的开挖边线

根据中心轴线，再考虑基础宽度、基础施工工作面、放坡等因素，确定实际开挖的范围，用白灰在地面上撒出基槽或基坑的开挖边线（图 4-2）。

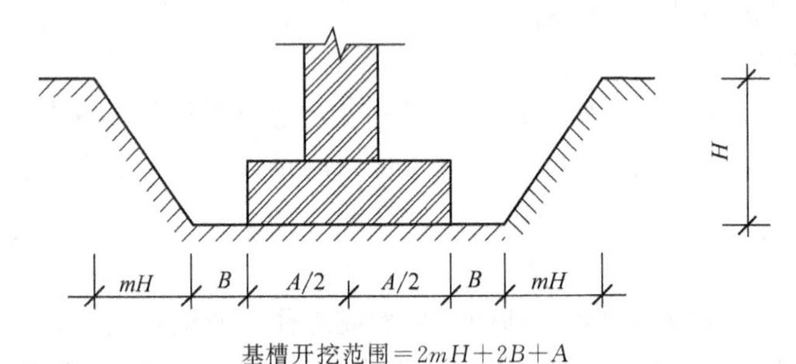

基槽开挖范围$=2mH+2B+A$

其中：A——基础宽度；B——基础施工工作面；H——基槽深度；m——坡度系数

图 4-2　基槽开挖放线示意图

柱基放线与基槽的定位放线原则相同，在柱基的四周轴线上设置四个定位木桩，其桩位应在基础开挖线以外 0.5～1.0m。若基础之间的距离不大，可每隔 1～2 个或几个基础打一定位桩，但两定位桩的间距以不超过 20m 为宜，以便拉线恢复中间柱基的中线。然后按施工图上柱基的尺寸再考虑放坡、基础施工工作面等，确定实际开挖的范围，放出基坑上口挖土灰线。

有地下室基础的大开挖基坑，一般只需根据角桩测设出外墙轴线，再考虑边墙基础宽度、施工工作面以及基坑放坡等因素，确定基坑开挖范围，放出灰线，即可开挖。

二、土方开挖

开挖基坑（槽）应按规定的尺寸合理确定开挖顺序和分层开挖深度，连续地进行施工，尽快地完成。

1. 开挖控制

(1) 开挖深度控制

1) 标杆法　利用两端龙门板拉小线。按龙门板顶面与槽底设计标高差，在小木杆上画一横线标记，检查时将木杆上的横线与小线相比较，横线与小线对齐时即为要求的开挖深度。如图 4-3 所示，槽深设计标高－1.800，龙门板顶面标高－0.300，高差 1.500m，在小木杆 1.500m 处画横线，就可将小木杆立于槽底逐点进行槽底标高检查。

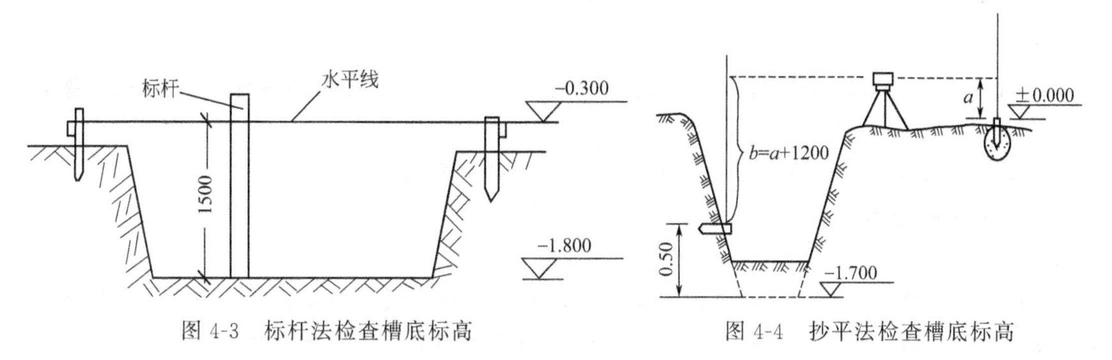

图 4-3　标杆法检查槽底标高

图 4-4　抄平法检查槽底标高

2）抄平法　在即将挖到槽底设计标高时，用水准仪在槽壁上测设一些水平小木桩（图 4-4），使木桩的上表面离槽底设计标高为一固定值（如 0.500m），用以控制挖槽深度。为了施工时使用方便，一般在槽壁各拐角处和槽壁每隔 3～4m 处均测设一水平桩，必要时，可沿水平桩的上表面拉上线绳，作为清理槽底和打基础垫层时掌握标高的依据。

（2）槽底开挖宽度控制　如图 4-5 所示，先利用轴线钉拉线，然后用线坠将轴线引测到槽底，根据轴线检查两侧开挖宽度是否符合槽底宽度。如果因开挖尺寸小于应挖宽度而需要修整，可在槽壁上钉木桩，让木桩顶端对齐槽底应挖边线，然后再按木桩进行修边清底。

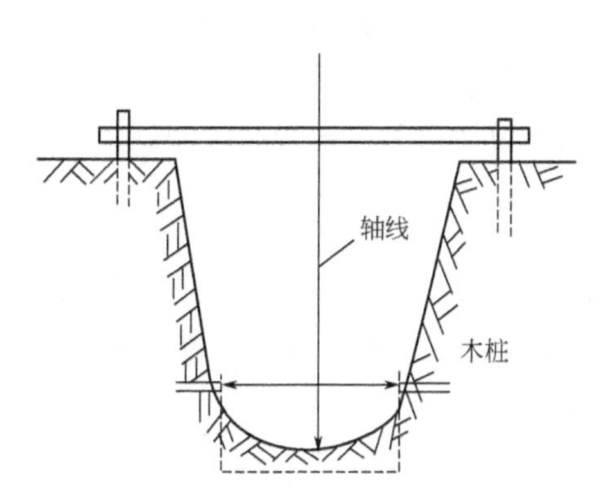

图 4-5　利用轴线检查基槽底宽

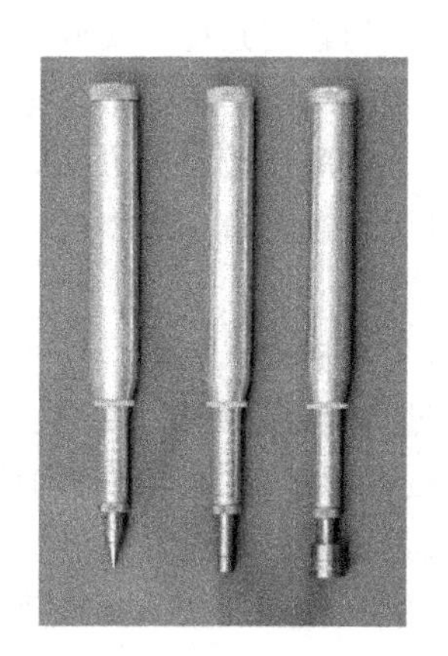

图 4-6　PT 型袖珍贯入仪

2. 基槽开挖注意事项

1）弃土　挖出的土除预留一部分用作回填外，不应在场地内任意堆放，应把多余的土运到弃土地区，以免妨碍施工。

2）防止超挖　为防止基底土被扰动，结构被破坏，用机械挖土不应直接挖到坑（槽）底，在基底标高以上留出 200～300mm，待基础施工前用人工铲平修整。

3）防止基底土被扰动　为防止基底土（特别是软土）受到浸水或其他原因的扰动，基坑（槽）挖好后，应立即做垫层，否则，挖土时应在基底标高以上保留 150～300mm 厚的土层，待基础施工时再行挖去。

4）在软土地区开挖基坑（槽）时，尚应符合下列规定

① 地基基础应尽量避免在雨季施工。施工前必须做好地面排水和降低地下水位工作，地下水位应降低至基坑底以下0.5～1.0m后，方可开挖。降水工作应持续到回填完毕。

② 施工机械行驶道路应填筑适当厚度的碎石或砾石，必要时应铺设工具式路基箱（板）或梢排等。

③ 相邻基坑（槽）开挖时，应遵循先深后浅或同时进行的施工顺序，并应及时做好基础。

④ 挖出的土不得堆放在坡顶上或建筑物（构筑物）附近。

三、验槽及钎探

（一）验槽

验槽是建筑物施工第一阶段基槽（坑）开挖到设计标高后的重要工序，也是一般岩土工程勘察工作的最后一个环节。验槽是为了普遍探明基槽的土质和特殊土情况，据此判断原钻探是否需补充；原基础设计是否需修正；是否存在需作局部处理的异常地基等。

1. 验槽的时间及参加人员

当施工单位开挖基坑（槽）到设计标高，进行了质量自检，按要求需进行钎探的已经完成了钎探后，由建设单位召集勘察、设计、监理、施工，以及质量监督机构的有关负责人员及技术人员到现场，进行实地验槽。

2. 验槽的目的

(1) 检验工程地质勘察成果是否与实际情况相符合。

通常地勘时勘探孔的数量有限，基槽全面开挖后，地基持力层土层完全暴露出来，因此，验槽的目的首先是检验实际情况与地勘成果是否一致，重点是持力层土质、地下水位情况与地勘报告的结论是否一致，地勘成果的建议是否正确并切实可行。如有不相符的情况，应协商解决，采取修改设计方案，或对地基进行处理等措施。

验槽对土质进行直接观察时，可用袖珍式贯入仪作为辅助手段进行原位测试。如图4-6所示。

(2) 审查钎探报告

1）通过审查钎探记录，检查钎探作业是否全面、正常；

2）通过钎探报告的审查，确认基坑底面以下有无空穴、古墓、古井、防空掩体、地下埋设物以及其位置、深度和性状，如有，应提出处理措施。

(3) 基坑（槽）开挖质量检查

1）核对基坑的位置、平面尺寸、坑底标高等是否符合设计要求；

2）基坑是否积水，基底土层是否被扰动；

3）有无其他影响基础施工质量的因素（如基坑放坡是否合适，有无塌方等）。

3. 验槽的结论及相关处理

验槽应形成正式的《地基验槽记录》，参加各方签字确认。

如验槽中发现问题需要处理。应由勘察或设计单位提出具体处理意见，必要时办理洽商或变更，施工单位处理完毕后，填报《地基处理记录》进行复验，直至通过地基验收。

（二）钎探

钎探是轻型动力触探的俗称。动力触探试验（DPT）是利用一定的锤击动能，将一定规格的探头打入土中，根据每打入土中一定深度的锤击数（或以能量表示）来判定土的性

质，并对土进行粗略的力学分析的一种原位测试方法。动力触探试验方法可以归为两大类，即圆锥动力触探试验和标准贯入试验。前者根据所用穿心锤的重量将其分为轻型（锤重10kg，落距50cm）、重型及超重型动力触探试验。一般将圆锥动力触探试验简称为动力触探或动探，将标准贯入试验简称为标贯。

基底钎探就是基础开挖达到设计承载力土层后，通过将钢钎打入土层，对基底土层下是否存在墓穴、坑洞等进行探查，并根据一定进尺所需的击数探测土层情况或粗略估计土层的容许承载力的一种简易的探测方法。一般从基坑（基槽）内部按照一定的距离（1m左右或者根据实际情况确定）依次钎探。勘探单位会根据土质情况要求做或不做钎探。

钎探程序：确定打钎位置及顺序→就位打钎→记录锤击数→整理记录→拔钎盖孔→检查孔深→灌砂。钎探分人工钎探和机械钎探。

1. 人工钎探

人工钎探即人工打钎。现场仿轻型动力触探试验设备（图4-7），一般用$\phi 25$钢筋制成钎杆，钎头呈60°尖锥形状，钎长1.5～2.0m，10kg穿心锤落距50cm自由落下锤击钎杆顶部，钎杆每打入土层30cm为一步，记录一次锤击数（N10），每一钎探点应钎探五步，如果每次沉入度都比较正常，数值相差不大，就说明基底比较正常。

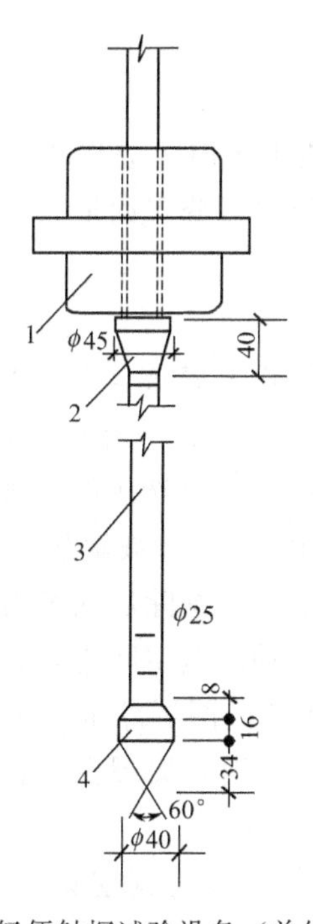

图4-7　轻便触探试验设备（单位：mm）
1—穿心锤；2—锤垫；3—触探杆；4—尖锥头

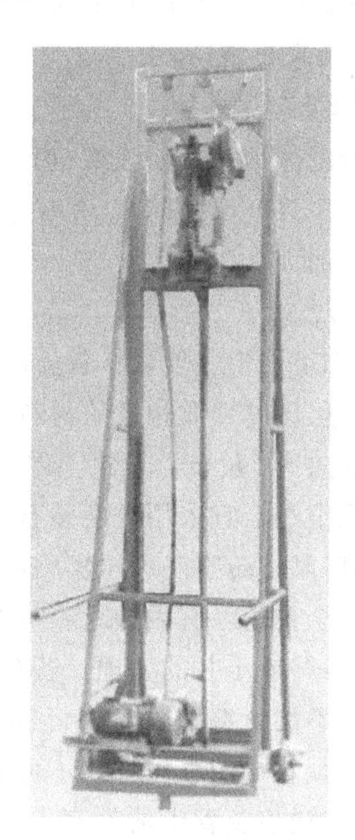

图4-8　机械钎探设备

2. 机械钎探

由于人工打钎受人的不确定因素影响较大，因此有专门的机械钎探设备（图4-8），其钎探原理与人工钎探相同，只是将人力打钎换做机械打钎。

3. 钎探注意事项

钎探除了保证钎位基本准确，不遗漏钎孔，钎探深度符合要求，锤击数记录准确等外，还应注意：

1）在进行钎探之前，应绘制探点布置图。探点平面布置图应与基础施工平面图一致，按比例标出方向及基槽（坑）轴线和各轴线编号。钎探过程中，应在图上注明过硬或过软孔号的位置，在钎探记录表上用有色铅笔或符号将不同的锤击数孔位分开，以便勘察设计人员分析处理。

2）若 N10 超过 100 或贯入 10cm 锤击数超过 50，则应停止钎探。

3）如基坑不深处有承压水层，钎探可造成冒水涌砂，当持力层为砾石层，且厚度符合设计要求时，可不进行钎探。

4）基土受雨后不得钎探。

5）钎探完毕后，应做好标记，保护好钎孔，未经质量检查和复验，不得堵塞或灌砂，钎孔灌砂应密实。

6）工程在冬季施工，每打 1 孔应及时覆盖保温材料，不能大面积掀开，以免基土受冻。

7）人工钎探应注意施工安全，操作人员要专心施工，扶锤人员与扶钎杆人员要密切配合，以防出现意外事故。

四、地基的处理

对钎探验槽中发现的地基问题，其处理方法无非是进行地基处理或修改基础设计两类。

（一）地基处理

1. 整体处理

对一般砌体结构工程浅基础而言，当基底大部为软土或填土时，应将软弱土层全部清除，地下水位以上可采用 2∶8 灰土、地下水位以下采用级配砂石分层回填夯实。也可将基础埋深适当加大。

2. 局部处理

1）局部坑、沟、坟穴、软土的处理。将坑底及四壁的松软土清除至天然土层，然后采用与天然土层压缩性质相近的材料回填。天然土层为可塑的黏性土、中密的粉土时，可选用 2∶8 灰土或 1∶9 灰土；天然土层为硬塑黏性土、密实粉土砂土，宜选用级配砂石。若坑的深度、面积很小，宜采用级配砂石。回填时应分步回填，并按 1∶1 放坡做踏步。

2）旧房基、砖窑底、压实路面等局部硬土，一般都要挖除。挖除后回填材料根据周围土质而定。全部挖除有困难时，可挖除 0.6m 深再进行回填，使地基沉降均匀。

3）大口井或土井的处理。若基槽内发现砖井，应将井中的砖圈拆除至 1～2m 以下，井内为软淤泥不能全部清除时，可在井底抛片石挤淤，然后再采用与周围土质相近的材料回填。若为井径较小的水泥管井，可将井管填实，采用地基梁跨越。

4）人防通道及管道的处理。若人防通道或管道允许破坏，应将其挖除，用好土回填。若不允许破坏，可采用双墩（桩）担横梁上加基础避开通道。若通道位于基础边缘，可采用悬挑梁避开。管道为上下水道时，应做好防渗漏措施，管道上方应预留足够尺寸，避免建筑物沉降挤压管道。

（二）基础及结构措施

采取地基处理措施的同时，也可采取基础及结构措施，或单独采取基础和结构措施。例如清除填土层后不回填，而将基础埋深适当加大；独立柱基础，个别基础部位较硬或较软，可调整基础尺寸；基槽半边硬半边软，或半边为天然土层半边为回填土层，可在适当部位设置沉降缝或伸缩缝；局部回填之后，适当加强基础和上部结构的整体强度和刚度等。

第二节 基础施工

一、砌体结构工程基础的结构形式

砌体结构工程的基础形式与主体结构的形式相关。

1. 一般砌体结构工程的基础形式

(1) 墙下条形基础 条形基础是指基础长度远远大于其宽度的一种基础形式。

墙下条形基础有砌体条形基础和钢筋混凝土条形基础两类。墙下砌体条形基础在砌体结构中得到广泛应用，如图 4-9 所示。当上部墙体荷载较大而土质较差时，有采用“宽基浅埋”的墙下钢筋混凝土条形基础的。墙下钢筋混凝土条形基础一般做成板式（或称“无肋式”），如图 4-10(a) 所示，但当基础延伸方向的墙上荷载及地基土的压缩性不均匀时，为了增强基础的整体性和纵向抗弯能力，减小不均匀沉降。常采用带肋的墙下钢筋混凝土条形基础，如图 4-10(b) 所示。

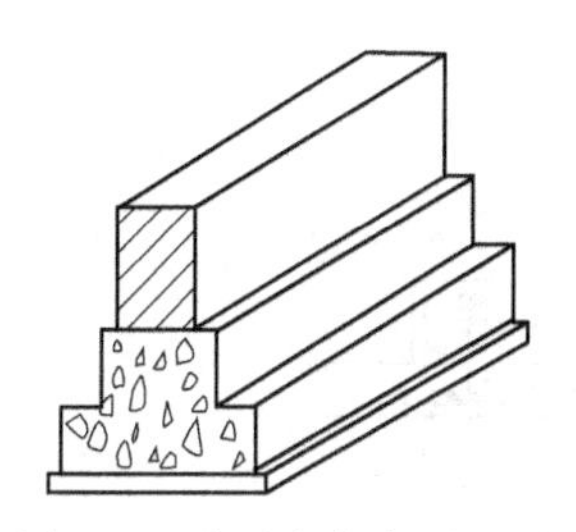

图 4-9 墙下砌体条形基础

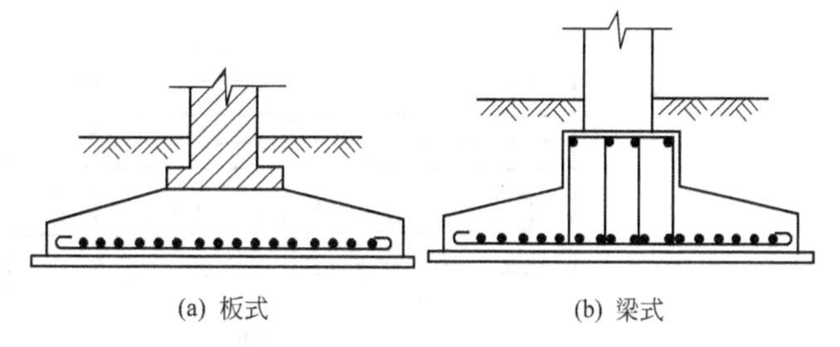

图 4-10 墙下钢筋混凝土条形基础

(2) 墙下独立基础 当地基上层为软土时，如果仍采用条形基础则必须把基础落深到下层好土上，这时就要开挖较深的基槽，土方量很大，考虑到经济性，也有采用墙下独立基础的，即独立基础穿过软土层，在墙下设基础梁承托墙身，基础梁支承在独立基础上。墙下独立基础一般布置在墙的转角处，以及纵横墙相交处，当墙较长时中间也应设置。墙下的基础梁可以采用钢筋混凝土梁、钢筋砖梁及砖拱等。

2. 底框结构砌体工程的基础形式

(1) 柱下独立基础 底框结构的砌体工程，由于底部竖向承重结构为框架柱，因此，采用柱下独立基础是较常见的形式。它所用材料根据材料和荷载的大小而定。

现浇钢筋混凝土柱下常采用现浇钢筋混凝土独立基础，基础截面可做成阶梯形或锥型（图 4-11)。

对单层或其他荷载不大的砌体结构工程，也有采用砌体柱的，其柱下独立基础如图 4-12所示。

(2) 柱下条形基础 当地基软弱而荷载较大时，若采用柱下独立基础，可能因基础底面积很大而使基础边缘相互接近甚至重叠；另一方面，当荷载较大或荷载分布不均匀，地基承载力偏低时，为增加基底面积或增强整体刚度，以减少不均匀沉降，并方便施工，常将同一排的柱基础连通成为柱下钢筋混凝土条形基础（图 4-13)。当荷载很大，则采用双向的柱下钢筋混凝土条形基础，形成十字交叉条形基础（又称井格基础)，如图 4-14 所示。

(3) 筏板基础 当地基软弱而荷载很大，采用十字交叉基础也不能满足地基基础设计要求时，则采用钢筋混凝土筏板基础，又称片筏基础（图 4-15)。我国南方某些城市在多层砌体住宅基础中大量采用筏板基础，并直接做在地表土上，称无埋深筏基。筏板基础不仅能减少地基土的单位面积压力，提高地基承载力，而且还能增强基础的整体刚度，调整不均匀沉降，在多层和高层建筑中被广泛采用。

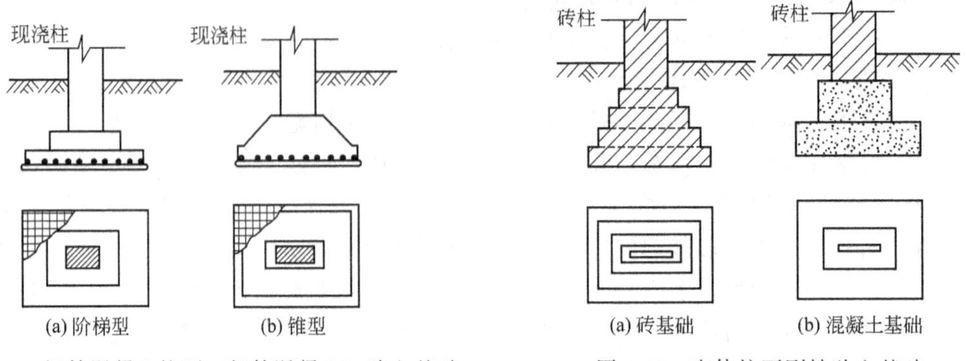

(a) 阶梯型　(b) 锥型

图 4-11　钢筋混凝土柱下（钢筋混凝土）独立基础

(a) 砖基础　(b) 混凝土基础

图 4-12　砌体柱下刚性独立基础

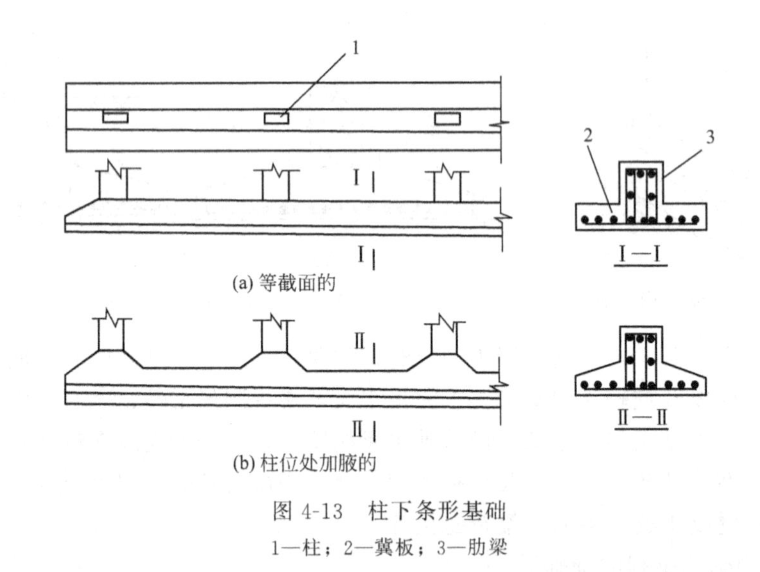

(a) 等截面的

(b) 柱位处加腋的

图 4-13　柱下条形基础

1—柱；2—翼板；3—肋梁

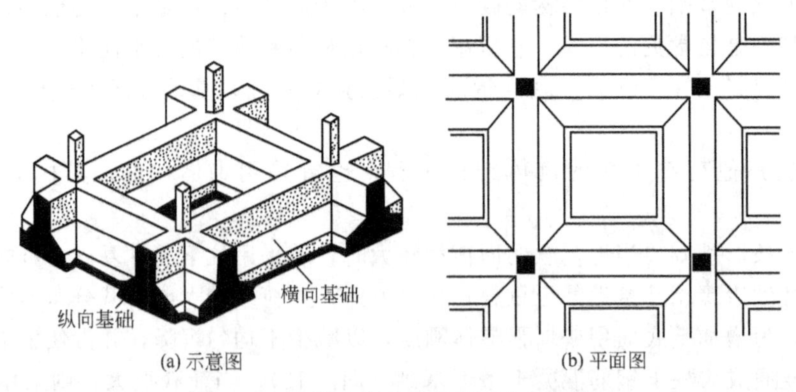

(a) 示意图　(b) 平面图

图 4-14　柱下十字交叉基础（井格基础）

对设有地下室的砌体结构工程，为满足使用功能上的要求，地下室需要一个平整的地面，为减小埋深，降低墙高，节约投资，所以基础通常也采用筏板基础形式。但这个筏板基

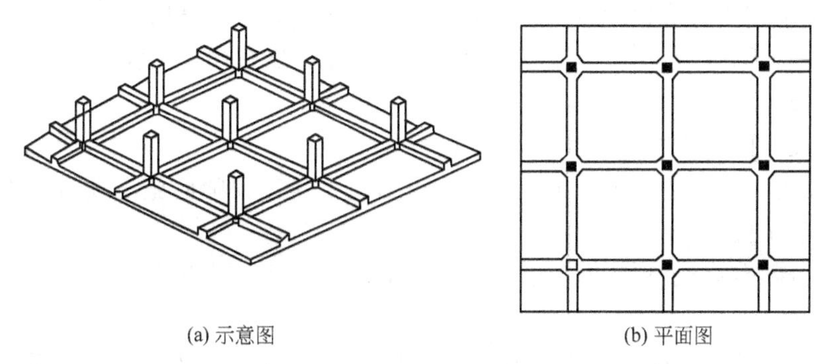

图 4-15 筏板基础（片筏基础）

础往往并非因为地基土软弱而为提高地基承载力的需要而设计的真正筏板基础；而是按条形基础进行设计计算，再按基底净反力和构造要求确定条形基础底板的最小厚度，最后再将条形基础之间用钢筋混凝土板连成一个整体而已。

二、墙下条形刚性基础施工

条形砖基础的施工程序为：拌制砂浆→确定组砌方法→排砖撂底→砌筑→抹防潮层。

（一）技术交底与基础皮数杆的制作

1. 施工技术交底

技术交底是建筑施工的一项重要技术管理工作，其目的是使参与建筑工程施工的技术人员与工人熟悉和了解所承建的工程项目的特点、设计意图、技术要求、施工工艺及应注意的问题。

（1）施工技术交底的要求

1）工程施工技术交底必须符合建筑工程施工质量验收规范、技术操作规程（分项工程工艺标准）、质量检验评定标准的相应规定。并应注意符合工程所在地的地方性的具体技术规定。

2）工程施工技术交底必须执行国家各项技术标准，包括计量单位和名称。施工企业制定有企业内部标准的，技术交底时应认真贯彻实施。

3）技术交底应符合施工设计图中的各项技术要求，特别是当设计图纸中的技术要求和技术标准高于国家施工及验收规范的相应要求时，应作更为详细的交底和说明。

4）应符合施工组织设计或施工方案的各项要求，包括技术措施和施工进度等要求。

5）对不同层次的施工人员，其技术交底深度与详细程度不同，交底的内容深度和说明的方式应有针对性。

6）施工技术交底应全面、明确，并突出要点。应详细说明怎么做，执行什么标准，其技术要求施工工艺与质量标准和安全注意事项等应分项具体说明，不能含糊其辞。

7）在施工中使用的新技术、新工艺、新材料，应进行详细交底，并交代如何做样板等具体事宜。

（2）砌体结构工程施工技术交底包括的内容

1）原材料的技术要求：砖、石等原材料的质量要求，砂浆强度等级，砂浆配合比、砂浆试块组数及其养护。

2）轴线标高：砌筑部位；轴线位置；各层水平标高，门窗洞口位置及墙厚变化情况等；各预留洞口和各专业预埋件位置与数量、规格、尺寸，各不同部位和标高。

3）砌体组砌方法和质量标准；质量通病预防办法及其注意事项。

4）施工安全交底，包括安全注意事项及对策措施、以往同类工程的安全事故教训等。

（3）施工技术交底的实施办法

施工技术交底的实施办法一般有以下几种：

1）会议交底。主要适用于施工单位总工程师或主任工程师向施工项目负责人及相关技术人员进行的技术交底。

2）书面交底。单位工程技术负责人向各作业班组长和工人进行技术交底，应强调采用书面交底的形式。

班组长在接受技术交底后，要组织全班组成员进行认真学习与讨论，明确工艺流程和施工操作要点、工序交接要求、质量标准、技术措施、成品保护方法、质量通病预防方法及安全注意事项。

3）施工样板交底。所谓样板交底，是指根据设计图纸的要求、具体做法，由本企业技术水平较高的老工人先做出达到优良品标准的样板，作为其他工人学习的实物模型，这种交底直观易懂，有助于操作工人掌握操作要领，熟悉施工工艺操作步骤和质量标准，效果较好。

4）岗位技术交底。是指依据操作岗位的具体要求，制定操作工艺卡，并根据施工现场的具体情况，以书面形式向工人随时进行岗位交底，提出具体的作业要求，包括安全操作方面的要求。

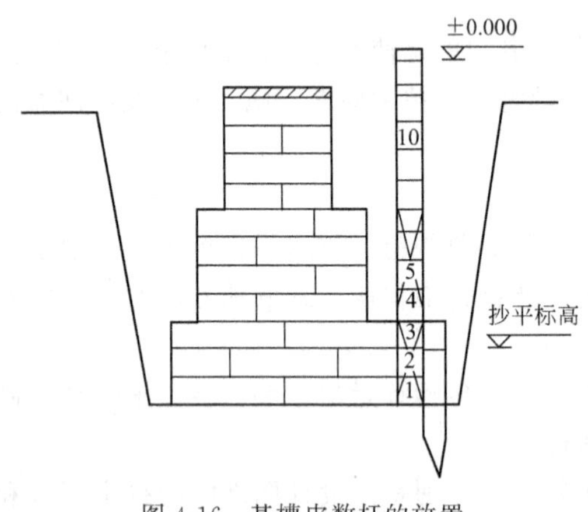

图 4-16 基槽皮数杆的放置

2. 皮数杆制作

在进行条形基础施工时，先在要立皮数杆的地方预埋一根小木桩，到砌筑基础墙时，将画好的皮数杆钉到小木桩上。皮数杆顶应高出防潮层，杆上要画出防潮层的位置，并标出高度和厚度（图 4-16）。皮数杆上的砖层还要按顺序编号。画到防潮层底的标高处，砖层必须是整皮数。

（二）垫层施工

基础垫层是位于基础大放脚下面将建筑物荷载均匀地传给地基的找平层，它是基础的一部分。垫层多用素土、灰土、碎砖三合土、级配砂石及低标号混凝土制作。详见表 4-1。

表 4-1 各类垫层施工方法

垫层种类	施工方法
素土垫层	挖去基槽的软弱土层，分层回填素土，并分层夯实，一般适用于处理湿润性黄土或杂填土地基
灰土垫层	一般采用三七灰土或二八灰土夯实而成，即用熟石灰和黏土按体积比 3∶7 或 2∶8 拌和均匀，分层夯实。灰土垫层 28d 的抗压强度可达 1.0MPa。灰土施工留槎时，不得留在墙角、柱墩及承重窗间的墙下。接缝处必须充分夯实。铺虚灰土时，应铺过接槎处 30cm 以外。夯实时也应超过接槎的 30cm 以外，灰土垫层施工完毕，应及时进行上部基础施工和基槽回填，防止日晒雨淋，否则应临时遮盖

续表

垫层种类	施工方法
碎砖三合土垫层	碎砖三合土垫层是由石灰、粗砂和碎砖按体积比为1∶2∶4或1∶3∶6加适量水拌和夯实而成。熟化后的石灰、粗砂或中砂及3～5cm粒径的碎砖三种材料加水拌和均匀后，倒入基槽，分层夯实，虚铺的第一层厚度以22cm为宜，以后每层为20cm，均匀夯实，直至设计标高为止。最后一遍夯打时，喷洒浓灰浆。略干后铺一层薄砂，最后再平整夯实
级配砂石垫层	采用级配良好、质地坚硬的砂、卵石做成的垫层称为砂、卵石垫层，砂应清洁，不得含有过量的土、草屑等杂物；石子粒径以3～5cm为宜，材料质地应坚实、干净，含泥量不宜大于3%。施工时将一定厚度的软弱土层挖掉，然后分层铺设级配砂、卵石，每层铺设厚度为150～250mm，并用机械夯实。若软弱土层深度不同时应先深后浅，分段施工的接头应做成踏步或斜坡搭接。每层应错开0.5～1.0m，并充分捣实
混凝土垫层	混凝土垫层是指在基础大放脚下面采用无筋混凝土做成的垫层，混凝土的强度等级一般采用C15级。厚度多为300～500mm，最低不低于100mm。当地下水位较高或地基潮湿，不宜采用灰土垫层时，可采用混凝土垫层。在浇注混凝土时，投入体积比为30%的毛石，构成毛石混凝土垫层，可节约水泥，提高强度

垫层施工前，应对基槽进行验收，检查其轴线、标高、平面尺寸、边线是否符合要求。如基槽已被雨雪或地下水浸泡，应将浸泡的软土层挖去，并夯填10cm厚的碎石或卵石。

（三）砖砌基础施工

垫层施工完毕以后，应进行砖基础的施工准备和砌筑工作，依次为：

1. 清扫垫层表面

垫层局部不平，高差超过30mm处，应用C15以上细石混凝土找平后，并用水准仪进行抄平，检查垫层顶面是否与设计标高相符合。

2. 进行基础弹线

基础弹线按以下工序进行：

1）在基槽四角的龙门板或其他控制轴线的标志桩上拉线绳。

2）沿线绳挂线锤，在垫层面上，找出线锤的投影点，投影点数量根据需要确定。

3）用墨线弹出各投影点间的连线，即可得到外墙下基础大放脚的轴线。

4）根据基础平面图尺寸，用钢尺量出内墙基础的轴线位置，并用墨线弹出。所用的钢尺必须经过事先校验，避免产生过大的误差。

5）根据基础剖面图，量出大放脚外边线，并弹出墨线，可弹出一边或两边的界限。

6）按图纸设计和施工规范要求，复核放线尺寸，如图4-17所示。

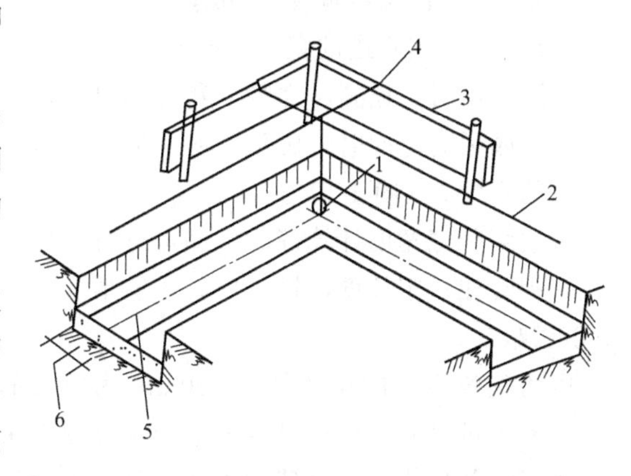

图4-17　基础弹线示意图

1—锤球；2—线绳；3—龙门板；4—轴线定位钉；5—墙中心线；6—基础轴线

3. 设置基础皮数杆

基础皮数杆设置的位置应在基础转角、

内外墙基础交接处及高低踏步处，一般间距为15～20m。皮数杆应垂直竖立在规定位置处，并用水准仪进行抄平。

4. 排砖摆底

基槽、垫层已办完隐检手续，基础轴线边线已放好，皮数杆已立好，并办完预检手续后，可进行排砖摆底工序。其目的是在砌筑基础前，先用砖试摆，以确定排砖方法和错缝位置。

砖基础下部的扩大部分称为大放脚。大放脚有等高式和不等高式两种（图4-18）。等高式大放脚是两皮一收，每次每边各收进1/4砖长；不等高式大放脚是两皮一收与一皮一收相间隔，每次每边也收进1/4砖长，但最下一层应为两皮砖。

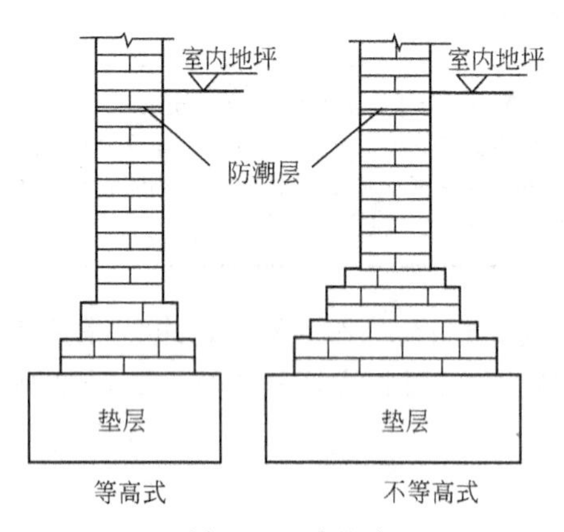

图4-18　砖基础

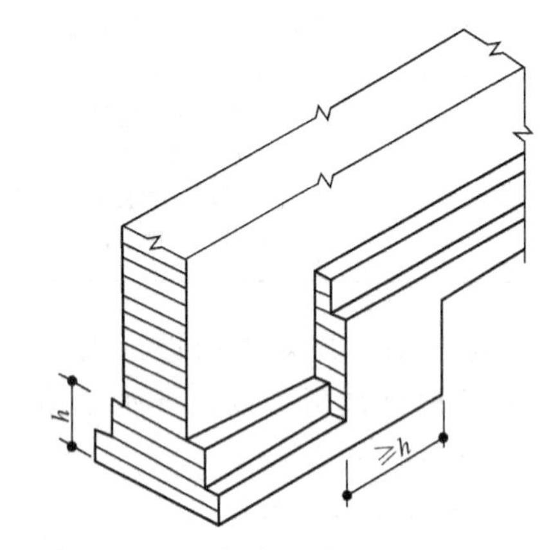

图4-19　基底标高不同时的砖基础搭砌

砖基础大放脚顶面宽度应比基础墙厚大约120mm；大放脚高度宜不超过750mm（即等高式不超过6层，不等高式不超过9层）。

大放脚底面宽度由设计计算而定，大放脚各皮的宽度应为半砖长的整倍数（包括灰缝）。当设计没有具体规定时，大放脚基底宽度可以按下式计算：

$$B=b+2L$$

式中　B——大放脚基底宽度，mm；

b——基础墙身宽度，mm；

L——基础收进的宽度，mm。

实际应用时，还要考虑竖向灰缝的厚度。

当基底标高不同时，砖基础应从低处砌起，并应由高处向低处搭砌，搭砌长度不应小于大放脚的高度 h（图4-19）。

大放脚基底宽度计算好后，即可进行排砖摆底。排砖就是按照基底尺寸线和已定的组砌方式，把砖在一定长度内摆一层，一般情况下，要求山墙摆成丁砖，檐墙摆成顺砖，即所谓“山丁檐跑”。

因为建筑设计的尺寸是以100mm为模数的，而砖是以120mm为模数的，两者之间的矛盾只有通过排砖，即通过调整竖向灰缝厚度来解决。在排砖中要把转角、墙垛、洞口、交接处等不同部位排得既合砖的模数，又符合设计的尺寸，要求接槎合理，操作方便。

排砖完成后，用砂浆把干摆的砖砌起来，叫做摆底。对摆底的要求，一是不能改变已排好的砖的平面位置，要一铲灰一块砖的砌筑；二是必须严格与皮数杆标准砌平，一般应该在大角按皮数杆砌筑好后，拉好拉紧准线，才能使摆底砌筑全面铺开。

例：一砖墙身六皮三收等高式大放脚的做法

此种大放脚共有三个台阶，每个台阶的宽度为 1/4 砖长，即 60mm。按式 $B=b+2L$ 进行计算，得到基底宽度为 $B=240\text{mm}+2\times180\text{mm}=600\text{mm}$；考虑到竖缝后实际应为 615mm，即两砖半宽。其组砌方式如图 4-20 所示。

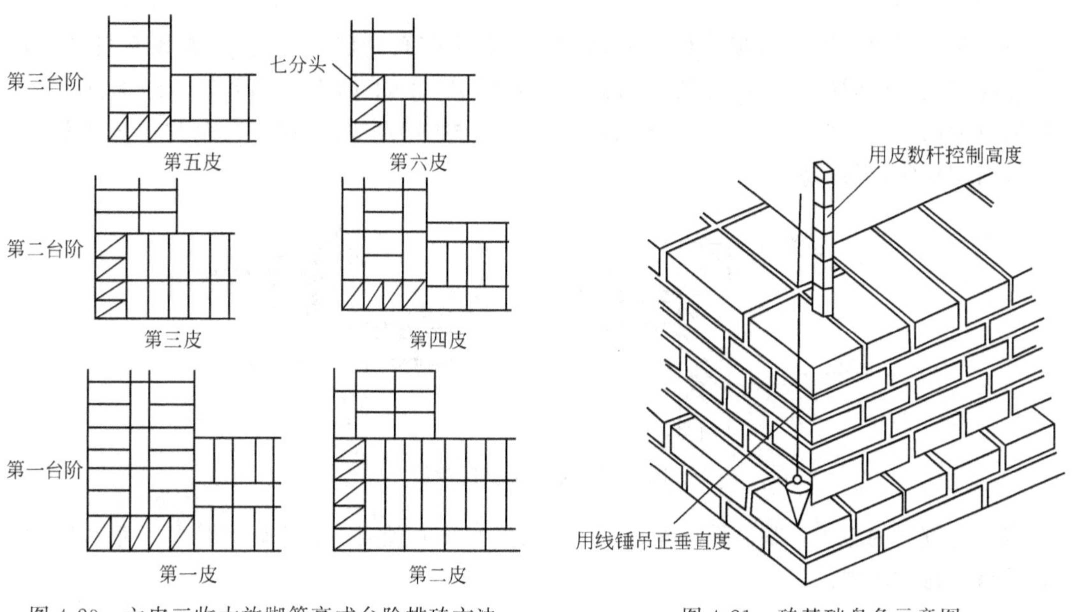

图 4-20　六皮三收大放脚等高式台阶排砖方法

图 4-21　砖基础盘角示意图

5. 砖基础砌筑

(1) 砖基础的盘角　盘角就是在房屋的转角、大角处砌好墙角。砌筑时，应先在转角处、交接处立起基础皮数杆（插入基础垫层中），按皮数杆先砌转角处、交接处几皮砖，每次盘角的高度一般不得超过五皮砖，并用线锤检查垂直度，同时要检查其与皮数杆的相符情况，如图 4-21 所示。基础盘角的关键是墙角的垂直和平整度，要严格按照皮数杆控制灰缝厚度及墙的高度。

盘角完成后，在角与角间拉准线，按准线砌中间部分的砖。砖基础砌完后，皮数杆宜拔出，所留孔洞用碎砖和砂浆填实。

(2) 砖基础的收台阶　基础大放脚每次收台阶都必须用卷尺量准尺寸，中间部分的砌筑应以大角处准线为依据，不能用目测或砖块比量，避免出现误差。收台阶结束后，砌基础墙前，要利用龙门板拉线检查墙身中心线，并用红铅笔将“中”画在基础墙侧面，以便随时检查复核。

砖基础大放脚一般采用一顺一丁砌法，各层最上一皮砖以丁砌为主。竖缝要错开，要注意十字及丁字接头处砖块的搭接，在这些交接处，纵横墙要隔皮砌通。在转角处、交接处，应根据错缝需要加砌配砖（俗称七分头砖）。

6. 地圈梁施工

地圈梁又称基础圈梁，是设在±0.000 以下承重墙中，按构造要求设置连续闭合的梁。其作用主要是调节可能发生的不均匀沉降，加强基础的整体性，使地基反力分布均匀，同时还具有圈梁的作用和防水防潮的作用，当条形基础的埋深过大时，接近地面的圈梁可以作为首层计算高度的起算点，地圈梁一般用于砖混、砌体结构中，对砌体有约束作用，有利于抗震。地圈梁截面、配筋由构造确定。

地圈梁施工过程中，要注意抗震构造柱与地圈梁的钢筋绑扎关系。通常，构造柱下端都锚入地圈梁中，即地圈梁作为构造柱的支座。因此，施工时要在设计位置预埋构造柱的插筋。

7. 防潮层施工

（1）防潮层的设置　对吸水性大的墙体（如黏土多孔砖墙），为防止墙基毛细水上升，一般在底层室内地面以下一皮砖处，也就是在离底层室内地面下 60mm 处（地面混凝土垫层厚度范围内）设防潮层，如图 4-22 所示。当墙身两侧的室内地坪有高差时，在高差范围的墙身内侧也应做防潮层。

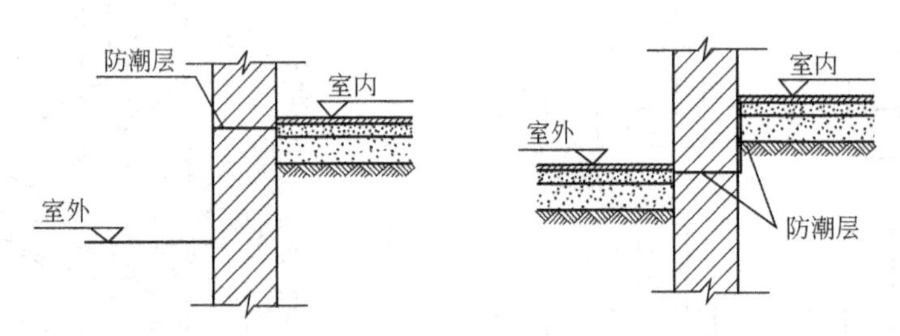

图 4-22　基础墙身防潮层

（2）防潮层的施工　基础墙砌至±0.000 以下 60mm 处时，检查轴线位置、垂直度和标高，合格后做防潮层。

防潮层一般采用 1∶2.5 水泥砂浆内掺水泥质量 3%～5%的防水剂搅拌而成。防潮层应作为一道工序来单独完成，不允许在砌墙砂浆中添加防水剂进行砌筑来代替防潮层。

抹防潮层时，应先将基础墙顶面清扫干净，并浇水润湿。在基础墙顶的侧面抄出水平标高线，然后用板条夹在基础墙两侧，板条的上口按水平线找平，然后摊铺砂浆，一般为 20mm 厚，待初凝后再用抹子收压一遍，表面要求平实，但不要求光滑。

当墙基是混凝土、钢筋混凝土、石砌体或设有地圈梁时，可不做墙身防潮层。

8. 预留孔洞的施工

在供热通风、给水排水及电气工程中，都有多种管道穿过建筑物的基础墙体。管道穿墙时，必须做好保护和防水措施，否则将使管道产生变形或与墙壁结合处产生渗水现象，影响管道的正常使用。砖基础中设计要求的洞口、管道、沟槽应于砌筑时正确留出或预埋，不得打凿砖基础和在砖基础上开凿水平沟槽。宽度超过 300mm 的洞口上部，应设置钢筋混凝土过梁。

（1）穿墙导管　由于基础受力较大，在使用过程中可能产生较大的沉陷，并且当管道有较大振动，并有防水要求时，管道外宜先埋设穿墙套管（亦称防水套管），然后在套管内安装穿墙管，这种形式称为活动式穿墙管。穿墙套管按管间填充情况可分刚性和柔性两种。

1）刚性穿墙套管（图 4-23）　刚性穿墙套管适用于穿过有一般防水要求的建筑物和构筑物，套管外要加焊翼环。套管与穿墙管之间填入沥青麻丝，再用石棉水泥封堵。

2）柔性防水套管（图 4-24）　柔性防水套管适用于管道穿过墙壁之处有较大振动或有较高防水要求的建筑物和构筑物。

无论是刚性或柔性套管，都必须将套管一次浇固于墙内，对砌体结构基础，在套管穿墙处应改用混凝土，混凝土浇筑范围应比翼环直径大 200～300mm。

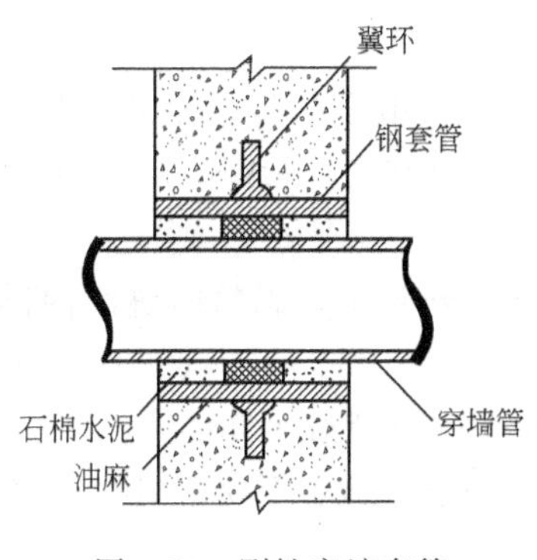

图 4-23　刚性穿墙套管

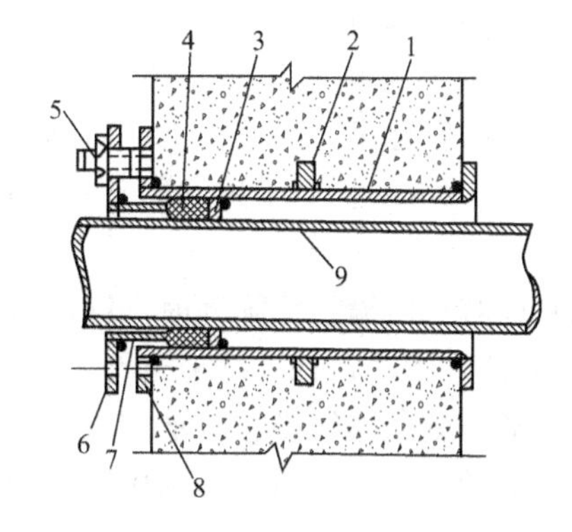

图 4-24　柔性防水套管

1—套管；2—翼环；3—挡圈；4—橡皮条；5—双头螺栓；6—法兰盘；7—短管；8—翼盘；9—穿墙管

套管处混凝土墙厚对于刚性套管不小于 200mm，对于柔性套管不小于 300mm，否则应使墙壁一侧或两侧加厚，加厚部分的直径应比翼环直径大 200mm。

(2) 穿墙留洞　管径在 75mm 时，留洞宽度应比管径大 200mm。高度应比管径大 300mm。使建筑物产生下沉时不致压弯或损坏管道 [图 4-25(a)]。当管道穿过基础时，将局部基础按错台方法适当降低，使管道穿过 [图 4-25(b)]。

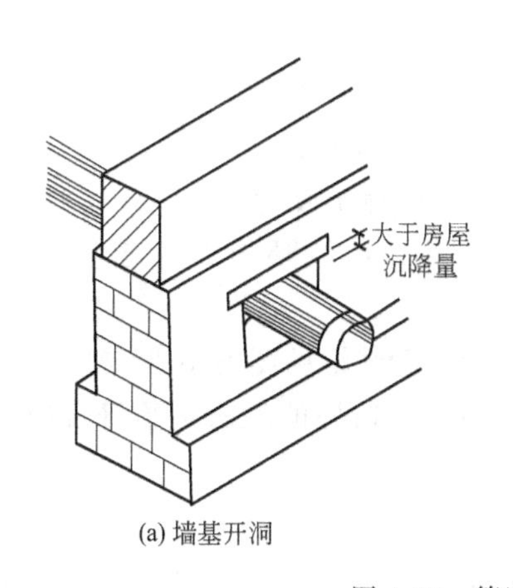

(a) 墙基开洞

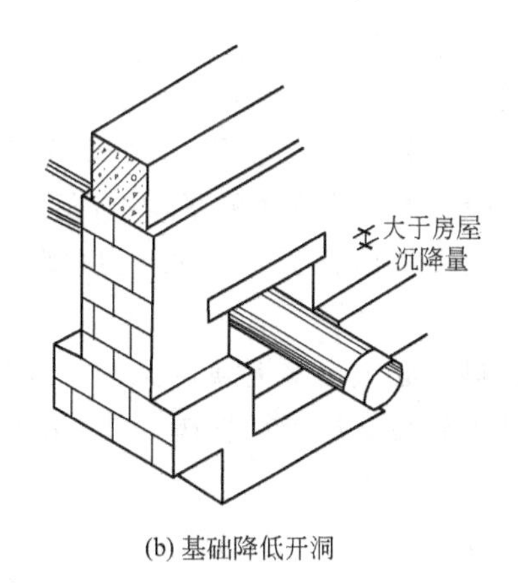

(b) 基础降低开洞

图 4-25　管道通过基础的处理

管道穿过地下室墙壁的构造作法一般按标准图集《地下建筑防水构造》(10 J301) 处理。

9. 成品保护与基础土方回填

基础施工完后，应及时回填。

(1) 基础墙砌完复查前，应注意保护轴线桩、水平桩、龙门板，严禁碰撞。

(2) 注意保护基础内的暖卫、电气套管及其他预埋件。

(3) 加强对抗震构造柱钢筋和拉结筋的保护，不得踩倒弯折。

(4) 基础墙两侧的回填土，应同时进行，否则未填土一侧应加支撑；暖气沟侧墙内应加垫板撑牢，严防另侧填土时挤歪挤裂。回填土应分层夯实，严禁向槽内灌水即所谓的“水夯法”。

(5) 回填土运输时，禁止在墙顶上推车运土，以免损坏墙顶。

(四) 基础砌筑的注意事项

1) 在冻胀地区，地面以下或防潮层以下的砌体，不宜采用多孔砖，如采用时，其孔洞应用水泥砂浆灌实。当采用混凝土砌块砌体时，其孔洞应采用强度等级不低于Cb20的混凝土灌实。

2) 如有抗震缝、沉降缝时，缝的两侧应按弹线要求分开砌筑。砌筑时缝隙内落入的砂浆要随时清理干净，保证缝道通畅。

3) 基础分段砌筑必须留踏步槎，分段砌筑的高度相差不得超过1.2m。

4) 基础大放脚应错缝，利用碎砖和断砖填心时，应分散填放在受力较小的、不重要的部位。

5) 预留孔洞应留置准确，不得事后开凿。

6) 基础灰缝必须密实，以防止地下水的浸入。

7) 各层砖与皮数杆要保持一致，偏差不得大于±10mm。

8) 管沟和预留孔洞的过梁，其标高、型号必须安放正确，座灰饱满，如座灰厚度超过20mm时应用细石混凝土铺垫。

9) 搁置暖气沟盖板的挑砖和基础最上一皮砖均应用丁砖砌筑，挑砖的标高应一致。

10) 地圈梁底和构造柱侧应留出支模用的“穿杠洞”，待拆模后再填补密实。

(五) 砖基础的质量标准

1. 保证项目

1) 砖的品种、强度等级必须符合设计要求，并应规格一致。

2) 砂浆的品种必须符合设计要求，强度必须符合下列规定：

① 同一验收批砂浆试块的平均抗压强度必须大于或等于设计强度。

② 同一验收批砂浆试块的抗压强度的最小一组平均值必须大于或等于设计强度的0.75倍。

3) 砌体砂浆必须密实饱满，实心砌体水平灰缝的砂浆饱满度不小于80%。

4) 外墙的转角处严禁留直槎，其他的临时间断处，留槎的做法必须符合施工验收规范的规定。

2. 基本项目

1) 砌体上下错缝：每3～5m之间有通缝不超过3处；混水墙中，长度大于或者等于300mm的通缝每间不超过3处，且不得在同一墙面上。

2) 砌体接槎处灰浆密实，砖缝及砖平直。水平灰缝厚度应为10mm左右，不小于8mm，也不应大于12mm。

3) 预埋拉结筋的数量、长度均应符合设计要求和施工验收规范规定。

4) 构造柱位置留置应正确，马牙槎要先退后进，残留砂浆要清理干净。

3. 允许偏差项目

1) 轴线位置偏移：用经纬仪或拉线检查，其偏差不得超过±10mm。

2) 基础顶面标高：用水准仪和尺量检查，其偏差不得超过±15mm。

3) 预留构造柱的截面：允许偏差不得超过±15mm，用尺量检验。

4) 表面平整度和水平灰缝平直度均应符合要求。

（六）毛石基础施工

1. 毛石基础砌筑的技术准备

（1）检查放线　在砌筑前，应先弄清图纸，了解基础断面形式是台阶形还是梯形。然后按图纸要求核查龙门板的标高、轴线位置、基槽的宽度和深度，清除槽内杂物、污泥、积水，再在槽内撒垫石渣进行夯实。还应及时修正偏差和修整基槽的边坡。

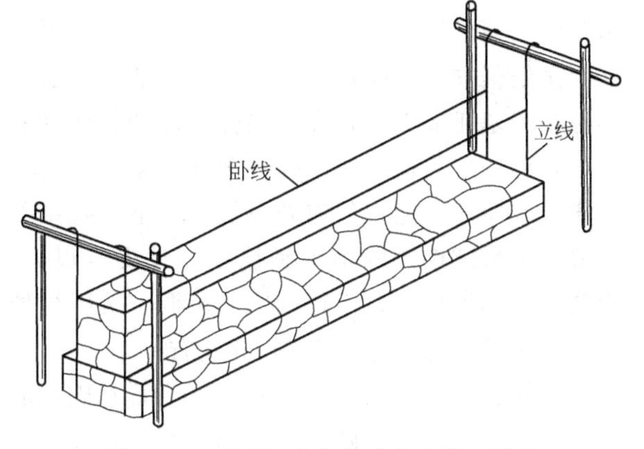

图 4-26　毛石基础砌筑时的立线与卧线

毛石基础大放脚应放出基础轴线和边线，立好基础皮数杆，皮数杆上标明退台及分层砌石的高度，皮数杆之间要拉准线。阶梯形基础还应定出立线和卧线，立线是控制基础大放脚每阶的宽度，卧线是控制每层高度及平整度，并逐层向上移动，如图 4-26 所示。

（2）基础或垫层标高修正　毛石基础大放脚垫层标高修正同砖基础。如在地基上直接砌毛石，则应将基底标高进行清整，以符合设计要求。

2. 毛石基础砌筑的操作要点

（1）毛石基础的摆底　毛石基础大放脚，应根据放出的边线进行摆底，与砖基础大放脚相似，毛石基础大放脚的摆底，关键要处理好大放脚的转角，做好檐墙和山墙丁字相交接槎部位的处理。大角处应选择比较方正的石块砌筑，俗称放角石。角石应三个面比较平整、外形比较方正，并且高度适合大放脚收退的断面高度。角石立好后，以此石厚为基准把水平线挂在石厚高度处，再依线摆砌外皮毛石和内皮毛石，此两种毛石要有所选择，至少有两个面较平整，使底面窝砌平稳，外侧面平齐。外皮毛石摆砌好后，再填中间的毛石（俗称腹石）。

（2）毛石基础的收退　毛石基础收退，应掌握错缝搭砌的原则。第一台砌好后应适当找平，再把立线收到第二个台阶，每阶高度一般为 300～400mm，并至少二皮毛石，第二阶毛石收退砌筑时，要拿石块错缝试摆，上级阶梯的石块应至少压砌下级阶梯的 1/2，相邻阶梯的毛石应相互错缝搭砌，阶梯形毛石基础每阶收退宽度不应大于 200mm，如图 4-27所示。

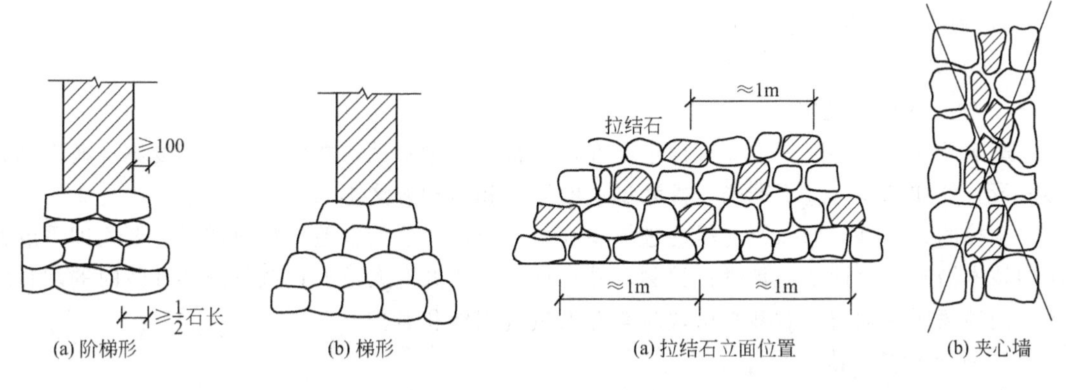

图 4-27　毛石基础

图 4-28　正墙砌筑拉结石形式

每砌完一级台阶（或一层），其表面必须大致平整，不可有尖角、驼角、放置不稳等现象。如有高出标高的石尖，可用手锤修正。毛石底坐浆应饱满，一般砂浆先虚铺40～50mm厚，然后把石块砌上去，利用石块的重量把砂浆挤摊开来铺满石块底面。

（3）毛石基础的正墙　毛石基础大放脚收退到正墙身处，同样应做好定位和抄平工作，并引基础正墙轴线至大放脚顶面和墙角侧边，再分出边线。基础正墙主要依据基础上的墨线和在墙角处竖立的标高杆（相当于砌砖墙的皮数杆）进行砌筑。

毛石墙基正墙砌筑，要求确保墙体的整体性和稳定性，每一层石块和水平方向间隔1m左右，要砌一层贯通墙厚压住内外皮毛石的拉结石（亦称满墙石），如果墙厚大于400mm，至少压满墙厚2/3能拉住内外石块。上下层拉结石呈现梅花状互相错开，防止砌成夹心墙。夹心墙严重影响墙体的牢固和稳定，对质量很不利，如图4-28所示。砌筑正墙还应注意，墙中洞口应预留出来，不得砌完后凿洞。沉降缝处应分两段砌，不应搭接。毛石基础正墙身一般砌到室外自然地坪下100mm左右。

（4）抹找平层和结束毛石基础　毛石基础正墙身的最上一皮摆放，应选用较为直长、上表面平整的毛石作为顶砌块，顶面找平一般浇筑50mm厚的C20细石混凝土，其表面要加防水剂抹光。基础墙身石缝应用小抿子嵌填密实、找平结束即完成毛石基础的全部工作，正墙表面应加强养护。

（七）毛石基础的质量标准

1. 保证项目

1）石料的质量、规格必须符合设计要求和施工验收规范规定。

2）砂浆品种必须符合设计要求，强度要求同设计对基础的规定。

3）转角处必须同时砌筑，交接处不能同时砌筑时必须留斜槎，留槎高度以每次1m为宜，一次到顶的留槎是不允许的。

2. 基本项目

1）毛石砌体组砌形式应符合以下规定：内外搭砌，上下错缝，拉结石、丁砌石交错设置，分布均匀；毛石分皮卧砌，无填心砌法，拉结石每0.7m^{2}墙面不少于1块。

2）墙面勾缝应符合以下规定：勾缝密实，粘接牢固，墙面清洁，缝条光洁、整齐清晰美观。

3. 允许偏差项目

1）轴线位置偏移不超过20mm。

2）基础和墙砌体顶面标高不超过±25mm。

3）砌体厚度不超过＋3mm或－10mm。

（八）基础砌筑应预控的质量问题

1. 砂浆强度不稳定

影响砂浆强度的因素主要有计量不准，原材料质量变动，塑化材料的稠度不准而影响到掺入量，外加剂掺入量不准确，砂浆试块的制作和养护方法不当等。

预控的方法是：加强原材料的进场验收，不合格或质量较差的材料进场后要立即采取相应的技术措施；对计量器具进行检测，并对计量工作派专人监控；调整搅拌砂浆时的加料顺序，使砂浆搅拌均匀，对砂浆试块应有专人负责制作和养护。

2. 基顶标高不准

由于基底或垫层标高不准，钉好皮数杆后又没有用细石混凝土找平偏差较大的部位，在砌筑时，两角的人没有互相沟通，造成两端错层，砌成“螺丝墙”，或者小皮数杆设置得过于偏离中心，基础收台阶结束后，小皮数杆远离基础墙，失去实用意义。

预控的方法是：在操作时必须按要求先用细石混凝土找平，摆底时要摆平。小皮数杆应用 20mm 见方的小木条制作，可以砌在基础内，避免变形。基础砌筑前，要用水准仪复核小皮数杆的标高，防止因皮数杆不平而造成基础顶面不平。

3. 基础墙身位移过大

基础墙身位移过大的主要原因是大放脚两边收退不均匀或者收退尺寸不准；其次是砌筑前和收台阶结束后没有拉线检查轴线和边线；第三是中间隔墙没有龙门板，在砌筑时，用卷尺量出的轴线和边线有误差，而导致砌筑时墙身位移过大。

预控的方法是：在建筑定位放线时，必须钉设足够的龙门板和中心桩。大放脚两边收退应用尺量收退，使其收退均匀，不得采用目测和砖块比量的方法。基础收退到正墙时必须复准轴线后砌筑，正墙还应经常对墙身垂直度进行检查，要求盘头角时每 5 皮砖吊线检查一次，以保证墙身垂直度。

4. 墙面平整度偏差过大

墙面平整度偏差过大的主要原因是一砖半以上的墙体未双面挂线砌筑，还有砖墙挂线时跳皮挂线，另外还有舌头灰未刮清和毛石表面不平整所致。

预控的方法是：砖墙砌筑挂线应每皮挂线不应跳皮挂线，一砖半以上墙必须双面挂线。砌筑还要随砌随清舌头灰，做到砖墙不碰线砌筑。对表面不平的毛石面应砌筑前修正，避免凹进凸出。

5. 基础墙交圈不平

基础墙交圈不平的主要原因有水平抄平时，皮数杆木桩不牢固、松动，或者皮数杆立好后水平标高未复验，皮数杆不平引起基础交圈不平或者扭曲。

预控的方法是：砌筑时应在每个立皮数杆的位置抄好水平，立皮数杆的木桩应牢固、无松动，并且立好的皮数杆应全部复核检查符合要求后才可使用。

6. 留槎与接槎不符合规范

基础砌体的转角处和交接处应同时砌筑，因此在基础大放脚摆底时应尽量安排使内外墙体同时砌筑，对不能同时砌筑而又必须留置的临时间断处应砌成斜槎。砖砌体的斜槎长度不应小于高度的 2/3。如临时间断处留斜槎确有困难时，除转角外也可留直槎，但必须做成阳槎，并加设拉结筋，拉结筋加设应符合施工规范要求和抗震规范要求。

7. 水平灰缝高低和厚薄不匀

这一问题主要反映在砖基础大放脚砌筑上，要防止水平灰缝高低和厚薄不匀问题产生，应做到盘角时灰缝均匀，每层砖要与皮数杆对平。砌筑时要左右照顾，线要收紧，挂线过长时，中间应垫一块腰线砖，使挂线平直。

8. 预埋件和拉结筋位置不准

主要原因是没有按设计规定施工，皮数杆上没有标示。因此，砌筑前要询问是否有预埋件，是否有预留的孔洞，并搞清楚位置和标高。砌筑过程中要加强检查。

9. 基础防潮层失效

防潮层施工后出现开裂、起壳甚至脱落，以致不能有效地起到防潮作用，造成这种情况的原因是抹防潮层前没有做好基层清理；因碰撞而松动的砖没补砌好；砂浆搅拌不均匀或未做抹压；防水剂掺入量超过规定等。

防止办法是应将防潮层作为一项独立的工序来完成。基层必须清理干净和浇水湿润，对于松动的砖，必须凿除灰缝砂浆，重新补砌牢固。防潮层砂浆收水后要抹压，如果以地圈梁代替防潮层，除了要加强振捣外，还应在混凝土收水后抹压。砂浆必须拌制均匀，当掺加粉状防水剂时，必须调成稀糊状后加入，掺入量应该准确，如用干料直接加入，可能造成结团或防水剂漂浮在砂浆表面而影响砂浆的均匀性。

10. 基础根部不实

主要表现在地基松软不实，土壤表面有杂物，基础底皮石材局部嵌入土中，上皮石材明显未做实。这是由于地基处理草率、底层石材过小或将尖棱短边朝下，基础完成后未及时回填土，基槽浸水后地基下陷等原因造成的。

预控的方法：必须认真处理地基，做好验收工作，基础砌筑时要按操作规程进行；基础砌筑好后要及时回填土。

11. 大放脚上下层未压砌

大放脚收台阶处所砌石材未压在下皮石材上，下皮石缝外露，影响基础传力。产生这种质量问题除了操作中的原因外，还有毛石规格不符合要求、尺寸偏小、未大小搭配等。

预控的方法：要严格遵守砌筑的操作规程，对毛石的尺寸选择应与大放脚尺寸相匹配。

（九）基础砌筑的安全要求

基础砌筑时除了应遵守建筑工地常规安全要求外，还必须做到以下几点：

1）对基槽、基坑的要求　基槽、基坑应视土质和开挖深度留设边坡，如因场地狭小，不能留设足够的边坡，则应支撑加固。基础摆底前还必须检查基槽或基坑，如有塌方危险或支撑不牢固，要采取可靠措施后再进行施工。施工过程中要随时观察周围土壤情况，发现裂缝和其他不正常情况时，应立即离开危险地点，采取必要措施后才能继续施工。基槽外侧1m以内严禁堆物。人进入基槽工作应有上下设施（踏步或梯子）。

2）材料运输　搬运石料时，必须起落平稳，两人抬运应步调一致，不准随意乱堆。向基槽内运送石料或砖块，应尽量采用滑槽，上下作业人员要相互联系，以免伤人或损坏墙基和土壁支撑。当搭跳板（又称铺道）或搭设运输通道运送材料时，要随时观察基槽（坑）内操作人员，以防砖石块等掉落伤人。

3）取石　在石堆上取石，不准从下掏挖，必须自上而下进行，以防倒塌。

4）基槽积水的排除　当基槽内有积水，需要边砌筑边排水时，要注意安全用电，水泵应用专用开关和漏电保护器，并指派专人监护。

5）雨雪天的要求　雨雪天应注意做好防滑工作，特别是上下基槽的设施如基槽上的跳板要钉好防滑条。

三、底框结构的钢筋混凝土基础施工

底框结构的基础无论是独立基础、柱下条形基础，还是筏板基础，一般都是钢筋混凝土结构，其施工工序主要是定位放线、模板支设、钢筋绑扎、混凝土浇筑以及养护等。

（一）钢筋混凝土独立基础的施工

砌体结构工程钢筋混凝土独立基础按其构造形式，可分为现浇柱锥形基础、阶梯形基础。

1. 现浇柱基础的构造

（1）现浇柱锥形基础的构造　锥形基础的构造形式，如图4-29(a)所示。基础下面通常设有低强度等级（C10）素混凝土垫层，垫层厚度为100mm，基础边缘的高度一般不小于

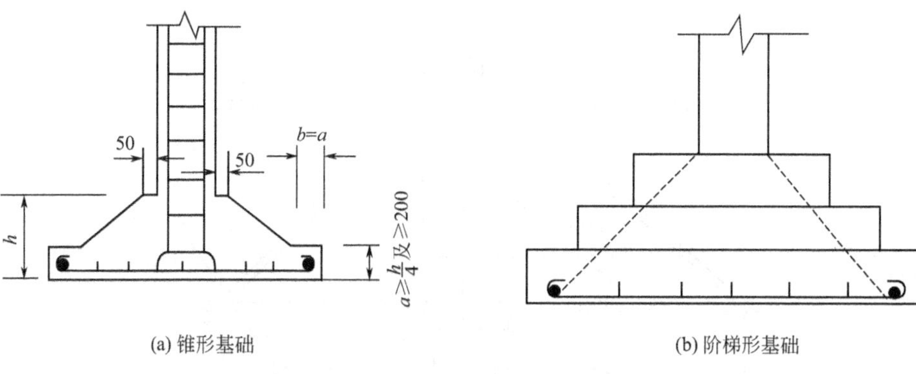

图 4-29 现浇柱独立基础构造形式

200mm。当基础高度在 900mm 以内时，插筋应伸至基础底部的钢筋网，并在端部做成直弯钩；当基础高度较大时，位于柱子四角的插筋应伸至底部，其余的插筋只需伸入基础达到锚固长度即可。插筋长度范围内均应设置箍筋。基础混凝土强度等级不低于 C15。受力钢筋直径不宜小于φ8，间距不宜大于 200mm。当有垫层时，钢筋保护层厚度不宜小于 35mm，无垫层时不宜小于 70mm。基础顶面每边从柱子边缘放出不小于 50mm，以便柱子支模。

(2) 现浇阶梯形基础的构造 阶梯形基础的构造，如图 4-29(b) 所示。基础的每个台阶一般为 300～500mm。基础高度 $h\leqslant$350mm 时，用一阶；当 350mm$<h\leqslant$900mm 时，用二阶；当 $h>$900mm 时，用三阶。阶梯尺寸一般为整数，在水平及垂直方向均用 50mm 的倍数。其他构造要求与锥形基础相同。

2. 现浇独立基础的施工

(1) 模板支设 在现浇钢筋混凝土工程中，模板工程占重要地位，它直接影响到整个工程的质量、工期及成本，因此必须予以充分重视，并应结合工程具体情况，选用适宜的模板系统。

图 4-30 为现浇阶梯形独立基础的木模板支设示意图，尽管目前木模板已经很少使用了，但其支模方案对钢模板支模仍具有参照意义。

图 4-31 为组合钢模板支设现浇锥形独立基础的方案图，其中基础上的柱模板搁置在预制混凝土块上，一次完成独立基础和柱的混凝土浇筑，也可以将基础与柱分开支模、两次浇筑。施工中要注意基础上的柱与相邻基础柱的位置关系，相互间应采用脚手架钢管在纵横两个方向上加以拉结，以求稳固。

图 4-32 为多阶的独立基础支模方案，其支模方式与单阶独立基础相同，要注意的是上阶模板要搁在下阶模板上，并且各阶模板的相对位置要固定牢固，以免混凝土浇筑时模板位移。

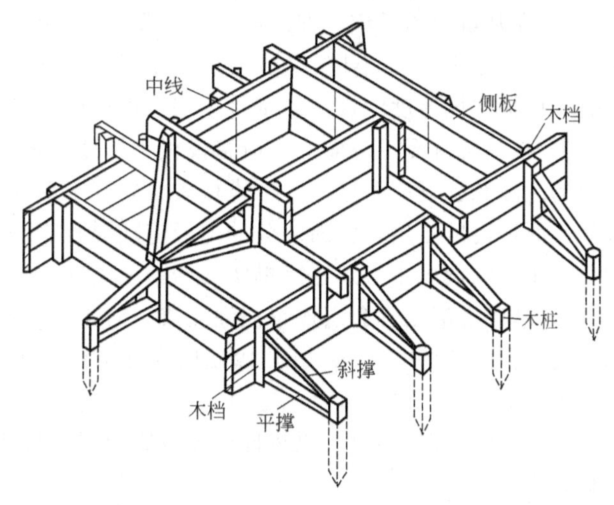

图 4-30 现浇阶梯形独立基础的木模板支设示意图

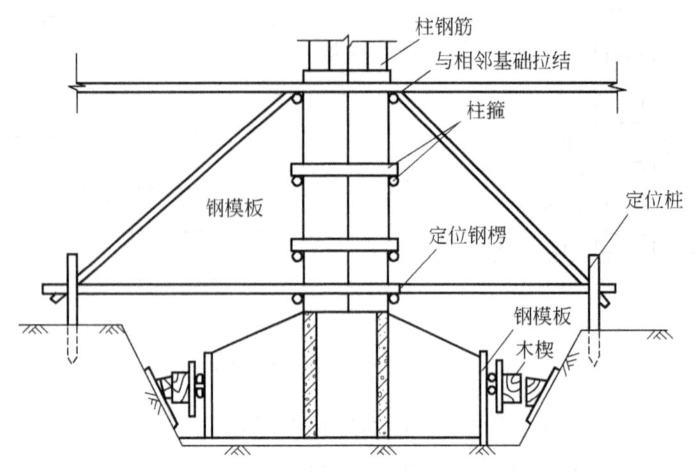

图 4-31　组合钢模板支设现浇独立基础的方案图

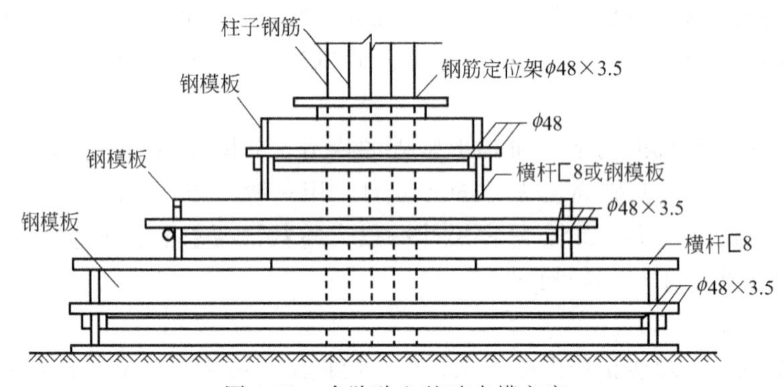

图 4-32　多阶独立基础支模方案

(2) 施工要求

1) 在混凝土浇灌前应先进行验槽，轴线、基坑尺寸和土质应符合设计规定。坑内浮土、积水、淤泥、杂物应清除干净。局部软弱土层应挖去，用灰土或砂砾回填并夯实至与基底相平。

2) 在基坑验槽后应立即浇灌垫层混凝土，以保护地基。混凝土宜用表面振动器进行振捣，要求表面平整。当垫层达到一定强度后，在其上弹线、支模、铺放钢筋网片，底部用与混凝土保护层同厚度的水泥砂浆块垫塞，以保证钢筋位置正确。

3) 在基础混凝土浇灌前，应将模板和钢筋上的垃圾、泥土和油污等杂物清除干净；对模板的缝隙和孔洞应予堵严；木模板表面要浇水湿润，但不得积水。对于锥形基础，应注意锥体斜面坡度的正确，斜面部分的模板应随混凝土浇捣分段支设并顶压紧，以防模板上浮变形，边角处的混凝土必须注意捣实。严禁斜面部分不支模，用铁锹拍实。

4) 基础混凝土宜分层连续浇灌完成。对于阶梯形基础，每个台阶高度应为一个浇捣层，每浇完一台阶应停0.5～1.0h，以便使混凝土获得初步沉实，然后再浇灌上层。每一台阶浇完，表面应基本抹平。

5) 基础上有插筋时，要将插筋加以固定以保证其位置的正确，以防浇捣混凝土时产生位移。

6) 基础混凝土浇灌完，应用草帘等覆盖并浇水加以养护。

（二）钢筋混凝土条形基础的施工

1. 条形基础构造

（1）墙下条形基础　墙下条形基础的构造，如图 4-33 所示。受力钢筋按计算确定，并沿宽度方向布置，间距应小于或等于 200mm，但不宜小于 100mm，条形基础一般不配弯起钢筋。沿基础纵向设置分布筋，直径一般为φ6～φ8mm，间距为 250～300mm，置于受力筋之上。另外，沿纵向加设肋梁是为增加基础抵抗不均匀沉降的能力，肋梁按构造配筋。钢筋混凝土墙下条形基础所用混凝土强度等级应不低于 C15。

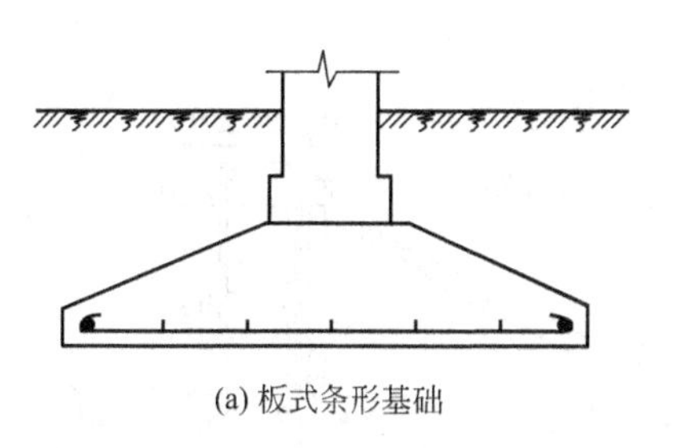

(a) 板式条形基础

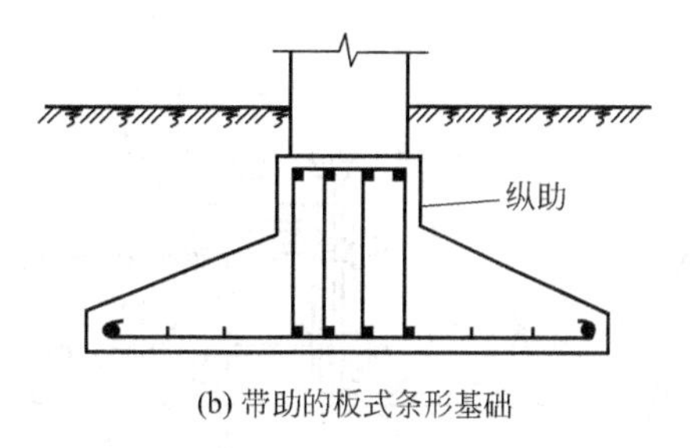

(b) 带肋的板式条形基础

图 4-33　钢筋混凝土墙下条形基础

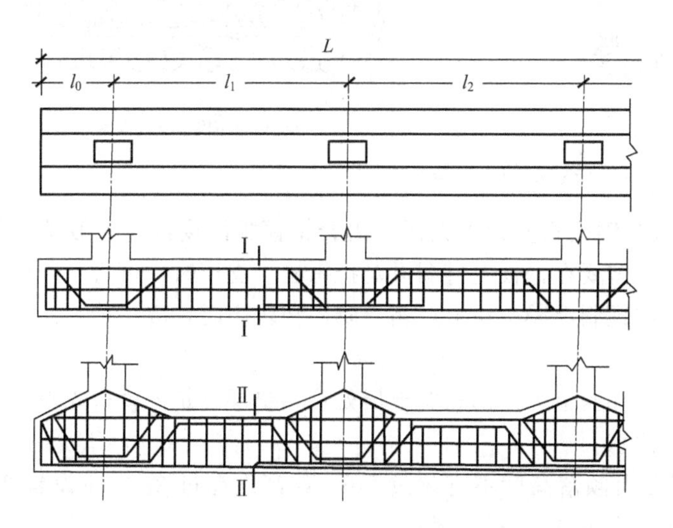

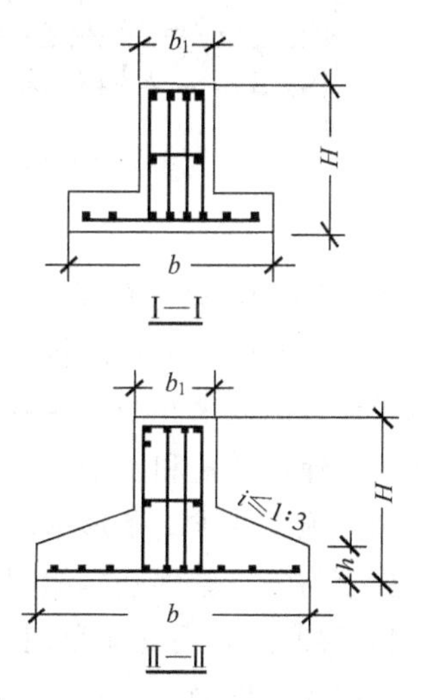

图 4-34　柱下钢筋混凝土条形基础构造

（2）柱下条形基础　柱下条形基础构造，如图 4-34 所示。其截面一般为倒 T 形，底板伸出部分称为翼板，中间部分称为肋梁。翼板厚度 h 一般不小于 200mm，当 h 为 200～250 时，翼板可做成等厚度；当 h 大于 250mm 时，可做成坡度小于或等于 1∶3 的变厚度板。肋梁的高度按计算确定，一般取为 1/8～1/4 柱距。翼板的宽度 b 按地基承载力计算确定，肋梁宽 b_1 应比该方向柱截面稍大些。为调整底面形心位置，减少端部基底压力可挑出悬臂，在基础平面布置允许的条件下，其长度宜小于第一跨距的 1/4～1/3。

基础肋梁的纵向受力钢筋按内力计算确定，一般上下双层配置，直径不小于 10mm，配筋率不宜小于 0.75%。梁底纵向受拉主筋通常配置 2～4 根，且其面积不少于纵向钢筋总面积的 1/3，弯起筋及箍筋按弯矩及剪力图配置。翼板受力筋按计算配置，直径不小于 10mm，间距为 100～200mm。箍筋直径为φ6～φ8mm，在距支座轴线 0.25～0.30L（L 为柱距）范围内箍筋应加密布置，当肋宽 $b \leqslant 350$mm 时用双肢箍；当 350mm$<b \leqslant 800$mm 时用 4 肢箍；

当 $b>800$mm 时用 6 肢箍。

混凝土等级一般用 C20，素混凝土垫层一般用 C10，厚度不小于 75mm。

2. 条形基础施工

（1）模板支设　图 4-35 为带坡度的条形基础支模，其中图 4-35(a) 为胶合板模板支设方案，图 4-35(b) 为组合钢模板支设方案。地梁与大放脚基础一次支模，地梁模板搁置在钢筋支架或预制混凝土块上。当斜坡坡度小于 20°时，可不支坡度模板，当坡度大于 20°时，应支坡度模板，坡度模板应用铁丝固定在大放脚的钢筋上，避免浇筑时模板上浮。

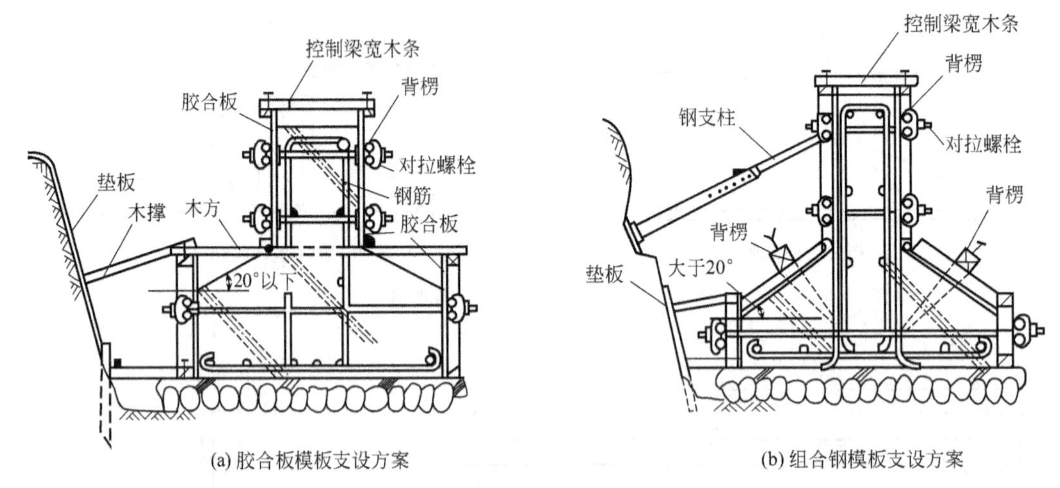

(a) 胶合板模板支设方案　(b) 组合钢模板支设方案

图 4-35　带坡度的条形基础支模

图 4-36 为不带坡度条形基础组合钢模板支设方案图，组合钢模板刚度好，一般条形基础大放脚不厚时，可只用斜撑，而不需要在钢模上打洞设对拉螺栓。支模时，可将上阶模板用脚手钢管吊起来并搁置在钢筋架或预制混凝土块上。当上阶模板较高时，应按计算设对拉螺栓，以保证质量和安全。

（2）施工要求　条形基础的施工在验槽、局部软弱土层处理、垫层浇筑、模板支设等方面的要求与独立基础基本相同。应注意：

1）混凝土自高处倾落时，其自由倾落高度不宜超过 2m，如高度超过 2m，应设料斗、漏斗、串筒、斜槽、溜管，以防止混凝土产生分层离析。

2）混凝土宜分段分层灌筑，每层厚度应符合表 4-2 的规定。各段各层间应互相衔接，每段长 2～3m，使逐段逐层呈阶梯形推进，并注意先使混凝土充满模板边角，然后浇灌中间部分。

表 4-2　浇筑混凝土的允许分层厚度

捣实混凝土的方法		浇筑分层厚度/mm
插入式振捣		振动器作用部分长度的 1.25 倍
表面振捣		200
人工捣固	①在基础、无筋混凝土或配筋稀疏的结构中	250
	②在配筋较密的结构中	150
轻骨料混凝土	③插入式振捣	300
	④表面振捣(振动时需加荷)	200

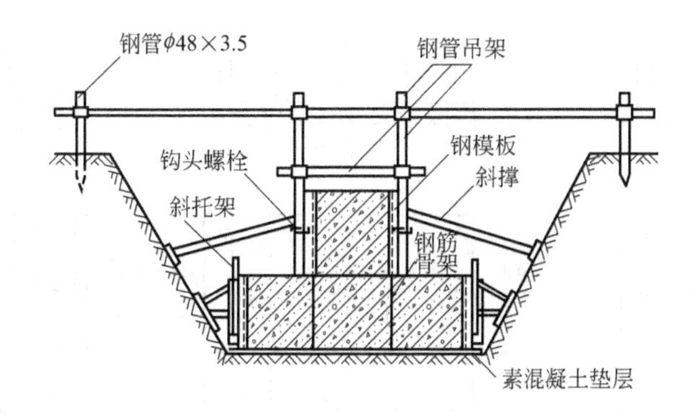

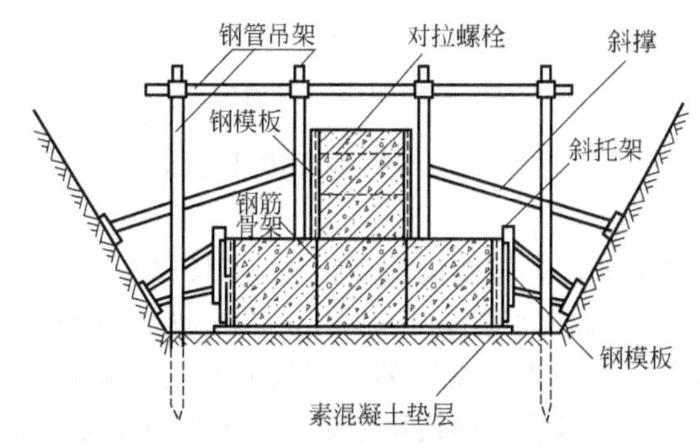

图 4-36　条形基础组合钢模板支设方案

3）混凝土应连续浇灌，以保证结构良好的整体性，如必须间歇，间歇时间不应超过表4-3的规定。如时间超过规定，应设置施工缝，并应待混凝土的抗压强度达到1.2MPa以上时，才允许继续灌筑，以免已浇筑的混凝土结构因振动而受到破坏。施工缝处在继续浇筑混凝土前，应将接槎处混凝土表面的水泥薄膜（约1mm）和松动石子或软弱混凝土清除，并用水冲洗干净，充分湿润，且不得积水，然后铺15～25mm厚水泥砂浆或先灌一层减半石子混凝土，或在立面涂刷1mm厚水泥浆，再正式继续浇筑混凝土，并仔细捣实，使其紧密结合。

表 4-3　浇筑混凝土的允许间歇最长时间　　单位：min

混凝土强度等级	气温	
	不高于 25℃	高于 25℃
不高于 C30	210	180
高于 C30	180	150

注：1. 表中数值包括混凝土的运输和浇筑时间。
2. 当混凝土中掺有促凝或缓凝型外加剂时，其允许时间应根据试验结果确定。

（三）片筏式钢筋混凝土基础

1. 片筏式基础构造

片筏式钢筋混凝土基础由底板、梁等整体组成。当上部结构荷载较大、地基承载力较低时，可以采用片筏基础。片筏基础在外形和构造上像倒置的钢筋混凝土楼盖，分为平板式和梁板式两种，前者一般用于荷载不大，但柱网较均匀且间距较小的情况。后者用于荷载较大的情况。梁板式又有正置和倒置两种。如图 4-37 所示。

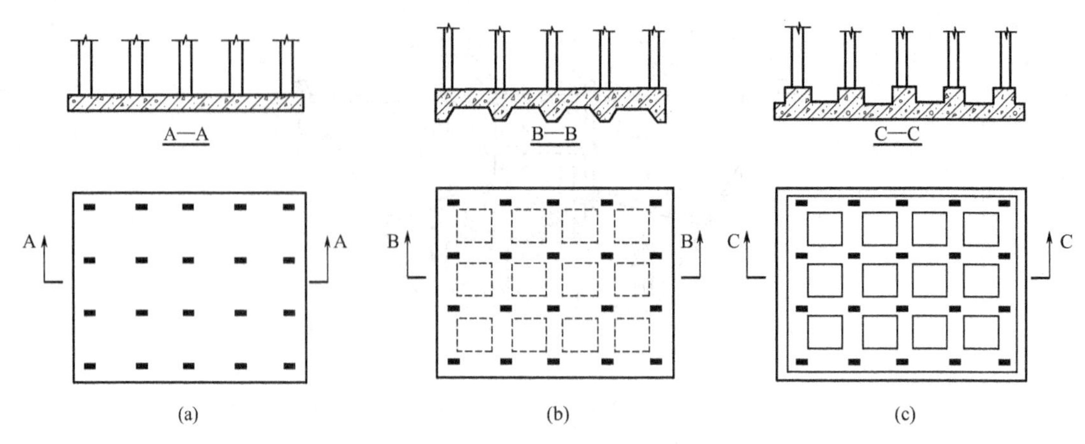

图 4-37　片筏式基础构造

片筏式基础下一般设 100mm 厚 C10（防水混凝土结构为 C15）混凝土垫层，每边超出基础底板不小于 100mm。

片筏基础配筋应由计算确定，按双向配筋，宜用 HPB235、HRB335 级钢筋。分布钢筋在板厚 $h \leqslant 250$mm 时，一般为ϕ8@250；$h > 250$mm 时，为ϕ10@200。

墙下片筏基础，适用于筑有人工垫层的软弱地基及具有硬壳层的比较均匀的软土地基上，建造 6 层及 6 层以下横墙较密集的民用建筑。墙下片筏基础一般为等厚度的钢筋混凝土平板。对地下水位以下的地下片筏基础，必须考虑混凝土的抗渗等级。

浇筑片筏基础的混凝土强度等级不宜低于 C15。当有防水要求时，混凝土强度不宜低于 C20，抗渗强度等级不低于 0.6MPa。钢筋保护层厚度不宜小于 35mm。

2. 片筏式基础施工

1）基坑开挖时，若地下水位较高，应采取人工降低地下水位法使地下水位降至基坑底下不少于 500mm，保证基坑在无水情况下进行土方开挖和基础施工。

2）片筏基础浇筑前，应清扫基坑、支设模板、铺设钢筋。木模板要浇水湿润，钢模板面要涂隔离剂。

3）混凝土浇筑方向应平行于次梁长度方向，对于平板式片筏基础则应平行于基础长边方向。

4）混凝土应一次浇灌完成，若不能整体浇灌完成，则应留设施工缝，并用木板挡住。施工缝留设位置：当平行于次梁长度方向浇筑时，应留在次梁中部 1/3 跨度范围内；对平板式可留设在任何位置，但施工缝应平行于底板短边且不应在柱脚范围内，如图 4-38 所示。

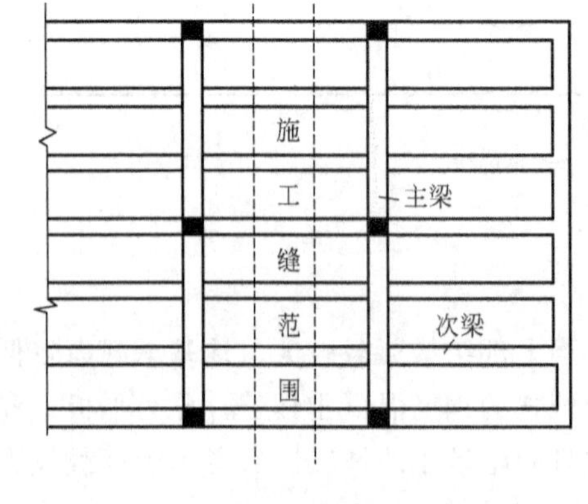

图 4-38　片筏式基础的施工缝留设

5）对于倒置式梁板式片筏基础，梁高出底板部分应分层浇筑，每层浇灌厚度不宜超过 200mm。当底板上或梁上有立柱时，混凝土应浇筑到柱脚顶面，留设水平施工缝，并预埋连接立柱的插筋。水平施工缝处理与垂直施工缝相同。

6）混凝土浇灌完毕，在基础表面应覆盖草帘和洒水养护，并不少于 7d。待混凝土强度达到设计强度的25%以上时，即可拆除梁的侧模。

7）当混凝土基础达到设计强度的30%时，应进行基坑回填。基坑回填应在四周同时进行，并按基底排水方向由高到低分层进行。

四、架空层及地下室施工

（一）架空层

为了减少建筑物沉降和不均匀沉降，通过采用架空地板代替室内填土，或设置地下室或半地下室来减轻建筑物自重是常采用的基础设计措施。

在南方地区，由于地下水位高、地面潮湿等原因，砌体结构工程曾流行采用首层架空地板的做法，但这种设计主要适用于采用预制楼面板，对现浇楼面则施工较麻烦。

近年来，架空地板已经向两个方向发展，一是形成真正的架空层，即“仅有结构支撑而无外围护结构的开敞空间层”，地面没有住宅一层，住宅在架空层上，无须围墙隔离防护，架空层内可以设置设备间、物业管理用房、会所、车库、游泳池等，或设置休闲空间。这在南方沿海城市较流行。并主要应用在高层住宅建筑中。

二是向地下室或半地下室方向发展。为了方便居民生活，节约用地，现在多层住宅楼常在底部设半埋式的地下室，由于采光、通风以及方便使用等因素，这类地下室层高通常取2.2～2.5m。作为车库或杂物间使用，这在北方和内地比较流行。

现在由于在住宅建设中预制楼板应用越来越少，因此早期的首层架空地板做法已不多见，大量的砌体结构工程都采用地下室或半地下室。

（二）地下室

1. 地下室的建筑及结构特点

地下室是建筑物中处于室外地面以下的房间，砌体结构工程通常可以设一层。部分高度在地面以下的房间，称为半地下室。

从建筑设计角度，目前砌体结构住宅工程常见的地下室的组合类型有两种型式：一种是通廊式，一种是单元式。

（1）通廊式地下室　通廊式地下室的入口设在楼的两端，其优点是：入口直观，交通方便，通风良好，对楼梯间无影响。缺点是：破坏了地下室部分横墙与上部横墙的对应关系，这些被截断的横墙上设走廊梁过渡。

通廊式地下室一般与底框砌体结构工程配套，在结构处理上：地下室周边墙体通常按剪力墙设计，对有防水要求的多采用钢筋混凝土剪力墙，只有防潮要求、上部荷载较小且面积不大的地下室或半地下室也可用砌体墙；中间支承柱与地面底框柱对应；底板一般采用柱下条形钢筋混凝土基础加防水底板，也有直接采用筏板基础的；地下室顶板则一般为现浇钢筋混凝土梁板结构。

（2）单元式地下室　单元式地下室与上部住宅单元对应，地下室横墙与上部横墙轴线对应，承重关系合理，入口设在每个单元的楼梯间。但在通风和交通问题上不如通廊式。

单元式地下室一般与常规砌体结构住宅楼配套，在结构处理上：地下室周边和中间墙体通常与上部结构墙体对应，均采用砌体墙；但当地下水位较高、有防水要求时周边墙体则用钢筋混凝土墙；底板一般采用墙下条形基础，可以是钢筋混凝土条基或砌体条基，有防水要求时作防水底板；地下室顶板现在一般也为现浇钢筋混凝土板。

2. 地下室的防潮与防水

地下室的侧墙和底板处于地面以下，经常受到下渗的地面水、土层中的潮气和地下水的侵蚀；因此，防潮、防水是地下室施工中必须注意的重要问题。

（1）地下室防潮　当最高地下水位低于地下室地坪且无滞水可能时，地下水不会直接侵入地下室，地下室外墙和底板只受到土层中潮气的影响，这时，一般只做防潮处理。其构造是在地下室外墙外面设置防潮层。具体做法是：在外墙外侧先抹 20mm 厚 1∶2.5 水泥砂浆（高出散水 300mm 以上），然后涂冷底子油一道和热沥青两道至散水底（现在大都做涂膜防水），最后在其外侧回填隔水层。北方常用 2∶8 灰土，南方常用炉渣，其宽度不少于 500mm。同时，再在地下室顶板和底板中间位置设置水平防潮层，使整个地下室防潮层连成整体，以达到防潮目的（图 4-39）。

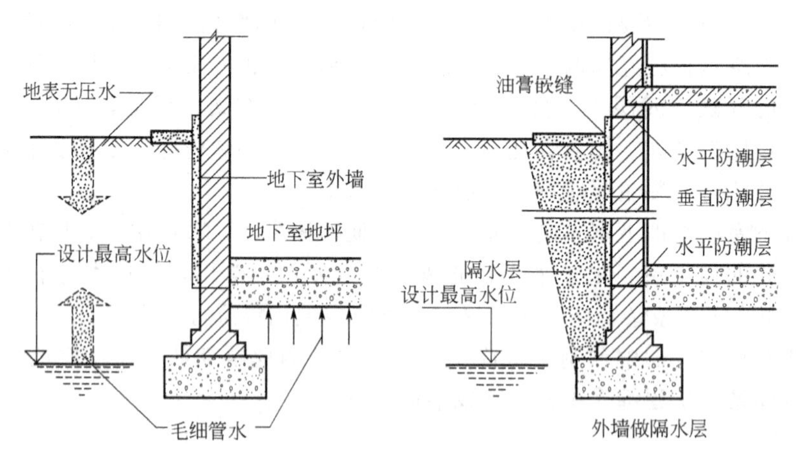

图 4-39　地下室防潮构造

（2）地下室的防水　当最高地下水位高于地下室地坪时，地下室的外墙和地坪都浸泡在水中。这时，地下室外墙受到地下水的侧压力，地坪受到地下水的浮力影响。因此，必须考虑地下室外墙和地坪作防水处理。

砌体结构工程的地下室一般采用附加柔性防水措施。柔性防水以卷材防水运用最多。卷材防水按防水层铺贴位置的不同，又有外防水（又称外包防水）和内防水之分。外防水是将防水层贴在迎水面，即地下室外墙的外表面，这对防水较为有利，缺点是维修困难。内防水是将防水层贴在背水的一面，即地下室墙身的内表面，这时，施工方便，便于维修，但对防水不太有利，故多用于修缮工程（图 4-40）。

当地下室采用卷材防水层时，防水卷材的层数应根据地下水的最大水头选用。

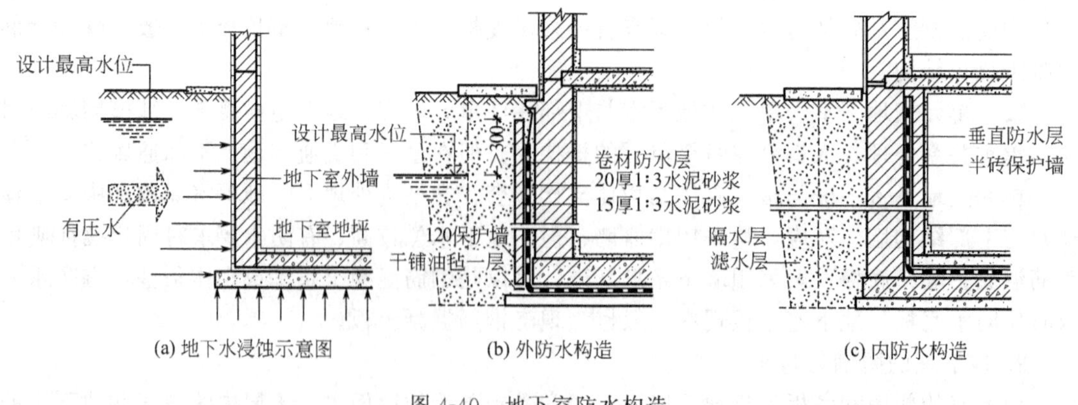

图 4-40　地下室防水构造

至于地下室地坪结构的水平防水处理，一般是在地基上先浇筑混凝土垫层，其上做卷材防水层，并在外墙部位留槎；后在防水层上抹20mm厚1∶3水泥砂浆；最后做钢筋混凝土结构层。

（三）混凝土结构地下室的施工

1. 施工程序

场地平整→定位放线→基坑土方开挖→地基验槽→垫层施工→抄平放线（恢复轴线）→防水层施工（防水保护层施工）→绑柱基、梁式筏板筋→止水钢板安装及埋件埋设→浇柱基、梁式筏板混凝土→养护→弹线放样→绑柱、墙筋→埋件埋设→安柱、墙、梁板模→浇柱、墙混凝土→绑梁板筋→埋件埋设→浇梁板混凝土→养护→拆地下室外墙模→20厚1∶2.5水泥砂浆找平层→地下室外墙面防水涂料施工→20厚1∶2水泥砂浆保护层、砖保护层施工→水泥砂浆面层施工→回填土施工。

2. 地下室基础及底板（筏板）的施工要点

（1）模板工程　平板式筏板的模板相对简单，只需在周边支设即可，通常采用砖砌胎模。

顶平梁板式筏板（高板位），由于梁高出的部分在板下，因此梁模板只能采用砌筑砖胎膜。

底平梁板式筏板（低板位），则由于梁高出的部分在板上，因此只能采用竹胶板、组合钢模等进行支设。

地下室底板和外墙的接头水平施工缝留在高出底板表面不少于200mm的墙体上，墙体如有孔洞，施工缝距孔洞边缘不宜少于300mm，有防水要求的地下室，施工缝形式宜用凸缝（墙厚大于30cm）或阶梯缝、平直缝加金属止水片（墙厚小于30cm），施工缝宜做企口缝并用B. W止水条处理，其支模如图4-41所示。

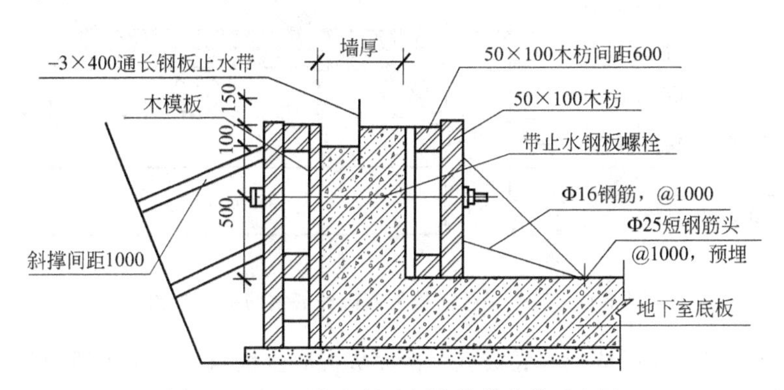

图4-41　地下室底板及侧墙吊模支模示意图

（2）钢筋工程　筏板基础的钢筋绑扎中主要注意：

1）上部钢筋混凝土柱、墙的插筋不能遗漏，其锚固长度应符合规范要求。且要注意：①基础梁是上部柱、墙的支座，因此，柱、墙的竖向插筋应布置在基础梁角部受力主筋的内侧。②柱子基础部位，锚固在梁里的部位至少要加两道定位的箍筋，其作用是防止浇灌混凝土时柱纵筋偏离的，因此需要一个2肢箍箍住所有的柱筋予以定位。

2）防水混凝土筏板的迎水面钢筋的保护层厚度不小于50mm，非防水混凝土的筏板，其迎水面的钢筋保护层厚度，应不小于40mm。

3）对平板式筏板基础，一般配有上下两层钢筋网，因此要设置支架（俗称马凳）支撑上层钢筋，保证其计算高度。另外每层钢筋网的纵横向钢筋上下的问题应当注意，当筏板有长短向时，一般下层钢筋网是短向钢筋在下、长向钢筋在上；上层钢筋网的布置依据板在两个方向的跨度，跨度相差较大时，短跨面筋在上，长跨面筋在下；跨度相差不大时，宜采取与板底筋相同的布置，以保证两个方向的计算高度相等。

4）对梁板式筏板，要注意梁筋与板筋的重叠问题。以底平梁板式筏板为例，一般做法是：

① 首先确定出“强梁（基础梁）”的方向——当纵横基础梁为等截面高度时，以跨度小者为“强梁”；当为不等截面高度时，以高度大者为“强梁”，与“强梁”相垂直布置第一层（最底层）板筋。

② 在第一层板筋之上、并与其垂直布置“强梁”的下部纵筋，并且在“强梁”的两侧相距 50mm 开始布置与“强梁”平行的第二层板筋，（“强梁”的箍筋与第一层板筋在同一层面，插空布置）。

③ 然后，再在其上布置另一方向梁（非“强梁”）的底层纵筋。

④ 显然，最下层的基础梁下部纵筋的下面，有而且仅有一层板筋。实际施工中，有一些施工人员，把筏板的下层钢筋网（纵横钢筋）绑扎好之后，再把另外绑扎好的基础主梁的钢筋笼子往上面放，这样的施工方法似乎很方便，但使得基础主梁下部纵筋的下面多塞进一根基础板（与梁平行的）钢筋，抬高了基础主梁的下部纵筋，减少了基础主梁的“有效高度”，降低了整个结构的安全性，是不可取的做法。

底平梁板式筏形基础底部钢筋层面布置见图 4-42。

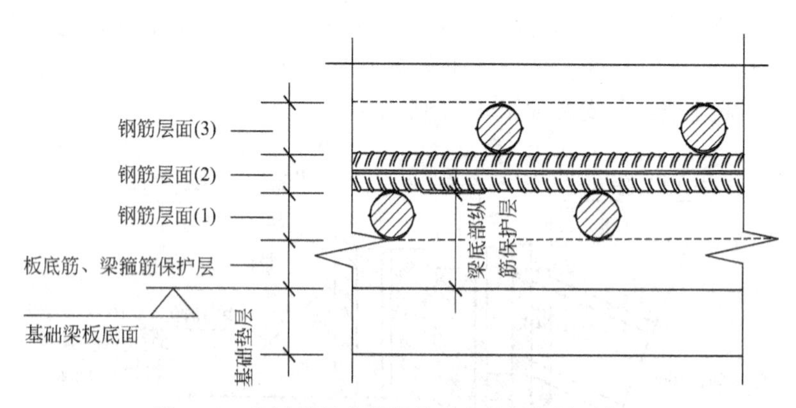

图 4-42　底平梁板式筏形基础底部钢筋层面布置

（3）混凝土工程　筏板基础的底板宜一次完成混凝土浇筑，尽量不留施工缝。

对底平梁板式筏板（低板位），由于梁高出的部分在板上，模板一般为吊模支设，因此混凝土浇筑要分次进行，即先浇筑底板混凝土，待底板混凝土基本初凝，浇筑梁部位混凝土时不至于从吊模下溢出时，再浇筑梁部位混凝土。

防水混凝土应执行防水混凝土施工的相关规定。

3. 地下室墙体施工要点

（1）模板支设　墙体模板的支设应根据实际情况，可以采用组合钢模板、竹胶板、大模板双面支模；也有外侧采用砖胎膜，内侧用模板的单面支模方案，这种支模方案由于不能设置对拉螺栓，因此保证内侧单面模板支设的正确位置和刚度，确保不胀模，是其应注意的问题。图 4-43 为某工程地下室外墙支模示意图。

（2）钢筋绑扎　地下室外墙的钢筋绑扎值得注意的问题是钢筋混凝土保护层厚度和竖向钢筋和水平钢筋的相对位置。

如果地下室外墙是有防水要求的防水混凝土，则《地下工程防水技术规范》（GB 50108—2008）规定最小保护层厚度应是 50mm，实际施工中由于 50mm 厚的素混凝土保护层容易开裂，因此作为施工技术措施还得在保护层内加设钢丝网片。

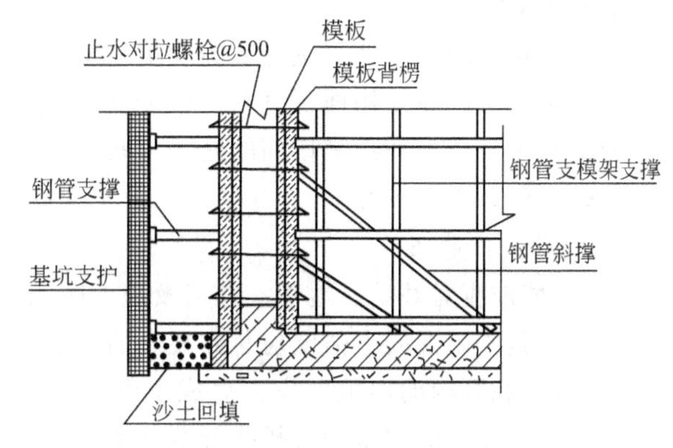

图 4-43　地下室外墙模支模示意图

对非防水混凝土的无防水要求的一般地下室外墙，则可按《混凝土结构设计规范》（GB 50010）三类环境外墙最小保护层厚度 30mm 取值。

对于竖向钢筋和水平钢筋的相对位置，标准图集 08 G101—5 的要求是：迎水面竖向钢筋在水平钢筋外侧。背水面竖向钢筋在水平钢筋内侧，但同时说明允许设计采取相反做法，实际施工中，施工单位都愿意将迎水面竖向钢筋放在水平钢筋内侧，这样使得钢筋保护层内还有水平钢筋，对防止保护层开裂有一定的意义。

（3）混凝土浇筑　防水混凝土应当执行相应的规范要求，普通砌体结构工程的地下室通常不会有后浇带、加强带等施工措施，因此，混凝土浇筑应当连续进行，不留纵向施工缝。

地下室顶板与墙体可以一次支模，一次浇筑完成，但浇筑时必须先浇注墙体，等墙体混凝土全部完成后，再进行顶板浇注，否则，混凝土的流向不可控制，可能在一处浇筑时，混凝土已经流到十几米之远，待浇注到那里时，混凝土可能初凝已过，造成质量隐患。

对于墙体采用防水混凝土，顶板采用非防水混凝土的场合，宜将墙、板混凝土分两次浇筑，以保证不同特性的混凝土的成型收缩，同时便于墙体防水混凝土的浇水养护。

（4）其他施工　地下室内部中间柱和顶板的施工与普通框架结构的施工工艺相同。

当地下水位较高时，地下室施工要注意抗浮问题，一般地，在底板以上的结构自重荷载还小于地下水的浮力时，不应因为地下室底板和墙板已经完成施工而停止人工降水。

（四）砌体结构地下室的施工

砌体结构地下室指竖向承重结构为砌体墙的地下室，一般多为多层住宅楼下的单元式地下室。

（1）基础及底板　当地下水位较低，地下室只需作防潮处理时，一般构造型式多为墙下条基，房心填土夯实再做地坪。对地下水位较高、有防水要求时，有采用墙下钢筋混凝土条基加防水底板的设计的，其施工与梁板式筏基基本相同。

（2）墙体　砌体结构地下室外墙仅作防潮处理时，可以为砌体墙（附加防潮层），但要注意的是，地下室外墙（室外地面以下）的用砖应当与地下基础一样，不宜采用多孔砖，因为多孔砖用于室外地面以下，由于±0.000 下的湿度变化、水的化学浸蚀，以及自然风化等因素，都可能对多孔砖壁造成损坏，进而造成地下部分破坏，势必影响结构安全。如果必须用多孔砖或空心混凝土小砌块砌筑地下室外墙时，其孔洞应用水泥砂浆灌实。对混凝土小型空心砌块砌体，其孔洞灌芯混凝土应采用具有高流动度，低收缩性能的专用灌孔混凝土，强度不应低于Cb20。

鉴于同样的原因，地下室外墙的砌筑砂浆也应该用水泥砂浆而不应采用混合砂浆。

(3) 顶板　砌体结构地下室的顶板可以是现浇板或预制（空心）板，其施工程序、施工工艺分别与现浇楼面和预制楼面的施工相同。

（五）基础回填土施工

1. 回填土作业条件

1）回填前应对基础、地下室外墙及地下防水层、保护层等进行检查验收，并且要办好隐检手续。其基础混凝土强度应达到规定的要求，方可进行回填土。

2）房心和管沟的回填，应在完成上下水、煤气的管道安装和管沟墙间加固后再进行。并将沟槽、地坪上的积水和有机物等清理干净。

3）施工前，应做好水平标志，以控制回填土的高度或厚度。如在基坑（槽）或管沟边坡上，每隔3m钉上水平板；室内和散水的边墙上弹上水平线或在地坪上钉上标高控制木桩。

2. 操作工艺

(1) 工艺流程：

基坑（槽）底地坪清理→检验土质→分层铺土、耙平→夯打密实、检验密实度→修整找平→验收。

(2) 工艺要点

1）填土前应将基坑（槽）底或地坪上的垃圾等杂物清理干净；基槽回填前，必须清理到基础底面标高，将回落的松散垃圾、砂浆、石子等杂物清除干净。

2）检验回填土的质量有无杂物，粒径是否符合规定，以及回填土的含水量是否在控制的范围内；如含水量偏高，可采用翻松、晾晒或均匀掺入干土等措施；如遇回填土的含水量偏低，可采用预先洒水润湿等措施。

3）回填土应分层铺摊。每层铺土厚度应根据土质、密实度要求和机具性能确定。一般蛙式打夯机每层铺土厚度为200～250mm；人工打夯不大于200mm。每层铺摊后，随之耙平。

4）回填土每层至少夯打三遍。打夯应一夯压半夯，夯夯相接，行行相连，纵横交叉。并且严禁采用水浇，使土下沉的所谓“水夯”法。

5）深浅两基坑（槽）相连时，应先填夯深基础；填至浅基坑相同的标高时，再与浅基础一起填夯。如必须分段填夯时，交接处应填成阶梯形，梯形的高宽比一般为1∶2。上下层错缝距离不小于1.0m。

6）基坑（槽）回填应在相对两侧或四周同时进行。基础墙两侧标高不可相差太多，以免把墙挤歪；较长的管沟墙，应采用内部加支撑的措施，然后再在外侧回填土方。

7）回填房心及管沟时，为防止管道中心线位移或损坏管道，应用人工先在管子两侧填土夯实；并应由管道两侧同时进行，直至管顶0.5m以上时，在不损坏管道的情况下，方可采用蛙式打夯机夯实。在抹带接口处，防腐绝缘层或电缆周围，应回填细粒料。

8）回填土每层填土夯实后，应按规范规定进行环刀取样，测出干土的质量密度；达到要求后，再进行上一层的铺土。

9）修整找平。填土全部完成后，应进行表面拉线找平，凡超过标准高程的地方，及时依线铲平；凡低于标准高程的地方，应补土夯实。

小　结

定位放线是砌体结构工程基础施工的首道工序，定位包括平面位置定位和标高定位。定位完成后，根据定位桩详细测设出建筑物各轴线的交点桩（或称中心桩），然后根据交点桩在自然地面上标示出基槽（或基坑）的开挖范围及边线，简称放线。

基坑基槽土方开挖要合理确定开挖顺序，控制开挖深度，防止超挖。

基槽（坑）开挖到设计标高后，由建设单位召集勘察、设计、监理、施工，以及质量监督机构的有关负责人员及技术人员到现场，进行实地验槽。必要时进行钎探。对钎探验槽中发现的地基问题，或进行地基处理或修改基础设计。

一般砌体结构工程的基础结构形式有墙下条形基础和墙下独立基础两种。砌体结构工程墙下条形基础大多也采用砌体结构。其施工要注意砌体基础大放脚的砌筑、标高的控制、防潮层的处理、地圈梁的施工、穿墙管道及洞口的留设及处理等施工环节。

底框结构砌体工程的基础结构形式有柱下独立基础、柱下条形基础和片筏基础三种，一般均为钢筋混凝土结构，施工应注意控制模板支设、钢筋绑扎和混凝土浇注等环节。

砌体结构工程的地下室当有防水要求时一般采用钢筋混凝土外墙，当只有防潮要求时，可采用砌体外墙。混凝土外墙地下室，除模板支设、钢筋绑扎外，重点是处理好施工缝的留设、防水混凝土的浇筑、附加外防水层的施工。对砌体外墙地下室，要注意其用砖应当与地下基础一样不宜采用多孔砖和空心混凝土小砌块，且应当采用水泥砂浆砌筑。

基础土方的回填要注意基础墙两侧的标高控制，防止挤偏基础墙。

能力训练题

一、填空题

1. 工程定位，一般包括__________和__________两个方面。

2. 钎探的工艺流程为__________→__________→__________→__________→__________→__________→__________。

3. 墙下条形基础有__________和__________两类。

4. 用龙门板保存定位轴线和±0.000标高是传统的方法，现在由于测量仪器的先进和广泛使用，不少建筑工地已不再设龙门板了，但__________和__________以及__________的设置还是必需的。

5. 砖基础砌筑在排砖完成后，用砂浆把干摆的砖砌起来，叫做__________。

二、单选题

1. 人工钎探使用的穿心锤重为（　　）kg，落距为（　　）cm。

A. 5，80　　B. 5，50　　C. 10，30　　D. 10，50

2. 砖基础大放脚顶面宽度应比基础墙厚大出约（　　）mm。

A. 60　　B. 80　　C. 100　　D. 120

3. 砖基础等高式大放脚是（　　）皮一收，每次每边各收进（　　）砖长。

A. 1，1/4　　B. 1，1/2　　C. 2，1/4　　D. 2，1/2

4. 地下室外墙是有防水要求的防水混凝土时，其最小钢筋保护层厚度是（　　）mm。

A. 30　　B. 40　　C. 50　　D. 70

5. 有防水要求的地下室，其底板和外墙的接头水平施工缝留在高出底板表面不少于（　　）mm的墙体上。

A. 100　　B. 200　　C. 300　　D. 500

三、多选题

1. 有资格参加基础验槽的人员有（　　）。

A. 勘察单位项目技术负责人　　B. 设计单位项目技术负责人

C. 施工单位项目经理　　D. 监理单位现场监理员

2. 底框结构砌体工程的基础形式可能是（　　）。

A. 柱下独立基础　　B. 柱下条形基础

C. 墙下独立基础　　D. 筏板基础

3. 关于砌体结构基础的防潮层的施工，正确的有（　　）。

A. 一般采用1∶2.5水泥砂浆内掺水泥重量3%～5%的防水剂搅拌而成

B. 防潮层应作为一道工序来单独完成

C. 可以在砌墙砂浆中添加防水剂进行砌筑来代替防潮层

D. 防潮层厚度一般为20mm厚

4. 施工技术交底的实施办法一般有（　　）。

A. 会议交底　　B. 书面交底

C. 施工样板交底　　D. 岗位技术交底

5. 配有上下两层钢筋网的平板式筏板基础，其钢筋绑扎正确的做法有（　　）。

A. 当筏板有长短向时，一般下层钢筋网是短向钢筋在下、长向钢筋在上

B. 当筏板有长短向时，一般下层钢筋网是长向钢筋在下、短向钢筋在上

C. 当筏板在两个方向的跨度相差较大时，短跨面筋在上，长跨面筋在下

D. 当筏板在两个方向的跨度相差不大时，宜短向面筋在下、长向面筋在上

四、思考题

1. 什么叫定位？什么叫放线？如何进行定位和放线？
2. 基坑（槽）的开挖深度控制有哪几种方法？如何操作？
3. 什么叫验槽？目的是什么？哪些人必须参加验槽？
4. 什么叫钎探？目的是什么？钎探有哪几种方法？
5. 地基的处理分哪两类？地基处理的基础及结构措施有哪些内容？
6. 砌体结构工程的基础有哪些可能的结构形式？
7. 基础垫层有哪些种类？各类垫层如何施工？
8. 怎样确定砌体大放脚的基底宽度？
9. 简述砖基础的施工程序和施工方法。
10. 怎样进行地圈梁的施工？
11. 怎样进行防潮层的施工？
12. 对基础的穿墙管道应采取哪些措施？
13. 基础回填土要注意哪些问题？
14. 砖基础砌筑要注意哪些问题？
15. 简述砖基础的质量标准。
16. 简述毛石基础的砌筑工艺和质量要求。
17. 砖基础砌筑应预控的质量问题有哪些？如何预控？
18. 简述现浇钢筋混凝土独立基础的施工工艺和要求。
19. 简述钢筋混凝土条形基础的施工工艺和要求。
20. 简述片筏式钢筋混凝土基础的构造类型、施工工艺和要求。
21. 地下室的施工要注意哪些问题？

砖砌体结构工程主体施工

• 掌握普通砖墙体砌筑、墙体局部构造的施工工艺，以及水电管线预埋的处理方法

• 熟悉砌筑施工过程质量、安全注意事项、砖墙砌筑的质量要求，以及质量通病及防治

• 熟悉蒸压灰砂砖、粉煤灰砖墙体、烧结多孔砖的特点及砌筑施工工艺措施

• 掌握砌体结构工程中构造柱、圈梁的构造要求及施工工艺

• 掌握砌体结构工程中楼（屋）面、楼梯，以及阳台、雨篷、挑梁等混凝土构件的施工工艺

能力目标

• 具备对普通砖、蒸压灰砂砖、粉煤灰砖以及烧结多孔砖砌体的施工过程进行工艺监控的能力

• 具备对砌体结构工程中楼（屋）面、楼梯，及阳台、雨篷、挑梁等混凝土结构的施工进行工艺组织和质量监控的基本技能

主体结构施工是砌体结构工程的主要施工阶段，包括墙体砌筑、构造柱和圈梁的施工、楼（屋）盖、楼梯间的施工，砌筑施工与混凝土施工交错穿插进行，正确的工艺方法和科学的施工组织尤为重要。

第一节　普通砖墙砌筑施工

基础分部工程施工完成并经质量验收后即进入主体结构施工阶段。

一、砌筑前的技术准备工作

（一）施工程序

1. 砌体结构工程主体结构施工程序

砌体结构工程的主体结构施工包括前期准备、施工和质量验收三个阶段，其施工程序见图 5-1。

2. 砖墙砌筑施工工艺流程

砖墙砌筑的施工工艺流程见图 5-2。

3. 砌筑工艺质量控制要点

主体结构施工中墙体砌筑的质量控制点见图 5-3。

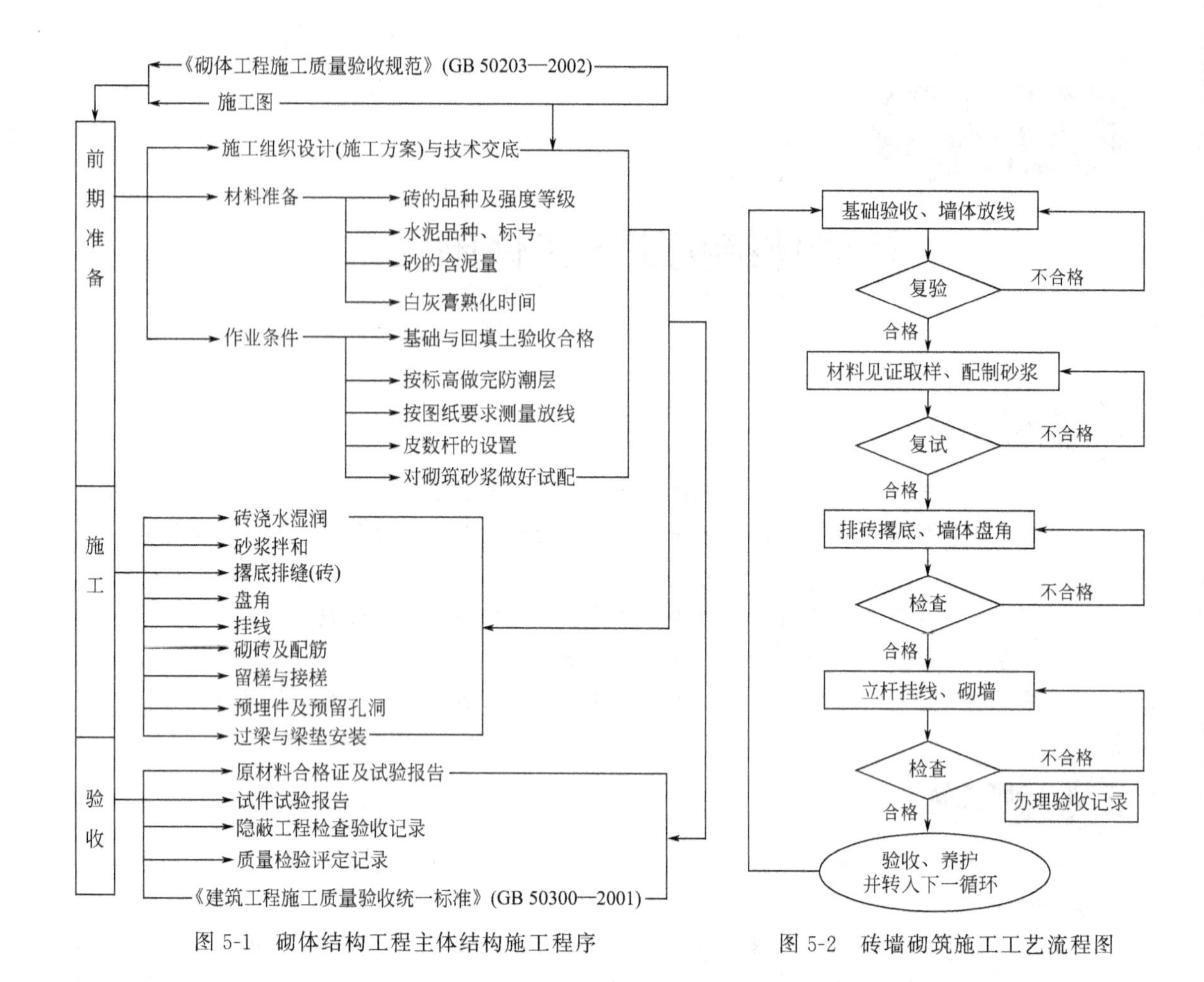

图 5-1 砌体结构工程主体结构施工程序

图 5-2 砖墙砌筑施工工艺流程图

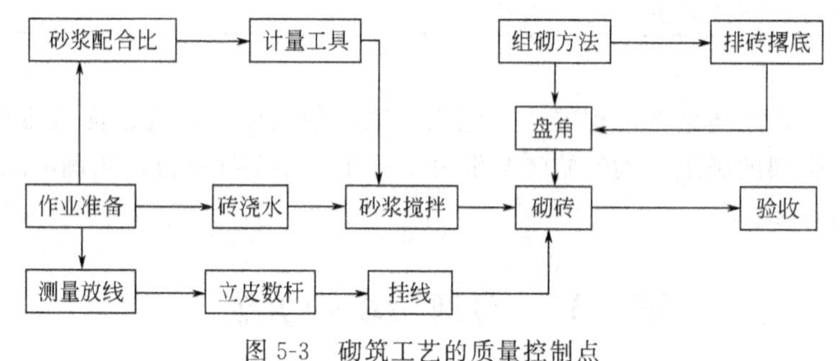

图 5-3 砌筑工艺的质量控制点

（二）技术准备工作

1. 作业条件

1）已完成室外及房心回填土，安装好地沟盖板或完成楼板结构施工。

2）办完地基、基础工程隐蔽验收手续。

3）按标高抹好水泥砂浆防潮层。

4）有砂浆配合比通知单，准备好砂浆试模（3 块为一组）。

2. 材料要求

1）砖：品种、规格、强度等级必须符合设计要求，并有产品合格证书，产品性能检测报告。承重结构必须做取样复试。要求砖必须有一个条面和丁面边角整齐。

2）水泥：品种及强度等级应根据砌体的部位及所处的环境条件选择。水泥必须有产品合格证、出厂检测报告和进场复验报告。

3）砂：用中砂，使用前用5mm孔径的筛子过筛。

4）掺合料：白灰熟化时间不少于7d，或采用粉煤灰等。

5）其他材料：墙体拉结筋、预埋件、已做防腐处理的木砖等。

3. 施工机具

应备有大铲、刨锛、托线板、线坠、小白线、卷尺、水平尺、皮数杆、小水桶、灰槽、砖夹子、扫帚等。

二、墙体砌筑施工

（一）墙体砌筑的施工工艺

墙体的砌筑施工一般为：抄平、弹线、摆砖、立皮数杆、挂线、铺灰砌砖、勾缝（或划缝）、清扫墙面。

1. 抄平

（1）首层墙体砌筑前的抄平　一般建筑物首层墙体是从防潮层起始的。防潮层下一般是钢筋混凝土圈梁或砖、石砌体。无论哪种基层，由于施工中基层上表面不同位置的标高存在差异，因此需要抹找平层，一般建筑找平层和防潮层是合一的。找平层的做法是，在基层表面外墙四个大角位置及每隔10m位置抹一灰饼，用水准仪确定灰饼的上表面标高，使之与设计标高一致。然后，按这些标高用M7.5防水砂浆或掺有防水剂的C10细石混凝土找平，此层既是防潮层，也是找平层。

（2）楼层墙体砌筑前的抄平　每层的楼板安装完毕开始砌筑墙体前，将水准仪架设在楼板上，检测外墙四角表面的标高与设计标高的误差。根据误差来调整后续墙体的灰缝厚度，一般是经过10皮砖即可改正过来。

2. 弹线

（1）首层墙体施工放线　找平层具有一定强度后，用经纬仪将外墙轴线从控制桩（龙门板）引测到找平层表面，每隔一段画一标记点，然后将各点连续用墨斗弹出墨线连成该墙的轴线，在外墙轴线上，用钢尺测设各内墙轴线位置，测设时，不应从一端逐轴向另一端用钢尺测定，以避免累积误差过大。轴线弹出后，按设计尺寸弹出墙的两边线。

（2）复核　在弹线时应对所砌基础情况进行复核，利用主轴线位置检查基础有无偏移，避免进行上部砌筑时出现半边墙跨空的情况，发现此种情况应及时向技术部门汇报，以便及时解决。同时还应注意整个建筑物轴线总长误差应控制在1/2000～1/5000范围内。

轴线复查无误后，将轴线引测到外墙外侧面，一般是画一红三角做标记，红三角与铅垂方向平行的一边即为轴线位置，以此作为上面楼层墙体轴线的引测依据。此外还有在建筑四角外墙侧面的略低于找平层位置上引测标高基准点。一般是画一倒立的红三角，红三角上面的边平行水平方向，标高可为－0.300或－0.200，以此作为上面楼层标高的引测依据，见图5-4。

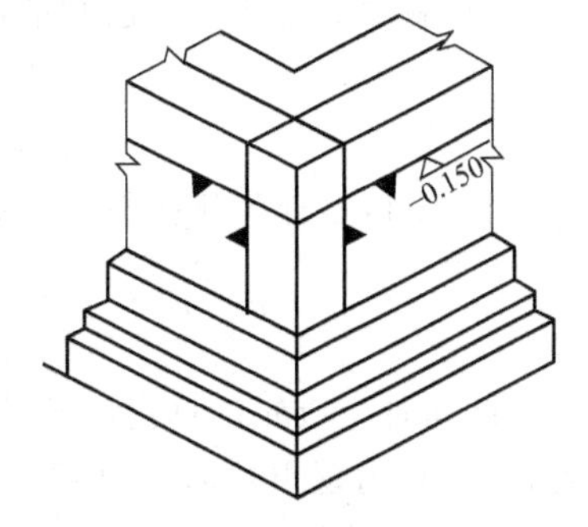

图5-4　基础墙上标记轴线、标高

（3）定门窗洞口　当轴线尺寸无误时，再按图纸尺寸将门窗位置在基础墙上定位并用墨线弹好线，门的位置在基础墙平面上画出，窗的位置一般画在基础的侧面，并在门、窗口线处注好门、窗洞口尺寸，窗台的高度尺寸在皮数杆中反映。

（4）高程传递　当墙体砌筑到一步架高时（1.2m 高），用水准仪在室内墙面上测设一条距室内地坪 0.500m 高的一周圈水平线，称为 50 线。作为该楼层所有标高的控制线。对于二层以上各楼层，在墙体砌筑一步架时，同样测设 50 线。一般在楼梯间处用钢尺从下层的 50 线向上量取层高的距离，然后再用水准仪测设该层的 50 线。测设好 50 线后用墨斗在墙上弹出墨线。

上、下层门窗洞口的对齐，一般可用垂球线引测。

3. 摆砖（排砖撂底）

摆砖，又称撂底，是指在放线的基面上按选定的组砌方式用砖试摆，其目的是为了校对所放出的墨线在门窗洞口、附墙垛等处是否符合砖的模数，如不符合，应作适当的调整，以尽可能减少砍砖，满足上下错缝、灰缝均匀、组砌得当的要求。

（1）排砖的原则和做法

1）在整个房屋外墙长度方向上摆卧砖，砖与砖之间留 10mm 缝隙，从一个大角摆到另一个大角。山墙应排丁砖，前后檐墙应排顺砖（跑砖），俗称“山丁檐跑”。为了错开砖缝，四个转角应用七分头，七分头顺着条砖排列，从两个山墙看第一层砖全是丁砖。

2）力求在门窗口及附墙垛等地方能砌整砖，如果门、窗口处摆整砖相差 10～20mm，可以通过调整竖向灰缝的宽度来避免砍砖，必要时，还可以将门窗口稍加移动，使窗间墙凑成整砖数，但移动的距离不得超过 60mm。移动门窗口位置时，应注意暖卫立管安装及门窗开启时不受影响。

3）山墙的两个大角排砖必须对称一致，如果山墙的长度尺寸与排砖的尺寸不符，可以调整改动砖块之间立缝的宽度，如果剩一个丁砖，应排在窗口中间；没有窗口可排在山墙中间，但必须对称一致。

4）前后檐墙排第一皮砖时，不仅要把窗口以下砖墙排得合理，还要注意把窗间墙、左右墙角的砖排对称，不得出现“阴阳膀”，必要时可以把门窗口左右做少许移动，把需要砍砖的部位（也叫破活）布置在门窗口中间或其他不明显的部位。另外，还必须考虑砌至窗平口以后，上部合拢时，砖的排列要达到错缝合理的要求。

5）组砌方式决定后，自下而上砌法不得改变。

（2）计算排砖数　排砖数的计算，可参照下列公式进行。

1）墙面的排砖数，已知墙面长为 L（mm）：

$$丁砖层的丁砖数\ n=(L+10)\div 125$$

$$顺砖层的顺砖数\ N=(L-365)\div 250$$

2）窗口下面的排砖数，已知窗宽为 B（mm）：

$$丁砖层的丁砖数\ n'=(B-10)\div 125$$

$$顺砖层的顺砖数\ N'=(B-135)\div 250$$

计算时，应先计算窗口部分，然后再算大墙的砖数。在计算结果顺砖数 $N(N')$、丁砖数 n（n'）出现小数时，可视小数值情况调整灰缝、增减半砖或 1/4 砖。当顺砖出现半砖时，应将丁砖加在墙中间；当出现 1/4 砖时，则改用丁砖加七分头处理，仍然要砌在墙中间，并应层层如此，不得移位。

3）排砖后用公式校对砖墙尺寸，分析是否符合排砖模数。

① 一顺一丁砌法：

$$砖墙长度=2\times(七分头)+n\times(顺砖)+(n+1)\times(灰缝)=38+25n\ (cm)$$

② 骑马缝（五层重排砌法）：

$$砖墙长度=2\times(七分头)+2\times(丁砖)+n\times(顺砖)+(n+3)\times(灰缝)=63+25n\ (cm)$$

③ 门窗口宽度：

$$门窗口宽度=丁砖+n\times(顺砖)+(n+2)\times(灰缝)=13+25n\ (cm)$$

式中，n 为砖条数目，13、25、38、63cm 分别为半砖、一砖、一砖半、二砖半加灰缝后的尺寸。

4）排砖计算举例。已知一幢清水砖墙平房平面图，如图 5-5 所示，计算山墙排砖。

① 已知侧窗单侧墙长度为 $L=2360$mm

丁砖数 $n=(L+10)\div125=(2360+10)\div125\approx19$(块丁砖)

顺砖数 $N=(L-365)\div250=(2360-365)\div250\approx8$(块顺砖)

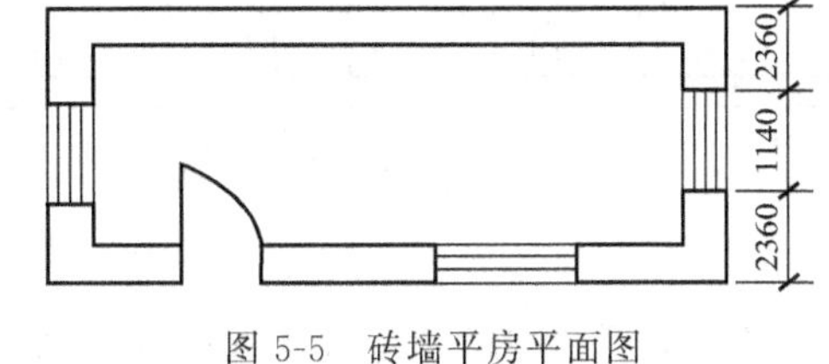

图 5-5 砖墙平房平面图

② 已知窗下墙长度为 $B=1140$mm

丁砖数 $n'=(B-10)\div125=(1140-10)\div125\approx9$(块丁砖)

顺砖数 $N'=(B-135)\div250=(1140-135)\div250\approx4$(块顺砖)

③ 山墙砖数

$$丁砖=19\times2+9=47\ (块)$$

$$顺砖=8\times2+4=20\ (块)+4\ 个七分头$$

4. 设置皮数杆

1）在墙砌筑施工中，墙身各部位的标高是用皮数杆来控制的。皮数杆是根据建筑物剖面图的标高而设，其上画有每皮砖和灰缝的厚度，以及窗台、门窗洞口、过梁、雨篷、圈梁、楼板等构件的标高，用以控制砌墙时砖与灰缝的厚度均匀及各部位的标高。

2）皮数杆一般都设立在建筑物的转角和隔墙处（图 5-6）。立皮数杆时，先在地面打一木桩并用水准仪在桩上测出±0.000 的标高位置画好标记。将皮数杆的±0.000 线与桩上的±0.000 对齐钉牢。皮数杆立好后再用水准仪进行校核，并用垂球校正皮数杆的垂直度（图 5-7）。

3）当采用内脚手架砌墙时，皮数杆应立放在外墙外侧，当采用外脚手架砌墙时，皮数杆应立放在外墙内侧，当结构采用框架或钢筋混凝土柱间墙时，皮数杆可直接画在构件上。皮数杆水平的间距以 15～20m 为宜。

5. 砌大角、挂线

（1）砌大角　大角又称头角，即墙角，是砌墙挂线确定墙面横平竖直的主要依据。开始砌筑墙体时，由技术水平高的工人先砌墙角，俗称砌大角，即盘角。盘角要做到选砖整齐方正，七分头规整一致，头角垂直，砌砖时放平摺正。

盘角开始时先砌 3～5 皮砖，用方尺检查其方正度，用线锤检查其垂直度，当大角砌到 1m 左右高时，应使用托线板认真检查大角的垂直度，再继续往上砌时，操作者要用眼“穿”看已砌好的角，根据三点共线的原理来掌握垂直度。

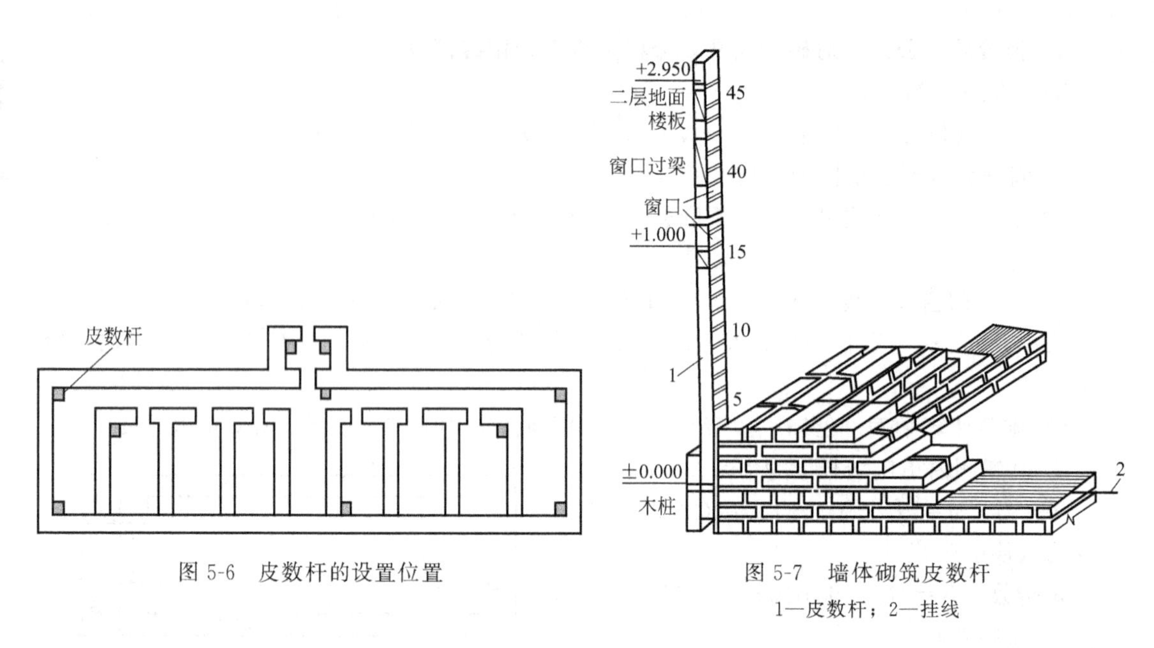

图 5-6　皮数杆的设置位置

图 5-7　墙体砌筑皮数杆

1—皮数杆；2—挂线

盘角时必须对照皮数杆，控制好砖层上口高度。5 皮砖盘好后，两端拉通线检查水平灰缝平直度。

（2）挂线　砌筑工砌墙时主要依靠准线来掌握墙体的平直度，所以挂线工作十分重要。

盘角后，经检查无误后，即可挂小线，即墙边准线，作为砌筑中间墙体的依据，以保证墙面平整。准线按皮挂，砌一皮砖，升一次线，砌砖一定要跟线，每层砖都要穿线看平，使水平缝均匀一致，平直通顺。

一般二四墙采用单面挂线，三七墙可采用单面或双面挂线，四九墙以上则应采用双面挂线。

挂线时，两端必须拴砖拉紧，保持平直，为防止准线过长塌线，可在中间垫一块腰线砖。挂线方法见图 5-8。挂线以后，在墙角处可用小竹片或细铁条作为别线棍将线别住，以防将线嵌入灰缝。在砌筑过程中，要经常检查有无砌体抗线（线向外拱）或塌腰（线中间下垂）以及因风吹而发生准线偏离的情况，发现后要及时纠正，使准线保持正确的位置。

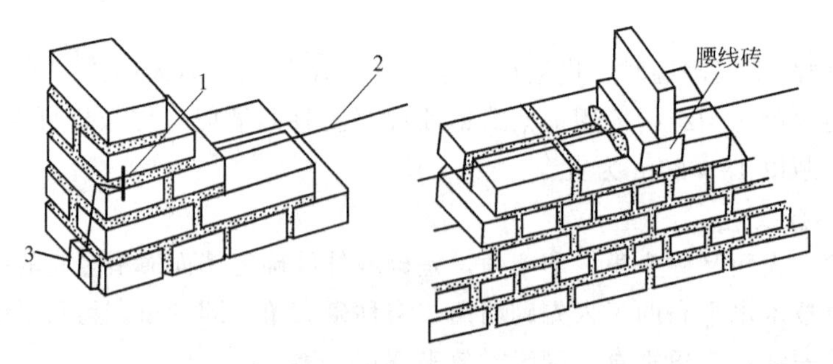

图 5-8　挂线方法

1—别线棍；2—准线；3—简易挂线坠

值得注意的是，对抗震构造的砌体结构工程，由于在外墙墙角要设置构造柱，因而使得盘角已经基本不存在了，这就要求砌筑挂线操作必须以弹出的墙体边线为准进行挂线。

6. 铺灰砌砖

砌筑过程中必须注意做到“上跟线、下跟棱、左右相邻要对平”。“上跟线”是指砖的上棱必须紧跟准线，一般情况下，上棱与准线相距约1mm，因为准线略高于砖棱，当准线水平颤动、出现拱线时容易被发现。“下跟棱”是指砖的下棱必须与下层砖的上棱平齐，保证砖墙的立面垂直平整。“左右相邻要对平”是指前后、左右的位置要准确，砖面要平整。

砖墙砌到一步架高时，要用靠尺全面检查垂直度、平整度，因为它是保证墙面垂直平整的关键之所在。在砌筑过程中，一般应是“三皮一吊，五皮一靠”，即：砌三皮砖用吊线坠检查墙角的垂直情况，砌五皮砖用靠尺检查墙面的平整情况。

为保证清水墙面竖缝垂直，不游丁走缝，当砌完一步架高时，宜每隔2m水平间距，在丁砖位置弹两道垂直立线，用以分段控制游丁走缝。在操作过程中，要认真进行自检，如出现有偏差，应随时纠正。严禁事后砸墙。

混水墙应随砌随将舌头灰刮尽。

砖墙每天砌筑高度一般不得超过1.8m，雨天不得超过1.2m。墙和柱的允许自由高度不得超过表5-1的规定。

表5-1　墙和柱的允许自由高度　　单位：m

墙(柱)厚/mm	砌体容重>1600kg/m³（石墙、实心砖墙等）			砌体容重1300～1600kg/m³（空心砖墙、空斗墙、砌块墙等）		
	风荷载/(kN/m²)			风荷载/(kN/m²)		
	0.3（约7级风）	0.4（约8级风）	0.5（约9级风）	0.3（约7级风）	0.4（约8级风）	0.5（约9级风）
190	—	—	—	1.4	1.1	0.7
240	2.8	2.1	1.4	2.2	1.7	1.1
370	5.2	3.9	2.6	4.2	3.2	2.1
490	8.6	6.5	4.3	7.0	5.2	3.5
620	14.0	10.5	7.0	11.4	8.6	5.7

注：本表适用于施工处相对标高（H）在10m范围内的情况。如10m<H≤15m，15m<H≤20m和H>20m时，表内的允许自由高度值应分别乘以0.9、0.8和0.75的系数。

当所砌筑的墙有横墙或其他结构与其连接，而且间距小于表列限值的2倍时，砌筑高度可不受本表的限制。

7. 勾缝、清扫墙面

（1）清水墙的勾缝　清水墙砌完后，应进行勾缝。勾缝的作用是增加墙面美观，保护墙体的灰缝免遭侵蚀。

1）抠缝。

清水墙砌筑完毕要及时抠缝，可以用小钢皮或竹棍抠，也可以用钢丝刷剔刷。抠缝深度应根据勾缝形式确定，一般为8～10mm，深浅应一致，并清扫干净，为勾缝做准备。

2）勾缝的形式。

清水墙勾缝的形式一般有4种，即平缝、凹缝、斜缝、半圆形凸缝，如图5-9所示。

① 平缝，操作简便，勾成的墙面平整，不易剥落和积污，防雨水的渗透作用较好，但墙面较为单调。平缝一般采用深浅两种做法，深的约凹进墙面3～5mm。

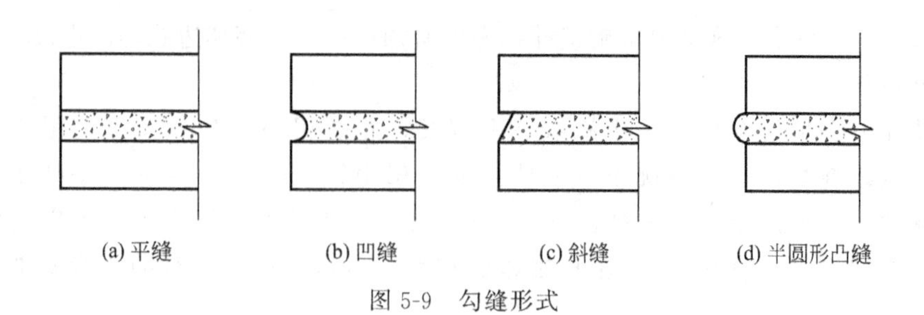

图 5-9　勾缝形式

② 凹缝，将灰缝凹进墙面 5～8mm，凹面可做成半圆形，勾凹缝的墙面有立体感。

③ 斜缝，把灰缝的上口压进墙面 3～4mm，下口与墙面平，斜缝泻水方便。

④ 凸缝在灰缝面做成一个半圆形的凸线，凸出墙面约 5mm 左右。凸缝墙面线条明显、清晰、美观，但操作比较费事。

3）勾缝材料。

勾缝一般使用稠度为 40～50mm 的 1∶(1～1.5) 的水泥砂浆，砂子要经过 3mm 筛孔的筛子过筛。由于砂浆用量不多，一般采用人工拌制。

4）基面清洁。

勾缝以前应先将脚手眼清理干净并洒水湿润，再用与原墙相同的砖补砌严密，同时要把门窗框周围的缝隙用 1∶3 水泥砂浆堵严嵌实，碰掉的外墙窗台等补砌好。对灰缝进行整理，对偏斜的灰缝要用钢凿剔凿，缺损处用 1∶2 水泥砂浆加氧化铁红调成与墙面相似的颜色修补（俗称做假砖），对于抠挖不深的灰缝要用钢凿剔深，最后将墙面粘接的泥浆、砂浆、杂物清除干净。

5）勾缝操作。

勾缝前 1d 应将墙面浇水洇透，勾缝的顺序是从上而下，自左向右；先勾横缝，后勾竖缝。

① 勾横缝的操作方法。左手拿托灰板紧靠墙面，右手拿长溜子，将托灰板顶在要勾的缝口下边，右手用溜子将灰浆喂入缝内，同时自右向左随勾随移动托灰板，勾完一段后，再用溜子自左向右在砖缝内溜压密实，使其平整，深浅一致。

② 勾竖缝的操作方法。用短溜子在托灰板上把灰浆刮起（俗称刁灰），然后勾入缝中，使其塞压紧密、平整。

6）清水墙勾缝的施工要求。

勾好的横缝与竖缝要深浅一致，交圈对口，一段墙勾完以后要用扫帚把墙面扫干净，勾完的灰缝不应有搭槎、毛疵、舌头灰等缺陷，不得有瞎缝，墙面的阳角处水平缝转角要方正，阴角的竖缝要勾成弓形缝，左右分明。拱碹的缝要勾立面和底面，虎头砖要勾三面，转角处要勾方正，灰缝面要颜色一致、粘接牢固、压实抹光、无开裂，砖墙面要洁净。

（2）混水墙的墙面处理　混水墙砌完后，只需用一根厚 8mm 的扁铁将灰缝刮一次，将凸出墙面的砂浆刮去，灰缝缩进墙面 10mm 左右，以便于后续抹灰等装饰施工即可。

（二）墙体局部构造的施工工艺

1. 门窗洞口的留置

门窗洞口的砌筑是墙体砌筑的重要组成工作，一般木门窗有先立口法和后塞口法两种方式留洞，钢、铝、塑门窗则一般采用后塞口法。

（1）先立口法砌筑　先立口法砌筑时，应首先按照设计的要求，将门（窗）框架好，要做到位置准确，左右前后垂直，固定牢靠。砌砖时要离开门框边 3mm 左右，不能顶砌，以免门框受挤压而变形。同时在砌筑过程中，要经常检查门框的位置和垂直度，发现倾斜、变形、移位，要随时纠正，门（窗）框与砖墙用燕尾木砖（或大小头木砖）拉结，如图 5-10 所示。

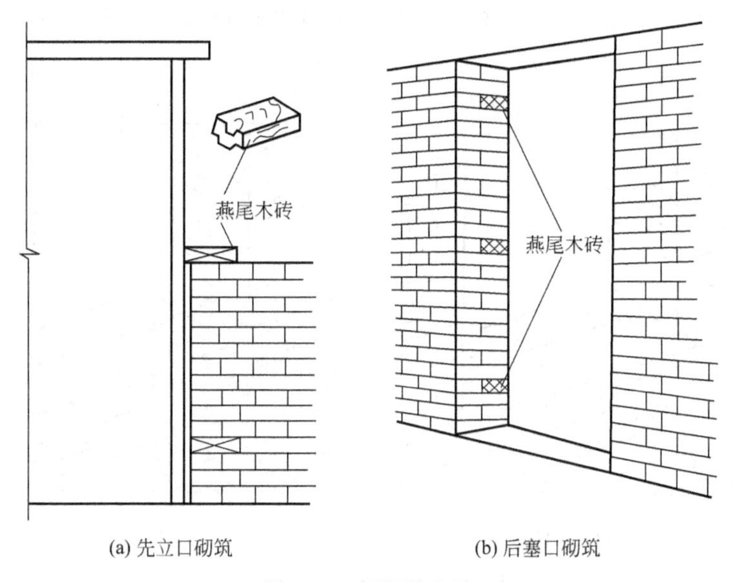

(a) 先立口砌筑　　(b) 后塞口砌筑

图 5-10　门洞的砌筑

（2）后塞口法砌筑　应按弹线砌筑（一般所弹的墨斗线比门（窗）框外包宽 20mm），并根据门（窗）框高度安放木砖。采用大小头木砖时应小头在外，大头在内；洞口高在 1.2m 以内，每边放 2 块；1.2～2m 每边放 3 块；2～3m 每边放 4 块。预埋砖的部位一般在洞口上下边 4 皮砖中间均匀分布。木砖要提前做好防腐处理。门窗洞口的允许偏差是±5mm（图 5-10）。

铝、塑、金属门（窗）等不用木砖，其做法各有不同，有的按图样设计要求嵌入铁件，有的用专门的膨胀螺钉固定，有的预留安装孔洞，这些均应按设计要求预留，不得事后剔凿墙体。

先立口时，应使门窗扇的开启方向与图纸要求一致。门窗口立在墙中线上还是偏里或偏外，应根据图纸要求确定，图纸未明确标注时，窗框一般居中，门框与开启侧墙面平，应注意留出后装饰抹灰层厚度。

（3）电气配电箱预留洞的留置　对于每栋楼每单元的强弱电配电箱，经常施工平面图上对该电气预留洞设计的细节不够完善，只标明了简单的预留洞距墙边柱的中线距离，而没有详细的、具体规范化的尺寸，施工中又常存在各工种之间配合不好的问题，所以，留洞不规范甚至未留，就成了质量通病。

为此，应严格按《砌体工程施工质量验收规范》（GB 50203—2002）第 3.0.7 条规定："设计要求的洞口、管道、沟槽应于砌筑时正确留出或预埋，未经设计同意，不得打凿墙体和在墙体上开凿水平沟槽。宽度超过 300mm 的洞口上部，应设置过梁。"

2. 门窗洞口的砌法

当墙砌到窗洞底标高时，须按尺寸留置窗洞，然后再砌窗洞间的窗间墙。窗台的做法，如为预制钢筋混凝土窗台板时，可抹水泥砂浆后铺设。

(1) 窗台的砌筑

1) 出砖檐的砌法　出砖檐的砌法是在窗台标高下一层砖，根据分口线把两边的砖砌过分口线 60mm，挑出墙面 60mm，砌时把线挂在两头挑出的砖角上。砌出檐砖时，立缝要打碰头灰。出檐砖砌法由于上部是空口，容易使砖碰掉，成品保护比较困难，因此，可以采取只砌窗间墙下压住的挑砖，空口处的砖可以等到抹灰前砌筑。出砖檐的砌法如图 5-11(a) 所示。

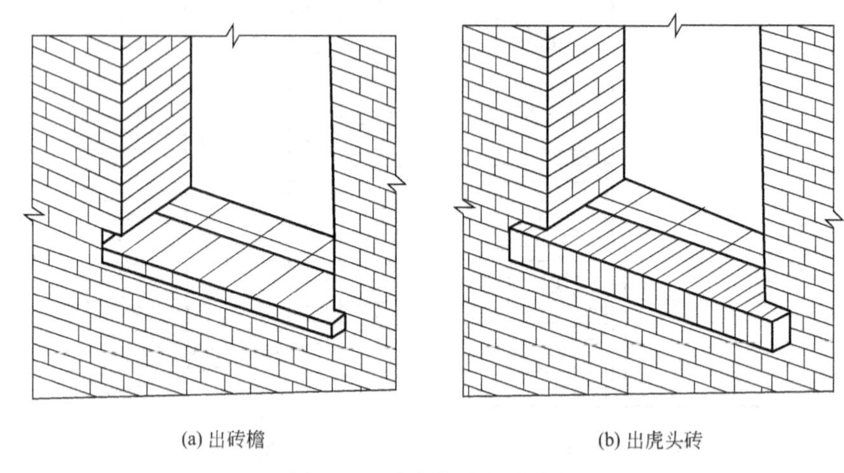

图 5-11　砖窗台的砌筑形式

2) 出虎头砖的砌法　出虎头砖的砌法是在窗台标高下两层砖就要根据分口线将两头的陡砖（侧砖）砌过分口线 100～120mm，并向外留 20mm 的泛水，挑出墙面 60mm，窗口两头的陡砖砌好后，在砖上挂线，中间的陡砖以一块丁砖的位置放两块陡砖砌筑，操作方法是把灰打在砖中间，四边留 10mm 左右，一块挤一块地砌，灰浆要饱满。虎头砖的砌法一般适用于清水墙，要注意选砖，竖缝要披足嵌严。出虎头砖的砌法如图 5-11(b) 所示。

(2) 窗间墙的砌筑　窗台砌完后，拉通准线砌窗间墙。窗间墙部分一般都是一人独立操作，操作时要求跟通线进行，并要与相邻操作者经常通气。砌第一皮砖时要防止窗口砌成阴阳膀（窗口两边不一致，窗间墙两端用砖不一致），往上砌时，位于皮数杆处的操作者，要经常提醒其他操作人员皮数杆上标志的预留、预埋等要求。

3. 门窗洞口过梁

门窗洞口的过梁有两种类型，即砖砌过梁和预制钢筋混凝土过梁。

(1) 砖砌过梁　砖砌过梁主要用于清水墙砌体，有砖平拱、砖弧拱和钢筋砖过梁三种形式。

1) 砖平拱过梁　当门窗洞口上部跨度小、荷载轻时，可以采用砖平拱过梁，又称平碹。砖砌平拱一般适用于 1m 左右的门窗洞口，不得超过 1.8m；平拱的厚度与墙厚一致，高度为一砖或者一砖半，随其组砌方法的不同而分为立砖碹、斜形碹和插入碹，如图 5-12 所示。

砖平拱应用不低于 MU10 级的砖和 M5 级以上的砂浆砌筑。砌筑时，拱脚两边的墙端砌成 1∶4～1∶5 斜度的斜面，拱脚处退进 20～30mm，拱底处支设模板，模板中部应起拱 1%。在模板上画出砖及灰缝的位置及宽度，务必使砖块为单数。采用满刀灰法，从两边对称向中间砌，每块砖要对准模板上的划线，正中一块应挤紧，竖向灰缝上宽下窄呈楔形，在拱底灰缝宽度应不小于5mm；在拱顶灰缝宽度应不大于15mm。见图5-13(a)。

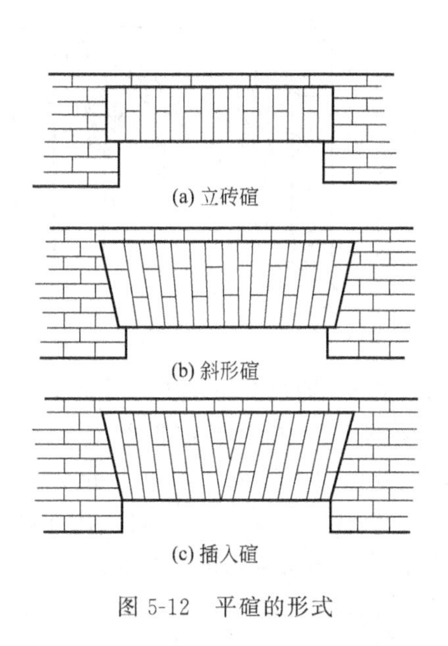

图5-12 平碹的形式

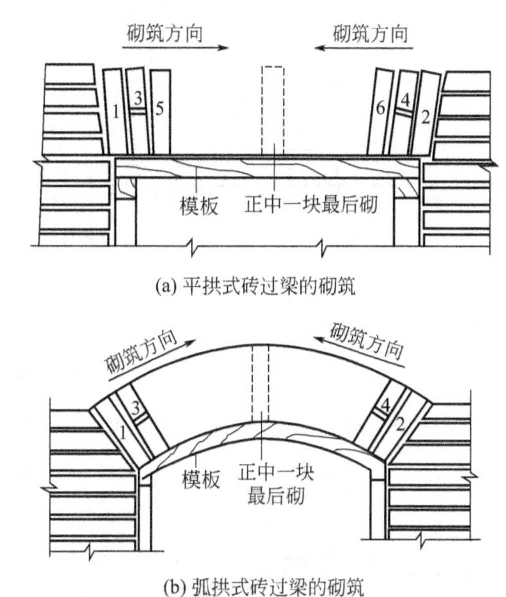

图5-13 平拱式和弧拱式砖过梁的砌筑

2）砖弧拱过梁　砖弧拱外形呈圆弧形，构造要求与平拱相同，砖弧拱砌筑时，模板应按设计要求做成圆弧形。砌筑时应从两边对称向中间砌［图5-13(b)］。灰缝呈放射状，上宽下窄，拱底灰缝宽度不宜小于5mm，拱顶灰缝宽度不宜大于25mm。也可用加工好的楔形砖来砌，此时灰缝宽度应上下一样，控制在8～10mm。

砖平拱和砖弧拱底部的模板，应待灰缝砂浆达到设计强度的50%以上时，方可拆除。

3）钢筋砖过梁　平砌式钢筋砖过梁一般用于1～2m宽的门窗洞口，在7度以上的抗震设防地区不适宜采用，具体要求由设计规定，并要求过梁上面没有集中荷载，它的一般做法是：当砖砌到门窗洞口平口时，搭放支撑胎模，中间起拱1%，洒水湿润，上铺30mm厚的1∶3水泥砂浆层，把钢筋埋入砂浆中，钢筋两端弯成直角弯钩向上伸入墙内不小于240mm，并置于灰缝内，钢筋直径应由计算确定。水平间距应不大于120mm，一般不宜少于2φ6钢筋。

在过梁范围内，砌筑形式宜用一顺一丁或梅花丁，砖的强度等级不低于M10，砂浆的强度等级不低于M5，过梁段的砂浆至少比墙体的砂浆高一个强度等级，或者按设计要求。砖过梁的砌筑高度应该是跨度的1/4，但至少不得小于7皮砖。砌第一皮砖时应该砌丁砖，并且两端的第一块砖应紧贴钢筋弯钩，使钢筋达到勾牢的效果，每砌完一皮砖应用稀砂浆灌缝，使砂浆密实饱满。当砂浆强度达到设计强度50%以上时方可拆除过梁底模。平砌式钢筋砖过梁的做法如图5-14所示。

(2) 预制钢筋混凝土过梁的安装　安装钢筋混凝土过梁前，先量门窗洞口的高度是否准确；放置过梁时，在支座墙上要垫1∶3水泥砂浆，再把过梁安放平稳，要求过梁两头的高度一样，可以用水平尺进行校正，梁底标高至少应比门窗口边框高出5mm，过梁的两侧要与墙面平。

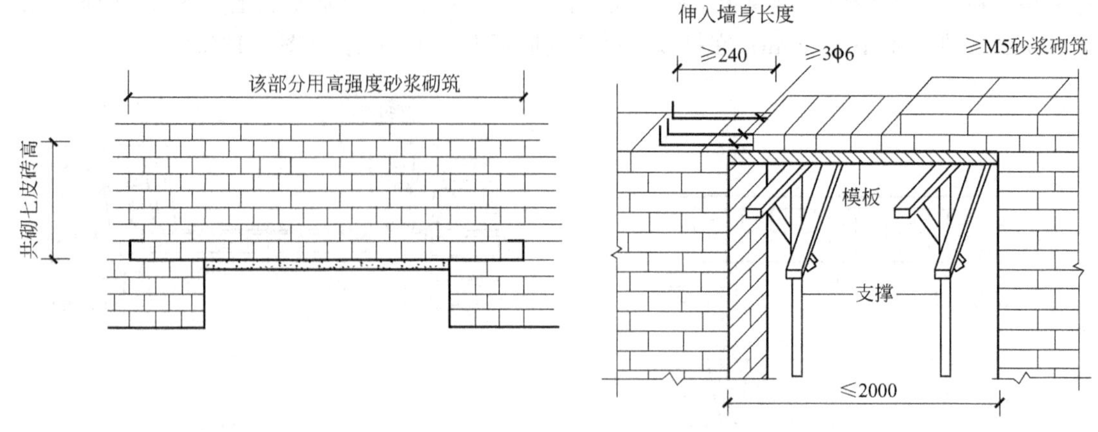

图 5-14　平砌式钢筋砖过梁做法

对于清水墙，为了美观，往往采用 L 形过梁（图 5-15），即过梁下部有一出檐，用半砖嵌贴在挑檐的上部，把梁遮住，由于该挑檐往往宽度不足 60mm，砖不易放牢，此时可在门窗口处临时支 50mm×50mm 方木，支承一下砖，砌完后拆掉，砌第一皮砖时应用丁砖，每砌完一皮砖，应用细砂浆灌缝，做到灰浆饱满密实。

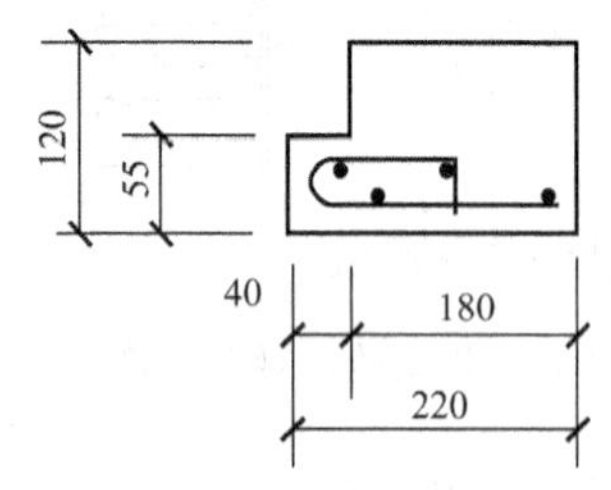

图 5-15　240 墙 L 形过梁

4. 梁底、板底及楼层处的砌筑工艺

砖墙砌到楼板底时应砌成丁砖层，如果楼板是现浇的，并直接支承在砖墙上，则应砌低一皮砖，使楼板的支承处混凝土加厚，支承点得到加强。

在楼层砌砖时，要考虑到现浇混凝土的养护期、多孔板的灌缝、找平整浇层的施工等多种因素。砌砖之前要检查皮数杆是否是由下层标高引测，皮数杆的绘制方法是否与下层吻合。对于内墙，应检查所弹的线是否与下层墙重合，避免墙身位移，影响受力性能和管道安装；还要检查内墙皮数杆的杆底标高，有时因为楼板本身的误差和安装误差，可能出现第一皮砖砌不下或者灰缝太大，这时要用细石混凝土垫平。

厕所、卫生间等容易积水的房间，要注意图纸上该类房间地面比其他房间低的情况，砌墙时应考虑标高上的高差。

楼层外墙上的门、窗挑出件应与底层或下层门、窗挑出件在同一垂直线上，分口线用线锤从下面吊挂上来。楼层砌砖时，特别要注意砖的堆放不能太多，不准超过允许的荷载。

5. 配筋墙体的砌筑

设置在墙体水平缝内的钢筋，应居中放在砂浆层中，灰缝厚度不宜超过 15mm；当设置钢筋时，应超过钢筋直径 6mm 以上；当设置钢筋网片时，应超过网片厚度 4mm 以上。

伸入墙体内的锚拉钢筋，从接缝处算起，不得少于 500mm。

抗震设防地区，在墙体内放置的拉结筋一般要求沿墙高 500mm 设置一道。

抗震拉结筋的位置、钢筋规格、数量、间距均应按设计要求留置，不应错放、漏放。

6. 砖挑檐、砖腰线、女儿墙等构造的砌筑

（1）砖挑檐　挑檐是在山墙前后溜口处外挑的砖砌体。砖挑檐有一皮一挑、二皮一挑和

二皮与一皮间隔挑等形式。挑檐砌法如图 5-16 所示。

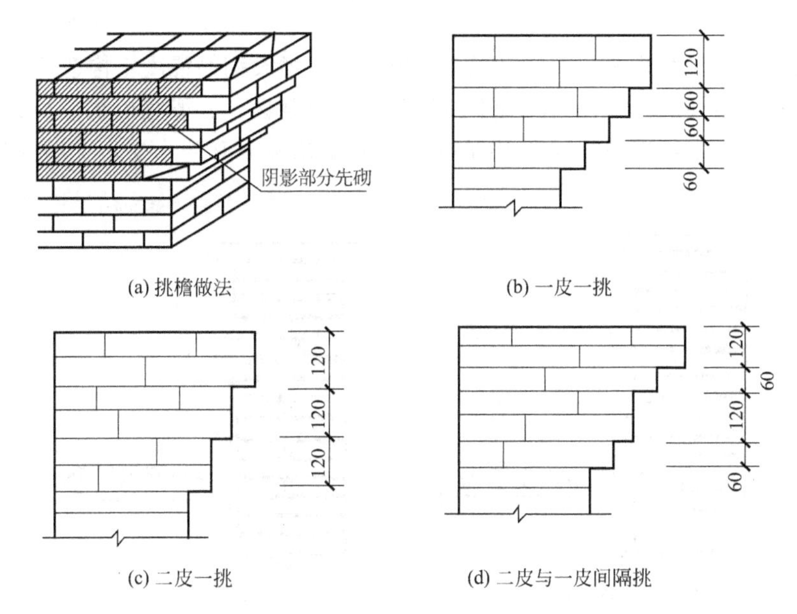

(a) 挑檐做法　(b) 一皮一挑　(c) 二皮一挑　(d) 二皮与一皮间隔挑

图 5-16　砖挑檐形式

砖挑檐可用普通砖、灰砂砖，粉煤灰砖等。多孔砖及空心砖不得砌挑檐。砖的规格宜采用 240mm×115mm×53mm 的标准砖，砂浆强度等级应不低于 M5。挑出宽度每次应不大于 60mm，总的挑出宽度应小于墙厚。

砖挑檐砌筑时，应选用边角整齐、规格一致的整砖。先砌挑檐两头，然后在挑檐外侧每一挑层底角处拉准线，依线逐层砌中间部分。每皮砖要先砌里侧后砌外侧，上皮砖要压住下皮挑出砖，才能砌上皮挑出砖。水平灰缝宜使挑檐外侧稍厚，里侧稍薄。灰缝宽度控制在 8～10mm 范围内。竖向灰缝砂浆应饱满，灰缝宽度控制在 10mm 左右。

(2) 砖腰线砌筑　建筑物构造上的需要或为了增加其外形美观，沿房屋外墙面的水平方向用砖挑出各种装饰线条，这种水平线条叫做腰线（图 5-17）。砌法基本与挑檐相同，只是一般多用丁砖逐皮挑出，每皮挑出一般为 1/4 砖长，最多不得超过 1/3 砖长。也有用砖角斜砌挑出，组成连续的三角状砖牙；还有的用立砖与丁砖组合挑砌花饰等。

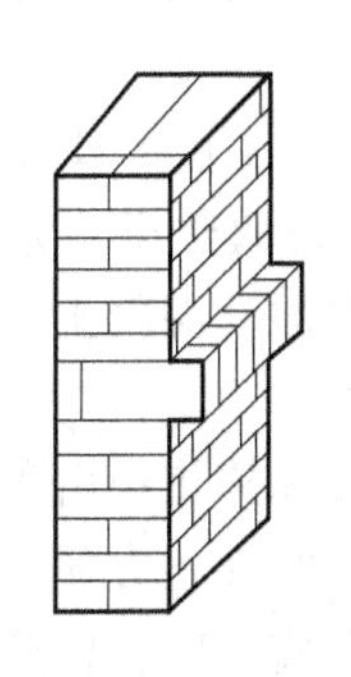
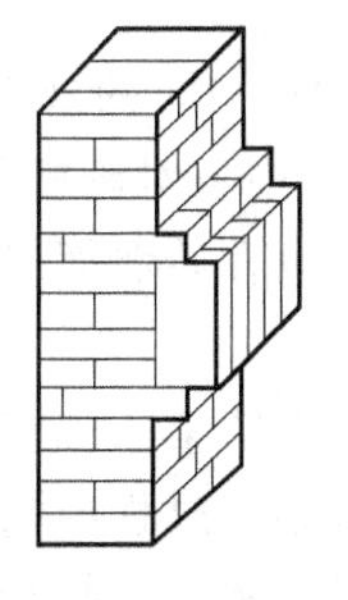
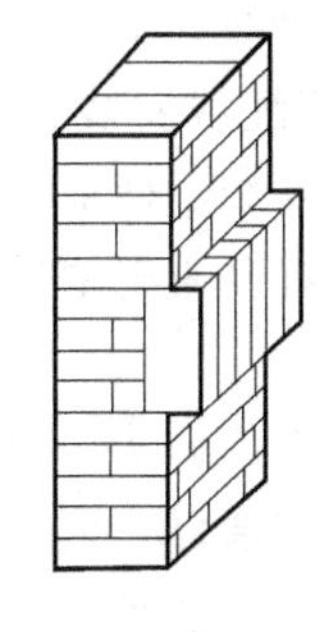

图 5-17　砖腰线

(3) 女儿墙　女儿墙位于建筑物顶部，主要起维护安全作用，在施工中往往被看作简单的附属围护结构，忽视砌筑质量。女儿墙属悬臂结构，且暴露在室外，冬季易受冰冻，夏季太阳暴晒，当砌体强度达不到设计要求时，在外界温度影响下极易产生裂缝，雨水浸入，引起渗漏，影响房屋使用功能，而且维修比较麻烦，因此是建筑工程中较为突出的质量通病之一。

在工程设计中，对女儿墙高度超过规范限值时，应增设钢筋混凝土构造柱，根部与圈梁连接，顶部与压顶连接。构造柱间距视女儿墙高度情况掌握，一般宜控制在3m左右。

砌筑女儿墙除了重视砌筑质量外，还应注意当女儿墙上有防水层压砖收头时的构造处理，如图5-18所示。

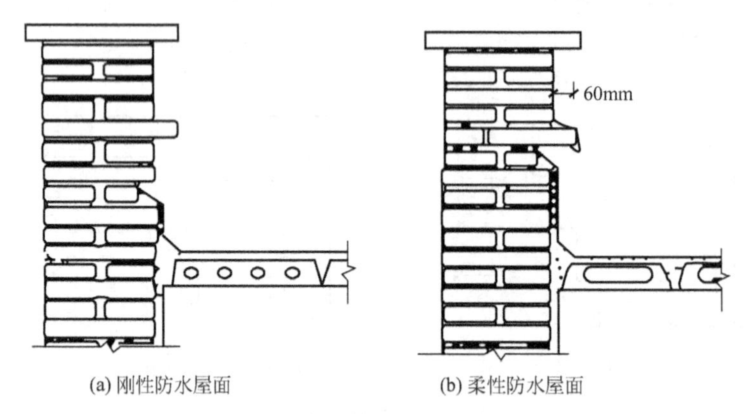

(a) 刚性防水屋面　　(b) 柔性防水屋面

图5-18　平屋面女儿墙砌筑

（三）水电管线预埋处理

水电管线的敷设方式分明敷和暗敷两种。明敷是将管线安装于墙壁、顶棚的表面，对结构影响不大，而暗敷则完全不同，在墙体中的垂直预埋管线和在楼板中的水平预埋管线由于削弱了结构构件截面，对结构将造成一定影响，也是电气安装工程与土建工程矛盾较多的地方。

1. 墙体中竖向管线的暗敷

埋入墙体的竖向预埋管以前一般直接在墙体上剔槽敷设，这种做法会对结构墙体造成损伤，特别是当并列埋设的管线较多时，影响更甚。《砌体结构设计规范》（GB 50003—2011）6.2.14中明确规定：在砌体中留槽洞及埋设管道时，不应在截面长边小于500mm的承重墙体、独立柱内埋设管线；不宜在墙体中穿行暗线或预留、开凿沟槽，无法避免时应采取必要的措施或按削弱后的截面验算墙体的承载力。对受力较小或未灌孔的砌块砌体，允许在墙体的竖向孔洞中设置管线。

（1）《硬塑料管配线安装》（98 D301—2）的规定　2002年3月1日开始实施的标准图集《硬塑料管配线安装》（98 D301—2）中，对硬塑料管在墙内的敷设，分别给出了敷设在砖墙中间、敷设在混凝土砌块墙内、敷设在砖墙面层和敷设在加气混凝土块墙面层等4种做法。见图5-19。

（2）实际施工中的做法　虽然有标准图集的规定，但在实际施工中由于组砌要求错缝搭接、不允许出现竖向通缝，因此在砖墙砌筑过程中同时暗敷管线并不方便。

目前一般可行的方法是：墙体中需设置竖向暗管时，应在施工时预留槽，槽深和宽度不宜大于120mm×120mm，槽洞距墙端的距离不应小于370mm，管道安装后应用不低于C15的细石混凝土或不低于M10的水泥砂浆填嵌密实。当槽的平面尺寸大于120mm×120mm时，应对墙身削弱部位补强，如在槽洞两侧增设有相互拉结的钢筋网混凝土面层或钢筋砂浆面层。

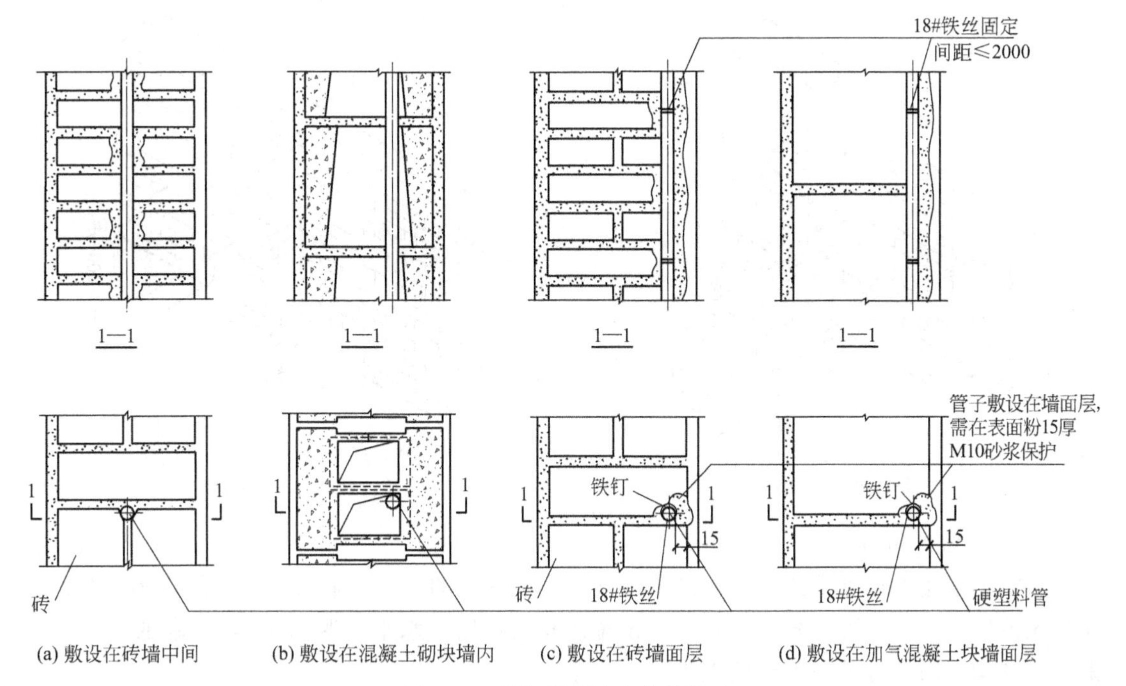

图 5-19　硬塑料管墙内敷设方法

当墙体为半砖墙时，按照规范，在半砖墙内不准暗敷管线，如必须敷设，则只有采取局部加设混凝土构造柱的形式，将管线埋设于构造柱内。

2. 墙体中水平或斜向管线的暗敷

在砌体结构中不允许开设水平及斜向通槽，水平预埋管线通常埋设于每层圈梁中。

对砖砌体，当必须开设水平及斜向通槽时，对 240mm 和 370mm 墙，沟槽深度不应大于 15mm 和 20mm，沟槽距洞边的距离不应小于 500mm，沟槽之间的距离不应小于最长沟槽长度的 2 倍，沟槽只允许在墙的一侧留槽，并应设置在楼层之上或之下的 1/8 范围内；超出上述规定时，应采取必要的加强措施，或按削弱后的截面验算墙体的承载力。

宜尽量避免管道穿墙垛、壁柱，确实需要时，应采用带孔的 C20 混凝土块预埋。

（四）墙体砌筑中的施工构造处理

1. 留槎和接槎

砌体结构施工缝一般留在构造柱处。砖墙的接槎与房屋的整体性有关，应尽量减少或避免。砖墙的转角处和纵横墙交接处应同时砌筑，不能同时砌筑处，应砌成斜槎（踏步槎），斜槎长度不应小于墙高的 2/3，如图 5-20 所示。如留斜槎确有困难时，除转角处外，可做成直槎，但必须做成凸槎，并加设拉结钢筋。拉结筋数量为每 120mm 墙厚放置 1 根直径 6mm 的钢筋；其间距沿墙高不应超过 500mm，埋入长度从墙的留槎处算起，每边均不应小于 500mm；抗震设防烈度为 8 度的地区，不应小于 1000mm。拉结钢筋末端尚应弯成 90°弯钩，如图 5-21 所示。抗震设防地区建筑物的临时间断处不得留直槎。

隔墙与承重墙不能同时砌筑，又不能留成斜槎时，可于承重墙中引出凸槎，并于承重墙的灰缝中预埋拉结筋，每道墙不得少于 2φ6，其构造与上述直槎相同。在完成接槎处的砌筑时，必须将接槎处的表面清理干净，浇水湿润，并应填实砂浆，保持灰缝平直。

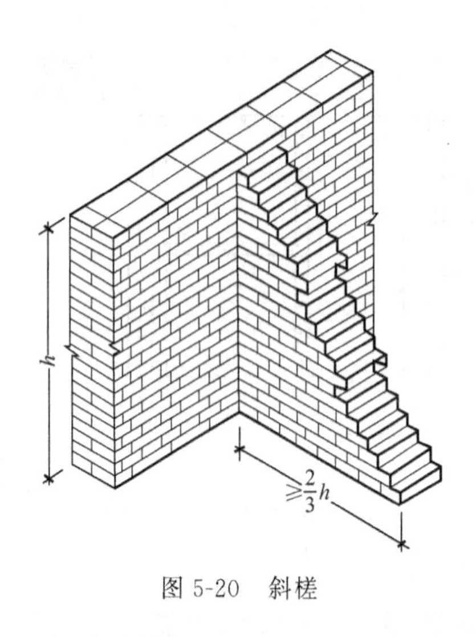

图 5-20　斜槎

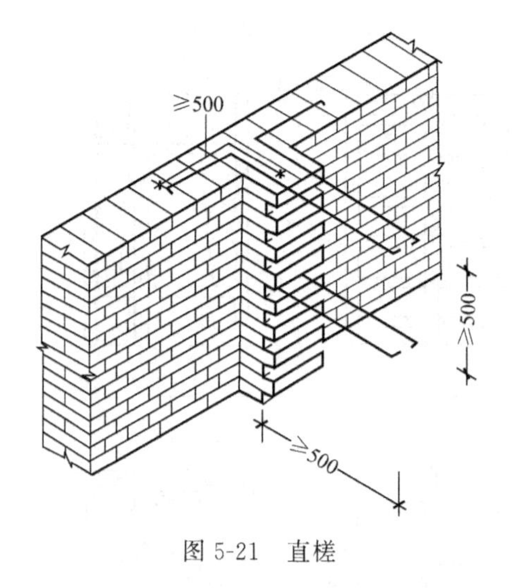

图 5-21　直槎

2. 脚手眼的留置

当施工采用单排脚手架时，横向水平杆（小横杆）的一端要插入砖墙，故在砌墙时，必须预先留出脚手眼。脚手眼一般从 1.5m 高处开始预留，水平间距为 1m，孔眼的尺寸对于钢管单排脚手眼，可留一丁砖的大小。

对于双排脚手架，虽然其横向水平杆不需要插入墙体，但其连墙件必须穿过墙体，因此也需要留脚手眼。

表 5-2 规定了严禁设置脚手眼的范围。

表 5-2　不得设置脚手眼的墙体及相关部位

序号	部位	严禁设置脚手眼的范围
1	墙与柱	空斗墙、120mm 厚砖墙，料石清水墙，砖、石独立柱
2	过梁	砖过梁及与过梁成 60°角的三角形范围内
3	窗间墙	宽度小于 1m 的窗间墙
4	梁或梁垫	梁或梁垫下及其左右各 500mm 的范围内
5	门窗洞口	砖砌体的洞口两侧 180mm 和转角处 430mm 的范围内
6	其他部位	石砌体的洞口两侧 300mm 和转角处 600mm 的范围内设计不允许设置脚手眼的部位

补砌施工脚手眼时灰缝应饱满密实，不得用干砖填塞。

3. 施工临时洞口的留置

施工中，为了在楼层上人流物流的方便，往往都要在墙上留置施工临时洞口，不允许砌成后再凿墙开洞。临时洞口的侧边离纵横墙交接处不应小于 500mm，洞口净宽度不应超过 1m。抗震设防烈度 9 度地区的建筑物的临时洞口位置应会同设计单位确定。洞口顶部宜设置过梁，也可采取在洞口上部逐层挑砖的办法封口，并预埋水平拉结筋。临时洞口补砌时，洞口周围砖块表面应清理干净，并浇水湿润，再用与原墙相同的材料补砌严密、牢固。

（五）砌筑施工过程质量、安全注意事项

1. 砌筑过程中的注意事项

1）伸缩缝、沉降缝、防震缝中，不得夹有砂浆、块材碎渣和杂物等。

2）墙体表面平整度、垂直度校正必须在砂浆终凝前进行。墙体水平灰缝的砂浆饱满度不得小于80%；竖缝宜采用挤浆或加浆方法，不得出现透明缝。严禁用水冲浆灌缝。有特殊要求的墙体，灰缝的砂浆饱满度应符合设计要求。

3）砌筑工程工作段的分段位置，宜设在伸缩缝、沉降缝、防震缝、构造柱或门窗洞口处，相邻工作段的砌筑高度差不得超过一个楼层的高度，也不宜大于4m。墙体临时间断处的高度差，不得超过一步脚手架的高度。

4）设计要求的洞口、管道、沟槽和预埋件等应在砌筑时正确留出或预埋。墙体中的预埋件应作防腐防锈处理，预埋木砖的木纹应与钉子钉入方向垂直。

5）通气道、垃圾道等采用水泥制品时，接缝处外侧宜带有槽口，安装时除坐浆外，尚应采用1：2水泥砂浆将槽口填封密实。

6）墙体施工时，楼面和屋面堆载不得超过楼板的允许荷载值，施工层进料口的楼板下，宜采取临时加撑措施。

7）搁置预制梁、板的墙体顶面应找平，并应在安装时坐浆。

8）尚未安装楼板或屋面的墙和柱，当可能遇大风时，其允许自由高度不得超过相关的规定。如超过规定，必须采用临时支撑等有效措施。

9）雨期施工应防止基槽灌水和雨水冲刷砂浆，砂浆稠度应适当减小，每日砌筑高度不应超过1.2m，收工时，应采用防雨材料覆盖新砌墙体的表面。

10）砖柱和小于1m的窗间墙，应选用整砖砌筑，半砖和破损的砖应分散使用在受力较小的砖体中和墙心。

2. 成品保护

1）墙体拉结钢筋、抗震构造柱钢筋、墙体钢筋及各种预埋件、暖卫、电气管线等，均应注意保护，不得任意拆改或损坏。

2）砂浆稠度应适宜，砌墙时应防止砂浆溅脏墙面。

3）在吊放平台脚手架或安装混凝土浇筑模板时，指挥人员和吊车司机要认真指挥和操作，防止碰撞刚砌好的砖墙。

4）砂浆或混凝土进料口周围，应用塑料薄膜或木板等遮盖，保持墙面洁净。

5）高温干燥季节，上午砌筑的墙体，下午就应该洒水养护。

3. 砌筑工程的安全注意事项

1）检查脚手架。砖瓦工上班前要检查脚手架是否符合要求，对于钢管脚手架，要检查其扣件是否松动；雨雪天或大雨以后要检查脚手架是否下沉，还要检查有无空头板和探头板。若发现上述问题，要立即通知有关人员给予整改。

2）正确使用脚手架。对结构脚手架而言，无论是单排还是双排脚手架，其施工均布荷载标准值均是$3kN/m^2$，一般在脚手架上堆砖不得超过3层（侧立），操作人员不能在脚手架上嬉戏及多人集中在一起，不得坐在脚手架的栏杆上休息，发现有脚手架板损坏要及时更换。

3）严禁站在墙上工作或行走，工作完毕应将墙上和脚手架上多余的材料、工具清理干净。在脚手架上砍凿砖块时，应面对墙面，把砍下的砖块碎屑集中在容器内运走。

4）门窗的支撑及拉结杆应固定在楼面上，不得拉在脚手架上。

5）使用卷扬机井架吊物时，应由专人负责开机，每次吊物不得超载，并应安放平稳。吊物下面禁止人员通行，不得将头、手伸入井架。严禁人员乘坐吊篮上下。

三、砖墙砌筑的质量

（一）砖墙砌筑的质量要求

砖砌体总的质量要求是：横平竖直，砂浆饱满，墙体垂直，墙面平整，上下错缝，内外搭接，接槎可靠。砖砌体的尺寸和位置的允许偏差见表5-3。

表5-3 砖砌体的尺寸和位置的允许偏差

项次	项目			允许偏差/mm			检验方法
				基础	墙	柱	
1	轴线位移			10	10	10	用经纬仪复查或检查施工测量记录
2	基础顶面和楼面标高			±15	±15	±15	用水平仪复查或检查施工测量记录
3	墙面垂直度	每层			5	5	用2m托线板检查
		全高	小于或等于10m		10	10	用经纬仪或吊线和尺检查
			大于10m		20	20	
4	表面平整度		清水墙、柱		5	5	用2m直尺和楔形塞尺检查
			混水墙、柱		8	8	
5	水平灰缝平直度		清水墙		7		拉10m线和尺检查
			混水墙		10		
6	水平灰缝厚度(10皮砖累计数)				±8		与皮数杆比较，用尺检查
7	清水墙游丁走缝				20		吊线和尺检查，以每层第一皮砖为准
8	外墙上下窗口偏移				20		用经纬仪和吊线检查以底层窗口为准
9	门窗洞口宽度(后塞口)				±5		用尺检查

（1）灰缝横平竖直，砂浆饱满　砖砌体的水平灰缝应满足平直度的要求，灰缝厚度宜为10mm，但不小于8mm，也不应大于12mm。竖向灰缝必须垂直对齐，对不齐而错位（称为游丁走缝）将影响墙体外观质量。

砌体灰缝砂浆饱满与否对砌体强度有很大影响。砂浆饱满的程度以砂浆饱满度表示，砌体水平灰缝的砂浆饱满度要达到80%以上。竖缝宜采用挤浆或加浆方法，不得出现透明缝、瞎缝和假缝，严禁用水冲浆灌缝；有特殊要求的砌体，灰缝的砂浆饱满度应符合设计要求。

（2）墙体垂直，墙面平整　墙体垂直与否，直接影响墙体的稳定性，墙面平整与否，影响墙体的外观质量。在施工过程中应经常用2m托线板检查墙面垂直度，用2m直尺和楔形塞尺检查墙体表面平整度，发现问题要及时纠正。

（3）错缝搭接，内外搭接　砌体应按规定的组砌方式错缝搭接砌筑，以保证砌体的整体性及稳定性，不准出现通缝。

（4）接槎可靠　砖墙的接槎与房屋的整体性有关，应尽量减少或避免。留槎应符合规定，在完成接槎处的砌筑时，必须将接槎处的表面清理干净，浇水湿润，并应填实砂浆，保持灰缝平直。

（二）质量通病及防治

（1）混水墙粗糙　混水墙出现通缝和花槽、通天缝，主要是操作人员忽视混水墙的砌筑，因此要使操作者明确砖墙组砌方法的意义不仅是为了美观，更是受力的需要。当利用半砖时应将半砖分散砌于墙中，同时也要满足搭接1/4砖长的要求。墙体的组砌形式，应根据所砌部位的受力性质和砖的规格来确定。

(2)“螺丝墙” “螺丝墙”又叫错层，就是砌完一个楼层高的墙体时，同一标高差一皮砖的厚度，不能交圈。这是由于砌筑时没有跟上皮数杆层数的缘故。

解决的办法是在首层或楼层的第一皮砖要查对皮数杆的层数及标高，防止到顶砌成螺丝墙。一砖厚墙采用外手挂线，在操作开始时皮数杆附近的操作者要互相招呼、核准皮数。施工人员要及时弹出0.5m高的楼层标高控制线，供操作者核准皮数。当内外墙有高差时，应以窗台为界由上向下清点砖层数，当砌至一定高度后，可穿看与相邻墙体水平线的平行度，发现偏差应及时纠正。

(3) 清水墙游丁走缝 大面积的清水墙面经常出现丁砖竖缝歪斜、宽窄不匀、丁不压中、窗台部位与窗间墙部位的上下竖缝发生错位等现象。产生这种现象的原因主要是砖的规格不好，砖超长，但宽度方向却缩小，在丁顺互换的过程中产生偏差。这种现象事先又没有在排砖中解决，在砌窗间墙时，由于分窗口的边线不在竖缝位置、使窗间墙的竖缝移位、上下错位。另外，采用里脚手砌外墙（反手墙）时，砌到一定高度后穿缝有困难，也是造成游丁走缝的原因。

要避免游丁走缝，排砖是很重要的，一定要认真进行，并把窗口的位置在排砖时一起考虑。排砖时必须把立缝排匀，砌完一步架子高度，每隔2m间距在丁砖立缝处用托线板吊直划线，二步架往上继续吊直弹粉线，由底往上所用七分头的长度应保持一致，上层分窗口位置时必须同下层窗口保持垂直。

(4) 水平缝厚薄不均匀，砖墙凹凸不平 产生墙面凹凸不平、水平灰缝不直的原因不外乎砖不合规格、拉的准线不紧而遇上刮风天，砖过分潮湿，出现游墙，脚手架层面处操作不便等。要改变这种状况，应把过分超标准的砖挑出来用于不重要的部位，特别潮湿的砖不宜上墙或者适当调整砂浆的稠度。脚手架层面处由专人巡回检查操作质量，立皮数杆要保证标高一致，盘角时灰缝要掌握均匀，砌砖时小线要拉紧，防止一层线松，一层线紧。

(5) 留槎不符合要求，构造柱未按规定砌筑 有些砖墙的接槎处出现通缝，或者后砌部分的砖没有伸至墙根，产生的原因一方面是操作者对接槎的重要性认识不足；另一方面是施工组织不当，造成留槎过多。

纠正的办法是：加强对操作者教育，马牙槎要随砌随清，拉结筋要经常清点检查，避免遗漏。在施工组织和安排时，也要统一考虑留槎位置。构造柱砖墙应砌成马牙槎，设置好拉结筋；从柱脚开始先退后进；当槎深120mm时，上口一皮进60mm，再上一皮进120mm，以保证混凝土浇灌时上角密实，构造柱内的落地灰、砖渣、杂物要清理干净，防止夹渣。

(6) 清水墙面勾缝污染 清水墙面勾缝深浅不一、竖缝不直、十字缝搭接不平等质量问题，主要是墙面浇水不透，有的没有抠缝，隙缝太小，溜子无法嵌入缝内；采用加浆勾缝时，因托灰板接触墙面而污染，勾缝结束又未彻底清扫。所以，勾缝前要对墙面浇好水，做好灰缝开补，勾缝结束后要彻底清扫。

第二节 其他砖墙砌筑施工

一、蒸压灰砂砖、粉煤灰砖墙体砌筑

蒸压灰砂砖和粉煤灰砖与普通砖具有相同的块体尺寸，因此在作为墙体材料砌筑的施工

工艺中，组砌方式、砌筑工艺等与普通砖基本相同，可以遵照普通黏土砖的各项有关规范、规程进行。其中蒸压灰砂砖有中国工程建设标准化协会标准《蒸压灰砂砖砌体结构设计与施工规程》（CECS 20—1990）作工程指导，而蒸压粉煤灰砖的建筑设计和施工，目前尚无专门规程。

（一）蒸压灰砂砖、粉煤灰砖的特点

1. 粉煤灰砖

粉煤灰砖是以粉煤灰、石灰或水泥为主要原料，掺加适量石膏和集料经混合料制备、压制成型、高压或常压养护或自然养护而成的实心粉煤灰砖，分为蒸压粉煤灰砖和蒸养粉煤灰砖两种。

（1）优点

1）蒸压粉煤灰砖的抗压强度一般均较高，可到达 30MPa，至少为 10MPa，能经受 15 次冻融循环的抗冻要求。

2）粉煤灰是一种有潜在活性的水硬性材料，在潮湿环境中能继续产生水化反应使砖的内部更为密实，有利于强度的提高。

3）可以减轻墙体自重，降低工程造价。

4）研究和实践表明，其利废率达到 90%以上，力学性能和耐久性均满足 JC 239—2001 要求，是实心黏土砖的理想替代品。

5）生产粉煤灰砖可大量利用粉煤灰，而且可以利用湿排灰，能节约土地，保护生态环境。

（2）缺点　蒸压粉煤灰砖有墙体易出现开裂的现象。

2. 灰砂砖

灰砂砖是以砂和石灰为主要原料，允许掺入颜料和外加剂，经坯料制备、压制成型和高压蒸汽养护而成的普通灰砂砖。是一种技术成熟、性能优良又节能的新型建筑材料，适用于多层混合结构建筑的承重墙体，可用来替代黏土烧结实心砖。

（1）优点　与其他墙体材料相比，蓄热能力显著；由于灰砂砖的容重大，隔声性能十分优越。

（2）缺点

1）灰砂砖表面平整光滑，与灰浆的粘接差，容易造成抹灰空鼓开裂。

2）吸水速度慢，过厚的抹灰层，容易造成灰浆流淌开裂。

3）自身强度较高，若抹灰砂浆强度太低，会造成变形差异导致开裂。

4）表面比较光滑，砌筑后与砂浆粘接强度不如黏土烧结实心砖，导致砌体剪切强度偏低，在一定程度上影响其在地震设防地区的使用。

5）蒸压灰砂砖不能用于温度长期超过 200℃、受骤冷骤热或有酸性介质侵蚀的部位，如不能用于砌筑炉壁、烟囱之类承受高温的砌体。这是由于蒸压灰砂砖在长期高温作用下会发生破坏。

总之，蒸压灰砂砖和粉煤灰砖虽然在组成材料、生产工艺上有所不同，但它们都具有基本相同的特性：那就是在砌筑过程中容易出现墙体开裂的现象。

（二）防止蒸压灰砂砖、粉煤灰砖墙体开裂的措施

1. 干燥收缩值比烧结砖大，砖出厂后必须有足够的养护期

蒸压灰砂砖和蒸压粉煤灰砖出釜后由于含水率及含热量大，因此早期收缩值大，如果这

时用于墙体，将会出现明显的收缩裂缝。因此要求灰砂砖出釜后应自然养护一个月左右，使其早期收缩大部分完成。

为了防止或减轻蒸压砖的砌体因干燥收缩造成的裂缝危害，除了生产蒸压砖的过程中尽量提高粗集料比例和采用合适的蒸压制度，使蒸压砖的干燥收缩值尽量在产品标准规定的范围之内，禁止蒸压砖出釜后立即出厂砌筑墙体。必须放置28d以后才能出厂上墙砌筑，这样可使砖的干燥收缩尽量在砌筑墙体之前基本完成。

2. 设计和施工采取必要的构造措施

1）在墙体中设置伸缩缝，伸缩缝应设置在因温度和收缩变形引起应力集中、砌体产生裂缝可能性最大的部位，一般砖砌体房屋的伸缩缝间距最大不超过40m。

2）在各层门、窗过梁上方的水平缝内及窗台下第1和第2道水平灰缝内设置焊接钢筋网片或2根直径6mm钢筋，焊接钢筋网片或钢筋应伸入两边窗间墙内不小于600mm。

3）砖的实体墙长度大于5m时，宜在每层墙高度中部设置2～3道焊接钢筋网片或3根直径6mm的通长水平钢筋，竖向间距宜为500mm。

4）多层房屋应每层设置现浇钢筋混凝土圈梁。圈梁应沿外墙及部分内墙设置，在房屋底层及顶层横墙上的圈梁可适当加密。

5）对易受冻融和干湿交替作用的建筑部位，如勒脚、窗台、女儿墙等部位，宜用水泥砂浆或其他胶结材料加以保护。

3. 灰砂砖的施工注意事项

1）砌筑灰砂砖砌体时砖的含水率宜控制在5%～8%；在干燥天气，灰砂砖应在砌筑前1～2d浇水；禁止使用干砖或含饱和水的砖砌筑墙体，也不宜在雨天砌筑。

2）灰砂砖砌体宜采用较大灰膏比的混合砂浆，有条件时可优先采用高粘接性的专用砂浆。

3）灰砂砖砌筑砂浆应饱满，水平灰缝的砂浆饱满度不得低于80%，砌筑过程中若需校正块体时必须在砂浆凝结前进行。

4）清水墙体必须进行勾缝，勾缝砂浆宜采用细砂拌制的1∶1.5的水泥砂浆。

5）灰砂砖砌体每天可砌高度不宜超过一步脚手架的高度，也不宜超过1.5m。

6）灰砂砖不宜与黏土砖或其他品种的砖同层混砌。

二、烧结多孔砖墙体砌筑

（一）多孔砖的特点及组砌形式

1. 多孔砖的特点

（1）不宜用于建筑物的地下部分。

由于多孔砖自身小孔的存在，其抗冻融等性能较差，不宜用于建筑地下潮湿部分，基础应采用其他的建筑材料。

（2）局部受压能力较差。

由于多孔砖内部有小孔洞，孔壁较薄，承受局部压力能力较差。对于过梁下等局部受压部位，可采用将小孔灌实混凝土的措施，提高多孔砖的局部受压能力。

（3）存在“销键”的作用。

砌筑过程中，砌筑砂浆嵌入下层多孔砖的孔洞中，形成所谓“销键”，能够提高多孔砖砌体的抗剪强度，对抗震有利。但由于多孔砖的质量差异，特别是孔壁上的微裂缝，以及由于砌筑水平不同而形成的砌体缝和“销键”数量的不确定性，故在实际应用中，其砌体的抗剪强度一般还是取与黏土实心砖相等的数值。

“销键”的副作用反映在混凝土圈梁与多孔砖墙体上部的接触面，圈梁混凝土灌入多孔砖小孔内时，由于混凝土与砖的温差变形不同，会产生较大的相互作用力，严重时造成墙体开裂。为此，在浇筑圈梁混凝土前，应在多孔砖墙体顶部抹一层砌筑砂浆，削弱此种“销键”的副作用。

2. 多孔砖墙的组砌形式

多孔砖墙砌筑承重墙，其孔洞应垂直于受压面。代号 M 的多孔砖规格是 190mm×190mm×90mm，一般只有全顺砌法，上下皮竖缝相互错开 1/2 砖长，如果采用一部分半砖（190mm×90mm×90mm，墙体 T 字接头中横墙的端头要用半砖），则可组砌成梅花丁，墙厚为 190mm。见图 5-22。

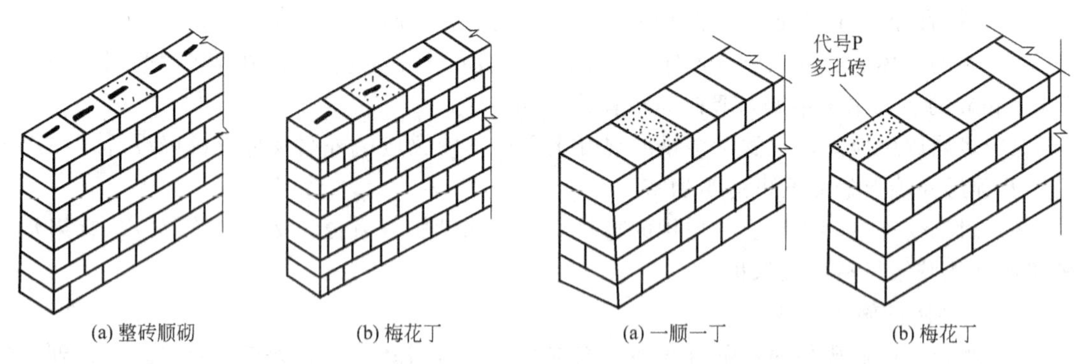

(a) 整砖顺砌　　(b) 梅花丁

图 5-22　190mm×190mm×90mm 多孔砖组砌形式

(a) 一顺一丁　　(b) 梅花丁

图 5-23　240mm×115mm×90mm 多孔砖组砌形式

代号 P 的多孔砖规格为 240mm×115mm×90mm，砌筑法有一顺一丁和梅花丁二种。见图 5-23。

转角墙基丁字墙处的多孔砖组砌形式如图 5-24 所示。

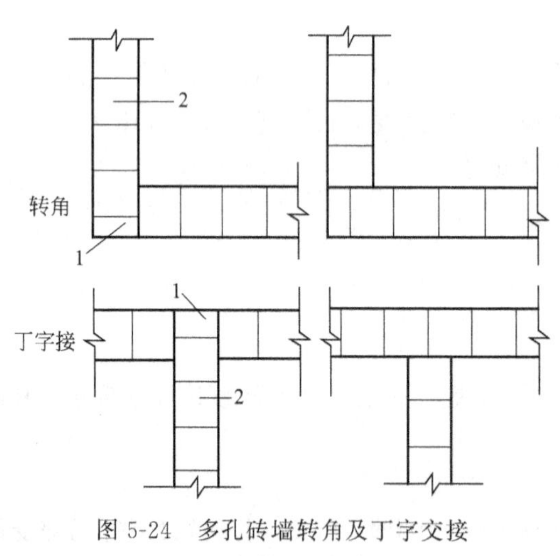

图 5-24　多孔砖墙转角及丁字交接

1—半砖；2—整砖

（二）多孔砖的砌筑

1. 施工要点

（1）砖的运输及装卸　多孔砖由于孔洞形成薄壁部位，因此，在运输装卸过程中应加以注意，禁止随便抛掷或采用翻斗车倾卸。砖运到施工现场后，应整齐地堆放在较坚实的场地上，堆置高度不宜超过 2m，并做好排水措施，防止雨天地基塌陷而砖堆倾倒，造成多孔砖破碎。

（2）含水率的控制　多孔砖具有多个小孔，有利于砖的吸水，但不应误认为可以缩短浇水时间或者马虎。应该在砌墙前 1～2d，进行浇水湿润，否则难以达到 10%～15%的规定含水率要求。

（3）砂浆的稠度要求　砌筑多孔砖的砂浆，其稠度主要应考虑砌筑操作方便，避免砂浆过多落入孔洞内造成浪费，同时保证“销键”的形成。为此，多孔砖砌体的砂浆稠度可提高到 70～90mm。当砖的含水率为 15%左右时，砂浆的稠度应取 70mm，反之，当砖的含水率为10%时，砂浆稠度则取90mm，这样，既便于施工操作，又有利于砌体质量的提高。

（4）多孔砖砌体的砌筑方法　砌筑多孔砖砌体时不宜采用铺浆法砌筑。其原因是为了防止砂浆中的水分很快被砖吸收而降低砂浆稠度，增大砂浆硬度，使“销键”不易形成，多孔砖与砂浆之间的粘接力降低，砌体强度降低。这种不利影响在气温高时更为明显。

对于厚度为90mm的M型多孔砖，传统的砌筑方法很难保证砌体竖向灰缝砂浆的饱满。因此，单独灌竖缝成为M型多孔砖砌筑的必要工序。即多孔砖砌筑应采用“一铲灰、一块砖、一挤压、一灌缝”的砌筑方法，但严禁用水冲浆灌竖缝。

2. 砌筑工艺

（1）多孔砖砌体应上下错缝，内外搭砌。

砌筑多孔砖砌体时，多孔砖的孔洞应垂直于受压面，不得立砌，不得人工砍砖，必须用配砖或机械切割砖。

（2）门窗洞口砌筑。

施工时，在多孔砖砌体中留置临时施工洞口的部位，应设拉结筋，其侧边离交结处墙面不应小于500mm，洞口顶部应设置过梁。补砌时，应用多孔砖填砌密实，使用的砂浆强度应提高一个强度等级。

（3）墙体砌筑的构造处理

1）墙拉结筋的设置　构造柱与墙体，内外墙交接处均应设置拉结筋进行拉结。拉结筋的数量为每120mm厚墙设置1φ6@500，拉结筋每边伸入墙体内不小于1000mm，且末端设90°弯钩。

2）构造柱的设置　设置构造柱的墙体，应先砌墙后浇筑混凝土，墙体与构造柱的连接应砌成马牙槎，三退三进或二退二进，先退后进，保证柱脚处为大断面。

3）圈梁下口多孔砖孔洞封堵　为避免浇筑圈梁混凝土时，水泥浆流入孔洞造成蜂窝缺陷，应事先用砌筑砂浆堵抹圈梁接触面墙体上的孔洞，或者用黏土实心砖砌筑1～2皮，避免圈梁混凝土漏浆。

4）水电管线预埋处理　多孔砖由于有孔洞存在，控制凿槽尺寸的难度比普通砖大，因此，190mm厚的多孔砖墙不允许在墙面水平或斜向暗埋管线或预留沟槽，水平管线应尽量通过楼板孔洞或预埋在混凝土圈梁内，需在砖墙内预埋的垂直管线参照普通砖墙体的做法处理。

5）埋件设置　多孔砖孔壁较薄，不宜使用射钉和膨胀螺栓等连接件。在施工时，可将埋件埋入专门制作的混凝土块中，随多孔砖一同砌入墙体，也可在需用射钉、膨胀螺栓的部位砌入预制的混凝土块。安装防盗门和塑钢窗部位，门窗框两侧应预埋混凝土块，每侧至少3块。

（三）砌筑质量检验

目前对多孔砖砌体立缝和水平灰缝砂浆饱满度的检测已有多种方法和手段，但最直观有效、也最易被施工现场质检人员掌握的方法是毛面积检测法。检测工具仍是检测黏土实心砖砌体的百格网。当多孔砖孔洞周围有砂浆时，则该孔洞的面积计入砂浆饱满度，否则不计。

第三节　构造柱与圈梁的施工

一、构造柱施工

设置钢筋混凝土构造柱是砌体结构工程的重要抗震措施。构造柱从竖向加强墙体的连接，与水平方向的圈梁一起构成空间骨架，提高建筑物的整体刚度和墙体的延性，约束墙体裂缝的开展，从而增加建筑物承受地震作用的能力。

（一）构造柱的构造

1. 构造要求

《建筑抗震设计规范》（GB 50011—2010）规定：

1）构造柱最小截面可采用 180mm×240mm（墙厚 190mm 时为 180mm×190mm），纵向钢筋宜采用 4φ12，箍筋间距不宜大于 250mm，且在柱上下端应适当加密；6、7 度时超过六层、8 度时超过五层和 9 度时，构造柱纵向钢筋宜采用 4φ14，箍筋间距不应大于 200mm；房屋四角的构造柱应适当加大截面及配筋。

2）构造柱与墙连接处应砌成马牙槎，沿墙高每隔 500mm 设 2φ6 水平钢筋和φ4 分布短筋平面内点焊组成的拉结网片或φ4 点焊钢筋网片，每边伸入墙内不宜小于 1m。6、7 度时底部 1/3 楼层，8 度时底部 1/2 楼层，9 度时全部楼层，上述拉结钢筋网片应沿墙体水平通长设置。

3）构造柱与圈梁连接处，构造柱的纵筋应在圈梁纵筋内侧穿过，保证构造柱纵筋上下贯通。

4）构造柱可不单独设置基础，但应伸入室外地面下 500mm，或与埋深小于 500mm 的基础圈梁相连。

5）房屋高度和层数接近表 2-3 的限值时，纵、横墙内构造柱间距尚应符合下列要求：

① 横墙内的构造柱间距不宜大于层高的二倍；下部 1/3 楼层的构造柱间距适当减小；

② 当外纵墙开间大于 3.9m 时，应另设加强措施。内纵墙的构造柱间距不宜大于 4.2m。

2. 构造柱的平面布置、立面构造

从建筑平面上看，构造柱一般设置在墙的某些转角部位，如建筑物的四角、纵横墙相交处、楼梯间转角处等（图 5-25）。

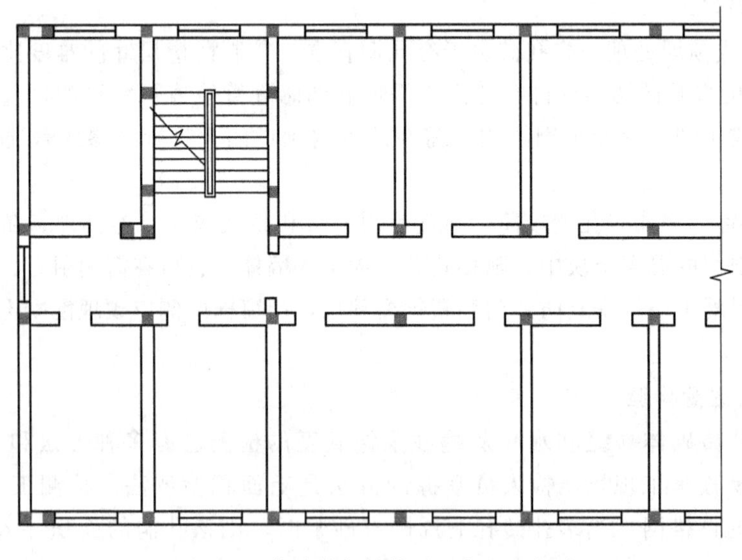

图 5-25　构造柱与墙体平面布置示意图

构造柱的立面构造见图 5-26［该图摘自《多层砖房钢筋混凝土构造柱抗震节点详图》(03 G363)，图中关于构造柱的配筋及拉结筋的要求执行的是《建筑抗震设计规范》(GB 50011—2001) 的规定］。

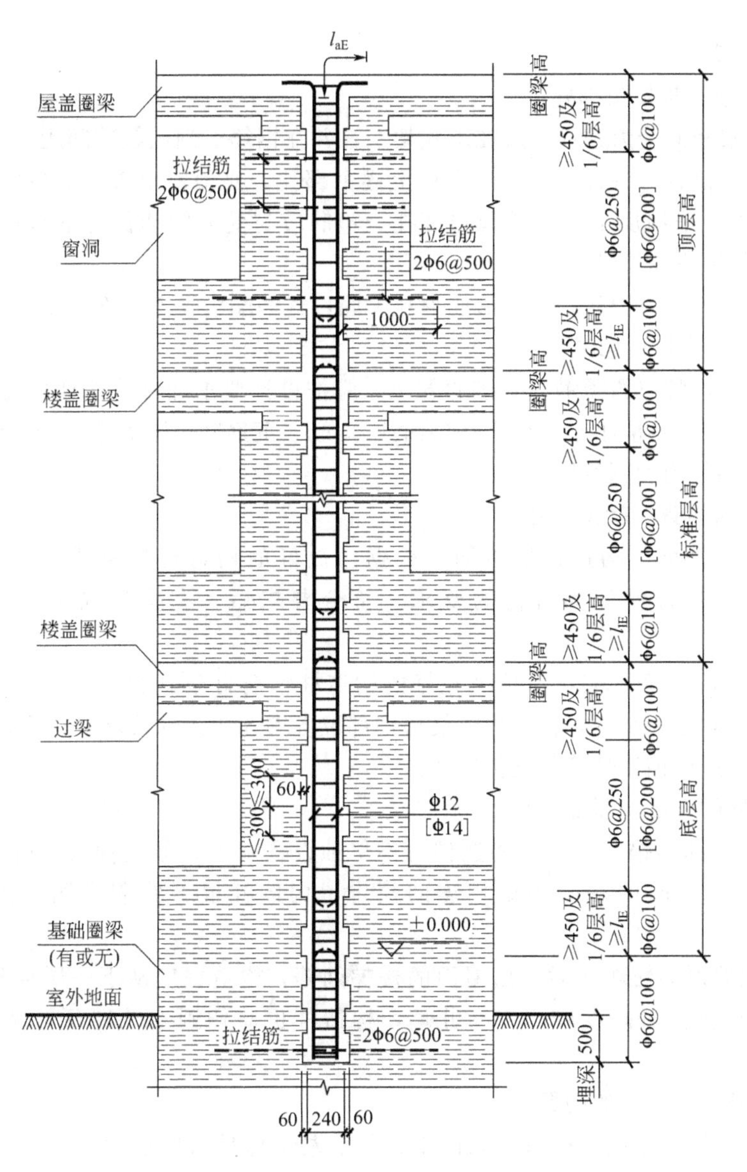

图 5-26　构造柱立面示意图

（二）构造柱的施工

1. 构造柱的施工程序

构造柱施工是按楼层逐层进行的，其施工工艺为：构造柱钢筋绑扎→测量放线定轴线位置→构造柱钢筋骨架支立→砖墙砌筑→构造柱钢筋找正、清基→模板支设→浇筑混凝土→拆模养护混凝土。构造柱的施工与普通钢筋混凝土柱施工不同，它必须同时满足砌体工程和混凝土工程的施工工艺和质量标准，施工工艺相互制约、相互影响，如果处理不当，将影响工程质量。

2. 钢筋绑扎

由于构造柱的纵筋直径相对较小，纵筋的接长大多采用绑扎搭接，采用框架柱的完全现场绑扎工艺施工不便，因此，构造柱的钢筋骨架一般均采用骨架预绑扎，现场整体组装就位的施工工艺。

（1）绑扎工艺

1）构造柱钢筋骨架预绑扎

① 先将两根竖向受力钢筋平放在绑扎架上，并在钢筋上画出箍筋间距。

② 根据画线位置，将箍筋套在受力筋上逐个绑扎，要预留出搭接部位的长度。为防止骨架变形，绑扎宜采用反十字扣或套扣绑扎。箍筋应与受力钢筋保持垂直；箍筋弯钩叠合处，应沿受力钢筋方向错开放置。

③ 穿另外二根受力钢筋，并与箍筋绑扎牢固，箍筋端头平直长度不小于 $10d$（d 为箍筋直径），弯钩角度不小于 135°。

④ 在柱顶、柱脚与圈梁钢筋交接的部位，应按设计要求加密构造柱的箍筋，加密范围一般在圈梁上、下均不应小于六分之一层高或 45cm，箍筋间距不大于 10cm（柱脚加密区箍筋待柱骨架立起搭接后再绑扎）。

2）构造柱钢筋骨架就位绑扎

① 修整伸出楼面的构造柱搭接筋：根据已放好的构造柱位置线，检查搭接筋位置及搭接长度是否符合设计和规范的要求。符合要求后，在搭接筋上套上搭接部位的箍筋。

② 安装构造柱钢筋骨架：将预绑扎好的构造柱钢筋骨架立起来，对正伸出的搭接筋，确保搭接长度，对好标高线，在 4 根竖筋搭接部位各绑 3 扣。骨架调整好后，绑扎根部加密区箍筋，完成构造柱钢筋骨架的就位工作。

（2）构造柱的根部与顶部处理

1）构造柱根部的锚固　根据构造柱可不单独设置基础，但应伸入室外地面下 500mm 或与埋深小于 500mm 的基础圈梁相连的规定，构造柱根部锚固有图 5-27 所示的几种情形。

2）构造柱的顶部处理　对突出屋面的楼梯间等，构造柱应从下一层伸到屋顶间顶部，并与顶部圈梁连接。对高度较高的女儿墙，构造柱也应伸到女儿墙顶，纵筋锚入压顶圈梁中。

（3）钢筋绑扎应注意的问题

1）确保保护层的厚度　构造柱纵向钢筋的混凝土保护层厚度为 30mm，施工中除成型箍筋应注意其内皮尺寸外，架立好的骨架也应采取固定砂浆垫块、塑料卡之类的措施保证混凝土保护层的厚度。

2）纵向钢筋的搭接　对构造柱的纵向钢筋的搭接，在《设置钢筋混凝土构造柱多层砖房抗震技术规程》（JGJ/T 13—94）、《多层砖房钢筋混凝土构造柱抗震节点详图》（03 G363）以及《建筑物抗震构造详图》（04 G329—3～6）中，构造柱纵向钢筋的接头设置在楼板面上，接头率为 100%。即构造柱的纵筋搭接可不受《混凝土结构工程施工质量验收规范》（GB 50204—2002）中接头率≯50%的约束。这主要是因为构造柱的作用与受力与普通框架柱有所不同。

3）纵向钢筋的搭接长度　对构造柱纵向钢筋的搭接长度，JGJ/T 13—94 的规定为：

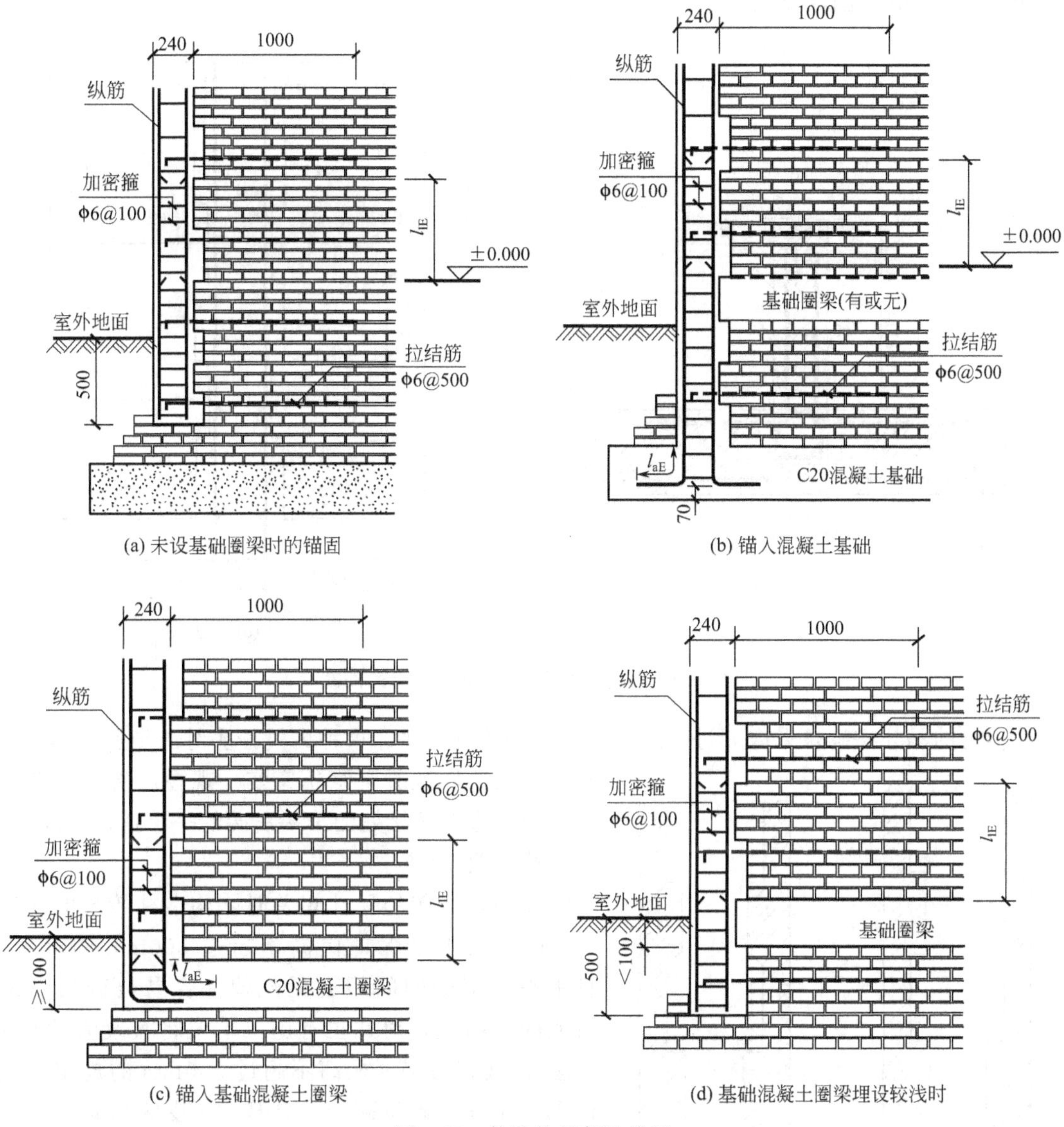

(a) 未设基础圈梁时的锚固　(b) 锚入混凝土基础

(c) 锚入基础混凝土圈梁　(d) 基础混凝土圈梁埋设较浅时

图 5-27　构造柱根部的锚固

HPB235 级钢筋为 $40d$；HRB335 级钢筋为 $50d$。

4）箍筋加密区　构造柱箍筋加密区应当在：不小于 450mm、1/6 层高、纵筋最小搭接长度三者中取大值。

5）构造柱与圈梁钢筋的关系　当构造柱与圈梁的边缘对齐时，构造柱的贯通纵筋是从圈梁纵筋的内侧穿过还是外侧穿过（即是“梁包柱”还是“柱包梁”）的问题，现行《建筑抗震设计规范》（GB 50011—2010）明确规定：构造柱与圈梁连接处，构造柱的纵筋应在圈梁纵筋内侧穿过，保证构造柱纵筋上下贯通。

3. 墙体马牙槎砌筑

为了使构造柱发挥抗震作用，构造柱与砌体连接处应砌成马牙槎，每一马牙槎高度不应超过 300mm。砌筑马牙槎时应先退后进，以保证构造柱脚为大断面。砌筑马牙槎时，槎边进退要对称，尺寸要统一。并沿墙高每隔 500mm 设置 2φ6 拉结筋，拉结筋每边伸入墙内不应小于 1000mm（图 5-28）。

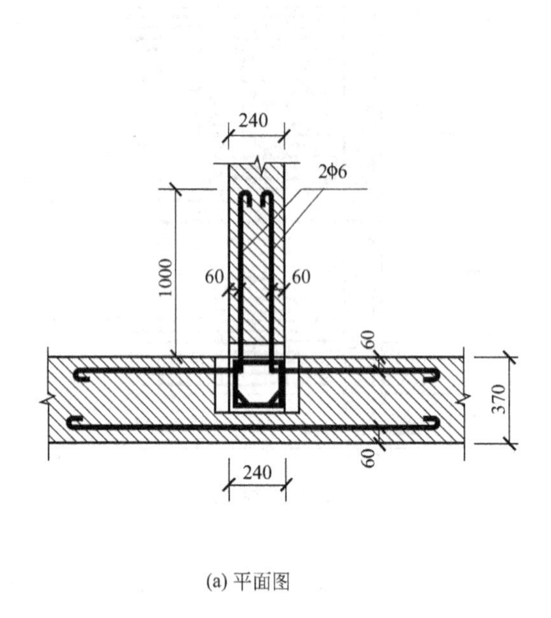

(a) 平面图

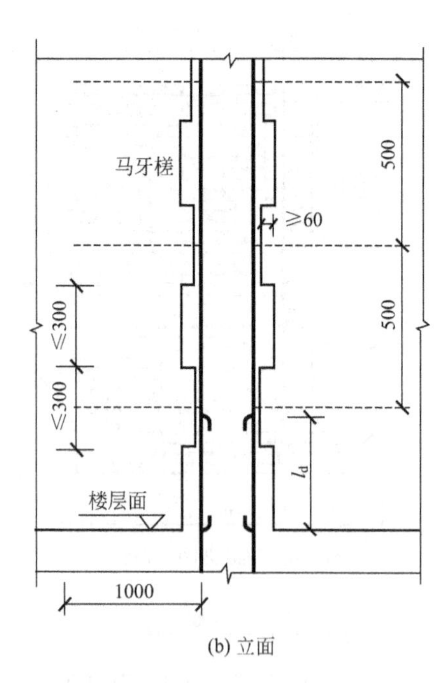

(b) 立面

图 5-28　构造柱的拉结钢筋及马牙槎布置

传统的马牙槎砌筑采取 5 进 5 退、先退后进的砌筑法。这种砌筑方法对退步上口部位不易保证构造柱混凝土浇筑密实，现在已有施工单位将马牙槎进退相接处的第一皮砖的一个角切割成 45°后砌筑（图 5-29）。

混凝土不易浇筑密实

(a) 传统的砌筑工艺　　(b) 改进后的砌筑工艺

图 5-29　马牙槎砌筑的改进

此外，当砖的尺寸超差时，构造柱传统的 5 进 5 退砌筑法不易保证槎高不超过 300mm 的规定，且水平拉结筋的间距也无规律，容易被砌筑工漏放或间距超差，对此也有施工单位将其改为“4 进 4 退”，既容易保证槎高不超过 300mm 的规定，也使砌筑工在每砌筑两个马牙槎（8 皮砖）时自然想到此时应放拉结筋，不需再点皮数，避免了因疏忽漏放拉结筋或间距超差，同时也提高了砌筑工效。

4. 构造柱模板支设

构造柱模板，可采用木模板或定型组合钢模板，采用一般的支模方法。为防止浇筑混凝土时胀模，可设穿墙螺栓对拉紧固模板，穿墙螺栓穿过砖墙的洞要预留，留洞位置要求距地面 30cm 开始，每隔 1m 以内留一处，洞的平面位置在构造柱大马牙槎以外一丁砖处。图 5-30 所示为转角墙和丁字墙处构造柱的支模方案。

模板支设应当预留 2 个洞。其中一个是扫出口，设在构造柱楼层根部，混凝土浇注前应有专人清扫，不应留有建筑垃圾（如落地灰、砖块及其他杂物）；另一个是质量检查洞，一般设在层高的中间。混凝土浇注时临时堵塞，以备质量检查时使用，检查后进行

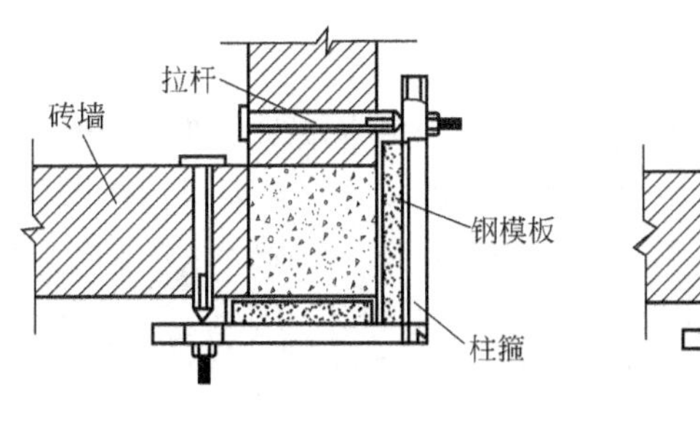

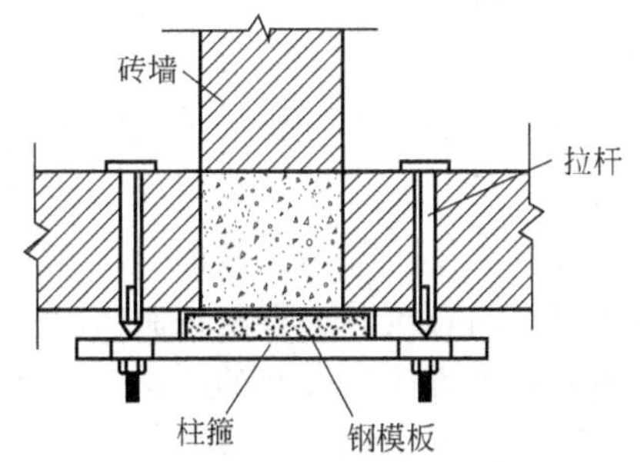

图 5-30 构造柱支模

封闭。

由于构造柱是先砌墙，模板与墙体之间一般都存在缝隙，浇筑混凝土时必然漏浆，因此，有施工单位在模板与墙体之间贴双面胶来防止漏浆，确保构造柱施工质量。

浇注混凝土前应先倒入约 2～3cm 厚的同强度等级混凝土但不加粗骨料的水泥砂浆，再浇注混凝土，以保证构造柱接头无烂根、露筋现象。

构造柱混凝土的浇注，最好在一个可砌高度的砌体完成后及时进行。构造柱应用机械振捣以保证密实，如构造柱在砌体完成后不能及时浇注，应根据气温变化先保证砌体有足够的水分再浇注混凝土，否则会影响混凝土的水化反应，并使构造柱干缩，以至于构造柱混凝土不能与砌体紧密结合，从而降低构造柱的作用。

二、圈梁施工

砌体结构房屋中，在砌体内沿水平方向设置封闭的钢筋混凝土梁，以提高房屋空间刚度、增加建筑物的整体性、提高砖石砌体的抗剪、抗拉强度，防止由于地基不均匀沉降、地震或其他较大振动荷载对房屋的破坏。在房屋的基础上部的连续的钢筋混凝土梁叫基础圈梁，也叫地圈梁（DQL）。

圈梁通常设置在基础墙、檐口和楼板处，其数量和位置与建筑物的高度、层数、地基状况和地震强度有关。

（一）圈梁的构造要求

1）圈梁宜连续地设置在同一水平面上，并形成封闭状。当圈梁被门窗洞口截断时，应在洞口上部增设相同截面的附加圈梁。附加圈梁与圈梁的搭接长度不应小于 $2H$，且不得小于 1m（图 5-31）。

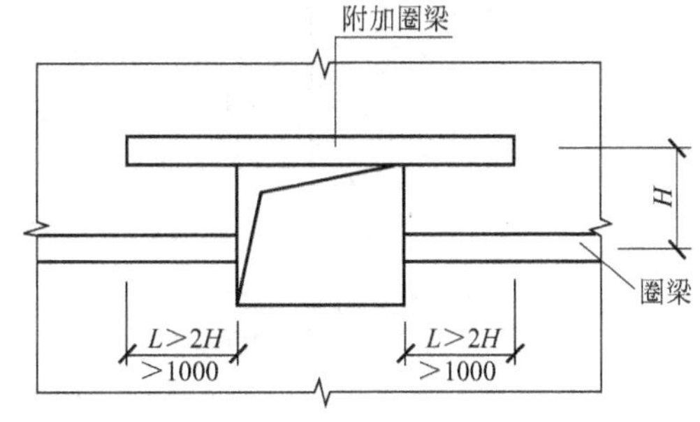

图 5-31 附加圈梁

2）纵横墙交接处的圈梁应有可靠的连接。

3）当圈梁被钢筋混凝土梁或其他构件隔断时，可与梁或其他构件同时现浇，也可在梁或其他构件中预埋搭接钢筋，每边搭接长度不小于 $30d$。

4）圈梁做过梁时，过梁部分的配筋应按计算确定。

5）圈梁截面及配筋要求：对砖砌体建筑，圈梁宽度宜为墙厚，当墙厚 $h>240$mm 时，其宽度不宜小于 $2h/3$。圈梁高度，多层时不应小于 120mm，纵向配筋不应少于 4ϕ10，绑扎接头的搭接长度不小于 $30d$，箍筋为ϕ6@300。

（二）圈梁的施工

1. 圈梁模板

圈梁的特点是断面小但很长，一般除窗口及其他个别地方是架空外，均搁置在墙上。故圈梁模板主要由侧板和相应的卡具组成。底模仅在架空部分使用，如架空跨度较大，可用顶撑（琵琶撑）支撑底模。开始支模前，应先在内墙面弹出统一标高＋50cm 线，然后依此线决定圈梁的支模标高及模口平整度控制。

圈梁的模板支设方式与楼面的结构形式相关。

（1）预制楼面的圈梁模板支设

1）常规支模　预制板楼面的圈梁支模一般采用圈梁卡，几种比较简单而有效的支模形式如图 5-32 所示。

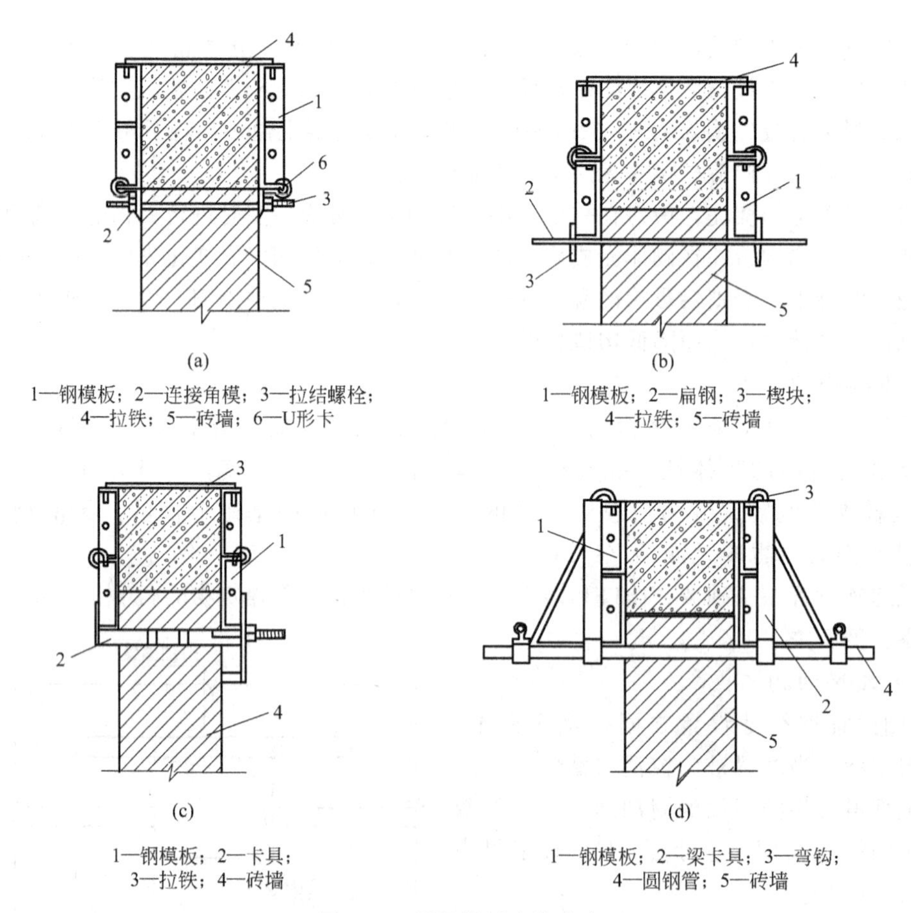

图 5-32　圈梁模板支模形式

当墙体厚度为一砖半墙（370）时，圈梁宽度可以不与墙厚相同，即所谓外砖内模结构。此时，应该先砌圈梁侧边的砖，模板也就只需单边支设，其支设方式可参照图 5-32(c）的方式支设。

圈梁模板安装后，应在侧板安装好，绑扎钢筋之前将侧板与砖墙接触处空隙用水泥砂浆补密实，如图 5-33 所示，以免浇筑混凝土时漏浆。

2）硬架支模　硬架支模就是先支圈梁模板，接着安装预制空心板，然后再浇筑圈梁混凝土，由于预制空心板接头与圈梁同时浇筑，因而可增强结构的整体性和抗震性能，并提高

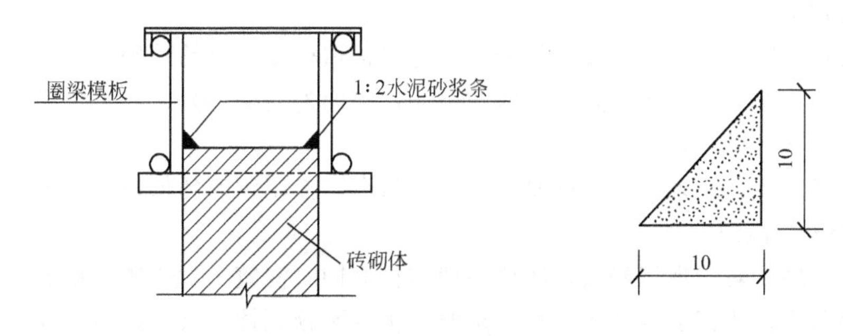

图 5-33　抹水泥砂浆条防止圈梁混凝土浇筑漏浆

施工速度。但这时模板要承受预制空心板的重力荷载，所以支模必须考虑模板的强度、刚度以及支设的整体稳定性。图 5-34 为一种硬架支模方案。

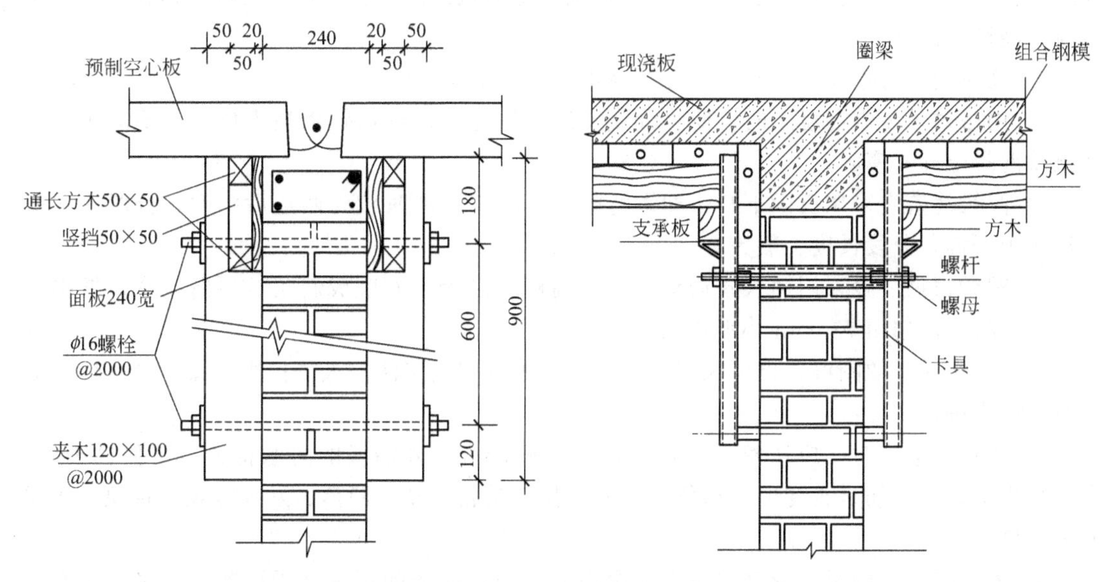

图 5-34　预制楼面的硬架支模方案

图 5-35　现浇楼面圈梁模板支设示意图

（2）现浇楼面的圈梁模板支设　现浇楼面的圈梁模板支设应与楼面模板同时考虑，图 5-35 是一种支模方式。

无论哪种支模方式，都需要在圈梁下方的墙上留设支模孔洞，一般距墙两端 24cm 开始留洞，间距 50cm 左右。

2. 圈梁钢筋

（1）圈梁钢筋的绑扎　圈梁钢筋既可以在支模前绑扎，也可以在支模后绑扎。即可采用现场绑扎，也可采用预制骨架。

圈梁钢筋的绑扎程序为：画钢筋位置线→放箍筋→穿圈梁受力筋→绑扎箍筋。

采用预制骨架时，可将骨架按编号吊装就位进行组装。如在模内绑扎时，按设计图纸要求间距，在模板侧帮画箍筋位置线。放箍筋后穿受力钢筋。箍筋搭接处应沿受力钢筋互相错开。

（2）圈梁钢筋的构造要求　圈梁钢筋施工时应注意的问题有：钢筋直径、钢筋长度、HPB235 钢筋的弯钩、钢筋接头的搭接长度、箍筋的间距、箍筋的直径、箍筋的弯勾角度及长度、钢筋保护层。

圈梁与构造柱钢筋交叉处，圈梁钢筋应该置于构造柱受力钢筋外侧。

圈梁钢筋要注意在房屋转角处附加转角钢筋，在内外墙交接处、墙大角转角处的钢筋的锚固长度，均要符合设计要求。

圈梁钢筋绑完后，应采用水泥砂浆垫块或塑料卡，控制钢筋的保护层厚度。

3. 圈梁混凝土浇筑

(1) 浇筑程序　对于现浇楼面，圈梁一般与楼面同时浇筑。对于预制楼面，常规支模时应先浇圈梁混凝土，待其强度达到设计要求时，再安装预制楼面板，最后浇筑板端接缝混凝土；而对于硬架支模，则在预制楼面板安装就位后，一次完成圈梁及板端接缝混凝土的浇筑。

(2) 浇筑注意事项　圈梁的混凝土浇筑除了常规混凝土浇筑应注意的事项如：对模板支设进行检查，对钢筋进行隐蔽工程验收、对混凝土的施工配合比、坍落度进行监控外，圈梁混凝土浇筑应注意：

1) 浇筑前应对木模以及砖墙，提早浇水充分润湿。

2) 用塔吊吊斗供混凝土时，应将混凝土卸在铁盘上，再用铁锹灌入模内，不应用吊斗直接将混凝土卸入模内。

3) 圈梁浇筑宜采用反锹下料，即锹背朝上下料。下料时应先两边后中间，分段一次灌足后集中振捣，分段长度一般为 2～3m。

4) 圈梁振捣一般采用插入式振动器。振捣棒与混凝土面应成斜角，斜向振捣，振捣板缝混凝土时，应选用 ϕ30mm 小型振捣棒。

对于厚度较小的圈梁，也可采用“带浆法”配合“赶浆法”人工捣固。接茬处一般留成斜坡向前推进。

5) 浇筑混凝土时，应注意保护钢筋位置及外砖墙、外墙板的防水构造，不使其损害，专人检查模板、钢筋是否变形、移位；螺栓、拉杆是否松动、脱落；发现漏浆等现象，指派专人检修。

6) 表面抹平：圈梁、板缝混凝土每振捣完一段，应随即用木抹子压实、抹平。表面不得有松散混凝土。

7) 施工缝留设：因圈梁较长，一次无法浇筑完毕时，可留置施工缝，但施工缝不能留在砖墙的十字、丁字、转角、墙垛处及门窗、大中型管道、预留孔洞上部等位置。

8) 混凝土养护：混凝土浇筑完 12h 以内，应对混凝土加以覆盖并浇水养护。常温时每日至少浇水两次，养护时间不得少于 1d。

9) 填写混凝土施工记录，制作混凝土试块。

第四节　楼（屋）面、楼梯的施工

一、楼（屋）面工程

(一) 预制楼面施工

预制楼面的现场施工主要有预制楼面板的安装和板缝混凝土的灌注。

1. 预制楼面板安装

(1) 堵孔和理筋　预制板端的圆孔，由构件厂出厂前用 50mm 厚，M2.5 砂浆块坐浆堵严。安装前应检查是否堵好。砂浆块距板端距离为60mm。板端锚固筋（胡子筋），应当用套管理顺，弯成45°弯，不能弯成死弯，防止断裂。

（2）预制楼板安装工艺流程：

抹找平层或硬架支模→画板位置线→吊装楼板→调整板位置→绑扎或焊接锚固筋。

1）抹找平层或硬架支模：预制板安装之前先将墙顶或圈梁顶清扫干净，检查标高及轴线尺寸，按设计要求抹水泥砂浆找平层，厚度一般为15～20mm，配合比为1∶3。硬架支模方法安装应保证板底标高正确。

2）划板位置线：在承托预制板的墙或梁侧面，按设计图纸要求划出板缝位置线，宜在梁或墙上标出板的型号，板之间按设计规定拉开板缝，当设计无规定时，板缝宽度一般为40mm。缝宽大于60mm时，应按设计要求配筋。

3）吊装楼板：起吊时要求各吊点均匀受力，板面保持水平，避免扭翘使板开裂。按设计图纸核对板号是否正确，然后对号入座，安装时板端对准位置线，缓缓下降，放稳后才允许脱钩。

4）调整板位置：用撬棍拨动板端，使板两端搭墙长度及板间距离符合设计要求。

5）绑扎锚固筋：将板端伸出的锚固筋（胡子筋）经整理后弯成45°弯，并互相交叉。在交叉处绑通长连接附加筋。严禁将锚固筋上弯90°或压在板下（图5-36）。

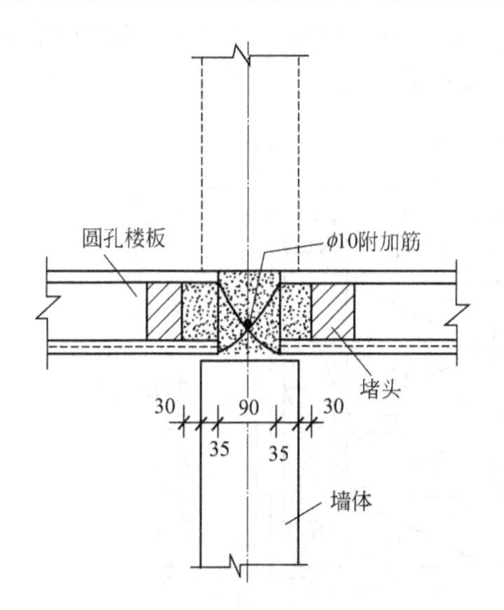

图5-36　预制楼板板端节点构造

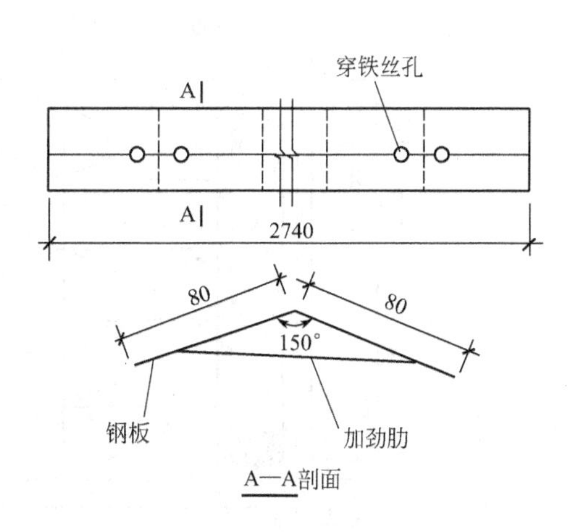

图5-37　板缝吊模板

2. 板缝的灌注

（1）工艺流程：

支板缝模板→预制板端头预应力锚固筋弯成45°→放通长水平构造筋→与板端锚固筋绑扎→灌注板缝混凝土。

（2）灌注板缝混凝土注意事项。

为了防止预制板楼面板缝通裂，板缝灌注应注意：

1）认真清理板缝，尤其是板侧残留砂浆、混凝土，用清水冲洗干净，经监理检查验收合格再支模板。

板缝宽度不超过4cm时，可用50mm×50mm方木或角钢作底模。大于4cm者应当用木板做底模，宜伸入板底5～10mm留出凹槽，便于拆模后顶棚抹砂浆找平。板缝模板宜采用木支撑或钢管支撑，或采用吊模方法。图5-37所示为一种板缝吊模板，支模板时，将定型模板的尖角向上，两孔穿入8号铁丝，铁丝穿在直径ϕ8加劲肋下，以利拆模，吊牢即可。

2）灌缝前在板侧刷素水泥浆，用不低于预制板强度等级的干硬性细石混凝土（坍落度1～3cm）浇灌密实，用小型振捣棒振实，用人工捣固时则分层进行捣固，至表面返浆为止。

3）加强板缝养护，板缝浇筑后12h进行湿润养护，养护时间不少于7d，待同条件养护试块强度达70%以后，再进行楼面其他作业。

4）隔层灌板缝，使板缝有足够的养护时间，待板缝混凝土强度达70%再进行楼面作业。最好是第三层结构开始施工后再进行第一层板缝施工，依此类推，让板缝混凝土有足够的养护时间。

（二）现浇楼面施工

1. 模板支设

（1）配板　一般砌体结构工程现浇楼面采用的模板有组合钢模板和竹（木）胶板。

由于组合钢模单块面积小，拼缝多，不容易保证楼面的外观质量，所以目前流行的做法是采用竹（木）胶板，这类模板单块面积大、自重轻，装拆效率高，接缝少，表面带有覆面层时，拆模后板底平整。图5-38所示为楼面胶合板配模的方案。

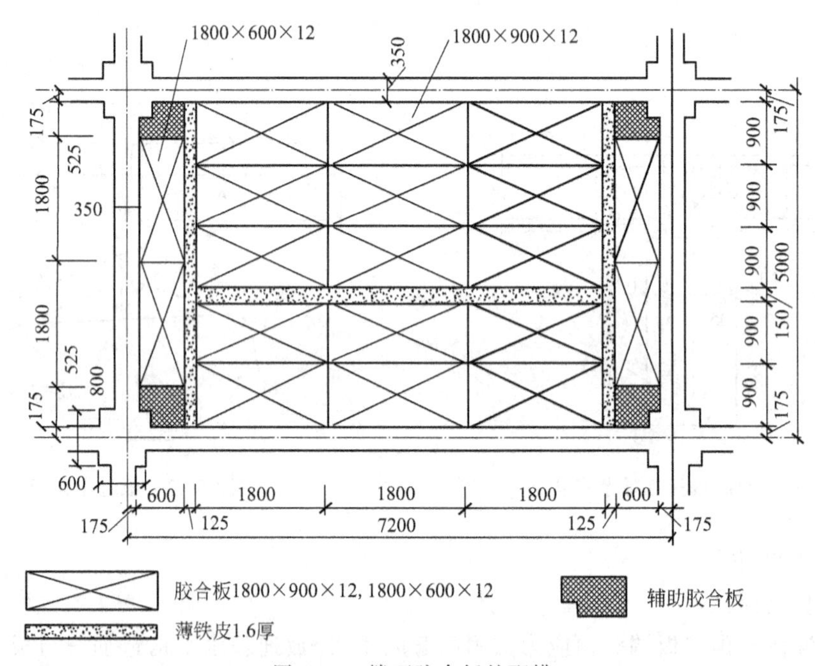

图5-38　楼面胶合板的配模

楼板模板使用胶合板时，配板可采用以下两种方式：

1）先用标准尺寸的整块胶合板对称排列，不足部分留在中央及两端，用胶合板锯成所需尺寸嵌补。

2）先用标准尺寸的整块胶合板排列，不足的部位并不安排在尽头，而用1.6mm厚铁皮将模板缝加以覆盖，并用钉子固定在其旁相邻的胶合板上。铁皮可比所覆盖尺寸略宽。

（2）模板支撑　图 5-39 为楼面胶合板配板的模板支撑布置图。

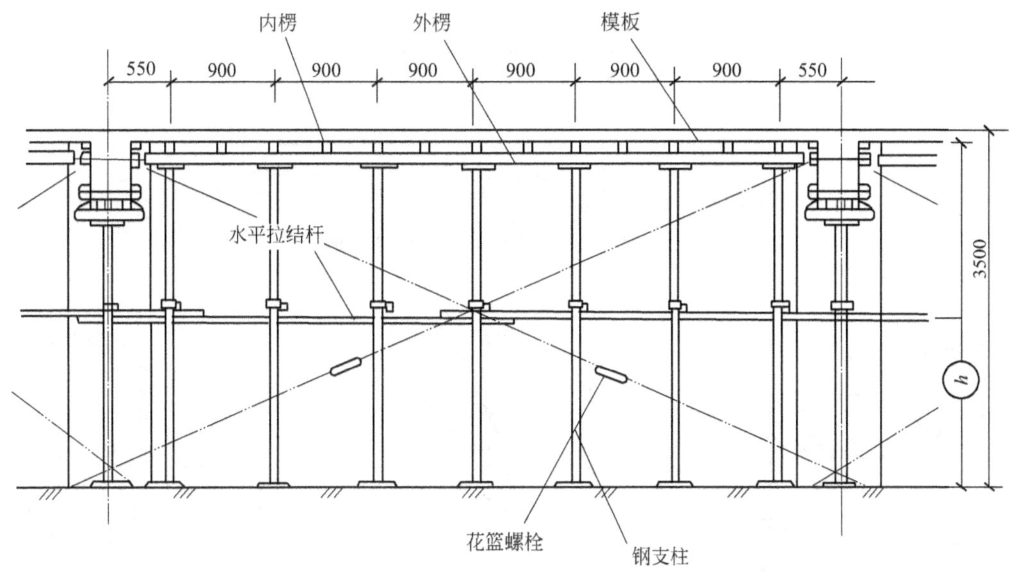

图 5-39　楼面胶合模板的支撑布置

在楼面模板工程中，推行支柱不拆、模板先拆的早拆模板施工方式，可以加快模板周转速度，减少模板置备量，降低施工成本。

2. 钢筋绑扎

（1）现浇板的钢筋构造　对于现浇板的配筋应注意区分几个概念。

1）双向板与单向板　双向板和单向板是根据板周边的支承情况及板的长度方向与宽度方向的比值来确定的，而不是根据整层楼面的长度与宽度的比值来确定。

① 对边支承的板为单向板。

② 四边支承的板，当长边与短边的比值小于或等于 2 时，为双向板。

③ 四边支承的板，当长边与短边的比值大于 2 而小于 3 时，也宜按双向板的要求配置钢筋。

④ 四边支承的板，当长边与短边的比值大于或等于 3 时，为单向板。

双向板两个方向的钢筋都是根据计算需要而配置的受力钢筋；由于板在中点的变形协调一致，所以短方向的受力会比长方向大，施工图设计文件中都会要求板下部钢筋短方向的在下、长方向的在上；板上部受力也是短方向比长方向大，因此要求上部钢筋短方向在上，而长方向在下。

2）构造钢筋与分布钢筋　构造钢筋，一般是指结构计算时不考虑，但需要按构造要求而配置的钢筋。《混凝土结构设计规范》规定，板中的构造钢筋有最小直径和最大间距的要求，沿受力方向布置的构造钢筋还有最小截面面积要求。

分布钢筋，是指单向板底处垂直于受力钢筋的分布钢筋、垂直于板支座负筋的分布钢筋等；通常把板中垂直受力钢筋方向布置的钢筋称为分布钢筋；分布钢筋一般不作为受力钢筋，其主要作用是固定受力钢筋和抵抗收缩和温度应力的作用。单向板中的构造钢筋和分布钢筋的区别见图 5-40。

3）板转角处的加强钢筋　悬挑板在阳角和阴角部位均应配置附加加强钢筋，可采用下列形式配置附加加强钢筋（图 5-41）：

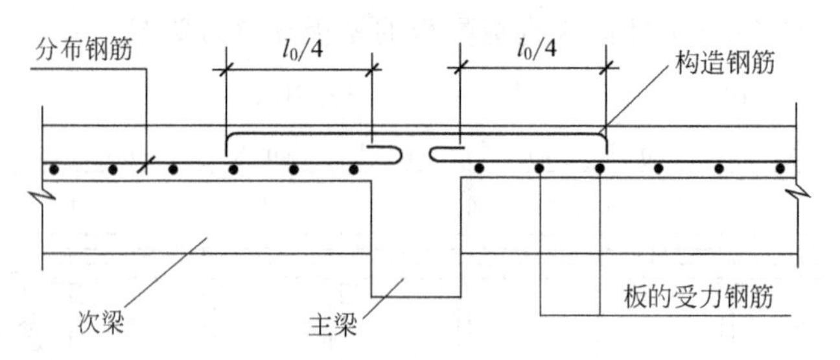

图 5-40　单向板中的构造钢筋和分布钢筋

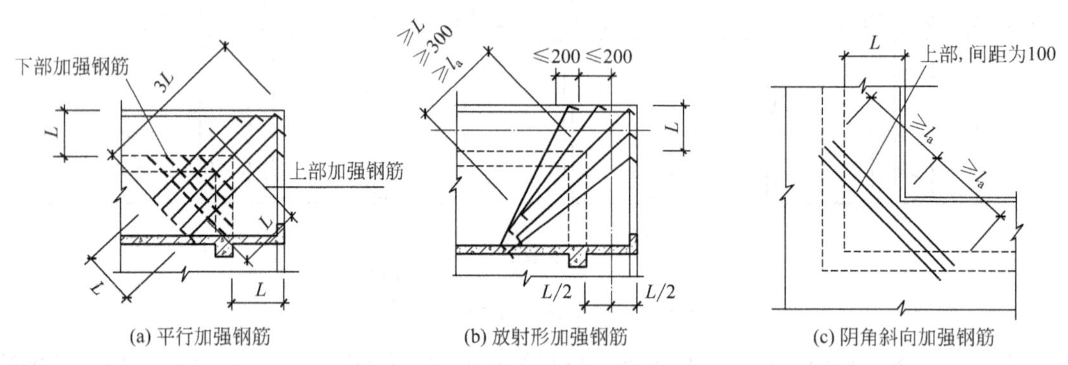

(a) 平行加强钢筋　(b) 放射形加强钢筋　(c) 阴角斜向加强钢筋

图 5-41　悬臂板在阳角和阴角处附加加强钢筋构造

① 在转角板的平行于板角对角线配置上部加强钢筋，在转角板的垂直于板角对角线配置下部加强钢筋，配置宽度取悬挑长度 L，其加强钢筋的间距应与板支座受力钢筋相同。

② 在悬挑板阳角处配置放射形加强钢筋，其间距沿 $L/2$ 处不应大于 200mm。

③ 当转角位于阴角时，应在垂直于板角对角线的转角板处配置斜向钢筋，间距不大于 l00mm；悬挑板的下部配置温度收缩钢筋，配筋率不宜小于 0.1%。

（2）板钢筋的绑扎　现浇钢筋混凝土楼面裂缝，是质量通病之一，其中钢筋绑扎质量问题是重要原因。在楼面板钢筋的绑扎中要注意：

1）加强楼面钢筋网的保护。

实际施工中，楼面下层的钢筋网在垫块及模板的支承下，并且当垫块间距不超过 1.5m 时，保护层容易正确控制。而楼面上层钢筋网的有效保护，一直是施工中的一大难题。由于板的上层钢筋一般较细，钢筋离楼板模板的高度较大无法受到模板的支承，如果支承上层钢筋网的钢筋小马凳设置间距过大，甚至不设，则在施工中受到人员踩踏后容易弯曲、变形、下坠。

根据施工实践，楼面双层双向钢筋（包括分离式配置的负弯矩筋）必须设置钢筋小马凳，其横向间距不应大于 700mm（即每平方米不少于 2 只），特别是对于ϕ8 钢筋，小马凳的间距应控制在 600mm 以内（每平方米不少于 3 只），同时采取下列措施加以解决：

① 尽可能合理和科学地安排好各工种交叉作业时间，在板底钢筋绑扎后，线管预埋应及时穿插，尽量减少板面钢筋绑扎后被作业人员踩踏。

② 在楼梯、通道等频繁和必须的通行处应搭设临时简易通道（或铺设跳板），供施工人员通行。

③ 加强教育和管理，使作业人员充分重视保护板面负筋正确位置的意义。行走时，自觉沿钢筋小马凳支撑点通行，不得随意踩踏中间部位钢筋。

④ 安排足够数量的钢筋工在混凝土浇筑前及浇筑中及时进行整修，特别是支座端部受力最大处以及楼面裂缝最易发生处（四周阳角处、预埋线管处以及大跨度房间外）应重点检查和修复。

⑤ 混凝土工在浇筑时对裂缝的易发生部位和负弯矩筋受力最大区域，应铺设临时性活动跳板，扩大接触面，分散应力，尽量避免上层钢筋受到重新踩踏变形。

2）注意楼面内的预埋管线。

楼面内的预埋管线，特别是多根线管的集中处容易导致裂缝。当预埋线管直径较大，开间宽度较大，且线管的敷设走向重合时，很容易发生楼面裂缝。因此对于较粗的管线或多根线管的集中处宜增设抗裂短钢筋（ϕ6～ϕ8，间距≤100mm）。

3. 混凝土浇筑

现浇楼板的混凝土浇筑难度不大，但裂缝仍然是质量通病，为此，对现浇板的混凝土浇筑也不能掉以轻心。

1）一般要求。

以《南京市住宅工程质量通病防治导则》为例，对现浇板的混凝土浇筑有如下规定：

① 现浇板的混凝土应采用中粗砂。

② 混凝土应采用减水率高、分散性能好、对混凝土收缩影响较小的外加剂，其减水率不应低于8%。

③ 预拌混凝土的含砂率应控制在40%以内，每立方米粗骨料的用量不少于1000kg，粉煤灰的掺量不宜大于15%。预拌混凝土进场时按检验批检查入模坍落度，砌体结构住宅不应大于150mm。

④ 现浇板中的线管必须布置在钢筋网片之上（双层双向配筋时，布置在下层钢筋之上），交叉布线处应采用线盒，线管的直径应小于1/3楼板厚度，沿预埋管线方向应增设ϕ6@150、宽度不小于450mm的钢筋网带。严禁水管水平埋设在现浇板中。

⑤ 现浇板浇筑时，在混凝土初凝前应进行二次振捣，在混凝土终凝前进行两次压抹。

⑥ 现浇板浇筑后，应在12h内进行覆盖和浇水养护，养护时间不得少于7d；对掺用缓凝型外加剂的混凝土，不得少于14d。

⑦ 现浇板养护期间，当混凝土强度小于1.2MPa时，不得进行后续施工。当混凝土强度小于10MPa时，不得在现浇板上吊运、堆放重物。吊运、堆放重物时应减轻对现浇板的冲击影响。

2）施工缝的留置。

《混凝土结构工程施工质量验收规范》（GB 50204—2002）规定：混凝土施工缝不应随意留置，其位置应事先在施工技术方案中确定。确定施工缝位置的原则为：尽可能留置在受剪力较小的部位；留置部位应便于施工。

单向板的施工缝可留设在平行于板的短边的任何位置；有主次梁的楼板，宜顺着次梁方向浇筑，其施工缝应留设在次梁跨度中间1/3L范围内。

对于砌体结构工程的现浇楼面施工缝的留置，也有人认为与框架结构现浇楼面一样留在1/3L跨中不妥，因为砖混结构楼房的砖墙刚度较大，限制着现浇板混凝土的自由收缩（实质上是因为混凝土的线膨胀系数与砖砌体的线膨胀系数相差太大引起的）。当收缩达到一定程度时，就在现浇板的施工缝处产生裂缝。于是提出将施工缝留在承重横墙上中线处，这种留置施工缝的方法符合规范规定，在剪力较小处，能消除因施工缝在跨中1/3范围内处理不好引起的裂缝。具体做法是：

① 先在承重横墙上中线设置通长垫木或钢管，一是作为现浇板负筋的临时支撑，二是可以作为浇筑现浇板混凝土的临时侧面模板。

② 浇筑混凝土完成后，待混凝土强度达到 1.2MPa 时，将中心线处多余浇筑的混凝土剔凿掉。

③ 剔凿至中心线处的密实混凝土时，需要用压力水冲洗干净，并且要求保持湿润 24h 以上，残留在混凝土表面上的积水应清除。

④ 铺设一层 10～15mm 厚的水泥砂浆（其配合比与混凝土内的砂浆成分相同）。

⑤ 二次浇筑现浇板混凝土。

二、楼梯施工

砌体结构工程的楼梯根据房屋结构设计的不同也分为预制装配式楼梯和现浇楼梯两类。

（一）预制装配式楼梯施工

砌体结构工程中的预制装配式钢筋混凝土楼梯的构造形式大多为梁承式（图 5-42），一般不采用墙承式和墙悬臂式等类型。通常分为梁板式梯段、平台梁、平台板三部分分别预制，到施工现场进行装配。其中，梁板式梯段往往可能成为单位工程中最重的预制构件，在施工组织设计考虑塔吊的起重能力时，不能忽略。

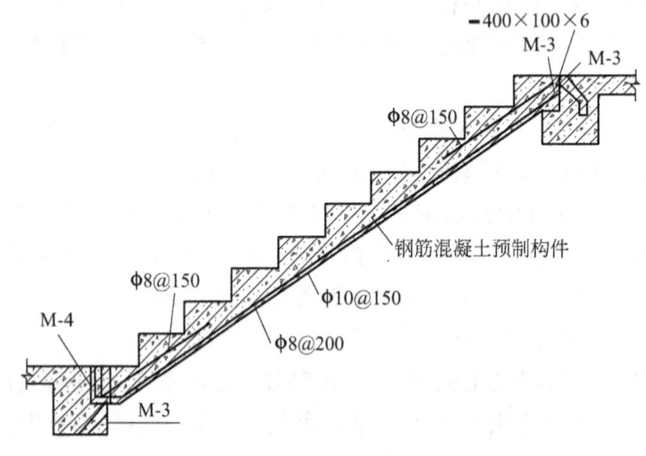

图 5-42 预制楼梯构造

1）安装预制平台梁和平台板：与安装预制楼面板一样，先在墙上铺一层水泥砂浆作找平坐浆，安装时应使板两端伸入支座长度相等，并宜用预先做好的踏步样板，在上下两平台板的梯段支承面之间进行校核，以保证间距符合要求。

2）安装楼梯段：用吊装索具上的倒链调整一端索绳长度，使楼梯段踏步面呈水平状态。平台板的支撑面上浇水湿润并坐水灰比为 0.5 的水泥浆，使支座接触严密。如支撑面不严有缝隙时，要用铁楔找平，再用水泥砂浆嵌塞密实。

3）焊接：楼梯段安装校正后，应及时按设计图纸要求，用连接钢板（规格尺寸不得小于图纸规定）将楼梯段与平台板的预埋铁件围焊，焊缝应饱满。

4）灌缝：每层楼板两块楼梯段安装后，经检查位置、标高无误后，即可将平台板两端和墙间的空隙支模浇筑 C20 细石混凝土，振捣密实，并注意养护。

（二）现浇楼梯的施工

1. 模板支设

（1）组模　楼梯段模板相对比较复杂。图 5-43 所示为踏步用异型钢模板、平台底模用组合钢模板组装梯段模板的例子。支模中要十分注意的是斜向支柱的固定，避免浇筑混凝土时模板发生位移。

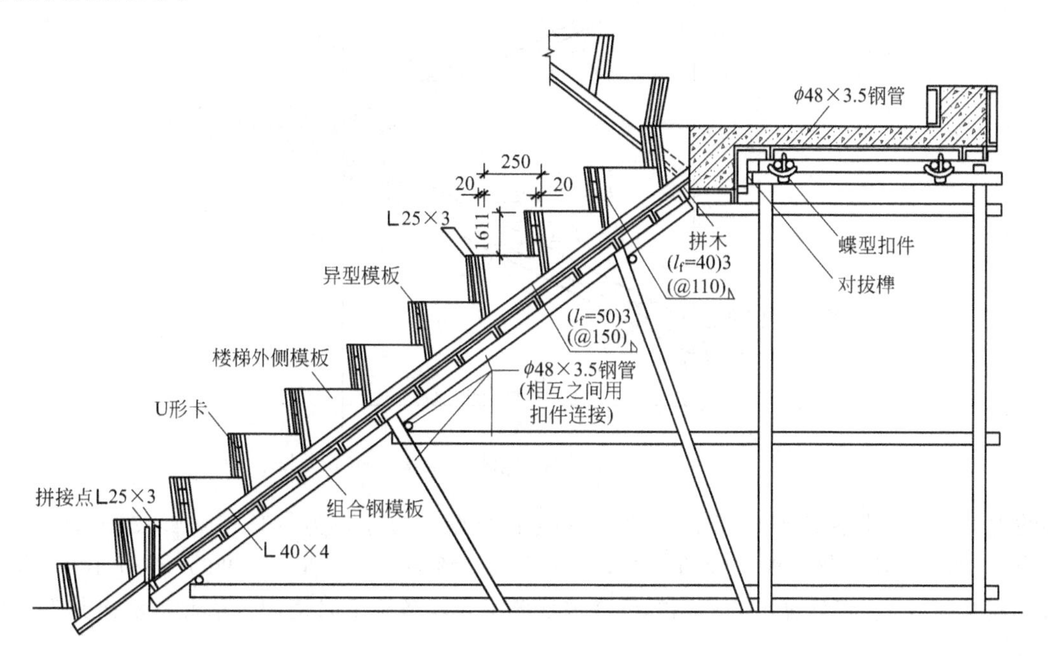

图 5-43　现浇楼梯模板支设

（2）楼梯模板放线　在实际工程施工中，现浇整体楼梯模板时常出错，主要是因为建筑施工图上标注的尺寸和标高是指装饰完工后的尺寸和标高，而在结构施工图上则是指承重结构（不含装饰层）的尺寸和标高。有的图纸上对施工中需要的一些尺寸，例如平台板底标高、梁底标高、梯段板底与梯梁交线的标高等都没有标出，施工时需另行计算。因此，为减少差错，在组装模板之前，施工技术员应先给出模板放线图。

模板放线图就是模板组装完成后的平面图和剖面图，图中应将对安装模板有用的尺寸和标高都标出来。下面结合实例（图 5-44），按施工先后顺序介绍楼梯模板放线方法。

1）弹竖直墨线 a、b　在楼梯梁内侧墙面上弹两条竖直墨线 a 和 b，间距为 9 个踏步的宽度；即 300×9＝2700mm。在楼梯梁另一侧墙面上，也要同样弹两条竖直墨线（在剖面图中，只能看到墨线 a、b）。在立上层楼梯模板前，均应将墨线 a、b 用锤球或经纬仪引至上层墙面上，这样可将楼梯梁上下控制在同一条直线上，保证踏步宽度尺寸一致。

2）弹斜墨线 c　从标高为－0.020 的水平线与墨线 a 交点 g 向上量出一个踏步高度（150mm），得 f 点。将 f 点与标高为 1.480 的水平线和墨线 b 交点 h 连接起来，就是墨线 c。同样也弹出上面梯段的墨线 c。

3）弹墨线 d　将墨线 c 在竖直方向向下平移 150mm，就得到墨线 d，墨线 c 与墨线 d 在竖直方向上的距离；就是踏步模板高度（150mm）。

4）弹斜墨线 e　首先应求出梯段板底与楼梯梁交线的标高，求此标高需用到楼梯坡度 i（i＝150/300＝0.5）和梯板厚度 H_1，梯板厚度 H_1＝80mm，容易算得 H_1 在 a、b 线上的投

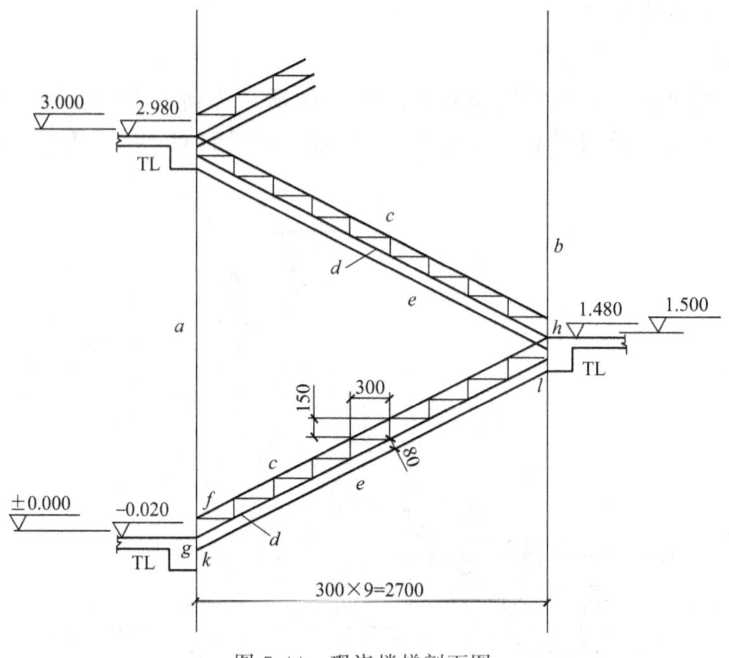

图 5-44　现浇楼梯剖面图

影约为 89mm，即梯段底模板投影线与 b 线的交点 l 的标高为（1.48－0.15－0.089）＝1.241，梯段底模板投影线 a 线的交点 k 点的标高应该为－(0.020＋0.089)＝－0.109。连接 k、l 就是墨线 e。将计算出的标高标注在放线图上，以备施工时使用。依此可求出其他梯段所需标高。

5）弹踏步模板线　弹踏步模板线有两种方法：一是利用水平尺；二是将墨线 c 或墨线 d 九等分（即踏步数），然后由各等分点作垂直线，就可以得到各梯级的模板线。

2. 钢筋绑扎

1）工艺流程：划位置线→绑主筋→绑分布筋→绑踏步筋。

2）在楼梯底板上划主筋和分布筋的位置线。

3）根据设计图纸中主筋、分布筋的方向，先绑扎主筋后绑扎分布筋。每个交点均应绑扎。有楼梯梁时，先绑梁后绑板筋，板筋要锚固到梁内。

4）底板筋绑完，待踏步模板吊模支好后，再绑扎踏步钢筋。主筋接头数量和位置，均应符合施工规范的规定。

3. 混凝土浇筑

浇筑楼梯混凝土时，因工作面较小，其操作位置在不断变化，因此操作人员不宜过多。

1）混凝土的浇筑。应将混凝土卸在铁皮拌盘上，再用小铁桶传递下料。为减少运料困难，其浇筑顺序为：在休息平台以下的踏步可由底层进料；在休息平台以上的踏步，由楼面进料。由下往上逐步浇筑完毕。

2）混凝土的捣固。楼梯混凝土的捣固一般以人工捣固为主。用插入式振动器配合。捣固时，应特别注意踢脚板与踏步板之间的阴角，既要浇满，又不能使踏步板超厚。

3）楼梯栏板如为混凝土结构时，应同时浇筑。如为其他材料时，应注意预埋件位置，并保证埋件处混凝土包裹饱满。

4. 砌体结构工程楼梯间施工值得注意的问题

（1）抗震设计规范规定　楼梯间的施工要注意《建筑抗震设计规范》（GB 50011—2010）对砌体结构楼梯间的相关规定。

1）楼梯间增设构造柱，除楼梯间四角外，楼梯段上下端对应的墙体处增设 4 根构造柱，则楼梯间共有 8 根构造柱。

2）顶层楼梯间横墙和外墙应沿墙高每隔 500mm 设 2Φ6 通长钢筋；7～9 度设防时其他各层楼梯间墙体应在休息平台或楼层半高处设置 60mm 厚的钢筋混凝土带或配筋砖带，其砂浆强度等级不应低于 M7.5，纵向钢筋不应少于 2Φ10。

3）楼梯间及门厅内墙阳角处的大梁支承长度不应小于 500mm，并应与圈梁连接。

4）装配式楼梯段应与平台板的梁可靠连接；不应采用墙中悬挑式踏步或踏步竖肋插入墙体的楼梯，不应采用无筋砖砌栏板。

（2）现浇楼梯应与砌体砌筑同步施工　在砌体结构工程施工中，由于施工组织不力或工序衔接不当，经常出现楼梯施工滞后于砌体砌筑的情况。于是在砌筑到楼梯间休息平台板标高位置时，采取在墙上预留平台板支座槽的砌筑方法，待楼梯施工时，再和休息平台板一起浇筑混凝土。这种的施工方法弊端有：

1）墙体留槽后继续向上砌筑，承压面损失，且留在墙体一侧，形成偏心受压，墙体极易失稳破坏。

2）在浇筑混凝土时，槽内的混凝土必须侧向振捣，稍有不慎，就不能保证浇满捣实，造成平台板支座薄弱。

3）混凝土在硬化过程中产生的收缩，使得支座槽内的混凝土与槽上砌体水平分离，对砌体抗震不利。

因此，现浇楼梯应与砌体砌筑同步施工。即当楼梯间的墙体砌至休息平台板底标高时，平台板以上部分应停止砌筑，开始支模板、绑钢筋、浇筑混凝土楼梯及平台，待其强度达到 2.5MPa 后再进行平台板以上砌体的砌筑。

对于非抗震结构，为了满足楼梯梯段施工缝留置位置的要求，平台梁上跑梯段侧的砌体可以留阳槎设拉结筋向上砌筑，保证与平台板以上后砌的砌体联结牢固。

至于抗震结构，由于楼梯间增设构造柱，以及在休息平台或半层高处设置钢筋混凝土带或配筋砖带，因此楼梯间墙体的砌筑已被构造柱分割，按构造柱的要求留马牙槎即可。

（3）关于楼梯施工缝的留置　现浇楼梯的施工缝留设位置一直存在争议，一种做法是留在每层梯段向上 3 个踏步以外的 1/3 跨中部位，即图 5-45(a) 中施工缝Ⅰ；第二种做法是留在每个楼层梯段的根部，见图 5-45(a) 中施工缝Ⅱ和图 5-45(b) 的施工缝，其中第一种做法占主流。图 5-45 同时给出了楼梯梯段的受力图、弯矩图和剪力图。

存在争议是因为对于现浇楼梯的施工缝留设位置规范并无明确规定，《混凝土结构工程施工质量验收规范》（GB 50204—2002）规定：“混凝土施工缝不应随意留置，其位置应事先在施工技术方案中确定。确定施工缝位置的原则为：尽可能留置在受剪力较小的部位；留置部位应便于施工。”

第一种做法符合“留置在受剪力较小的部位”，但实际施工中存在：

1）第一次完成 3 步梯段的支模，其位置的准确定位、标高控制都比较困难，操作难度很大，容易出现偏差；

2）第二次支模时，要拆除部分已完成的模板才能往上支模，此过程时间很短，但楼梯

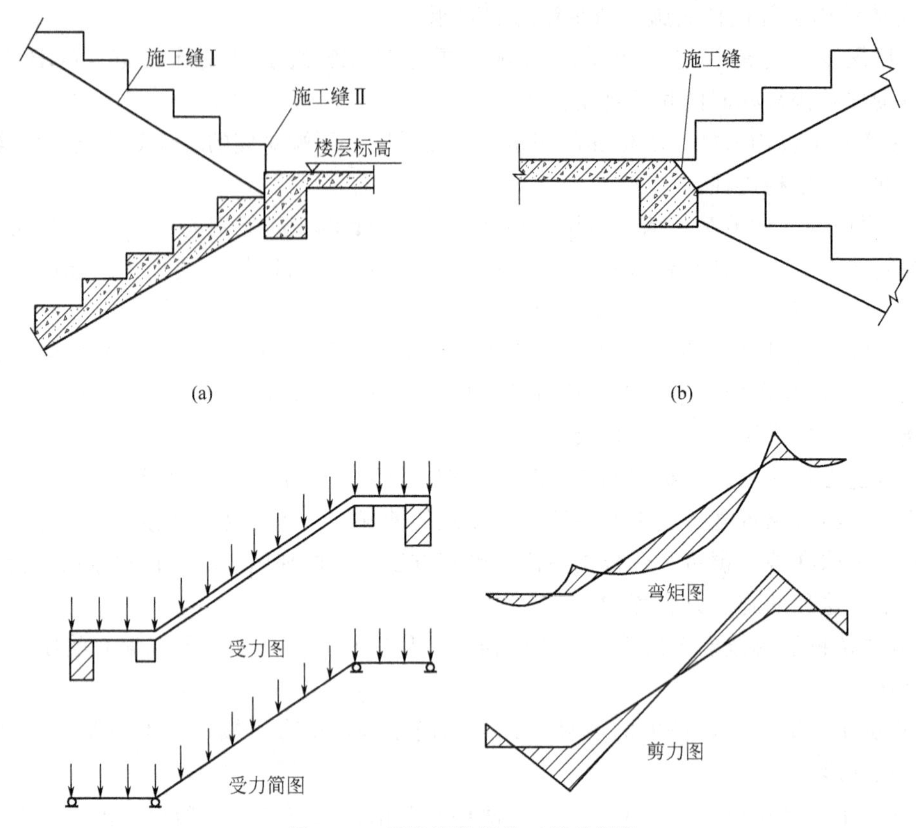

图 5-45　现浇楼梯段施工缝的留设

构件在一定时间内变成了悬挑构件，容易导致内部裂缝。

第二种做法便于施工，但相对来说留在了剪力较大的部位，但可以将施工缝留置成图 5-45(b) 所示的斜缝，减轻支座处剪力的不利影响。

楼梯段的施工缝应斜向垂直于楼梯段模板方向留置，在施工缝处应设封头板，板内有钢筋槽，使封头板能插到底，从而保证施工缝垂直。

值得注意的是，由于抗震设计规范要求在楼梯梯段的上下端对应的墙体处增设构造柱，显然该构造柱应该正好与休息平台梁相交，由于休息平台（梁和板）要先浇、构造柱要后浇，这就导致上三步梯段要与平台梁同时完成支模浇筑的施工难度进一步增加。

三、其他混凝土构件的施工

（一）阳台、雨篷、挑梁

阳台、雨篷、挑梁都属悬臂梁类受力构件，在砌体结构工程中也分为预制和现场浇筑两种施工方式。

1. 预制类悬挑构件的施工

（1）预制类悬挑构件的安装工艺

1）坐浆：安装构件前将墙身上的找平层清扫干净，并浇水灰比为 0.5 的素水泥浆一层，随即安装，以保证构件与墙体之间不留缝隙。

2）吊装：构件起吊时应使每个吊钩同时受力，当构件吊至比楼板上平面稍高时暂停，就位时使构件先对准墙上边线，然后根据外挑尺寸控制线，确定压墙距离轻轻放稳（如设计无要求时，压入墙内不少于 10cm），挑出部分放在临时支撑上。

3）调整：构件放稳后如发现错位，应用撬棍轻轻移动，将构件调整到正确位置。已安装完的各层阳台、通道板上下要垂直对正，水平方向顺直，标高一致。

4）焊接锚固筋：构件就位后，应将内边梁上的预留环筋理直并与圈梁钢筋绑扎。侧挑梁的外伸钢筋还应搭接焊锚固钢筋，锚固钢筋的型号、规格、长度和焊接长度均应符合设计及构件标准图集的要求。焊条型号要符合设计要求，双面满焊，焊缝长度≥5倍锚固筋直径。焊缝质量经检查符合要求后，办理预检手续。锚固筋要锚入墙内或圈梁内。

5）浇筑节点混凝土：阳台外伸钢筋焊接完，阳台内侧环筋与圈梁钢筋绑扎完，并经检查合格办理隐检手续后，与圈梁混凝土同时浇筑。浇筑混凝土前，模内应清理干净，木模板应浇水润模，振捣混凝土时注意勿碰动钢筋，振捣密实后，紧跟着用木抹子将圈梁上表面抹平（注意圈梁上表面的标高线）。通道板安装时板缝要均匀，板缝模板支、吊要牢固，缝内用细石混凝土浇筑，振捣密实，混凝土强度等级要符合设计要求。

（2）预制类悬挑构件施工中注意事项

1）构件预制过程除一般预制混凝土构件应注意的钢筋绑扎、模板支设以及混凝土浇筑的质量外，要注意受力主筋的位置，以及支座负筋的锚固长度。对不能从外观直接判定设计受力方向的悬臂构件，应在构件上作出上下方向的明显标识。

2）构件在运输、堆置、吊装就位的过程中，应注意其受力状态，要合理地布置支点和吊点，不要使构件的受力由悬臂梁变成简支梁，导致意外损坏。

3）安装就位后的悬臂构件，在其固定端没有足够的压重（如梁上的后砌墙体）前，不能在悬臂端安装构件施加荷载，防止悬臂构件倾覆，必要时可以在悬臂端设临时支撑，但要合理确定支点，尽量避免支成简支梁。当固定端压重满足抗倾覆条件后，应及时拆除临时支点，使悬臂构件尽快进入设计受力状态。

2. 现浇类悬挑构件的施工

除一般现浇混凝土结构的注意事项外，还要特别注意：

1）悬臂端的受力钢筋在构件上部，不能放反；支座负筋的锚固长度要符合规范要求。

2）混凝土浇筑过程中，要特别注意防止任意踩踏钢筋骨架，导致受力主筋的计算高度减少，降低悬臂构件的承载能力，甚至出现构件断裂垮塌。为此，悬臂板主筋下面须设钢筋支架，且施工时须加马凳，严禁车压、人踩受力筋，切实保证受力筋的间距、保护层厚度的准确性。

3）对悬臂构件的模板及支撑应进行计算，以保证有足够的强度、刚度和稳定性。

4）悬臂构件拆模前应对混凝土试件进行检测，待混凝土强度达到100%，且固定端压重荷载满足抗倾覆要求时方可拆除模板和支撑。

（二）过梁、烟道、风道、垃圾道

1. 过梁

砌体结构工程中的过梁一般均采取预制，要注意的是预制过梁在安装时，其上下方向不能放反，因此，预制过梁时，必须在梁上明显标识出过梁的主筋方向位置。

当过梁与圈梁的标高相同或相近时，可以由圈梁兼作过梁，但该部分圈梁的钢筋应按计算用量另行增配，不能以圈梁的构造配筋作为过梁的配筋。

2. 烟道、风道、垃圾道

烟道用于排除燃煤灶的烟气，设于厨房内。通风道主要用来排除室内的污浊空气，道常设于暗厕内。垃圾道由垃圾管道、垃圾斗、排气道口、垃圾出灰口等组成，设在楼梯间外墙外侧或内侧。

抗震规范规定烟道、垃圾道和配电箱洞口不应削弱墙体，即不要在墙体厚度内开洞，烟道等应设在墙外，成为附墙烟道等；如墙体被削弱时，应对墙体采取水平配筋等加强措施，对附墙烟囱及出屋面烟囱采用竖向配筋。

砌体结构工程中的烟道、风道、垃圾道通常都是预制装配工艺施工。以垃圾道的安装为例：

(1) 多层砖混结构垃圾道安装在内侧缺角处，一般每层楼梯休息平台板安装后即吊装垃圾道。各垃圾道竖板之间用连接板焊在板上下端预埋铁件上，焊接牢固。竖板端头板缝用水泥砂浆嵌实。垃圾道竖板中部预埋件与墙体预埋铁件焊接。

(2) 将垃圾道吊起时对准下截垃圾道上口，上下对直后临时将吊环与主体结构拉牢。

(3) 经检查位置准确无误，上下顺直无错位后，可进行焊接。垃圾道与主体结构之间，垃圾道与垃圾道之间的预埋铁件，均用连接铁件焊牢固。

小　结

砌体结构工程的主体结构施工包括前期准备、施工和质量验收三个阶段。

墙体的砌筑施工过程一般为：抄平、弹线、摆砖、立皮数杆、挂线、铺灰砌砖、勾缝(或划缝)、清扫墙面。砌体墙体的局部构造主要有：门窗洞口、砌体过梁和钢筋混凝土过梁，以及砖挑檐、砖腰线、女儿墙等，砌筑这些部位有特殊的工艺要求。砌体结构工程中水电管线的暗敷具有一定难度，应引起重视。砌体墙体的施工构造主要涉及留槎和接槎、脚手眼和施工临时洞口的留置等，各施工构造都有相应的工艺要求。

砖砌体总的质量要求是：横平竖直，砂浆饱满，墙体垂直，墙面平整，上下错缝，内外搭接，接槎可靠。

砖砌体砌筑的质量通病有：混水墙粗糙、“螺丝墙”、清水墙游丁走缝、水平缝厚薄不均匀，砖墙凹凸不平、留槎不符合要求，构造柱未按规定砌筑、清水墙面勾缝污染等。

蒸压灰砂砖和粉煤灰砖与普通砖具有相同的块体尺寸，在作为墙体材料砌筑的施工工艺中，组砌方式、砌筑工艺等与普通砖基本相同，但是，这两种砖在砌筑过程中容易出现墙体开裂的现象，施工中应采取相应的工艺措施。多孔砖的块体尺寸与普通砖不同，也具有其工艺特点，如不得立砌，不得人工砍砖等。

构造柱和圈梁是砌体结构工程中的重要抗震措施，在施工过程中，与构造柱和圈梁直接相关的墙体砌筑、模板支设，钢筋绑扎和混凝土浇筑都是质量控制的重点环节。

砌体结构工程楼（屋）面有预制楼（屋）面和现浇楼（屋）面两种，预制楼（屋）面的现场施工主要有预制楼面板的安装和板缝混凝土的灌注。现浇楼（屋）面的钢筋绑扎要注意区分双向板与单向板、构造钢筋与分布钢筋的概念，以及板转角处加强钢筋的设置；混凝土浇筑要注意施工缝的留置。

砌体结构工程的楼梯也分为预制装配式楼梯和现浇楼梯两类。现浇楼梯的支模放线、与墙体砌筑、楼梯间构造柱的施工穿插以及施工缝的留置，是施工控制的重要环节。

阳台、雨篷、挑梁等悬臂梁类受力构件，也分为预制和现场浇筑两种施工方式。预制安装时要防止构件倾覆，现场浇筑要防止负弯矩受力主筋的位置放错和被踩塌，降低悬臂构件的承载能力。

预制过梁、烟道、风道、垃圾道等混凝土小构件的安装应与主体结构工程施工同步进行，并注意其各自的施工要点。

能力训练题

一、填空题

1. 用水准仪在室内墙面上测设一条__________高的一周圈水平线，称为50线。

2. 普通砖墙砌砖的工艺流程为________→________→________→________→________→________→________。

3. 构造柱与墙连接处应砌成马牙槎，沿墙高每隔________mm设________和________或________，每边伸入墙内不宜小于1m。

4. 构造柱与圈梁连接处，构造柱的纵筋应在圈梁纵筋________穿过，保证构造柱纵筋上下贯通。

5. 砖砌体总的质量要求是__________、__________、__________、__________、__________、__________、__________。

二、单选题

1. 砖墙每天砌筑高度一般不得超过（　　）m，雨天不得超过（　　）m。

A. 1.5、1.2　　B. 1.8、1.5　　C. 1.8、1.2　　D. 2.8、1.8

2. 砖墙的转角处和纵横墙交接处应同时砌筑，不能同时砌筑处，应砌成斜槎（踏步槎），斜槎长度不应小于墙高的（　　）。

A. 1/3　　B. 1/2　　C. 2/3　　D. 1/4

3. 砌体水平灰缝的砂浆饱满度要达到（　　）%以上。

A. 70　　B. 80　　C. 90　　D. 95

4. 构造柱与圈梁连接处，构造柱的纵筋应在圈梁纵筋内侧穿过，保证构造柱纵筋上下贯通。

A. 30　　B. 40　　C. 50　　D. 70

5. 四边支承的板，当长边与短边的比值（　　）时，为双向板。

A. <2　　B. $\leqslant 2$　　C. <3　　D. $\leqslant 3$

三、多选题

1. 墙体砌筑皮数杆的设置规定有（　　　）。

A. 建筑物的转角和隔墙角处　　B. 间距5～20m为宜

C. 皮数杆立好后用水准仪进行校核

D. 当采用外脚手架砌墙时，皮数杆应立放在外墙外侧

2. 多孔砖墙与构造柱的连接处应砌成马牙槎，可用的砌筑方式有（　　　），先退后进，保证柱脚处为大断面。

A. 二退二进　　B. 三退三进　　C. 四退四进　　D. 五退五进

3. 清水墙勾缝的形式一般有（　　　）。

A. 平缝　　B. 凹缝　　C. 斜缝　　D. 半圆形凸缝

4. 严禁设置脚手眼的普通砖墙体或相关部位有（　　　）。

A. 半砖墙　　B. 宽度小于1m的窗间墙

C. 钢筋混凝土预制过梁上成60°角的三角形范围内

D. 洞口两侧180mm范围内

5. 砌体结构工程装配式楼梯段应与平台板的梁可靠连接，不应采用（　　　）。

A. 墙中悬挑式踏步　　B. 踏步竖肋插入墙体的楼梯

C. 有筋砖砌栏板　　D. 无筋砖砌栏板

四、思考题

1. 墙体砌筑的施工工艺是?

2. 砌体结构工程主体结构施工期间如何进行高程的传递?

3. 如何进行墙面的排砖？
4. 墙体砌筑过程如何进行质量控制？
5. 勾缝有哪几种形式？如何进行勾缝？
6. 门窗洞口的后塞口砌筑工艺过程是？
7. 砖过梁有哪几种类型？如何进行砌筑？
8. 普通砖砌体工程如何进行水电管线的预埋？
9. 砌筑过程如何进行墙体的留槎和接槎？
10. 墙体脚手眼的留设有哪些规定？
11. 简述砌筑过程的质量安全注意事项。
12. 简述砖砌体的质量要求。
13. 简述砖砌体工程的质量通病及其防治。
14. 蒸压灰砂砖、粉煤灰砖有哪些特点？
15. 防止蒸压灰砂砖、粉煤灰砖墙体开裂的措施有哪些？
16. 简述构造柱的构造规定。
17. 简述构造柱的施工要求。
18. 简述圈梁的构造规定。
19. 简述圈梁的施工要求。
20. 多孔砖有何特点？施工应注意哪些问题？
21. 简述预制楼面板的安装工艺。
22. 简述现浇楼面板的支模工艺。
23. 现浇板中构造钢筋和分布钢筋有何不同？
24. 现浇板的施工缝的留设有哪些要求？
25. 现浇楼梯的施工放线如何进行？
26. 现浇楼梯的施工缝如何留设？
27. 阳台、雨篷、挑梁等悬挑构件在施工中应注意什么问题？

第六章 砌块砌体结构工程施工

知识目标

• 了解混凝土小型空心砌块的规格型号，了解混凝土小型空心砌块建筑的设计和构造特点

• 掌握混凝土小型空心砌块墙体的砌筑施工工艺和芯柱、构造柱、圈梁的构造要求及施工工艺

• 熟悉混凝土小型空心砌块工程中水电管线布设的相关规定和施工工艺

• 熟悉混凝土小型空心砌块工程的质量和安全施工的规定

能力目标

• 能根据工程所使用的砌块规格绘制墙体砌块排列图

• 具备对混凝土小型空心砌块砌体的施工过程进行工艺及质量监控的能力

砌块生产不用土，能耗低，符合国家技术发展政策，是砌体结构工程发展的方向。其中，混凝土砌块一般为空心构造，自重轻，不但减少了施工中的材料运输量，还可以有效减轻基础的负载，使得地基处理相对容易；且由于块体尺寸大，因此还有施工速度快，砂浆用量少等优点。

但是，砌块建筑也容易发生“裂（墙体裂缝）、热（外墙保温隔热性能差）、漏（外墙易渗水）”等质量通病，因此在施工中应采取相应的对策措施。

本章主要讲述砌块砌体结构中应用广泛的混凝土小型空心承重砌块砌体结构工程的施工。

第一节 砌块材料

1. 混凝土小型空心砌块的规格型号

(1) 外观形状　见图 6-1。

(2) 砌块代号及标注　砌块端部形式为平头的块型代号见表 6-1。标注见图 6-2。

(3) 砌块类型　根据《混凝土砌块系列块型》(05 SG616) 的规定，砌块类型有：

1) 根据块型厚度，有 90、120、140、190、240、290 等厚度系列块型，其中 90 厚用于内隔墙砌筑（及自承重砌块），承重墙则常用 190 厚系列砌块。

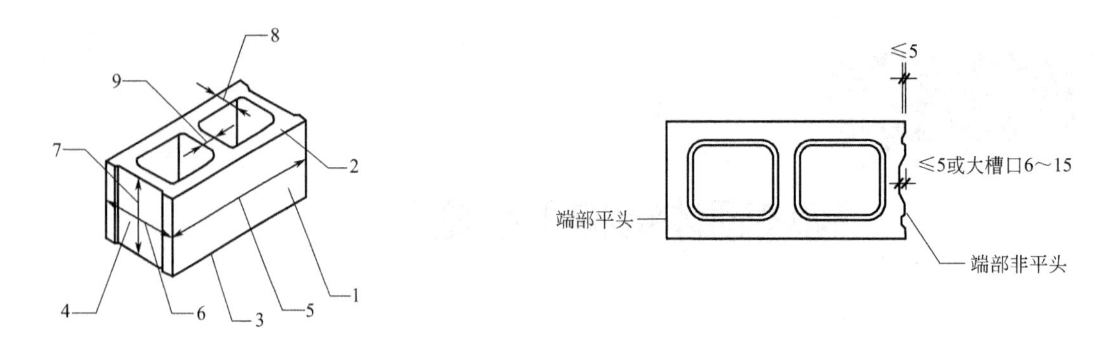

图 6-1　混凝土小型空心砌块各部位的名称及端部构造

1—条面；2—坐浆面（肋厚较小的面）；3—铺浆面（肋厚较大的面）；4—端面；5—长度；
6—宽度；7—高度；8—壁；9—肋

注：1. 承重砌块端部槽口不宜大于 5；

2. 砌块的最小壁厚，承重砌块不小于 30，自承重砌块不小于 25；

3. 砌块横肋最小端的厚度，承重砌块不小于 25，自承重砌块不小于 20。

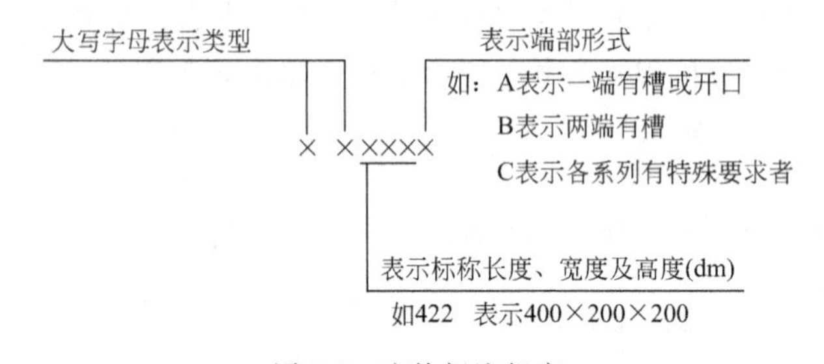

图 6-2　砌块标注规定

表 6-1　混凝土小型空心砌块块型代号

砌 块 类 型	代　号	长×宽×高/mm×mm×mm
普通砌块	K422	400×200×200
装饰砌块	ZK412	400×100×200
轻集料砌块	QK422	400×200×200
粉煤灰砌块	FK422	400×200×200
保温砌块	BK4×2	400××200
窗台砌块	CT2××	200×××
压顶砌块	YD2×2	200××200
吸音砌块	XY422	400×200×200

注：砌块长、宽、高不符合模数时不标注，以符号×表示，当长、宽、高特殊时，可根据情况个别标注。

2）根据功能，除上述自承重和承重砌块外，还有保温砌块、吸音砌块、装饰砌块等块型。

3）根据砌块用于不同的部位，有专用于芯柱清扫口砌筑的芯柱砌块、用于附壁柱的柱砌块，以及系梁砌块、过梁砌块、窗台砌块和女儿墙的压顶砌块等功能砌块。

除此之外，还有通过其肋或壁的局部突出凹进咬合成连锁键的连锁砌块，对提高砌体的整体性及抗剪、抗弯和抗裂能力有重要意义。

4）190 厚承重墙砌块。用于承重墙砌筑的 190 宽混凝土小砌块块型见表 6-2、表 6-3。

表 6-2　190 宽混凝土小砌块块型图（一）

简称	190 宽砌块主块型系列示例与代号		简称	芯柱砌块系列块型示例与代号	
4A 4B	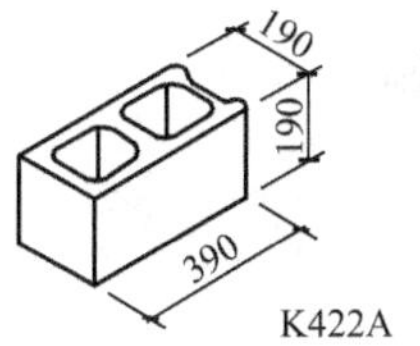 K422A	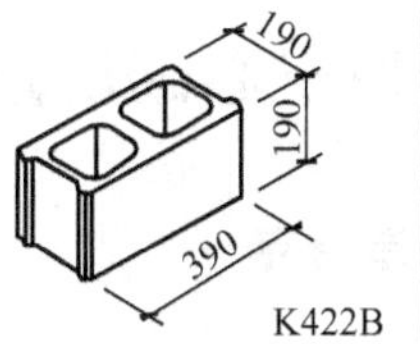 K422B	X4 X4A	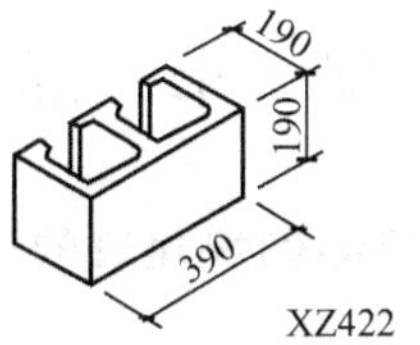 XZ422	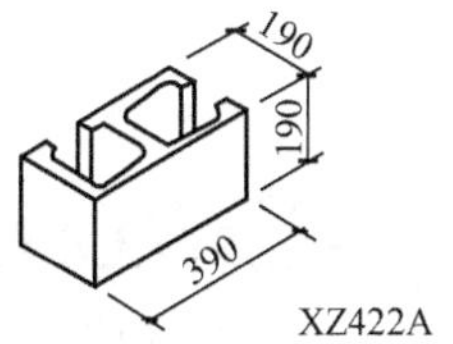 XZ422A
3 3A	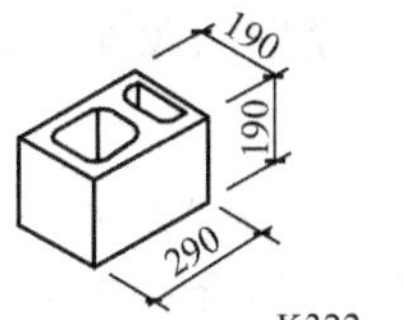 K322	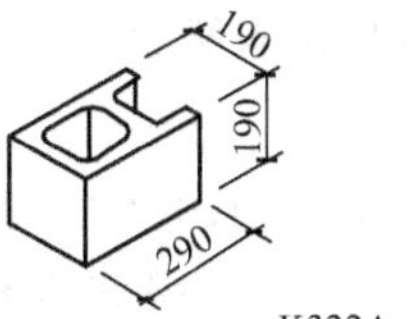 K322A	X4B X4C	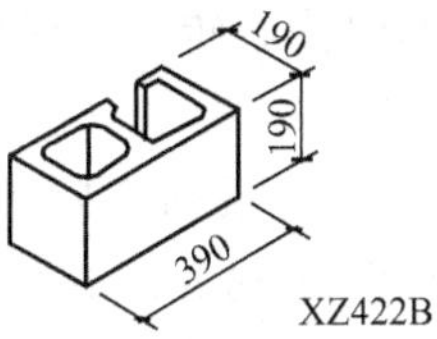 XZ422B	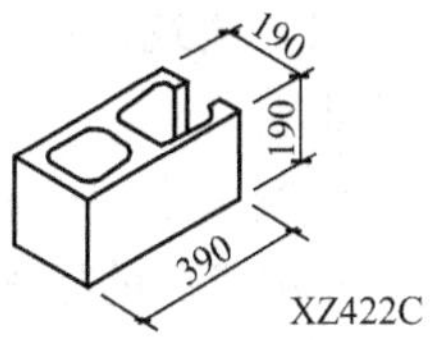 XZ422C
2A 2B	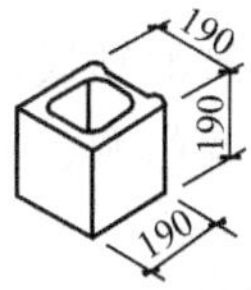 K222A	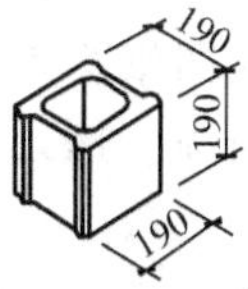 K222B	X2	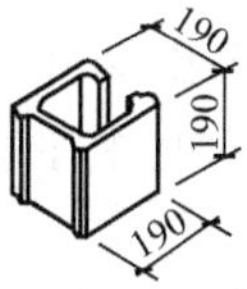 X222C	—

表 6-3　190 宽混凝土小砌块块型图（二）

简称	系梁砌块及辅助块型示例与代号		简称	系梁砌块、控制缝砌块块型示例与代号	
L4A L4B	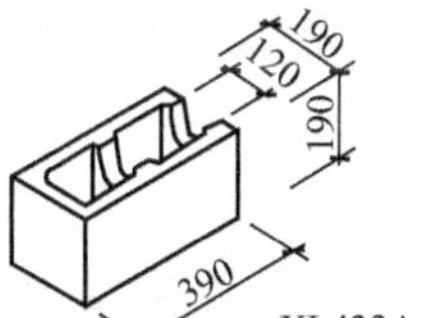 XL422A	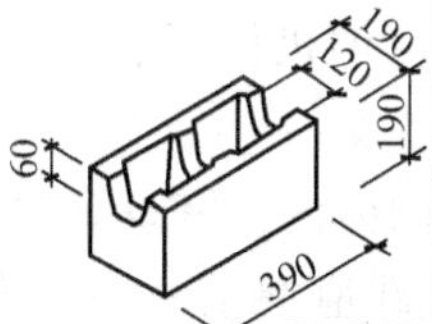 XL422B	L3 L2	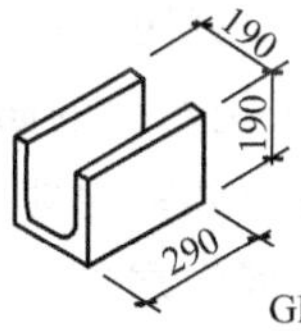 GL322	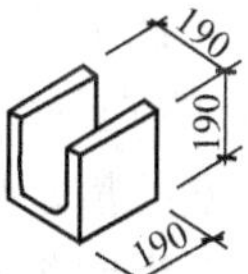 GL222
L4C L3A (L3B)	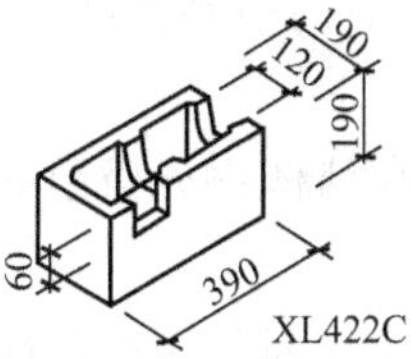 XL422C	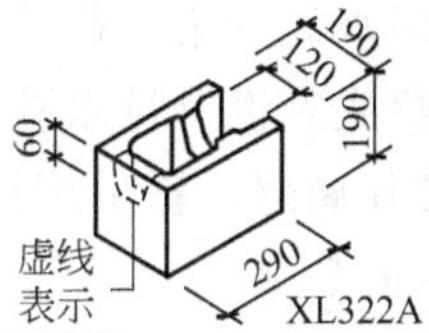 虚线表示L322B XL322A (L322B)	F4A F4B	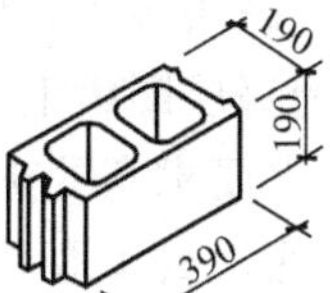 FK422A	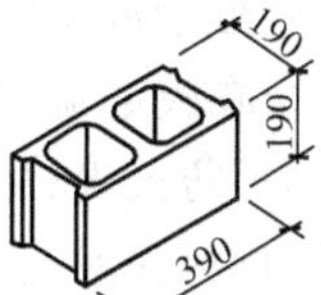 FK422B
L2A L2B	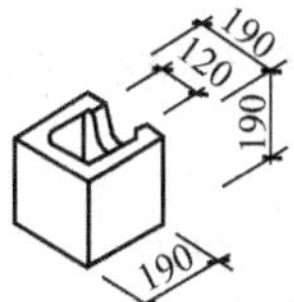 XL222A	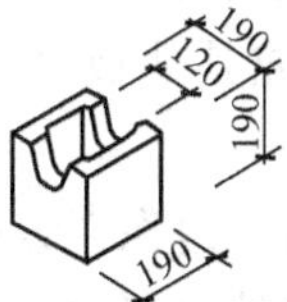 XL222B	F2A F2B	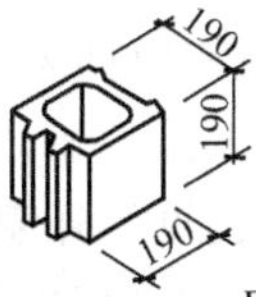 FK222A	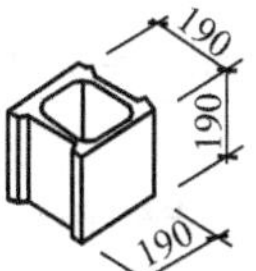 FK222B

2. 砌块的模数

高度：主规格尺寸为 190，辅助尺寸为 90，其公称尺寸为 200 和 100。因此砌块高度应满足建筑房屋竖向模数（层高）1M 的要求。

长度：主规格为 390，辅助规格为 290 和 190，极少数辅助规格有 90。其公称尺寸为

400、300、200 和 100。砌块的长度主要依据砌体的组砌要求和建筑的平面模数确定。

厚度：因材料、功能要求不同，有 90、190、240、290 等，通用的为 90 和 190，二者配合使用能同时满足砌体搭砌、咬砌要求，其余砌块厚度需对节点处的块型尺寸进行调整。

第二节　混凝土小型空心砌块建筑

一、混凝土小型空心砌块建筑的设计和构造特点

1. 建筑设计

(1) 建筑模数　不像普通砖可以根据组砌的要求随便砍切，因为模数问题在砌块砌筑中尤为重要。

混凝土小型空心砌块主系列实际尺寸为 390mm(长)×190mm(宽)×190mm(高)，加 10mm 灰缝后的标称尺寸为 400mm×200mm×200mm。因此该种砌块的合理模数应为 2M (M＝100mm)，即墙段的平面尺寸及竖向尺寸应为 200mm 的倍数，这与砖混结构墙体轴线尺寸一般取 3M 模数存在差异。因此，施工方不但要在图纸会审时关注建筑的轴线尺寸是否符合 2M 模数，更要在施工过程中注意控制窗间墙、门垛、墙垛、壁柱以及门洞、窗洞、窗台高等尺寸符合 2M 模数。

《混凝土小型空心砌块建筑技术规程》(JGJ/T 14—2004) 规定：平面设计宜以 2M 为基本模数，特殊情况下可采用 1M；竖向设计及墙的分段净长度应以 1M 为模数。

(2) 防水设计

1) 在多雨水地区，单排孔小砌块墙体应做双面粉刷，勒脚应采用水泥砂浆粉刷。

2) 对伸出墙外的雨篷、开敞式阳台、室外空调机搁板、遮阳板、窗套、外楼梯根部及水平装饰线脚等处，均应采用有效的防水措施。

3) 室外散水坡顶面以上和室内地面以下的砌体内，宜设置防潮层。

4) 卫生间等有防水要求的房间，四周墙下部应灌实一皮砌块，或设置高度为 200mm 的现浇混凝土带。内墙粉刷应采取有效防水措施。

5) 处于潮湿环境的小砌块墙体，墙面应采用水泥砂浆粉刷等有效的防潮措施。

6) 在夹心墙的外叶墙每层圈梁上的砌块竖缝底宜设置排水孔。

(3) 防火设计　对防火要求高的砌块建筑或其局部，宜采用提高墙体耐火极限的混凝土或松散材料灌实孔洞的方法，或采取其他附加防火措施。

(4) 隔声设计　对隔声要求较高的小砌块建筑，可采用下列措施提高其隔声性能。

1) 孔洞内填矿渣棉、膨胀珍珠岩、膨胀蛭石等松散材料。

2) 在小砌块墙体的一面或双面采用纸面石膏板或其他板材做带有空气隔层的复合墙体构造。

(5) 节能设计　小砌块建筑的外墙可采用外保温、内保温或带有空气间层和不带有空气间层的夹心复合保温技术。一般情况下，宜采用外墙外保温技术。

小砌块建筑采用钢筋混凝土平屋面时，应在屋面上设置保温隔热层。

小砌块住宅建筑宜做成有檩体系坡屋面。当采用钢筋混凝土基层坡屋面时，坡屋面宜外挑出墙面，并应在屋面上设置保温隔热层。

钢筋混凝土屋面板及上面的保温隔热防水层中的刚性面层、砂浆找平层等应设置分隔缝，并应与周边的女儿墙断开。

2. 结构设计

（1）砌块结构中的配筋　根据配筋方式和受力情况，砌块结构分为：约束配筋砌块砌体和均匀配筋砌块砌体。

1）约束配筋砌块砌体

约束配筋砌块砌体即一般砌块结构，要求在砌块墙体的局部配置构造钢筋，如墙体的转角、丁字接头、十字接头和墙体较大洞口边缘设置有竖向插筋的芯柱，并在这些部位设置一定的拉接网片。其主要作用是将建筑物的砌块墙体变为约束砌体构件，达到在水平地震作用下有足够的延性和变形能力。

2）均匀配筋砌块砌体

又称配筋砌体，这种砌体和钢筋混凝土剪力墙一样，对水平和竖向配筋有最小配筋率要求，而且在受力模式上也类同于混凝土剪力墙结构，利用配筋剪力墙承受结构的竖向和水平作用，是结构的承重和抗侧力构件。配筋砌体的注芯率一般大于50%。

配筋砌体结构，由于荷载大和抗震要求，其墙体材料要比多层砌块结构需要较高的等级，并宜按等强的原则，选取砌体的组成材料。

配筋小砌块砌体抗震墙结构具有强度高、延性好的特点，其受力性能和计算方法都与钢筋混凝土抗震墙结构相似（承载能力约是70%左右，变形能力增加50%以上），是比较理想的墙体结构构件之一。上海、哈尔滨、大庆等地都曾成功建造过12～18层的配筋小砌块砌体抗震墙住宅房屋。

（2）芯柱设置　多层小砌块房屋应按表6-4的要求设置钢筋混凝土芯柱。对外廊式和单面走廊式的多层房屋、横墙较少的房屋，应根据房屋增加一层的层数；各层横墙很少的房屋应按增加二层的层数要求设置芯柱。钢筋混凝土芯柱见图6-3。

表6-4　多层小砌块房屋芯柱设置要求

房屋层数				设置部位	设置数量
6度	7度	8度	9度		
四、五	三、四	二、三		外墙转角，楼、电梯间四角，楼梯斜梯段上下端对应的墙体处； 大房间内外墙交接处； 错层部位横墙与外纵墙交换处； 隔12m或单元横墙与外纵墙交接处	外墙转角，灌实3个孔； 内外墙交接处，灌实4个孔； 楼梯斜段上下端对应的墙体处，灌实2个孔
六	五	四		同上； 隔开间横墙（轴线）与外纵墙交接处	
七	六	五	二	同上； 各内墙（轴线）与外纵墙交接处； 内纵墙与横墙（轴线）交接处和洞口两侧	外墙转角，灌实5个孔； 内外墙交接处，灌实4个孔； 内墙交接处，灌实4～5个孔； 洞口两侧各灌实1个孔
	七	≥六	≥三	同上； 横墙内芯柱间距不大于2m	外墙转角，灌实7个孔； 内外墙交接处，灌实5个孔； 内墙交接处，灌实4～5个孔； 洞口两侧各灌实1个孔

注：外墙转角、内外墙交接处、楼电梯间四角等部位，应允许采用钢筋混凝土构造柱替代部分芯柱。

（3）灌孔　在墙体的下列部位，应用Cb20混凝土灌实砌体的孔洞：

1）底层室内地面以下或防潮层以下的砌体。

2）无圈梁的檩条和钢筋混凝土楼板支承面下的一皮砌块。

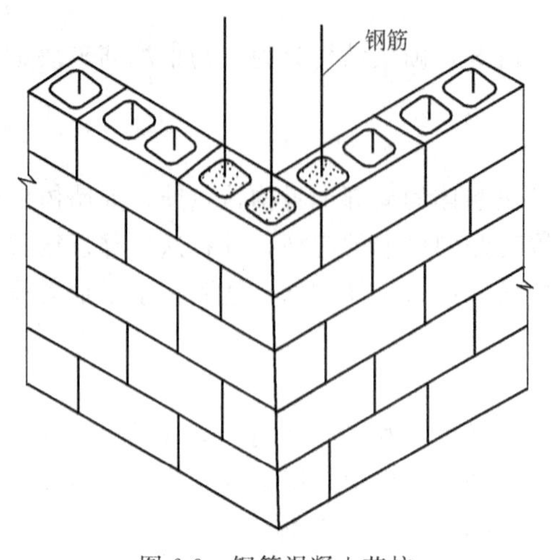

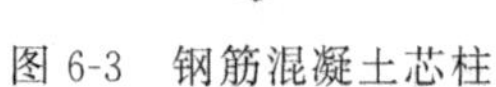
图 6-3 钢筋混凝土芯柱

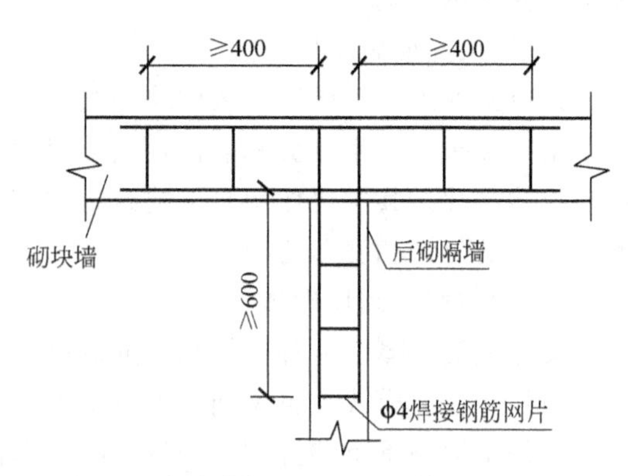

图 6-4 砌块墙与后砌隔墙交接处钢筋网片

3）未设置混凝土垫块的屋架、梁等构件支承处，灌实宽度不应小于 600mm，高度不应小于 600mm 的砌块。

4）挑梁支承面下，其支承部位的内外墙交接处，纵横各灌实 3 个孔洞，灌实高度不小于三皮砌块。

另外，纵横墙交接处，距墙中心线每边不小于 300mm 范围内的孔洞，应采用不低于 Cb20 混凝土灌实，灌实高度应为墙身全高。

（4）其他构造规定

1）跨度大于 4.2m 的梁，其支承面下应设置混凝土或钢筋混凝土垫块。当墙中设有圈梁时，垫块宜与圈梁浇成整体。当大梁跨度不小于 4.8m，且墙厚为 190mm 时，其支承处宜加设壁柱。

2）小砌块墙与后砌隔墙交接处，应沿墙高每 400mm 在水平灰缝内设置不少于 2Φ4、横筋间距不大于 200mm 的焊接钢筋网片（图 6-4）。

3）预制钢筋混凝土板在墙上或圈梁上支承长度不应小于 80mm；当支承长度不足时，应采取有效的锚固措施。

4）山墙处的壁柱，宜砌至山墙顶部；檩条应与山墙锚固。

3. 与水电安装相关的技术措施

由于砌块空心，因此在截面长边小于 500mm 的承重墙体、独立柱内不得埋设管线。墙体中应避免开凿沟槽；当无法避免时，应采取必要的加强措施或按削弱后的截面验算墙体的承载力。

在小砌块住宅建筑的门厅和楼梯间内，应安排好竖向水、电管线用的管道井，以及各种表盒的位置，并保证表盒安装后的楼梯及通道的尺寸符合有关规范要求。当需要在墙片上开边长≥500mm 的洞时，在开洞墙片设芯柱和钢筋混凝土带，形成封闭框架式的墙体。

下水管道的主管、支管或立管、横管均宜明管安装。管径较小的管线，可预埋于墙体内。

对可能安装空调机、热水器、抽油烟机等重物的砌块墙体，应把该范围内指定位置的空心砌块用混凝土灌实（图 6-5）。在用户手册中指明灌实砌块的具体位置，告知用户关于砌块建筑使用与维护的须知内容。

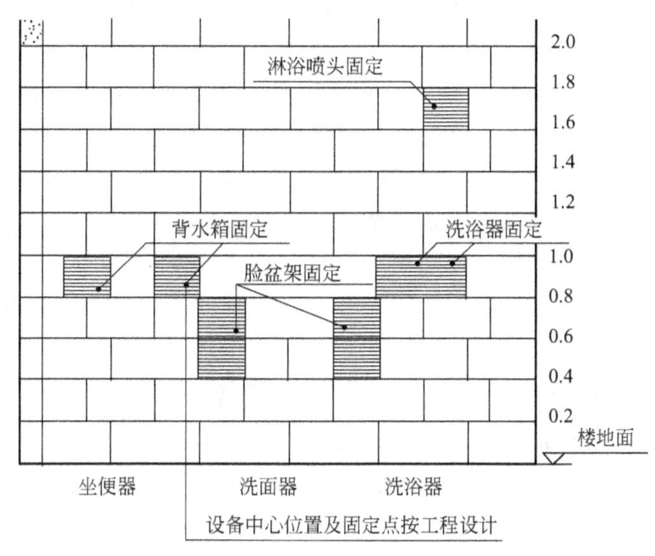

图 6-5　卫生间设备固定点砌块灌孔示例

二、混凝土小型空心砌块建筑的施工特点

1. 混凝土小型空心砌块品种、系列、规格多

与实心普通砖不同，混凝土小型空心砌块有品种、系列、型号之分。如果内隔墙用轻质砌块，承重墙采用普通混凝土小型空心砌块，两者则不能通用。每一种砌块有 90mm、120mm、190mm 和 240mm 等系列，系列间也互不通用，如不能用两块 90mm 宽的砌块组砌成 190mm 厚的墙。每一个系列有主规格块和 3/4 块、半块、1/4 块辅助块等。

施工单位必须按照设计图纸提出的砌块品种、系列、型号、强度等级，向砌块生产厂预先订货。尤其对一些特殊要求的砌块，如芯柱底部用的侧壁开口的清扫砌块（不同芯柱侧壁开口部位不同），无须支模的过梁砌块，还有诸如控制缝砌块、预埋件砌块、管道用砌块、窗台砌块、女儿墙压顶砌块等，都要提前订货，否则可能影响施工进度。

2. 施工质量是影响墙体开裂的重要因素

混凝土小型空心砌块建筑的墙体较实心砖砌体墙体容易开裂。施工方面的影响因素主要有：

（1）空心砌块上下两皮砌筑，后壁、肋接触面积小，抗剪强度低，潮湿的砌块产生的收缩应力大于砂浆粘接强度时，容易使砌块墙体开裂。因此，与普通实心砖砌体砌筑不同的是砌块砌筑前不应浇水。

（2）由于砌块孔大、壁薄、块高，且砌块质地平整，与砂浆的黏附力差，因此，空心砌块砌筑应采用专用的砌筑砂浆（Mb××），除强度和保水性外，砂浆的稠度和粘接性较普通砖的砌筑砂浆要求高，质量控制也应严格。施工现场简易测试粘接性可用铁锹铲少许砂浆，稍微晃动，旋转 180°朝下，以砂浆不掉落为适宜。

（3）砂浆的饱满度应符合规范要求。砌块墙体水平灰缝和竖向灰缝的饱满度均不宜低于 90%，由于砌块的高度为 190mm，是实心砖高度的三倍，因此，竖缝砂浆的饱满度对墙体的质量尤为重要。

3. 混凝土芯柱施工是施工质量关键

在墙体中设置芯柱（包括混凝土芯柱和钢筋混凝土芯柱），是保证空心小砌块建筑整体工作性能的重要构造措施，在抗震验算中，芯柱还作为受力构件与墙体共同抵抗地震作用。因此，混凝土芯柱的施工是砌块墙体质量的关键，一要确保芯柱的截面尺寸不小于120mm×120mm，二要保证芯柱混凝土的密实性，为此除要控制好芯柱部位砌块的对孔砌筑质量外，还应该使用高流态、微膨胀、高强度的灌孔混凝土（Cb××），其坍落度不宜小于180mm，强度等级不宜低于块体强度等级的2倍，并通过控制粗集料的最大粒径、适当的振捣等措施来保证芯柱的混凝土浇筑质量。

三、砌筑施工

（一）施工准备

1. 施工材料准备

（1）明确产品规格和标准　根据设计要求首先要弄清楚砌块的规格、种类、性能和密度，按现行国家标准《普通混凝土小型空心砌块》（GB 8239）及出厂合格证进行验收，要注意砌块最小外壁厚应不小于30mm，最小肋厚应不小于25mm，砌块中肋铺浆面一端厚度宜为边肋的1.5倍，砌块端部局部突出的长度不宜大于5mm。以保证组砌成的砌体重叠的上下肋基本能对得上，保证砌体的抗压强度。

（2）控制砌块的收缩率和相对含水率　砌块的含水率大小是影响砌块建筑开裂的一个重要因素。对混凝土砌块的收缩率和相对含水率进行控制，应使其不大于使用地点的相对湿度。砌块的收缩率和相对含水率应符合表6-5的规定。

表6-5　砌块的收缩率和相对含水率

收缩率/%	相对含水率/%，不大于		
	施工现场或使用地点的湿度条件		
	潮湿	中等	干燥
≤0.03	45	40	35
0.03～0.045	40	35	30
0.045～0.065	35	30	25

注：表中潮湿系指年平均相对湿度大于75%的地区；中等系指年平均相对湿度为50%～70%的地区；干燥系指年平均相对湿度小于50%的地区。

（3）其他材料　砌入墙体内的各种建筑构配件、钢筋网片与拉结筋应事先预制加工，按不同型号、规格进行堆放。

（4）场地及施工机具准备　堆放小砌块的场地应预先夯实平整，并便于排水。不同规格型号、强度等级的小砌块应分别覆盖堆放。堆垛上应有标志，垛间应留适当宽度的通道。堆置高度不宜超过1.6m，堆放场地应有防潮措施。装卸时，不得采用翻斗卸车和随意抛掷。

垂直和水平运输机具、砌块夹、摊灰尺等砌筑工具准备完善。

2. 施工技术准备

（1）砌筑工艺流程　混凝土小型空心砌块施工工艺流程见图6-6。

（2）绘制墙体砌块排列图　墙体施工前必须按房屋设计图编绘小砌块平、立面排块图。排列时应根据小砌块规格、灰缝厚度和宽度，门窗洞口尺寸、过梁与圈梁或连系梁的高度、芯柱或构造柱位置，预留洞大小，管线、开关、插座敷设部位等，进行对孔、错缝搭接的排列。

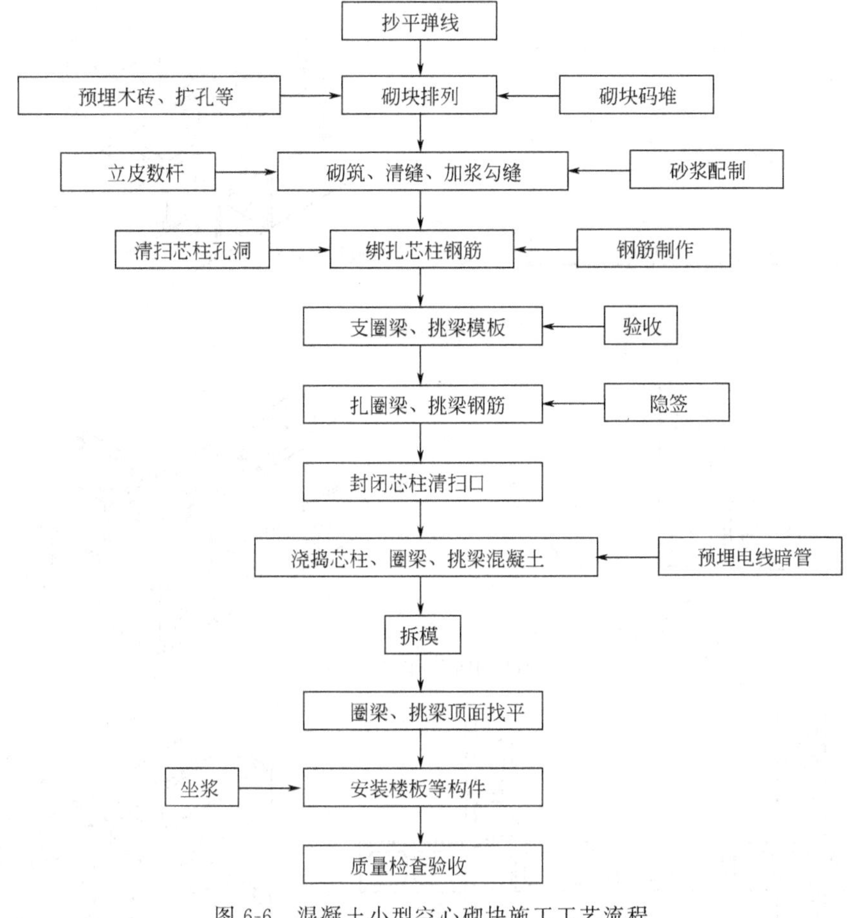

图 6-6 混凝土小型空心砌块施工工艺流程

1）墙体砌块排列图的绘制原则

① 在满足墙体技术要求和尺寸要求的前提下，以主规格小砌块为主，辅以相应的辅助块。

② 根据设计图纸要求进行排块，遇到模数不合适的窗间墙、墙垛、门窗洞口时，应征得设计、监理和建设单位同意，经设计变更后绘制排块图。

③ 排块先从墙体两端节点或者从一端节点另一端洞口开始，再排两节点中间或者节点与洞口中间墙体砌块，排块时尽可能采用主尺寸系列块。

④ 上下两皮砌块应对孔、错缝排块，搭接长度不应小于 90mm。墙体的个别部位不能满足要求时，应在灰缝中设置拉结钢筋或钢筋网片。

⑤ 墙体竖向在楼板标高处，遇到非模数尺寸时，尽可能用现浇圈梁的方法来解决。避免采用不合模数的尺寸调整砌块。

⑥ 有水电管线、各种预埋盒、安装空调、有装饰要求的部位，可采用特殊的砌块，或砌筑前切割好砌块。

⑦ 有施工洞的墙体，洞口两侧设芯柱，洞口上部设过梁或圈梁。

2）墙体排块图

① 节点排块图　砌块墙体主要节点有丁字节点、转角节点和十字节点，其排块见图 6-7（a）、（b）、（c）。

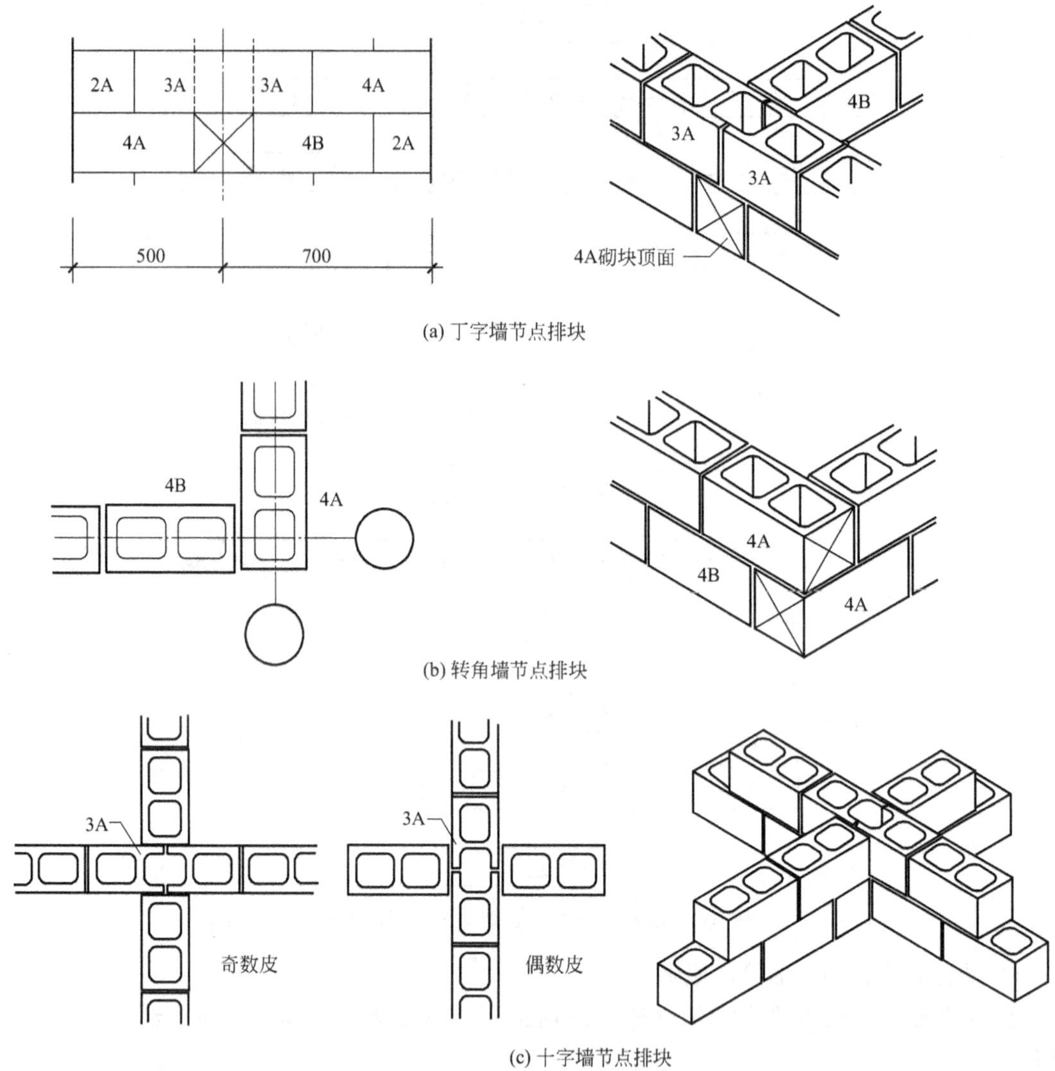

(a) 丁字墙节点排块

(b) 转角墙节点排块

(c) 十字墙节点排块

图 6-7　墙体节点排块图

其中，除每楼层第一皮按结构设计要求设芯柱清扫口块外均按二皮循环一次排块。在工程中，半孔不能作为插筋芯柱，当需要在孔中插筋时应调整成整孔的尺寸。

② 墙体排块图　外墙排块与层高、开间、门窗洞口尺寸相关，当建筑设计模数为 3M 与砌块模数不协调时，可通过调整窗台和现浇圈梁的高度或砌筑一皮 100mm 高的调整砌块，予以调整。标准图集《混凝土小型空心砌块墙体建筑构造》（05 J102—1）给出了各类墙体的排块示例，如图 6-8 所示为其中之一。

（二）砌筑施工

1. 基础及墙体的组砌方式

混凝土小砌块基础一般砌成台阶式，每砌一皮或二皮收进一次，每边收进 1/2 砌块宽。

混凝土小砌块墙一般采用全顺砌法，空心呈垂直方向，上下两皮砌块竖向灰缝错开 1/2 砌块长，墙的厚度等于砌块宽度 190mm（图 6-9）。

小砌块基础砌体必须采用水泥砂浆砌筑，地坪以上的小砌块墙体应采用水泥混合砂浆

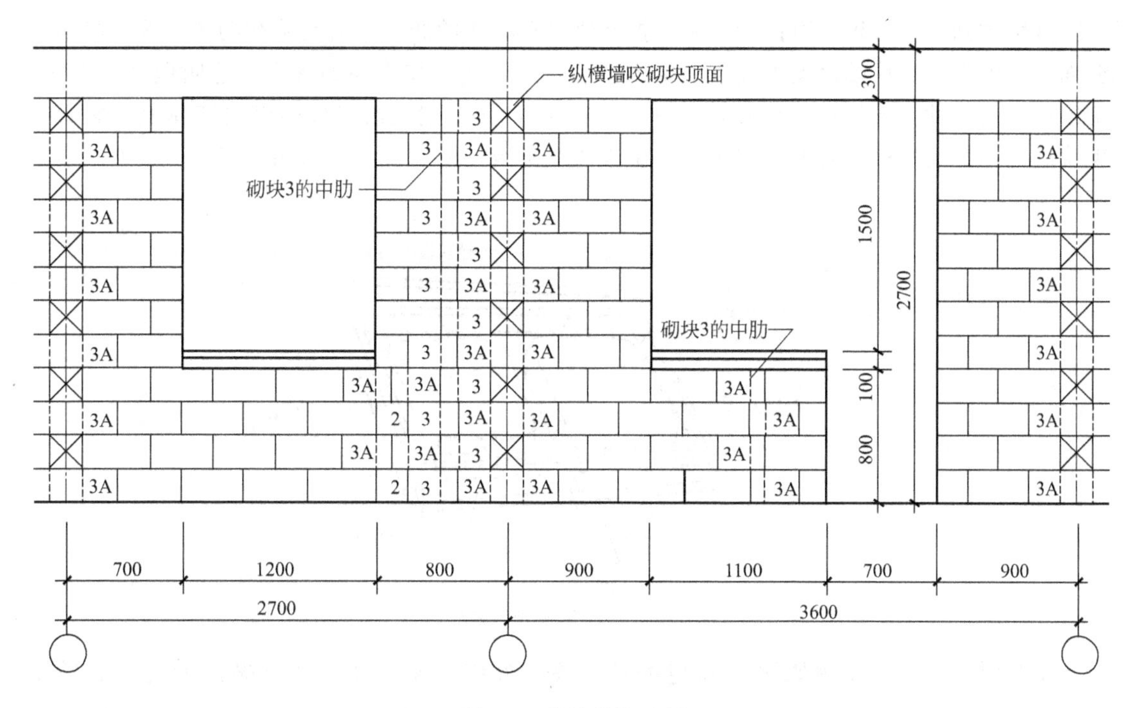

图 6-8 外墙排块示例

注：1. 本图适用于混水墙的开间立面排块，圈（过）梁高度宜为1M的倍数。

2. 图中未注砌块代号的为4A、4B或2A、2B，窗间墙的排块应与窗口上下协调一致，以便芯柱贯通。

3. 窗间墙的下部排块由两边轴线开始向中间排，应首先选用主砌块，余数用辅助块进行调配。

4. 砌块3的中肋应与上下砌块的边肋对齐。

5. 墙体芯柱的设置和拉结筋要求按国标图集05 G613。

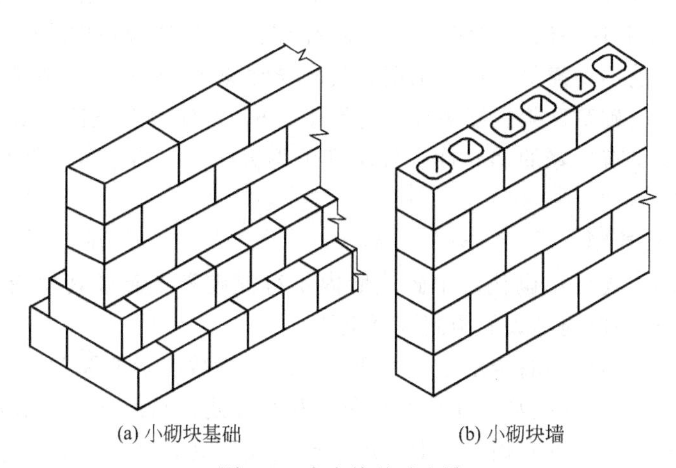

(a) 小砌块基础　　(b) 小砌块墙

图 6-9 小砌块基础和墙

砌筑。

2. 砌筑工艺

（1）小砌块墙体砌筑工艺流程：

抄平放线→干排第一皮、第二皮砌块→砌筑、清缝→原浆勾缝→自检。

（2）砂浆铺设　砌筑小砌块的砂浆应随铺随砌，墙体灰缝应横平竖直，饱满度均不宜低于90％。水平灰缝厚度和竖向灰缝宽度宜为10mm，不得小于8mm，也不应大于12mm。

砂浆的铺设一般用瓦刀铲砂浆后，把砂浆刮在砌块的肋上，或刮贴在砌块一端的竖向灰缝面上，即将小砌块端面朝上铺满砂浆再上墙挤紧，然后加浆插捣密实。这叫做“提刀灰”砌筑法；另一种方法是利用铺灰器（图 6-10），把砂浆平铺在已砌好的砌块墙体上，然后将砌块放在已经铺好的砂浆上，即所谓“坐浆法”砌筑，但砌块竖向两端仍需用“提刀灰”法砌筑。

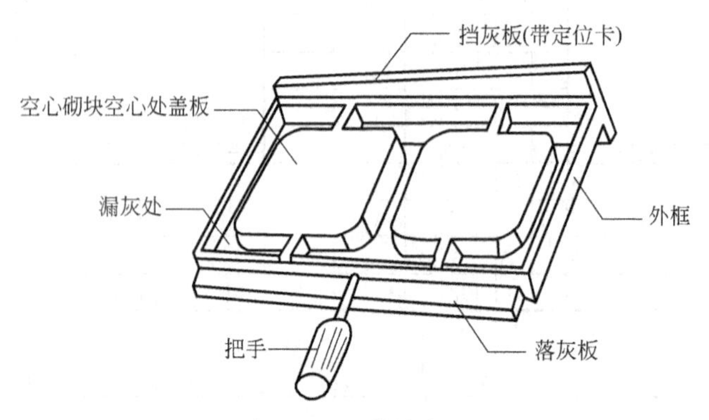

图 6-10　砂浆铺灰器

砌筑时，墙面必须用原浆做勾缝处理。缺灰处应补浆压实，并宜做成凹缝，凹进墙面 2mm。

小砌块，包括多排孔封底小砌块、带保温夹芯层的小砌块，均应底面朝上（即反砌）砌筑。

3. 砌筑质量控制要点

（1）砌筑前质量控制

1）小砌块的强度应符合设计要求，龄期不足 28d 及潮湿的小砌块不得进行砌筑。小砌块表面的污物和用于芯柱小砌块的底部孔洞周围的混凝土毛边应在砌筑前清理干净。

2）小砌块砌筑前不得浇水。在施工期间气候异常炎热干燥时，可在砌筑前稍喷水湿润。

3）小砌块砌体的砌筑砂浆强度等级不得低于 M5，并应符合设计要求。

4）砌筑砂浆应具有良好的和易性，分层度不得大于 30mm。砌筑普通小砌块砌体的砂浆稠度宜为 50～70mm。

（2）砌筑中质量控制

1）应尽量采用主规格小砌块。小砌块墙内不得混砌黏土砖或其他墙体材料。镶砌时，应采用与小砌块材料强度同等级的预制混凝土块。

2）墙体砌筑应从房屋外墙转角定位处开始。砌筑皮数、灰缝厚度、标高应与该层的皮数杆相应标志一致。皮数杆应竖立在墙的转角处和交接处，间距宜小于 15m。

3）小砌块砌筑形式应每皮顺砌，上下皮小砌块应对孔，竖缝应相互错开 1/2 主规格小砌块长度。使用多排孔小砌块砌筑墙体时，应错缝搭砌，搭接长度不应小于主规格小砌块长度的 1/4。否则，应在此水平灰缝中设 4φ4 钢筋点焊网片。网片两端与竖缝的距离不得小于 400mm。竖向通缝不得超过两皮小砌块。

4）190mm 厚度的小砌块内外墙和纵横墙必须同时砌筑并相互交错搭接。临时间断处应砌成斜槎，斜槎水平投影长度不应小于斜槎高度，严禁留直槎（图 6-11）。

5）在砌筑中，已砌筑的小砌块受撬动或碰撞时，应清除原砂浆，重新砌筑。

6）正常施工条件下，小砌块墙体每日砌筑高度宜控制在 1.4m 或一步脚手架高度内。

7）安装预制梁、板时，必须先找平后灌浆，不得干铺。预制楼板安装也可采用硬架支模法施工。

8）窗台梁两端伸入墙内的支承部位应预留孔洞。孔洞口的大小、部位与上下皮小砌块孔洞，应保证门窗洞两侧的芯柱竖向贯通。

9）木门窗框与小砌块墙体两侧连接处的上、中、下部位应砌入埋有沥青木砖的小砌块（190mm×190mm×190mm）或实心小砌块，并用铁钉、射钉或膨胀螺栓固定。

10）门窗洞口两侧的小砌块孔洞灌填C20混凝土后，其门窗与墙体的连接方法可按实心混凝土墙体施工。

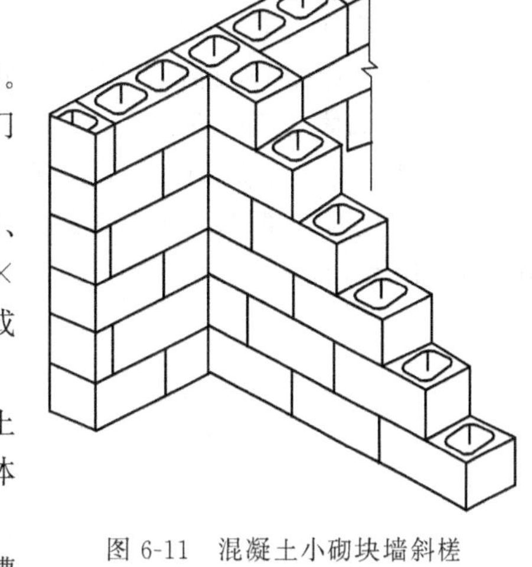
图 6-11　混凝土小砌块墙斜槎

11）对设计规定或施工所需的孔洞、管道、沟槽和预埋件等，应在砌筑时进行预留或预埋，不得在已砌筑的墙体上打洞和凿槽。

12）小砌块墙体砌筑应采用双排外脚手架或里脚手架进行施工，不应在砌筑的墙体上设脚手孔洞。

13）墙体施工段的分段位置宜设在伸缩缝、沉降缝、防震缝、构造柱或门窗洞口处。相邻施工段的砌筑高差不得超过一个楼层高度，也不应大于4m。

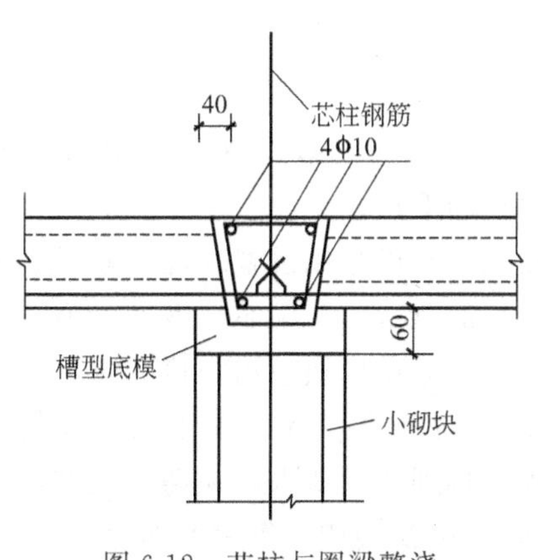

图 6-12　芯柱与圈梁整浇

14）墙体的伸缩缝、沉降缝和防震缝内，不得夹有砂浆、碎砌块和其他杂物。

15）每一楼层砌完后，必须校核墙体的轴线尺寸和标高。对允许范围内的偏差，应在本层楼面上校正。

4. 墙面抹灰

1）房屋顶层内粉刷必须待钢筋混凝土平屋面保温层、隔热层施工完成后方可进行；对钢筋混凝土坡屋面，应在屋面工程完工后进行。

2）房屋外墙抹灰必须待屋面工程全部完工后进行。

3）墙面设有钢丝网的部位，应先采用有机胶拌制的水泥浆或界面剂等材料满涂后，方可进行抹灰施工。

4）抹灰前墙面不宜洒水。天气炎热干燥时可在操作前1～2h适度喷水。

5）墙面抹灰应分层进行，总厚度宜为18～20mm。

（三）芯柱施工

芯柱的施工工艺为：芯柱砌块的砌筑→芯孔的清理→芯柱钢筋的绑扎→隐检→封闭芯柱清扫口→浇注灌孔混凝土→振捣→芯柱的质量检查。

1. 芯柱构造要求

1）芯柱截面不宜小于120mm×120mm。

2）芯柱混凝土强度等级，不应低于Cb20。

3）芯柱的竖向插筋应贯通墙身且与圈梁连接。插筋不应小于1ϕ12；6、7度时超过五层、8 度时超过四层和 9 度时，插筋不应小于 1φ14。见图 6-12。

4）芯柱应伸入室外地面下 500mm 或与埋深小于 500mm 的基础圈梁相连。

5）为提高墙体抗震受剪承载力而设置的芯柱，宜在墙体内均匀布置，最大净距不宜大于 2.0m。

6）房屋墙体交接处或芯柱与墙体连接处应设置拉结钢筋网片，网片可采用直径 4mm 的钢筋点焊而成，沿墙高间距不大于 600mm，并应沿墙体水平通长设置。6、7 度时底部 1/3楼层，8 度时底部 1/2 楼层，9 度时全部楼层，上述拉结钢筋网片沿墙高间距不大于 400mm（图 6-13）。

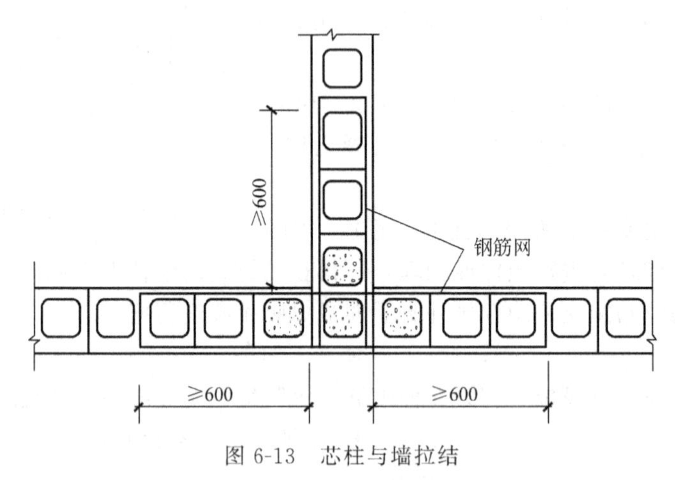

图 6-13　芯柱与墙拉结

2. 芯柱砌块的砌筑

芯柱部位用通孔砌块砌筑，为保截面尺寸不小于 120mm×120mm，应将芯孔顶面和底面的飞边打掉。当采用半封底小砌块时，砌筑前必须打掉孔洞毛边。

芯柱混凝土在预制楼板处应贯通，不得削弱芯柱截面尺寸，可采用设置现浇钢筋混凝土板带的方法或预制楼板预留缺口（板端外伸钢筋插入芯柱）的方法，实施芯柱贯通措施。

芯柱部位的砌块排列。第一、二、三皮砌块排列不同，第一皮砌块带清扫口，应采用竖砌单孔 U 形、双孔 E 形或 L 形小砌块留设清扫口。第二、三皮砌块不带，往上砌筑偶数皮的砌块排列同第二皮，奇数皮的砌块排列同第三皮。按砌块排列图的要求，在第一皮砌块的顶面、第三皮砌块的顶面灰缝中加钢筋网片，往上每隔 600mm 灰缝中设置钢筋网片。

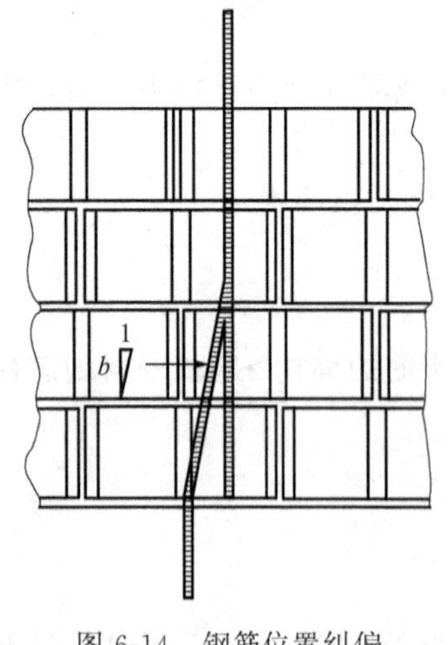

图 6-14　钢筋位置纠偏

3. 芯孔的清理

每层墙体砌筑到要求标高后，应及时清扫芯柱孔洞内壁及芯柱孔道内掉落的砂浆等杂物。因涉及芯柱混凝土的截面尺寸，因此必须清理干净，要有相应的照明和检查措施，并纳入隐检验收项目。

4. 芯柱钢筋的绑扎

芯柱钢筋应采用带肋钢筋，并从上向下穿入芯柱孔洞，放在孔洞的中心位置，通过清扫口与圈梁（基础圈梁、楼层圈梁）伸出的插筋绑扎搭接，搭接长度应为钢筋直径的 45 倍。

当预埋钢筋位置出现偏差时，应将预埋钢筋斜向与芯柱内钢筋连接（图 6-14）。

5. 灌孔混凝土的浇注

混凝土浇注前应用水冲洗孔洞，进行隐蔽工程检验，用砌块或模板封闭清扫口。用模板封闭芯柱的清扫口时，必须采取防止混凝土漏浆的措施。

灌筑芯柱混凝土前，应先浇 50mm 厚的水泥砂浆，水泥砂浆应与芯柱混凝土成分相同。

芯柱混凝土必须待墙体砌筑砂浆强度等级达到 1MPa 时方可浇灌，并应定量浇灌，做好记录。

芯柱混凝土宜采用坍落度为 70～80mm 的细石混凝土。当采用泵送时，坍落度宜为 140～160mm。

芯柱混凝土必须按连续浇灌、分层（300～500mm 高度）捣实的原则进行操作，直浇至离该芯柱最上一皮小砌块顶面 50mm 止，不得留施工缝。振捣时宜选用微型插入式振动棒振捣。

当现浇圈梁与芯柱一起浇注时，在未设芯柱部位的孔洞应设钢筋网片（图 6-15），避免混凝土灌入非芯柱砌块孔洞内。

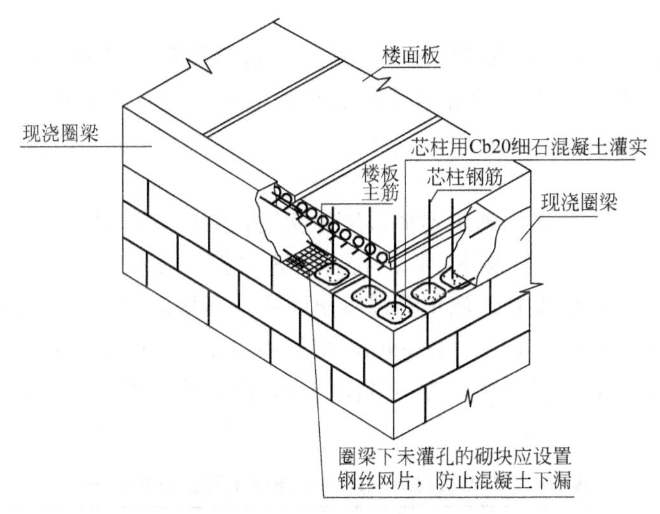

图 6-15　现浇圈梁与芯柱一起浇筑混凝土

四、构造柱和圈梁施工

1. 构造柱

空心砌块建筑设芯柱做法存在要求设置的数量多、施工浇灌混凝土不易密实、浇灌的混凝土质量难以检查、多排孔砌块无法做芯柱等不足，因此对抗震设防的空心小砌块房屋，要求所有纵横墙交接处及横墙的中部，均应增设构造柱，在横墙内的柱距不宜大于层高，在纵墙内的柱距不宜大于 4.2m。

（1）构造柱的构造要求

1）构造柱最小截面可采用 190mm×190mm，纵向钢筋不宜少于 4φ12，箍筋间距不宜大于 200mm，且在柱上下端宜适当加密；7 度时六层及以上、8 度时五层及以上，构造柱纵向钢筋宜采用 4φ14，房屋四角的构造柱可适当加大截面及配筋。

2）构造柱与砌块墙连接处应砌成马牙槎，其相邻的孔洞，6 度时宜填实或采用加强拉结筋构造（沿高度每隔 200mm 设置 2φ4 焊接钢筋网片）代替马牙槎；7 度时应填实，8 度时应填实并插筋 1φ12，沿墙高每隔 600mm 应设置 2φ4 焊接钢筋网片，每边伸入墙内不宜小于 1m。

3）与圈梁连接处的构造柱的纵筋应穿过圈梁，保证构造柱纵筋上下贯通。

4）构造柱可不单独设置基础，但应伸入室外地面下 500mm，或与埋深小于 500mm 的基础圈梁相连。

5）必须先砌筑砌块墙体，再浇筑构造柱混凝土。

（2）构造柱的施工

1）设置钢筋混凝土构造柱的小砌块砌体，应按绑扎钢筋→砌筑墙体→支设模板→浇筑混凝土的施工顺序进行。

2）墙体与构造柱连接处应砌成马牙槎。从每层柱脚开始，先退后进，形成 100mm 宽、200mm 高的凹凸槎口。柱墙间应采用 2φ6 的拉结筋拉结、间距宜为 400mm，每边伸入墙内长度应为 1000mm 或伸至洞口边。

3）构造柱两侧模板必须紧贴墙面，支撑必须牢靠，严禁板缝漏浆。

4）构造柱混凝土保护层宜为 20mm，且不应小于 15mm。混凝土坍落度宜为 50～70mm。

5）浇灌构造柱混凝土前应清除落地灰等杂物并将模板浇水湿润，然后先注入与混凝土配比相同的 50mm 厚水泥砂浆，再分段浇灌、振捣混凝土，直至完成。凹型槎口的腋部必须振捣密实。

2. 圈梁

（1）圈梁的构造要求　多层砌块砌体房屋的圈梁，除应符合现行国家标准《建筑抗震设计规范》（GB 50011—2010）要求外，尚应符合下述构造要求。

小砌块房屋各楼层均应设置现浇钢筋混凝土圈梁，不得采用槽形小砌块作模，并应按表 6-6 的要求设置。圈梁宽度不应小于 190mm，配筋不应少于 4φ12。现浇或装配整体式钢筋混凝土楼、屋盖与墙体有可靠连接，可不另设圈梁，但楼板沿墙体周边应加强配筋并应与相应的构造柱可靠连接。

表 6-6　小砌块房屋现浇钢筋混凝土圈梁设置要求

墙类	6、7 度	8 度
外墙和内墙	屋盖处及每层楼盖处	屋盖处及每层楼盖处
内横墙	屋盖处及每层楼盖处；屋盖处沿所有横墙； 楼盖处间距不应大于 7m； 构造柱对应部位	屋盖处及每层楼盖处；各层所有横墙

挑梁与圈梁相遇时，宜整体现浇；当采用预制挑梁时，应采取适当措施，保证挑梁、圈梁和芯柱的整体连接。

（2）空心砌块圈梁的施工　固定圈梁、挑梁等构件侧模的水平拉杆、扁铁或螺栓应从小砌块灰缝中预留 4φ10 孔穿入，不得在小砌块块体上打凿安装洞。内墙可利用侧砌的小砌块孔洞进行支模，模板拆除后应采用 C20 混凝土将孔洞填实。

圈梁下的一皮砌块，可采用封底的空心砌块反砌，当采用未封底的砌块砌筑时，应在其上铺设钢丝网片，并用水泥砂浆抹平作为圈梁底模。

五、水电管线布设

1. 水电管线的布设规定

《混凝土小型空心砌块建筑技术规程》(JGJ/T 14—2004) 对水电管线的布设有明确规定，标准图集《混凝土小型空心砌块墙体建筑构造》(05 J102—1) 给出了相应做法的示例。

1) 在砌体中留槽洞及埋设管道时，应符合下列规定：

① 在截面长边小于500mm的承重墙体、独立柱内不得埋设管线。

② 墙体中应避免开凿沟槽；当无法避免时，应采取必要的加强措施或按削弱后的截面验算墙体的承载力。

2) 对设计规定或施工所需的孔洞、管道、沟槽和预埋件等，应在砌筑时进行预留或预埋，不得在已砌筑的墙体上打洞和凿槽。

3) 水、电管线的敷设安装应按小砌块排块图的要求与土建施工进度密切配合，不得事后凿槽打洞。

4) 照明、电信、闭路电视等线路可采用内穿12号铁丝的白色增强塑料管。水平管线宜预埋于专供水平管用的实心带凹槽小砌块内，也可敷设在圈梁模板内侧或现浇混凝土楼板(屋面板) 中。竖向管线应随墙体砌筑埋设在小砌块孔洞内。管线出口处应采用U形小砌块(190mm×190mm×190mm) 竖砌，内埋开关、插座或接线盒等配件，四周用水泥砂浆填实。

5) 冷、热水水平管可采用实心带凹槽的小砌块进行敷设。立管宜安装在E字形小砌块中的一个开口孔洞中。待管道试水验收合格后，采用C20混凝土浇灌封闭。

6) 卫生设备安装宜采用筒钻成孔。孔径不得大于120mm，上下左右孔距应相隔一块以上的小砌块。

7) 严禁在外墙和纵、横承重墙沿水平方向凿长度大于390mm的沟槽。

8) 安装后的管道表面应低于墙面4～5mm，并与墙体卡牢固定，不得有松动、反弹现象。浇水湿润后用1∶2水泥砂浆填实封闭。外设10mm×10mm的ϕ0.5～0.8钢丝网，网宽应跨过槽口，每边不得小于80mm。

2. 水电管线、盒安装施工

根据上述规定可知，在小型空心砌块墙内主要是竖向管道的暗设，因此：

1) 施工前应通过砌块排列图核对管道穿孔洞施工的可行性。如果管道较多、管道口径大，无法确定管道是否可穿越时，可在现场按照砌块排块图，用砌块按实际干码预排，采用实物试验方法确定。

2) 暗装配电箱施工。根据配电箱的尺寸，在箱体部位，局部采用辅助配套块砌筑，留出需要安装箱体的孔洞，孔洞应为箱体外形尺寸外延1cm，将管道直接预留在孔洞内。待砌体牢固后，埋设箱体，采用镶嵌方法填实砌体缝。

3) 明装配电箱时，固定配电箱的膨胀螺栓部位，应采用混凝土预制块或在相应砌块孔洞内灌注混凝土。

4) 在烧结普通砖墙体施工中，一般采用先固定竖向水电管线，后砌筑墙体的施工工艺，而对于空心砌块，这样的施工顺序势必要求墙体砌筑时空心砌块从上套下来砌筑，对于离地面不高的插座盒段，还可以施工，对于离地面较高的开关盒段，实施有一定困难，这时可以将竖向管线分段设置，用直接头连接，减少砌筑工从上往下套砌块的麻烦。

图6-16为小型空心砌块墙内管线及接线盒的安装。

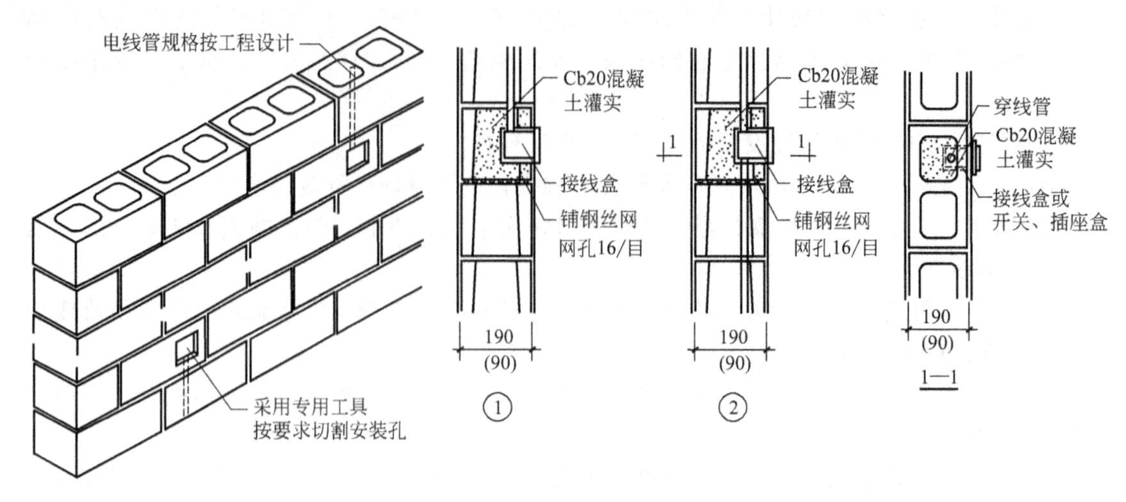

图 6-16　小型空心砌块墙内管线及接线盒的安装

六、质量与安全

1. 墙体质量要求

小砌块砌体尺寸和位置允许偏差应符合表 6-7 的规定。

表 6-7　小砌块砌体尺寸和位置允许偏差

序号	项目			允许偏差/mm	检验方法
1	轴线位置偏移			10	用经纬仪或拉线和尺量检查
2	基础和砌体顶面标高			±15	用水准仪和尺量检查
3	垂直度	每层		5	用线锤和 2m 托线板检查
		全高	≤10m	10	用经纬仪或重锤挂线和尺量检查
			＞10m	20	
4	表面平整度	清水墙、柱		6	用 2m 靠尺和塞尺检查
		混水墙、柱		6	
5	水平灰缝平直度	清水墙 10m 以内		7	用 10m 拉线和尺量检查
		混水墙 10m 以内		10	
6	水平灰缝厚度(连续五皮砌块累计)			±10	与皮数杆比较,尺量检查
7	垂直灰缝宽度(水平方向连续五块累计)			±15	用尺量检查
8	门窗洞口(后塞口)	宽度		±5	用尺量检查
		高度		±5	
9	外墙窗上下窗口偏移			20	以底层窗口为准,用经纬仪或吊线检查

2. 芯柱质量要求

芯柱混凝土试件制作、养护和抗压强度取值应符合现行国家标准《混凝土结构工程施工质量验收规范》(GB 50204—2002)的规定。混凝土配合比变更时，应相应制作试块。

至于芯柱混凝土外观质量检查，目前还没有比较科学又切实可行的检查方法。常用的检查方法是锤击法，质量检查人员用锤在芯柱砌块的外壁进行敲打，听声音的变化来判断灌入孔洞中混凝土是否密实。必要时，可采用钻芯法或超声法检测。

3. 构造柱质量要求

构造柱尺寸的允许偏差见表6-8。

表6-8 构造柱尺寸允许偏差

序号	项目			允许偏差/mm	检查方法
1	柱中心线位置			10	用经纬仪检查
2	柱层间错位			8	用经纬仪检查
3	柱垂直度	每层		10	用吊线法检查
		全高	≤10m	15	用经纬仪或吊线法检查
			>10m	20	用经纬仪或吊线法检查

4. 安全施工

1）小砌块墙体施工的安全技术要求必须遵守现行建筑工程安全技术标准的规定。

2）垂直运输使用托盘吊装时，应使用尼龙网或安全罩围护小砌块。

3）在楼面或脚手架上堆放小砌块或其他物料时，严禁倾卸和抛掷，不得撞击楼板和脚手架。

4）堆放在楼面和屋面上的各种施工荷载不得超过楼板（屋面板）的设计允许承载力。

5）砌筑小砌块或进行其他施工时，施工人员严禁站在墙上进行操作。

6）对未浇筑（安装）楼板或屋面板的墙和柱，在遇大风时，其允许自由高度不得超过表6-9的规定。

表6-9 小砌块墙和柱的自由高度

墙(柱)厚度/mm	墙和柱的允许自由高度/m		
	风载/(kN/m^2)		
	0.3(相当7级风)	0.4(相当8级风)	0.6(相当9级风)
190	1.4	1.0	0.6
390	4.2	3.2	2.0
490	7.0	5.2	3.4
590	10.0	8.6	5.6

注：允许自由高度超过时，应加设临时支撑或及时现浇圈梁。

7）施工中，如需在砌体中设置临时施工洞口，其洞边离交接处的墙面距离不得小于600mm，并应沿洞口两侧每400mm处设置Φ4点焊网片及洞顶钢筋混凝土过梁。

5. 工程验收

混凝土小型空心砌块砌体工程验收应按现行国家标准《砌体工程施工质量验收规范》(GB 50203—2002）有关要求执行。

小 结

混凝土小型空心砌块砌体隔声隔热性能不如普通实心砖砌体，墙体容易开裂，因此，混凝土小型空心砌块砌体的施工有其自身特点。

品种、系列、规格多，模数为2M，与建筑模数3M存在配合问题，加之砌筑时不可以任意砍切，因此，砌筑前应绘制墙体排块图。砌块上墙前不得浇水，天气异常炎热干燥时，才可稍喷水湿润；砌块应当底面朝上反砌；要用专用砂浆砌筑，砂浆饱满度不论水平灰缝还是竖向灰缝均不宜低于90%等，这些都是混凝土小型空心砌块的重要施工特点。

设置芯柱，用专用混凝土灌孔，是混凝土小型空心砌块砌体的重要工序，按规范要求布设芯柱、芯柱部位砌块正确砌筑、芯柱钢筋的绑扎、专用混凝土的灌注等都是质量控制的关键环节。

芯柱不能取代构造柱，所以，混凝土空心砌块房屋同样要设置构造柱和圈梁。构造柱和圈梁的构造及总的施工程序与普通砖砌体结构相同，但在具体施工工艺上有自身特点。

水电管线的布设及安装应注意按《混凝土小型空心砌块建筑技术规程》（JGJ/T 14—2004）及相应的标准设计图集的要求进行，确保墙体结构不受破坏。

能力训练题

一、填空题

1. 小型空心砌块建筑的平面设计宜以__________为基本模数，特殊情况下可采用__________；竖向设计及墙的分段净长度应以__________为模数。

2. 砌块墙体水平灰缝和竖向灰缝的饱满度均不宜低于__________________。

3. 小砌块的强度应符合设计要求，龄期不足__________及潮湿的小砌块不得进行砌筑。

4. 芯柱的施工工艺为：__________→__________→__________→__________→__________→__________→__________→__________。

5. 芯柱混凝土必须按__________、__________的原则进行操作，直浇至离该芯柱最上一皮小砌块顶面__________止，不得留施工缝。

二、单选题

1. 混凝土小型空心砌块砌筑前（　　）。

A. 应当浇水　　B. 应当适当浇水

C. 应当少量浇水　　D. 不得浇水

2. 混凝土小型空心砌块的堆置高度不宜超过（　　）m。

A. 1.2　　B. 1.6　　C. 2.0　　D. 2.4

3. 构造柱混凝土保护层宜为（　　）mm，且不应小于（　　）mm。

A. 15、10　　B. 20、15　　C. 25、20　　D. 30、25

4. 芯柱混凝土强度等级，不应低于（　　）。

A. C15　　B. Cb15　　C. C20　　D. Cb20

5. 混凝土空心小砌块建筑，严禁在外墙和纵、横承重墙沿水平方向凿长度大于（　　）mm的沟槽。

A. 240　　B. 360　　C. 390　　D. 500

三、多选题

1. 关于芯柱的钢筋配制规定有（　　）。

A. 直径不应小于1ϕ12

B. 应采用带肋钢筋

C. 搭接长度应为35d

D. 搭接长度应为45d

2. 空心小砌块建筑的（　　），应当灌实砌块的孔洞。

A. 底层室内地面以下或防潮层以下的砌体

B. 无圈梁的檩条和钢筋混凝土楼板支承面下的一皮砌块

C. 可能安装空调机、热水器、抽油烟机等重物的砌块墙体

D. 挑梁支承面下，其支承部位的内外墙交接处，纵横各灌实 3 个孔洞

3. 抗震设防为（　　　）空心砌块建筑的构造柱纵向钢筋宜采用 4ϕ14。

A. 6 度时六层及以上　　B. 7 度时六层及以上

C. 8 度时五层及以上　　D. 9 度时五层及以上

4. 楼、屋盖现浇的混凝土小型空心砌块建筑的圈梁设置规定有（　　　）。

A. 圈梁宽度不应小于 190mm，配筋不应少于 4ϕ12

B. 不得采用槽形小砌块作模

C. 各楼层均应设置现浇钢筋混凝土圈梁

D. 可不另设圈梁，但楼板沿墙体周边应加强配筋并应与相应的构造柱可靠连接

5. 对小型空心砌块建筑，在（　　　）不得埋设管线。

A. 独立柱内

B. 截面长边小于 500mm 的承重墙体内

C. 截面长边小于 800mm 的承重墙体内

D. 砌块孔洞内

四、思考题

1. 混凝土小型空心砌块建筑的设计和构造有何特点？

2. 混凝土小型空心砌块建筑的芯柱设置有何要求？

3. 混凝土小型空心砌块建筑与水电安装相关的技术措施有哪些？

4. 简述混凝土小型空心砌块建筑的施工特点。

5. 导致混凝土小型空心砌块建筑墙体开裂的因素有哪些？

6. 简述混凝土小型空心砌块砌筑质量控制要点。

7. 简述混凝土小型空心砌块芯柱的施工工艺。

8. 简述混凝土小型空心砌块建筑构造柱的构造要求和施工工艺。

9. 简述混凝土小型空心砌块建筑圈梁的构造要求和施工工艺。

10. 简述混凝土小型空心砌块建筑水电管线的布设规定和施工注意事项。

第七章 其他砌体施工

知识目标

• 熟悉砌体隔墙、框架填充墙、砌体抗震墙以及墙梁的构造特点和施工要求

• 了解化粪池的构造要求和施工程序及施工工艺

能力目标

• 具备对砌体隔墙、框架填充墙、砌体抗震墙以及墙梁的施工过程进行工艺及质量监控的能力

• 具备组织砖砌化粪池施工的能力

砌体结构除用于竖向承重墙体外，还广泛应用于其他方面，如砌体隔墙、混凝土框架结构的填充墙、砖混底框建筑中的配筋砌体抗震墙、墙梁以及砖化粪池等。

第一节 砌体隔墙施工

隔墙是垂直分割建筑物内部空间的非承重墙，一般要求轻、薄，有良好的隔声性能。对于不同功能房间的隔墙有不同的要求，如厨房的隔墙应具有耐火性能；盥洗室的隔墙应具有防潮能力等。

隔墙按构造方式分为砌体隔墙、立筋式隔墙和板材隔墙等。通常，习惯把砌体结构工程中后砌的非承重墙称为隔墙，把用轻质材料做成的立筋式隔墙、板材式（条板式）隔墙称为轻质隔墙。

砌体隔墙是指用普通砖、多孔砖、空心砖、加气混凝土砌块、轻集料空心砌块、石膏砌块等块材砌筑的墙。

一、普通砖隔墙

普通砖隔墙有半砖（120mm）和1/4砖（60mm）两种。

半砖隔墙的标志尺寸为120mm，采用普通砖顺砌而成。当砌筑砂浆为M2.5时，墙的高度不宜超过3.6m，长度不宜超过5m；当采用M5砂浆砌筑时，高度不宜超过4 m，长度不宜超过6 m。高度超过4m时应设通长钢筋混凝土带，长度超过6m时应设砖壁柱。为使隔墙不承重，在隔墙顶部与楼板相接处，应将砖斜砌一皮，或留约30mm的空隙塞木楔打紧，然后用砂浆填缝。见图7-1。

1/4砖隔墙是由普通砖侧砌而成，由于厚度较薄，稳定性差，对砌筑砂浆要求较高，一

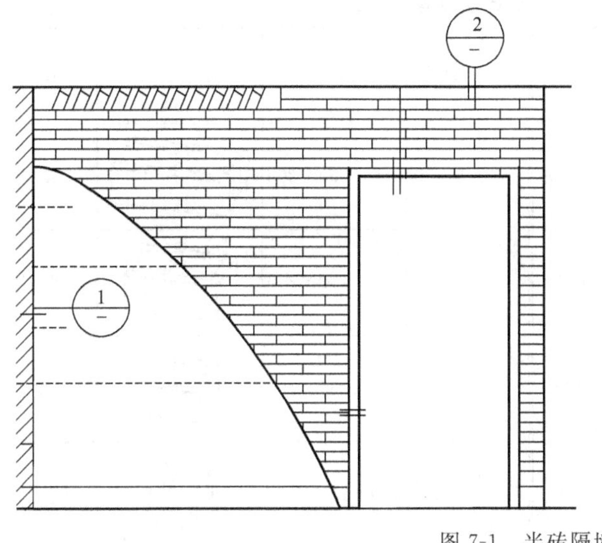

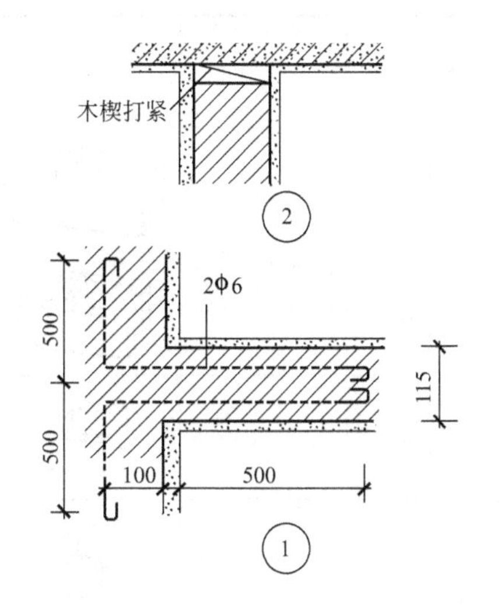

图 7-1　半砖隔墙

般不低于 M5。隔墙的高度和长度不宜过大，且常用于不设门窗洞的部位。

由于后砌隔墙是按自承重墙设计的，容易忽略它可能要承受来自侧向的推力、撞击或冲击荷载、吊挂荷载以及地震作用，这可能成为后砌隔墙失稳或倒塌的主要原因。因此，《建筑抗震设计规范》规定：后砌的非承重隔墙应沿墙高每隔 500mm 配置 2Φ6 拉结钢筋与承重墙或柱拉结，每边伸入墙内不应少于 500mm；8 度和 9 度时，长度大于 5m 的后砌隔墙，墙顶尚应与楼板或梁拉结，独立墙肢端部及大门洞边宜设钢筋混凝土构造柱。

二、砌块隔墙

为了减轻隔墙自重和节约用砖，可采用轻质砌块隔墙。目前常采用轻集料小型空心砌块、加气混凝土砌块、粉煤灰硅酸盐砌块、水泥炉渣空心砖以及石膏砌块等砌筑隔墙。

1. 轻集料空心砌块

轻集料小型空心砌块一般两端带有凹凸槽口，组砌时相互咬合形成整体，故又称连锁砌块。其主规格有长×宽×高为 400mm×90mm×200mm 和 400mm×150mm×200mm 两种砌块系列，如表 7-1 所示。标准图集《轻集料空心砌块内隔墙》（03　J114—1）对其排块、节点构造及施工有明确要求。

（1）墙体构造　轻集料空心砌块砌筑时龄期必须超过 28d，相对含水率符合要求（90mm 宽砌块≤40%；150mm 宽砌块≤25%）。墙体厚度有 90、150、180（2×90mm）三种，内隔墙长度按 1M 模数，不同平面形状可用 8 种块型进行组合，但最小墙垛尺寸为 200mm。

1）隔墙本身构造　内隔墙沿高度每隔 1.0m 设一道腰带，用 K211（90 砌块）或 K221（150 砌块）辅助块砌筑，加 2Φ6 筋，用 CL15 轻集料混凝土灌注。

内隔墙的洞口两侧、转角和丁字接头的节点处，均应设置芯柱，配 1Φ12 筋，均灌注 CL15 轻集料混凝土。

150mm 厚悬臂墙，7 度区墙高≤3.3m，8 度区墙高≤2.8m，长度每隔 3.0m 设一个芯柱，7 度区配 2Φ10 筋，8 度区配 2Φ12 筋，灌注 CL15 轻集料混凝土。

表 7-1 轻集料空心砌块规格型号表

系列	型号	长×宽×高/mm×mm×mm	外形示意	用途	系列	型号	长×宽×高/mm×mm×mm	外形示意	用途
90系列	K412	400×90×200	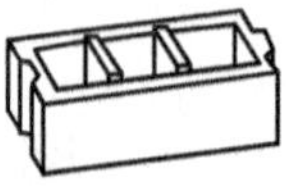	主规格块	150系列	K422	400×150×200	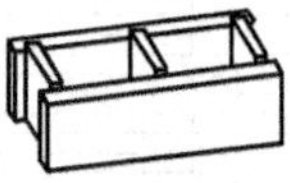	主规格块
	K312	245×90×200	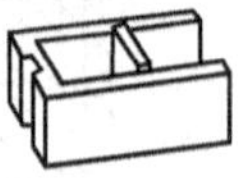	辅助块		K322	275×150×200	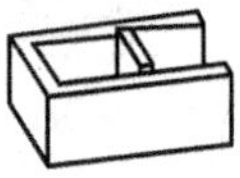	辅助块
	K212	200×90×200		辅助块		K222	200×150×200		辅助块
	K211	200×90×100		辅助块		K221	200×150×100		辅助块
	K412A	400×90×200	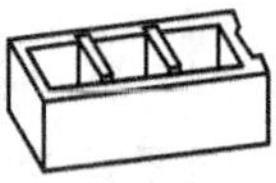	洞口块		K422A	400×150×200	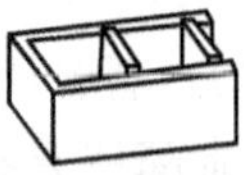	洞口块
	K312A	290×90×200	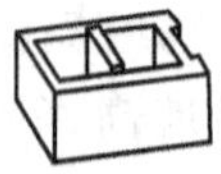	转角块		K322A	290×150×200	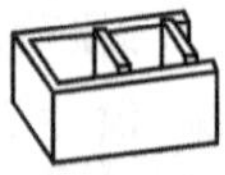	转角块
	G211	200×90×100	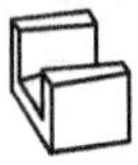	过梁块		G221	272×150×100		过梁块
	K212B	200×90×200		调整块		K222B	200×150×200		调整块

2）隔墙上、下与梁、板连接　内隔墙上、下端与梁、板的连接方式如图 7-2 所示，其中最上一皮砌块应当采用 K212B（90 砌块）或 K222B（150 砌块）砌筑。墙长度＞6m 时，应在墙体中间每隔 3m 设一个芯柱（均灌注 CL15 轻集料混凝土），90mm 厚内隔墙芯柱配 1ϕ12 筋，150mm 厚内隔墙芯柱配 2ϕ10 筋。

3）隔墙两端与墙体的连接　隔墙两端与墙体的连接为铰接，连接方式见图 7-3。90mm 厚隔墙，墙高不应超过 3.0m；150mm 厚隔墙，墙高不应超过 4.5m。

4）管线、配电盒要求　竖向管线可敷设在砌块孔洞内，横向管线可在腰带内。各种电盒的位置，在内隔墙图上注明标高、距洞边或墙边尺寸、洞口大小。隔墙砌筑后，用切割机切割竖向管槽和电盒洞口。

5）装修要求　隔墙表面刮腻子喷浆或刷涂料，也可在表面抹水泥砂浆贴面砖。

6）防水要求　有防水要求时，墙面应做防水层，离地面 100mm 高处墙内孔洞用 CL15 轻集料混凝土填实。

（2）施工要求　施工应遵循《轻集料空心砌块内隔墙》（03 J114—1）的规定。主要施工要点如下：

1）根据建筑设计图纸要求画出内隔墙空心砌块排块图。在楼板面和两端墙面或柱面，放出墙体中心线和边线。楼板上干排内隔墙第一皮、第二皮轻集料空心砌块，确定排块无误

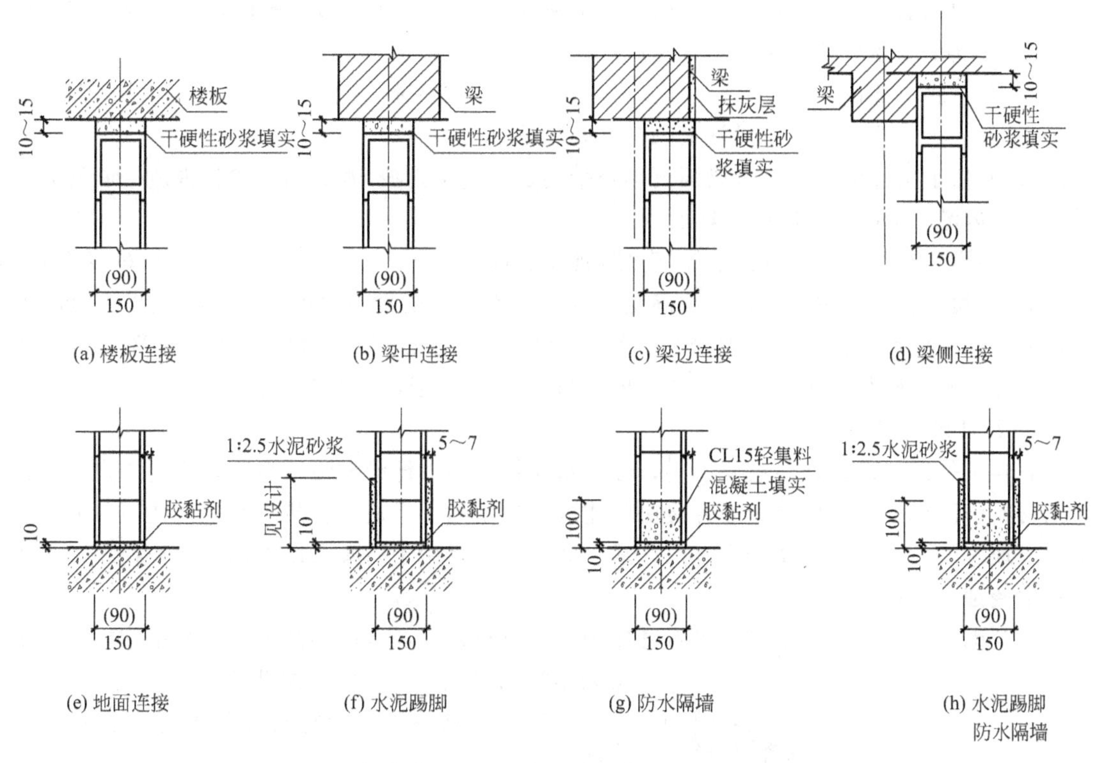

(a) 楼板连接　(b) 梁中连接　(c) 梁边连接　(d) 梁侧连接

(e) 地面连接　(f) 水泥踢脚　(g) 防水隔墙　(h) 水泥踢脚防水隔墙

图 7-2　轻集料空心砌块内隔墙与楼、梁地面连接节点

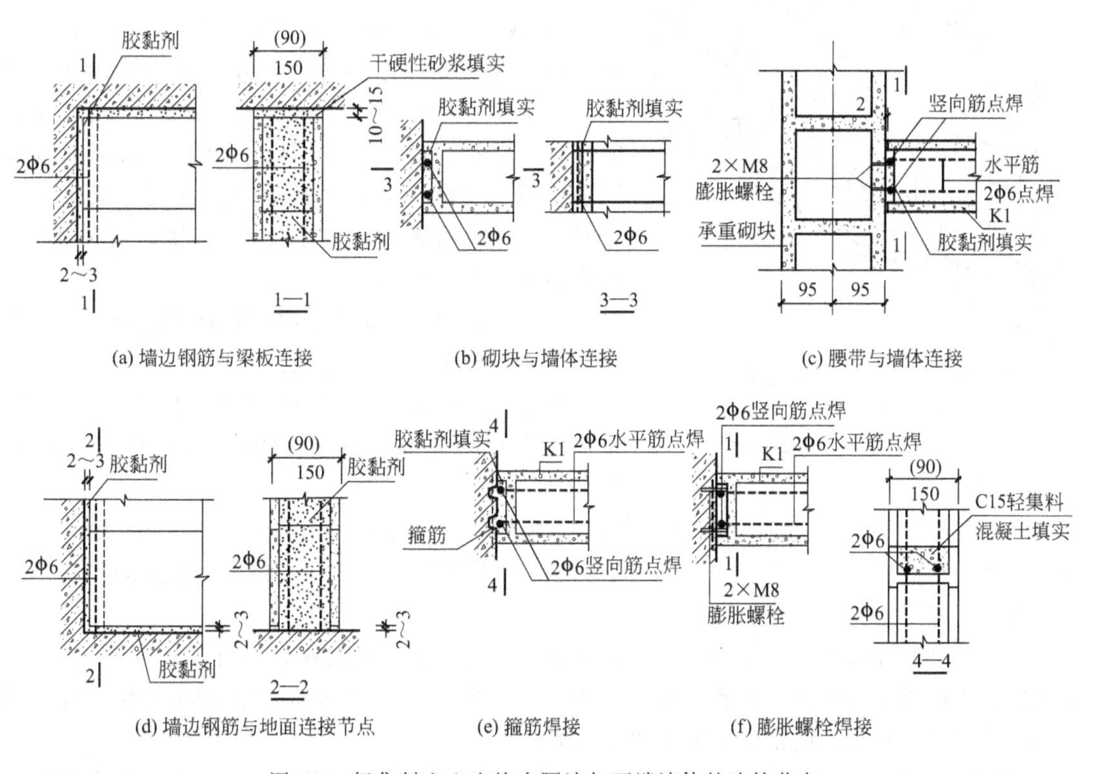

(a) 墙边钢筋与梁板连接　(b) 砌块与墙体连接　(c) 腰带与墙体连接

(d) 墙边钢筋与地面连接节点　(e) 箍筋焊接　(f) 膨胀螺栓焊接

图 7-3　轻集料空心砌块内隔墙与两端墙体的连接节点

后再铺灰砌筑。

2）在内隔墙两端的主体结构墙面或柱面剔出箍筋或打 M8 膨胀螺栓，安装内隔墙两端竖向钢筋(2ϕ6)与箍筋或 M8 膨胀螺栓点焊。

3）砌至腰带部位，在腰带砌块内放 2ϕ6 筋，与两端 2ϕ6 竖向钢筋点焊，在芯柱部位插入 1ϕ12 筋，腰带和芯柱孔中灌注 CL15 轻集料混凝土。

4）洞口上砌过梁砌块，过梁两侧砌腰带砌块，过梁内放 2ϕ10 筋，腰带内放 2ϕ6 筋，腰带和芯柱内灌注 CL15 轻集料混凝土。

5）在梁、板底砌筑调整砌块。调整砌块距梁、板底留 10～15mm，缝内用干硬性砂浆填实。

6）轻集料空心砌块内隔墙，除满足《砌体工程施工质量验收规范》（GB 50203—2002）规定的砌体一般尺寸允许偏差要求外，墙表面平整度用 2m 靠尺检验，允许偏差 2mm。内隔墙顶部干硬性砂浆填实的检查方法：砂浆与楼板底或梁底不允许有缝隙。

2. 石膏砌块隔墙

石膏砌块以建筑石膏为主要原料，经加水搅拌，加入纤维增强材料、轻集料、发泡剂等辅助材料浇注成型干燥后制成的轻质块状建筑石膏制品，只适用于抗震设防烈度为 8 度及 8 度以下地区的工业与民用建筑中室内非承重墙体。不得用于防潮层以下部位和长期处于浸水或化学侵蚀的环境中。

石膏砌块的砌筑可采用以建筑石膏作为胶凝材料，经加水搅拌制成的石膏基粘接浆，也可采用添加建筑胶黏剂的水泥砂浆。

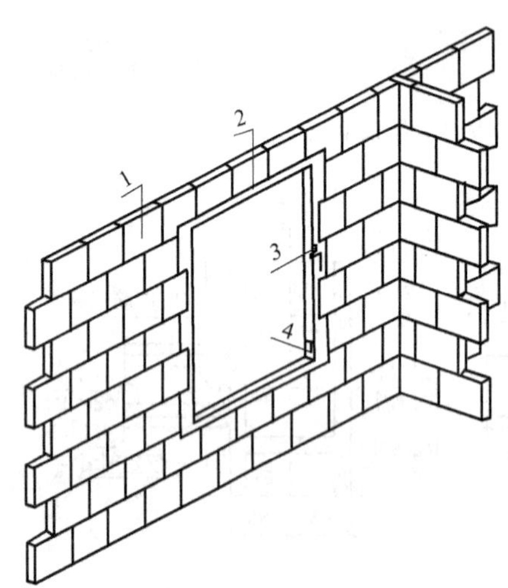

图 7-4　洞口边框示意图

1—石膏砌块砌体；2—洞口边框；3—边框宽度；4—边框厚度

关于石膏砌块隔墙现行行业标准是《石膏砌块砌体技术规程》（JGJ/T 201—2010）。

（1）墙体构造

1）隔墙本身构造　隔墙窗洞口四周 200mm 范围内的石膏砌块砌体的孔洞部分应采用粘接石膏填实，门洞口和宽度大于 1500mm 的窗洞口应加设钢筋混凝土边框，边框宽度不应小于 120mm，厚度应同砌体厚度（图 7-4），边框混凝土强度等级不应小于 C20，纵向钢筋不应小于 2ϕ10，箍筋宜采用ϕ6，间距不应大于 200mm。

除宽度小于 1.0m 可采用配筋砌体过梁外，门窗洞口顶部均应采用钢筋混凝土过梁。

石膏砌块隔墙与其他材料墙体的接缝处和阴阳角部位应采用粘接石膏粘贴耐碱玻璃纤维网布加强带。

2）隔墙上下与梁、板连接　石膏砌块隔墙底部应设置高度不小于 200mm 的 C20 现浇混凝土或预制混凝土、砖砌墙垫，墙垫厚度应为砌体厚度减 10mm。厨房、卫生间等有防水要求的房间应采用现浇混凝土墙垫。

当石膏砌块隔墙长度大于 5m 时，隔墙顶与梁或顶板应有拉结，长度超过层高 2 倍时，应设置钢筋混凝土构造柱，隔墙高度超过 4m 时，隔墙高度 1/2 处应设置与主体结构柱或墙连接且沿隔墙全长贯通的钢筋混凝土水平系梁。

石膏砌块隔墙与主体结构梁或顶板之间宜采用柔性连接（图 7-5）；当主体结构刚度

相对较大可忽略石膏砌块砌体的刚度作用时，与主体结构梁或顶板之间可采用刚性连接（图 7-6）。

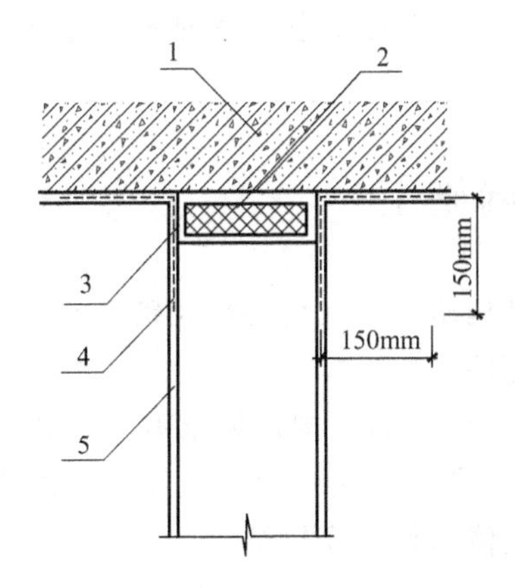

图 7-5　隔墙与梁（顶板）柔性连接示意图
1—梁（顶板）；2—用粘接石膏在梁（顶板）下粘贴10～15mm 厚泡沫交联聚乙烯，宽度＝墙厚－10mm；3—粘接石膏嵌缝抹平；4—粘贴耐碱玻璃纤维网布；5—装饰面层

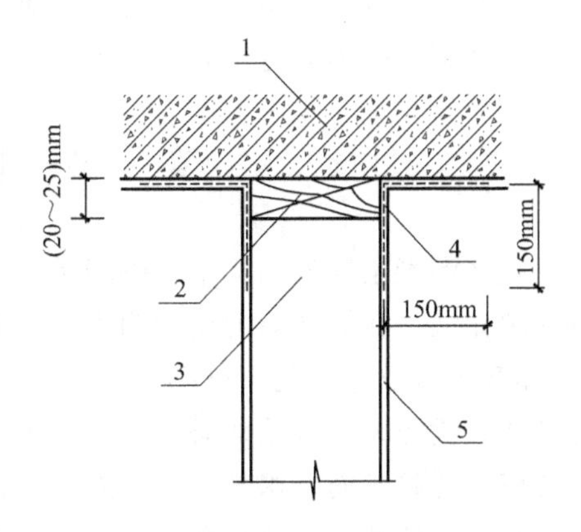

图 7-6　隔墙与梁（顶板）刚性连接示意图
1—梁（顶板）；2—顶层平缝间用木楔挤实，每砌块不少于 1 副木楔；3—石膏砌块砌体；4—粘贴耐碱玻璃纤维网布；5—装饰面层

3）隔墙两端与墙体的连接　主体结构柱或墙应在石膏砌块隔墙高度方向每皮水平灰缝中设 2ϕ6 末端有 90°弯钩的拉结筋，拉结筋应伸入隔墙内，当抗震设防烈度为 6、7 度时，伸入长度不应小于砌体长度的 1/5，且不应小于 70mm；当抗震设防烈度为 8 度时，宜沿隔墙两侧主体结构高度每皮设置拉结筋，拉结筋与两端主体结构柱或墙应连接可靠，并沿砌体全长贯通。末端应有 90°弯钩。

石膏砌块隔墙与主体结构柱或墙之间应采用刚性连接。其连接构造见图 7-7。

（2）施工要求　石膏砌块砌体内不得混砌黏土砖、蒸压加气混凝土砌块、混凝土小型空心砌块等其他砌体材料。

石膏砌块砌筑时应上下错缝搭接，搭接长度不应小于石膏砌块长度的 1/3，石膏砌块的长度方向应与砌体长度方向平行一致，榫槽应向下。砌体转角、丁字墙、十字墙连接部位应上下搭接咬砌。

水平灰缝的厚度和竖向灰缝的宽度应控制在 7～10mm。

在砌筑时，粘接浆应随铺随砌，水平灰缝宜采用铺浆法砌筑，当采用石膏基粘接浆时，一次铺浆长度不得超过一块石膏砌块的长度；当采用水泥基粘接浆时，一次铺浆长度不得超过两块石膏砌块的长度，铺浆应满铺。竖向灰缝应采用满铺端面法。

石膏砌块砌体不得留设脚手架眼。

石膏砌块砌体每天的砌筑高度，当采用石膏基粘接浆砌筑时不宜超过 3m，当采用水泥基粘接浆砌筑时不宜超

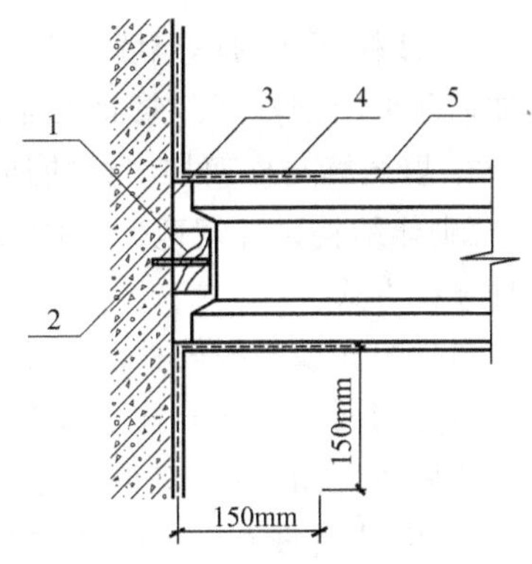

图 7-7　隔墙与柱（墙）刚性连接示意图
1—防腐木条用钢钉固定，钢钉中距≤500mm；2—柱（墙）；3—粘接浆填实补齐；4—粘贴耐碱玻璃纤维网布；5—装饰面层

过1.5m。

在石膏砌体上埋设管线，应待砌体粘接浆达到设计要求的强度等级后进行；埋设管线应使用专用开槽工具，不得用人工敲凿。埋入砌体内的管线外表面距砌体面不应小于4mm，并应与石膏砌块砌体固定牢固，不得有松动、反弹现象。

第二节　框架填充墙施工

在钢筋混凝土框架结构中，隔墙是在混凝土框架结构施工完成后再填充砌筑的，所以一般称为填充墙。在短肢剪力墙结构中，也有类似的填充墙。

《建筑抗震设计规范》（GB 50011—2010）对隔墙、填充墙的构造要求有如下规定：非承重墙体宜优先采用轻质墙体材料；采用砌体墙时，应采取措施减少对主体结构的不利影响，并应设置拉结筋、水平系梁、圈梁、构造柱等与主体结构可靠拉结。

填充墙一般使用普通混凝土小型空心砌块（简称普通小砌块）、蒸压加气混凝土砌块和轻骨料混凝土小型空心砌块（简称轻骨料小砌块）。

一、填充墙的构造

1. 填充墙本身构造

1）填充墙除应满足稳定和自承重外，尚应考虑水平风荷载及地震作用。填充墙体墙厚不宜小于120mm；填充墙应砌筑在各楼层的楼地面上，其砌筑的砂浆强度等级不宜低于M5（Mb5、Ms5）。

2）填充墙在平面和竖向的布置，宜均匀对称，宜避免形成薄弱层或短柱。

3）填充墙应沿框架柱全高每隔500mm设2φ6拉筋，拉筋伸入墙内的长度，6、7度时宜沿墙全长贯通，8、9度时应全长贯通。

4）墙长大于5m时，墙顶与梁宜有拉结；墙长超过8m或层高2倍时，宜设置钢筋混凝土构造柱；墙高超过4m时，墙体半高宜设置与柱连接且沿墙全长贯通的钢筋混凝土水平系梁。

5）楼梯两侧的填充墙和人流通道的围护墙，尚应设置间距不大于层高的钢筋混凝土构造柱，并采用钢丝网砂浆面层加强。

2. 填充墙与框架柱、梁的连接

《砌体结构设计规范》（GB 50003—2011）规定，填充墙与框架柱、梁有不脱开和脱开两种连接方式。

（1）填充墙与框架柱、梁不脱开时的构造。

填充墙两侧与框架柱不脱开时的构造做法见图7-8。填充墙顶部与框架梁、板不脱开时的构造做法见图7-9。其他构造要求如下：

1）沿柱高每隔500mm宜配置2φ6拉结钢筋（墙厚大于240mm时配置3φ6），钢筋伸入填充墙长度不宜小于700mm，且拉结钢筋应错开截断，相距不宜小于200mm。填充墙墙顶应与框架梁紧密结合。顶面与上部结构接触处宜用一皮砖或配砖斜砌楔紧。

图7-8中拉结钢筋伸入墙内长度L：非抗震设计时不应小于600mm，抗震及设防烈度为6、7度时不应小于墙长的1/5且不小于700mm，8度时应沿墙全长贯通。接结钢筋及预埋件锚筋应锚入墙、柱竖向受力钢筋内侧。

2）当填充墙有洞口时，宜在窗洞口的上端或下端、门洞口的上端设置钢筋混凝土带，

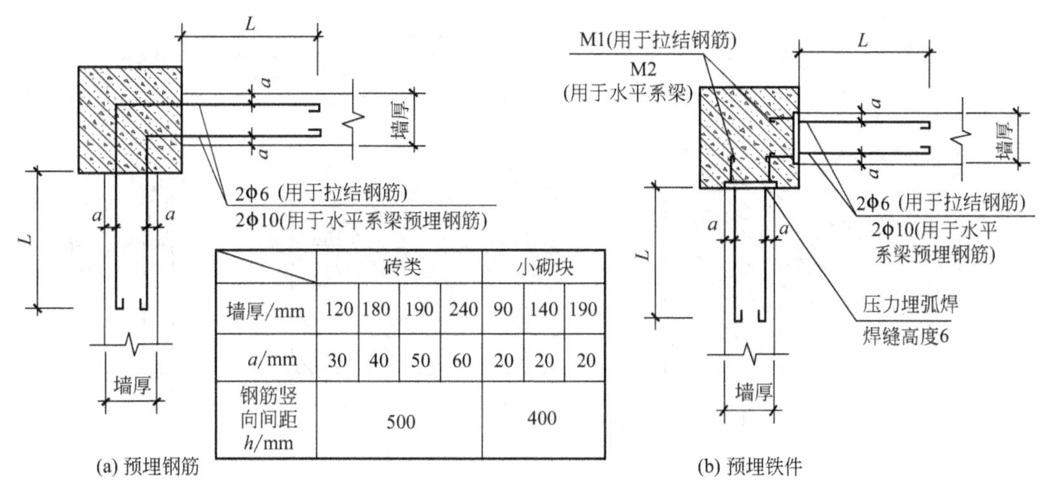

	砖类				小砌块		
墙厚/mm	120	180	190	240	90	140	190
a/mm	30	40	50	60	20	20	20
钢筋竖向间距 h/mm	500				400		

图 7-8　填充墙两侧与框架柱不脱开时的构造做法

钢筋混凝土带应与过梁的混凝土同时浇筑，其过梁的断面及配筋由设计确定。钢筋混凝土带的混凝土强度等级不小于 C20。当有洞口的填充墙尽端至门窗洞口边距离小于 240mm 时，宜采用钢筋混凝土门窗框。

3）当采用填充墙与框架柱、梁不脱开，填充墙长度超过 5m 或墙长大于 2 倍层高时，墙顶与梁宜有拉接措施，中间应加设构造柱；墙高度超过 4m 时宜在墙高中部设置与柱连接的通长钢筋混凝土带，墙高超过 6m 时，宜沿墙高每 2m 设置与柱连接的断面高度 60～120mm 的通长钢筋混凝土带。

（2）填充墙与框架柱、梁脱开时的构造。

填充墙与框架柱脱开连接时的构造要求做法见图 7-10。填充墙与框架梁脱开连接时的构造要求做法见图 7-11。其他构造要求如下：

1）填充墙两端与框架柱、填充墙顶面与框架梁宜留出 10～15mm 的间隙。

2）在距门窗洞口每侧 500mm 和其间距离 20 倍墙厚且不大于 5000mm 处的墙体两侧的凹槽内设置竖向钢筋和拉结钢筋，并应符合下列要求：

① 凹槽的尺寸宜为 50mm×50mm 。凹槽可在砌筑时切割块材，或由专门的块型砌筑；也可在砌筑时留出 50mm×50mm 宽的竖缝而成，但此缝应采用不低于 M5（Mb5、Ms5）的砂浆填实，且在缝每侧 400mm 范围内设置 $3\phi^{b}4$ 焊接网片或 $2\phi^{R}6$ 钢筋，其竖向间距不宜大于 400mm。

② 凹槽内的竖向钢筋不宜小于ϕ12，拉筋宜采用$\phi^{R}5$，竖向间距不宜大于 600mm。竖向钢筋应与框架梁的预留钢筋连接，绑扎接头时不宜小于 $30d$，焊接时不宜小于 $10d$。

3）当填充墙长大于 5m，应在墙体上部 1/3 范围内设置通长焊接网片，其竖向间距不宜大于 400mm，当夹心墙已有通长焊接网片时则不需另设。

4）填充墙与框架柱、梁的缝隙可采用聚苯乙烯泡沫塑料板板条或聚氨酯发泡充填，并用硅酮胶或其他弹性密封材料封缝。

二、填充墙施工主要要求

1. 一般规定

用空心砖、蒸压加气混凝土砌块、轻骨料混凝土小型空心砌块等砌筑填充墙砌体必须满足：

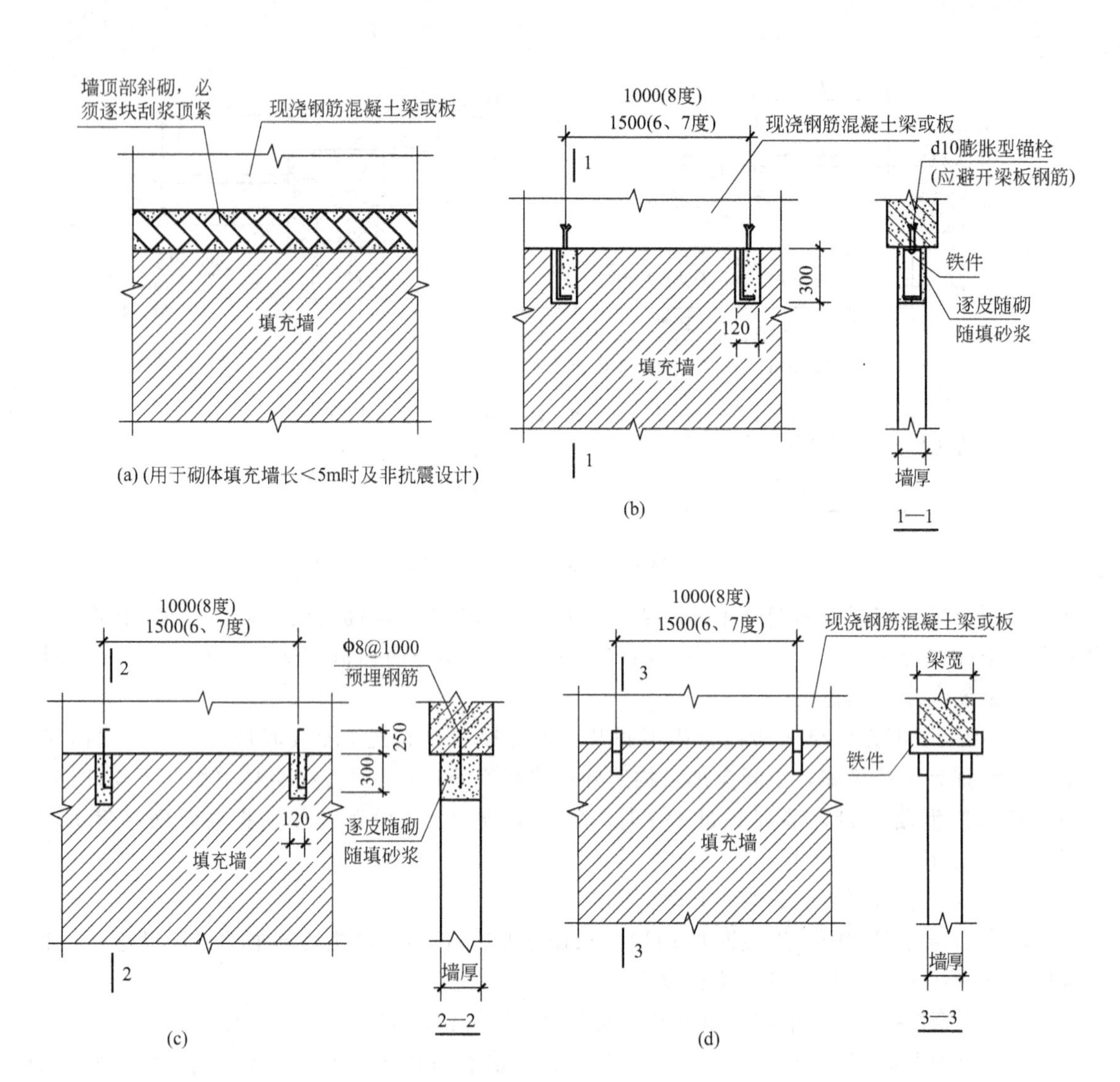

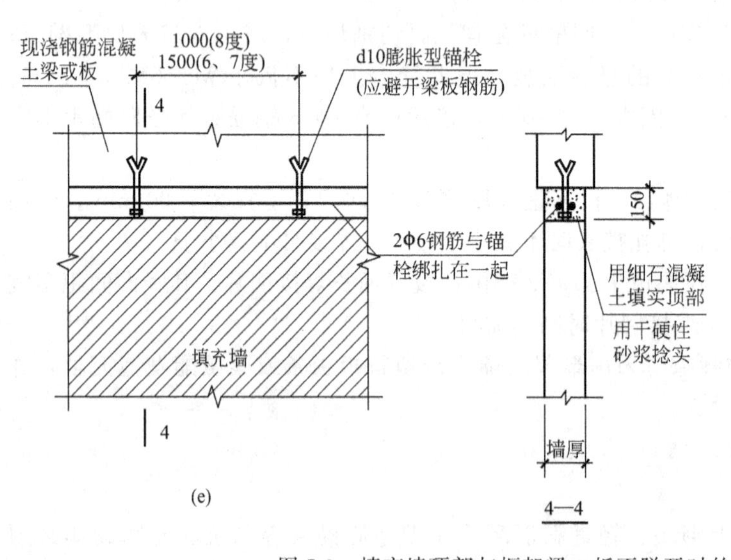

图 7-9　填充墙顶部与框架梁、板不脱开时的构造做法

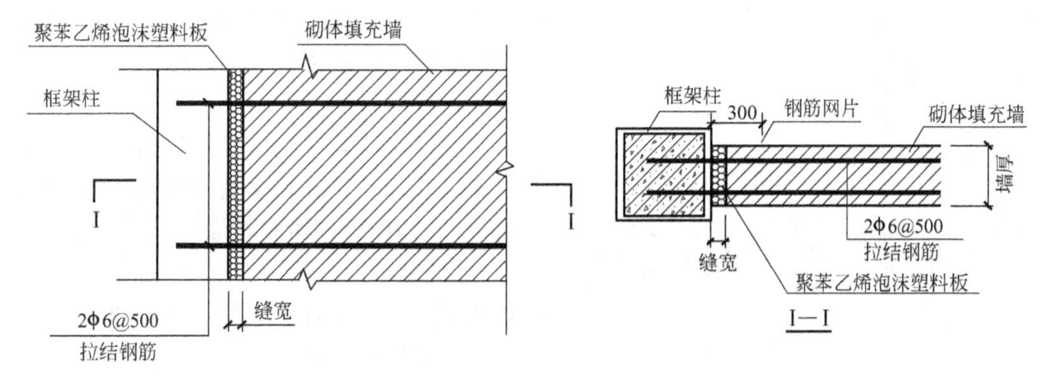

图 7-10　填充墙与框架柱脱开连接时的缝隙构造做法

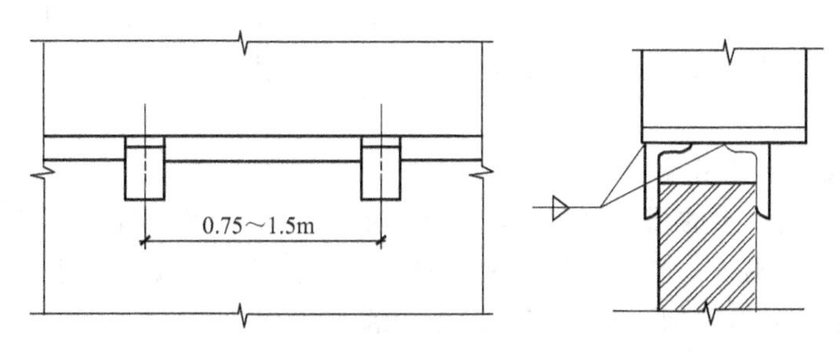

图 7-11　填充墙与框架梁脱开连接时的构造做法

1）蒸压加气混凝土砌块、轻骨料混凝土小型空心砌块砌筑时，其产品龄期应超过 28d。

2）空心砖、蒸压加气混凝土砌块、轻骨料混凝土小型空心砌块等的运输、装卸过程中，严禁抛掷和倾倒。进场后应按品种、规格分别堆放整齐，堆置高度不宜超过 2m。加气混凝土砌块应防止雨淋。

3）填充墙砌体砌筑前块材应提前 2d 浇水湿润。蒸压加气混凝土砌块砌筑时，应向砌筑面适量浇水，施工时的含水率宜小于 15%。

4）用轻骨料混凝土小型空心砌块或蒸压加气混凝土砌块砌筑墙体时，墙底部应砌烧结普通砖或多孔砖，或普通混凝土小型空心砌块，或现浇混凝土坎台等，其高度不宜小于 200mm。

2. 加气混凝土砌块填充墙施工要求

1）砌筑加气混凝土砌块应用专用铺浆工具，将砂浆摊铺均匀，逐块砌筑（图 7-12）。

2）砌块应上下皮互相错缝，错缝长度不宜小于砌块长度的 1/3，并不小于 150mm。如

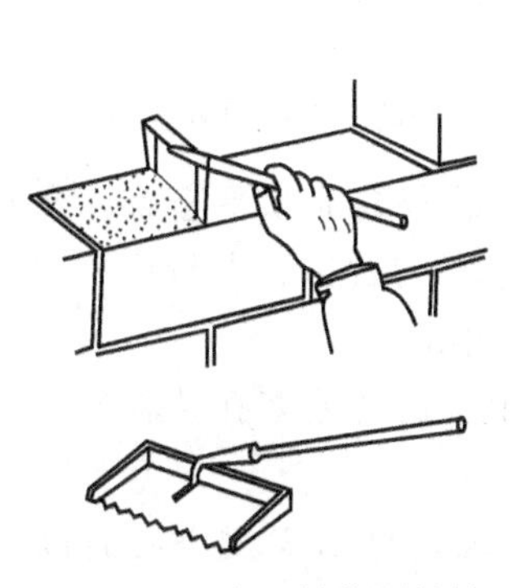

图 7-12　用专用铺浆器摊铺

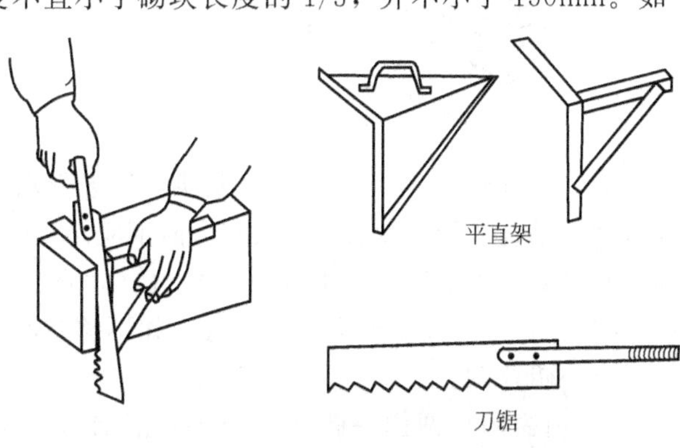

图 7-13　切锯加气混凝土砌块

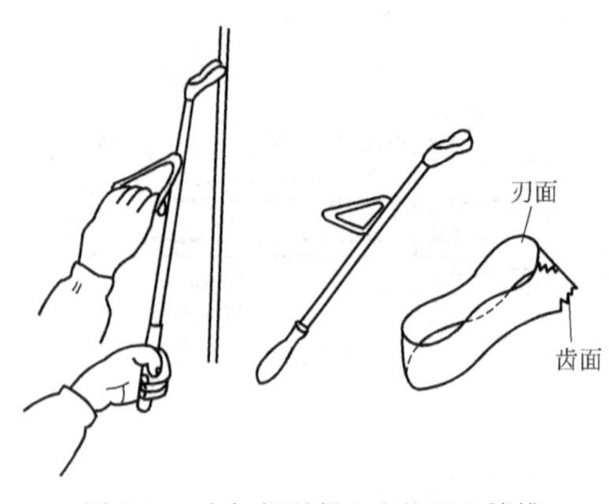

图 7-14　在加气混凝土砌块面上镂槽

不能满足时，在水平灰缝中应设置 2Φ6 钢筋或 Φ4 钢筋网片加强，加强筋长度不应小于 500mm。

3）灰缝应横平竖直，砂浆饱满。水平灰缝厚度不得大于 15mm；垂直灰缝宽度不得大于 20mm，宜用内外临时夹板灌缝。

4）切锯砌块应使用刀锯（可用木工厂废带锯条改制）配以平直架进行（图 7-13）。不得用斧子或瓦刀任意砍劈。

5）在加气混凝土砌块面上镂槽，应用镂槽工具，先用齿面后用刃面（图 7-14）。

6）不同干密度和强度等级的加气混凝土砌块不应混砌。加气混凝土砌块也不得与其他砖、砌块混砌。

3. 空心砖填充墙施工要求

1）空心砖墙所用砂浆的强度等级不应低于 M25。空心砖墙的厚度等于空心砖的高度。

2）空心砖应侧立砌筑，其孔洞呈水平方向，上下皮垂直灰缝相互错开不小于 1/3 砖长。空心砖墙底下宜用普通砖平砌 3 皮砖高，以作为墙垫（图 7-15）。

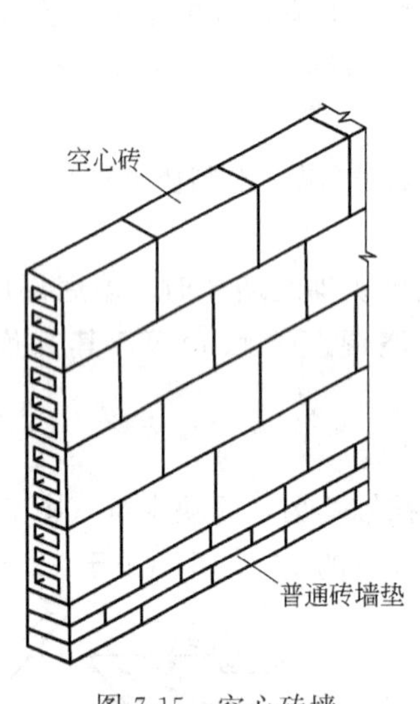

图 7-15　空心砖墙

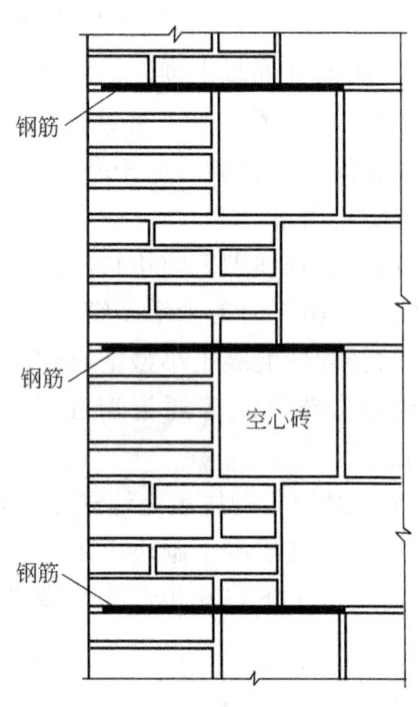

图 7-16　空心砖墙在洞口处砌法

3）空心砖墙宜采用“满刀灰刮浆法”进行砌筑，空心砖墙的灰缝应横平竖直，水平灰缝厚度和垂直灰缝宽度宜为 10mm，但不应小于 8mm，也不应大于 12mm。灰缝中砂浆应饱满。水平灰缝砂浆饱满度不得低于 80%，垂直灰缝不得出现透明缝。

4）空心砖墙砌至近上层楼板底，如不够空心砖规格，应用普通砖或多孔砖补砌，不得打凿空心砖补砌。

5）门窗洞口两侧一砖（240mm）范围内，应用普通砖砌筑，每隔 2 皮空心砖高，在水平灰缝中放置 2 根直径 6mm 的拉结钢筋，钢筋长度不少于普通砖长度与空心砖长之和

(图 7-16)。

6) 空心砖墙转角处及交接处应用普通砖实砌，实砌长度从墙中心算起不小于 370mm。

7) 空心砖墙中不得留置脚手眼。

8) 空心砖墙每日砌筑高度不得超过 1.2m。

第三节 砌体抗震墙施工

底框结构是我国现阶段经济条件下特有的一种结构，尽管是一种对抗震不利的结构形式，但限于我国当今的经济发展水平，目前还无法取消，尤其在中西部地区小城镇临街建筑中仍普遍采用。为此，《建筑设计抗震规范》(GB 50011—2010) 对底框结构底部框架层与上层刚度比做出了明确规定，第二层计入构造柱影响的侧向刚度与底层侧向刚度的比值，6、7 度时不应大于 2.5，8 度不应大于 2.0，且均不应小于 1.0。要做到这一点，必须在底部框架中布置一定数量的抗震墙（剪力墙）。

一、抗震墙布置原则

底框架结构中的抗震（剪力）墙既是承担竖向荷载的主要构件，更是承担水平力的主要构件，在地震中起第一道防线作用，在设计时要考虑底部剪力墙承担 100%的水平地震作用，而框架只承担小部分的地震力作为安全储备。

应沿纵横两方向设置一定数量的抗震墙，并应均匀对称布置，以更好地发挥抗震作用。

对底框结构中剪力墙的布置要防止走入越多越强越好的误区，剪力墙的设置应与上部砌体结构相协调，抗震设计的原则是楼层侧移刚度应均匀变化，而不允许发生层间突变。这是施工方在底框结构图纸会审时应注意的问题。

二、抗震墙使用材料

抗震规范规定：6 度且总层数不超过四层的底层框架-抗震墙砌体房屋，应允许采用嵌砌于框架之间的约束普通砖砌体或小砌块砌体的砌体抗震墙，但应计入砌体墙对框架的附加轴力和附加剪力并进行底层的抗震验算，且同一方向不应同时采用钢筋混凝土抗震墙和约束砌体抗震墙；其余情况，8 度时应采用钢筋混凝土抗震墙，6、7 度时应采用钢筋混凝土抗震墙或配筋小砌块砌体抗震墙。

研究表明：相同条件下 C30 混凝土墙刚度相当于 MU10 砖、M10 砂浆砖墙的 9.92 倍，可见，采用混凝土墙可大大减少底层剪力墙的数量，可使底层开间布置更加灵活，可利用空间更大，因此应尽量采用混凝土抗震墙。

三、砌体抗震墙的构造要求

抗震规范规定如下：

(1) 当 6 度设防的底层框架-抗震墙砖房的底层采用约束砖砌体墙时，其构造应符合下列要求：

1) 砖墙厚不应小于 240mm，砌筑砂浆强度等级不应低于 M10，应先砌墙后浇框架。

2) 沿框架柱每隔 300mm 配置 2ϕ8 水平钢筋和ϕ4 分布短筋平面内点焊组成的拉结网片，并沿砖墙水平通长设置；在墙体半高处尚应设置与框架柱相连的钢筋混凝土水平系梁。

3) 墙长大于 4m 时和洞口两侧，应在墙内增设钢筋混凝土构造柱。

(2) 当 6 度设防的底层框架 抗震墙砌块房屋的底层采用约束小砌块砌体墙时，其构造应符合下列要求：

1）墙厚不应小于190mm，砌筑砂浆强度等级不应低于Mb10，应先砌墙后浇框架。

2）沿框架柱每隔400mm配置2ϕ8水平钢筋和ϕ4分布短筋平面内点焊组成的拉结网片，并沿砌块墙水平通长设置；在墙体半高处尚应设置与框架柱相连的钢筋混凝土水平系梁，系梁截面不应小于190mm×190mm，纵筋不应小于4ϕ12，箍筋直径不应小于ϕ6，间距不应大于200mm 。

3）墙体在门、窗洞口两侧应设置芯柱，墙长大于4m时，应在墙内增设芯柱，其余位置，宜采用钢筋混凝土构造柱替代芯柱。

四、砌体抗震墙施工

底框架结构中底层墙体并不一定都是抗震墙，也可能有一部分是用于分割空间的填充墙，当采用混凝土抗震墙时，这个区分是明显的，但当采用砌体抗震墙时，施工者必须注意区分砌体抗震墙与砌体填充墙，从外观形式上看，它们都是嵌砌于框架梁柱间的砌体墙，但由于作用不同，其施工顺序是相反的。

砌体填充墙应等混凝土框架达到设计强度，甚至整个建筑主体完工后再进行嵌砌施工，即总的施工顺序是先浇混凝土框架、后砌墙。

砌体抗震墙则必须与其周边混凝土框架形成整体，才能充分发挥其抗震作用，为做到这一点，施工顺序是先砌墙后浇框架柱，砌墙时要预留马牙槎，预埋锚拉筋，且框架梁直接坐于墙顶，不需再支底模。总的施工顺序是先砌墙、后浇混凝土框架。

第四节　墙梁施工

底框结构房屋中，下部为钢筋混凝土框架结构、上部为砌体结构，上部的墙体不能直接落到基础上，而是由钢筋混凝土梁（托梁）承托上部墙体，设计考虑由钢筋混凝土托梁和托梁以上计算高度范围内的砌体墙所组成的组合构件，来共同承受墙体自重及由屋盖、楼盖传来的荷载，即称为墙梁。与钢筋混凝土框架结构相比，采用墙梁可节约钢材40%、模板50%、水泥25%；节省人工25%，降低造价20%，并可加快施工进度，具有明显的效益。

一、墙梁的类型

根据支承情况不同，墙梁可分为简支墙梁、连续墙梁和框支墙梁（图7-17），根据墙梁是否承受由屋盖、楼盖传来的荷载，墙梁可分为自承重墙梁和承重墙梁，自承重墙梁仅仅承受托梁自重和托梁顶面以上墙体自重（如基础墙梁）；承重墙梁还要承受由屋盖、楼盖传来

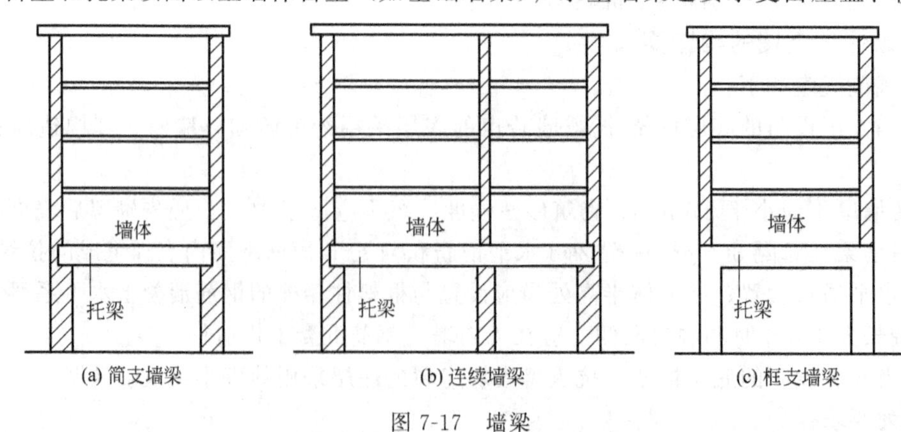

图7-17　墙梁

的荷载，民用住宅底框结构，通常按墙梁设计时即为承重墙梁。

在墙梁的墙体上不开洞口的称为无洞口墙梁，开有洞口的称为有洞口墙梁。

二、墙梁的受力特点与破坏形态

墙梁是由墙和托梁组合而成。当托梁及其上的墙体达到一定强度后。它们两者就能共同工作，在裂缝出现前，如同钢筋混凝土和砖砌体两种材料组成的深梁。当墙体无洞口时，主压应力都指向支座，墙梁形成拱作用，托梁主要受拉，这与一般受弯构件情况不同。根据试验研究，导致墙梁破坏的影响因素较多，如砌体高跨比、托梁高跨比、砌体的抗压强度设计值、混凝土的轴心抗压强度设计值、托梁的纵向受力钢筋配筋率、加荷方式、墙体开洞情况以及有无纵向翼墙等。由于这些因素的不同，无洞口墙梁将发生下述几种破坏形态：

（1）弯曲破坏　当托梁配筋较少，砌体强度较高时，托梁上部和下部的纵向钢筋先后屈服，发生沿跨中竖向截面的弯曲破坏。

（2）剪切破坏　当托梁配筋较多，砌体强度较低时，通常发生墙体的剪切破坏。

（3）局部受压破坏　当托梁支座上方砌体中的竖向正应力的集聚形成较大的应力集中，超过该处砌体局部抗压强度时，将发生托梁支座上方较小范围内的砌体局部压碎。

对于有洞口墙梁，由于洞口的大小及开设位置的影响，墙梁内部的主应力轨迹线较为复杂，但其破坏形式仍为上述三种类型。

三、墙梁的构造要求

墙梁的设计除应符合设置规定、满足承载力要求之外，还应符合有关的构造要求。

（1）材料

1）梁的混凝土强度等级不应低于C30；

2）纵向受力钢筋应采用HRB335、HRB400或RRB400级钢筋；

3）承重墙梁的块体强度等级不应低于MU10，计算高度范围内墙体的砂浆强度等级不应低于M10（Mb10）。

（2）墙体

1）框支墙梁的上部砌体房屋，以及设有承重的简支墙梁或连续墙梁的房屋，应满足刚性方案房屋的要求。

2）墙梁计算高度范围内的墙体厚度，对砖砌体不应小于240mm；对混凝土小型砌块砌体不应小于190mm。

3）墙梁洞口上方应设置钢筋混凝土过梁，其支承长度不应小于240mm；洞口范围内不应施加集中荷载。

4）承重墙梁的支座处应设置落地翼墙。翼墙厚度，对砖砌体不应小于240mm；对混凝土砌块砌体不应小于190mm。翼墙宽度不应小于墙梁墙体厚度的3倍，并与墙梁墙体同时砌筑。当不能设置翼墙时，应设置落地且上、下贯通的构造柱。

5）当墙梁墙体在靠近支座1/3跨度范围内开洞时，支座处应设置落地且上、下贯通的构造柱，并应与每层圈梁连接。

6）墙梁计算高度范围内的墙体，每天可砌筑高度不应超过1.5m；否则，应加设临时支撑。

（3）托梁

1）有墙梁房屋的托梁两侧各两个开间的楼盖应采用现浇混凝土楼盖，楼板厚度不应小于 120mm，当楼板厚度大于 150mm 时，应采用双层双向钢筋网，楼板上应少开洞，洞口尺寸大于 800mm 时应设洞口边梁。

2）托梁每跨底部的纵向受力钢筋应通长设置，不得在跨中弯起或截断。钢筋连接应采用机械连接或焊接。

3）托梁跨中截面的纵向受力钢筋总配筋率不应小于 0.6%。

4）托梁距边支座边 $l_0/4$ 范围内，上部纵向钢筋面积不应小于跨中下部纵向钢筋面积的 1/3。连续墙梁或多跨框支墙梁的托梁中间支座上部附加纵向钢筋从支座边算起每边延伸不应少于 $l_0/4$。

5）承重墙梁的托梁在砌体墙、柱上的支承长度不应小于 350mm。纵向受力钢筋伸入支座应符合受拉钢筋的锚固要求。

6）当托梁截面高度 $h_b \geqslant 450$mm 时，应沿梁截面高度设置通长水平腰筋，其直径不应小于 12mm，间距不应大于 200mm。

7）对于洞口偏置的墙梁，其托梁应按图 7-18 所示的范围加密箍筋，箍筋直径不应小 8mm，间距不应大于 100mm。

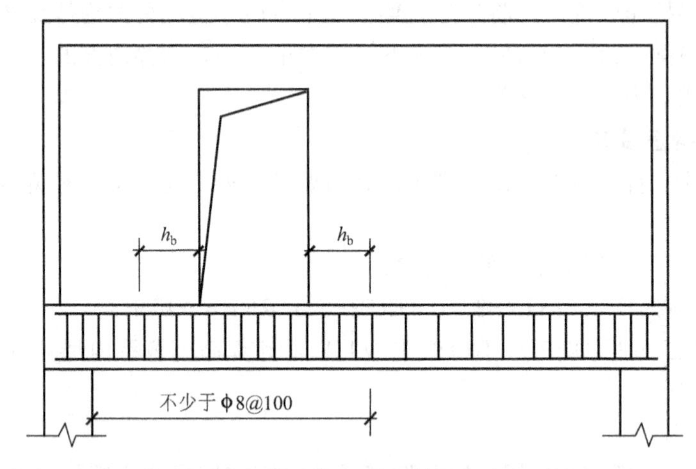

图 7-18　偏开洞时托梁箍筋加密区

四、墙梁的施工

从墙梁的原理可知，墙梁工作的前提是托梁的混凝土强度和梁上砌体的强度都达到设计强度，而在实际施工过程中，这是有一段前后时间差的，正是在这个形成墙梁的时间段，也是墙梁最危险的时段，因此，必须高度重视墙梁的施工，除了上述墙梁的构造要求中的相关规定外，还应注意：

1）底框结构中的转换层是否按墙梁设计，设计单位应当在图纸上予以明确，并且在进行设计交底时，还应进行说明，作为施工方，对此同样应予以关注。

2）在托梁上砌筑砌体之前，梁面应凿毛清洗干净，铺一层 15～20mm 厚的砂浆，然后再砌筑砌体，并且要保证砂浆饱满度，以使托梁与墙体界面的剪力均匀传递，梁和墙体共同工作。

3）施工过程要避免较大的集中荷载作用在墙梁顶面上，以防墙梁发生突然的劈裂破坏。

4）在墙梁的砌体计算高度内不得随便开洞口，不允许在墙梁计算高度的支座宽度内留置施工通道或洞口，以防墙梁被破坏。

第五节　砖化粪池施工

最早的化粪池起源于19世纪的欧洲，距今已有100多年的历史，化粪池就是流经池子的污水与沉淀污泥直接接触，有机固体借厌氧细菌作用分解的一种沉淀池。最初化粪池作为一种避免管道发生堵塞而设置的截粪设施，在截留、沉淀污水中的大颗粒杂质、防止污水管道堵塞、减小管道埋深、保护环境上起着积极作用。在我国，化粪池是人民生活不可缺少的配套生活设施，几乎每一个建筑物都设有相应的化粪池设施。

一、砖化粪池的构造要求

1. 化粪池设置条件

在下列情况下应设置化粪池：

1）当城镇没有污水处理厂时，生活粪便污水应设化粪池，经化粪池处理合格后的水方可排入城镇下水道或水体。

2）城镇虽有生活污水处理厂的规划，但其建设滞后于建成生活小区，则应在生活小区内设置化粪池。

3）一些大、中城市由于排水管网系统较长，为防止粪便淤积堵塞下水道，也要设化粪池，粪便污水经预处理后再排入城市管网。

4）城市管网为合流制排水系统时，生活粪便污水应先经化粪池处理后，再排入合流制管网。大城市的排水管网对于排放水质有一定要求时，粪便污水也应设化粪池进行预处理，如化粪池处理后的水质仍不符合排放标准时，则需采用深化污水处理措施。

2. 化粪池的选型

化粪池已经纳入标准设计，分为《钢筋混凝土化粪池》（03 S702）、《砖砌化粪池》（02 S701）两大系列，设计时根据标准图集进行选型即可。

1）当进入化粪池的污水量小于或等于$10m^3/h$时，应选用双格化粪池，其中第一格容积应占总容积的75%。

2）当进入化粪池的污水量大于$10m^3/h$时，应采用三格化粪池，第一格容积占总容积的50%，第二、三格容积各占25%。

3）当化粪池的总容积超过$50m^3$时，宜设置两个并联的化粪池。

砖混化粪池由于设计、施工、使用管理等方面的诸多问题，致使不少砖化粪池使用1～2年后开始渗漏，严重污染了地下水资源，已有省市开始淘汰砖混化粪池，推广应用地埋式污水处理池（HFRP玻璃钢整体式化粪池）。

3. 砖砌化粪池的构造

砖化粪池由钢筋混凝土底板、隔板、顶板和砖砌墙壁组成。化粪池的埋置深度一般均大于3m，且要在冻土层以下。图7-19为砖化粪池的示意图。

二、砖化粪池的施工

1. 施工程序

化粪池基坑土方开挖→基坑土体护坡加固→基坑降水→基坑底部清槽→铺垫层下卵石或碎石层→浇筑混凝土垫层→砌筑池壁→化粪池顶盖及圈梁支模、绑筋、浇注混凝土→化粪池顶盖预制板制作→化粪池顶盖拆模→化粪池内壁、外壁防水→24h灌水实验→土方回填→化粪池预制顶盖安装。

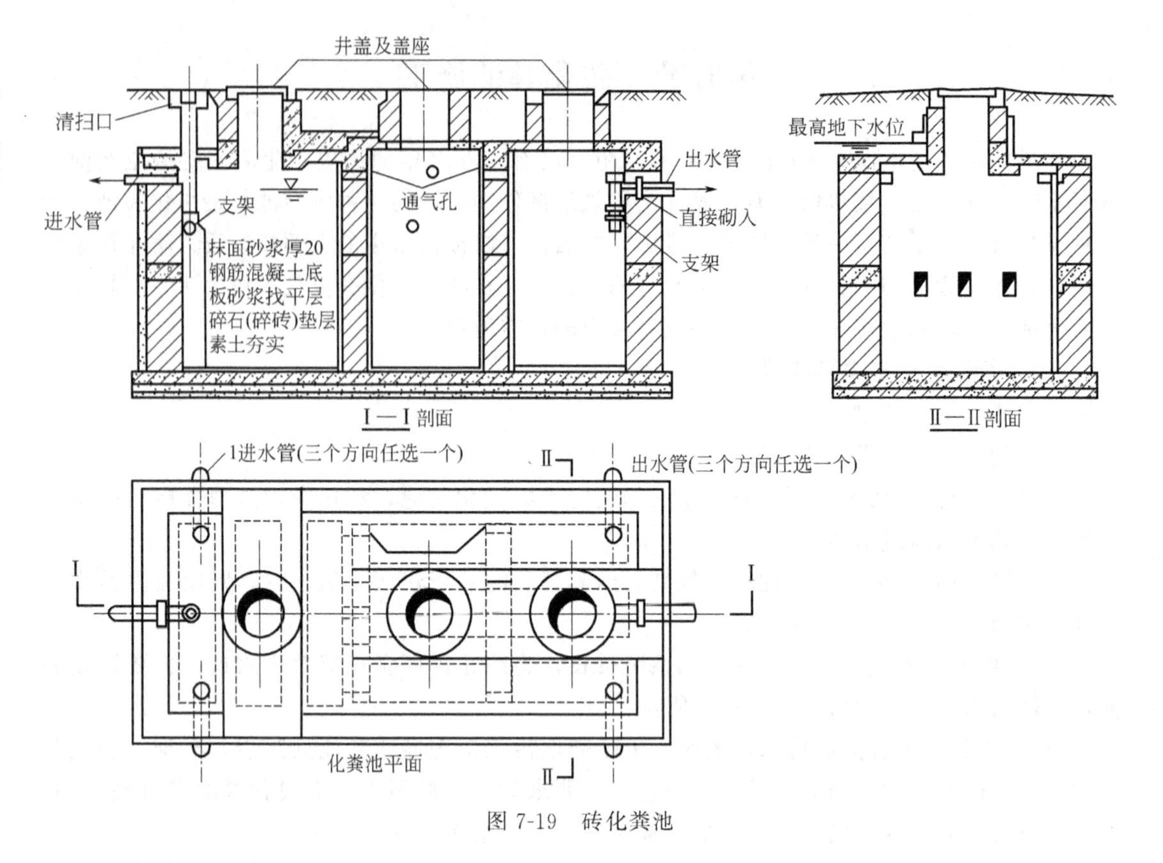

图 7-19　砖化粪池

2. 化粪池砌筑

(1) 准备工作

1) 普通砖、水泥、中砂、碎石或卵石，准备充足。

2) 其他如钢筋、预制隔板、检查井盖等，要求均已备好料。

3) 基坑定位桩和定位轴线已经测定，水准标高已确定并做好标志。

4) 基坑底板混凝土已浇好，并进行了化粪池壁位置的弹线。基坑底板上无积水。

5) 立好皮数杆。

(2) 砌筑要点

1) 砌筑应采用水泥砂浆，按设计要求的强度等级和配合比拌制。

2) 一砖厚的墙可以用梅花丁或一顺一丁砌法；一砖半或两砖墙采用一顺一丁砌法。

3) 砌筑时应先在四角盘角，随砌随检查垂直度，中间墙体拉准线控制平整度；内隔墙应和外墙同时砌筑，不得留槎。

4) 砌筑的关键是正确留置预留洞。要注意皮数杆上预留洞的位置，准确地砌筑好孔洞，确保化粪池使用功能。

5) 凡设计中要求安装预制隔板的，砌筑时应在墙上留出安装隔板的槽口，隔板插入槽内后，应用 1∶3 水泥砂浆将隔板槽缝填嵌牢固，如图 7-20 所示。

6) 化粪池墙体砌完后，即可进行墙身内外抹灰。内墙采用三层抹灰，外墙采用五层抹灰，采用现浇盖板时，在拆模之后应进入池内检查并作修补。

7) 抹灰完毕可在池内支撑现浇顶板模板，绑扎钢筋，经隐蔽验收后即可浇灌混凝土。顶板为预制盖板时，在墙上垫上砂浆吊装就位。

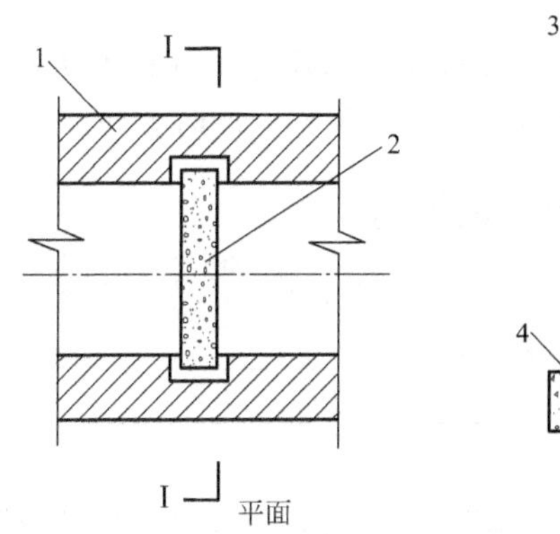

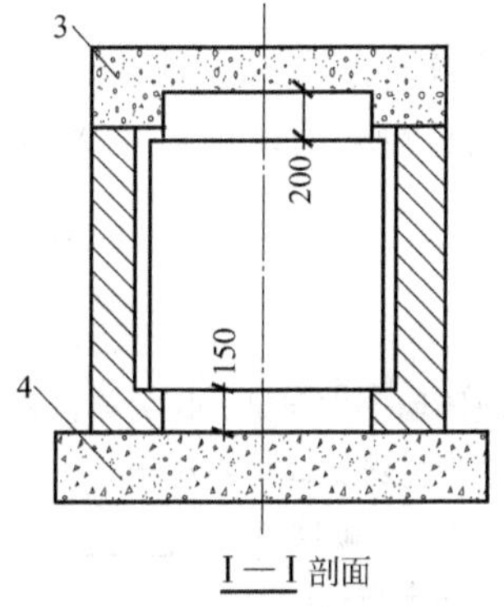

图 7-20　化粪池隔板安装

1—砖砌体；2—混凝土隔板；3—混凝土顶板；4—混凝土底板

8）化粪池本身除了污水进出的管口外，其他部位均须封闭墙体，在回填土之前，应进行抗渗试验。试验方法是将化粪池进出口管临时堵住，在池内注满水，并观察有无渗漏水，经检验合格符合标准后，即可回填土。回填土时顶板及砂浆强度均应达到设计强度，以防墙体被挤压变形及顶板压裂，填土时要求分层夯实，每层虚铺厚度 300～400mm。

三、化粪池砌筑质量

1. 化粪池砌筑质量的保证项目

1）各种材料必须符合设计要求，材质必须符合材料标准，并有质量保证书。

2）砂浆和混凝土试块符合强度检验要求。

3）砌体砂浆必须密实饱满，水平及竖向灰缝砂浆饱满度不小于 80%。

4）内外墙不得留槎。

2. 化粪池砌筑质量的基本项目

1）砖砌体上下错缝，无垂直通缝。

2）预留孔洞的位置符合设计要求。

3）化粪池砌筑的允许偏差同砌筑墙体要求。

小　　结

隔墙是垂直分割建筑物内部空间的非承重墙。砌体隔墙按使用的块体材料的不同，分为砖隔墙和砌块隔墙，普通砖隔墙有半砖（120mm）和 1/4 砖（60mm）两种，通常其砌筑都滞后于主体承重墙的砌筑，所以又称后砌隔墙。砌块隔墙多采用轻质块体，如轻集料空心砌块、石膏砌块等。隔墙墙体与周边主体结构的连接关系有刚性连接和柔性连接之分。

填充墙与隔墙的区别在于其上下方是框架梁、左右两端是框架柱。其使用的块体材料与隔墙相同。填充墙墙体与周边框架梁柱的连接关系有不脱开和脱开两种方式。

砌体抗震墙主要应用在抗震设防烈度不超过 7 度的底框结构工程中，外观形式上看，它与填充墙都是嵌砌于框架梁柱间的砌体墙，但由于作用不同，其施工顺序是相反的。砌体填充墙是先浇混凝土、后砌墙。砌体抗震墙则是先砌墙，后浇框架的柱和梁。

墙梁是由钢筋混凝土托梁和托梁以上计算高度范围内的砌体墙共同构成的组合构件。其材料和施工都有相应的要求，要注意的是，墙梁具备承载能力的前提是托梁的混凝土强度和梁上砌体的强度都达到设计强度，而这是有时间差的，在此时段内，必须高度重视墙梁的安全。

化粪池是民用建筑重要的配套设施，已纳入标准化设计，按标准图集的要求进行施工，确保工程质量，避免砖砌化粪池渗漏造成环境污染，是施工者的责任和义务。

能力训练题

一、填空题

1. 轻集料空心砌块隔墙上方与梁、板的连接方式为________。

2. 石膏砌块隔墙底部应设置高度不小于________的________现浇混凝土或预制混凝土、砖砌墙垫，墙垫厚度应为砌体厚度________。

3. 填充墙应沿框架柱全高每隔________设________拉筋，拉筋伸入墙内的长度，6、7度时________，8、9度时应________。

4. 墙梁是由________和________所组成的组合构件。

5. 砖砌化粪池由________、________、________和________组成。

二、单选题

1. 轻集料空心砌块隔墙上方与梁或板的连接方式是（　　）。

A. 一皮斜砖顶砌

B. 留约30mm的空隙塞木楔打紧，然后用砂浆填缝

C. 留约10～15mm的空隙，然后用干硬性砂浆填实

D. 用粘接石膏在梁（顶板）下粘贴10～15mm厚泡沫交联聚乙烯

2. 填充墙体墙厚不宜小于（　　）mm；填充墙应砌筑在各楼层的楼地面上，其砌筑的砂浆强度等级不宜低于（　　）。

A. 60，M2.5　　B. 90，M7.5　　C. 120，M5　　D. 150，M10

3. 嵌砌于框架之间的约束普通砖砌体或小砌块砌体的砌体抗震墙适用于（　　）的底层框架-抗震墙砌体房屋。

A. 6度且总层数不超过四层　　B. 6度且总层数不超过六层

C. 7度且总层数不超过四层　　D. 7度且总层数不超过六层

4. 承重墙梁的块体强度等级不应低于（　　）。

A. MU5　　B. MU7.5　　C. MU10　　D. MU15

5. 当化粪池的总容积超过（　　）m^3时，宜设置两个并联的化粪池。

A. 30　　B. 40　　C. 50　　D. 60

三、多选题

1. 后砌的非承重隔墙应（　　）。

A. 沿墙高每隔500～600mm配置2ϕ6拉结钢筋与承重墙或柱拉结

B. 拉结钢筋每边伸入墙内不应少于500mm

C. 独立墙肢端部及大门洞边宜设钢筋混凝土构造柱

D. 长度大于4m的后砌隔墙，墙顶尚应与楼板或梁拉结

2. 6度设防的底层框架结构房屋的底层采用砖砌体抗震墙时，其构造应符合的要求有（　　）。

A. 砖墙厚不应小于240mm

B. 砌筑砂浆强度等级不应低于M10

C. 应先砌墙后浇框架

D. 应先浇框架后砌墙

3. 填充墙与框架梁、柱脱开连接时的构造要求有（　　）。

A. 填充墙两端与框架柱宜留出 10～15mm 的间隙

B. 缝隙可采用聚苯乙烯泡沫塑料板条或聚氨酯发泡充填

C. 在距门窗洞口每侧 500mm 处的墙体两侧的凹槽内设置竖向钢筋和拉结钢筋

D. 顶面与上部结构接触处宜用一皮砖或配砖斜砌楔紧

4. 墙梁的构造要求有（　　　　）。

A. 梁的混凝土强度等级不应低于 C30

B. 纵向受力钢筋不应采用 HPB235 级钢筋

C. 计算高度范围内的墙体厚度，对砖砌体不应小于 240mm

D. 计算高度范围内墙体的砂浆强度等级不应低于 M10（Mb10）

5. 砖砌化粪池的砌筑要点有（　　　　）。

A. 应采用混合砂浆

B. 一砖厚的墙可以用梅花丁或一顺一丁砌法

C. 一砖半或两砖墙采用一顺一丁砌法

D. 内隔墙应和外墙同时砌筑，不得留槎

四、思考题

1. 简述轻集料空心砌块隔墙的构造要求。

2. 简述石膏砌块隔墙的构造要求。

3. 简述框架填充墙的构造要求。

4. 填充墙与框架柱、梁的连接关系有哪两种方法？

5. 简述填充墙与框架柱、梁不脱开时的构造方法。

6. 简述填充墙与框架柱、梁脱开时的构造方法。

7. 简述加气混凝土填充墙的施工要求。

8. 简述空心砖填充墙的施工要求。

9. 简述砌体抗震墙的构造要求和施工注意事项。

10. 什么是墙梁？简述墙梁的构造要求和施工注意事项。

11. 简述砖化粪池的构造要求和施工程序。

第八章

外墙外保温工程

知识目标

• 了解聚氨酯硬泡外墙外保温系统的构造特点和喷涂法、浇注法、粘贴法、干挂法的施工工艺

• 了解复合夹心墙和自保温砌块两种自保温砌块墙的构造和施工工艺

能力目标

• 具备对聚氨酯硬泡外墙外保温施工进行工艺及质量监控的能力

• 具备对自保温砌块墙的施工过程进行工艺及质量监控的能力

墙体外保温是目前大力推广的一种建筑保温节能技术。外墙外保温包在主体结构的外侧，能够保护主体结构，延长建筑物的寿命；有效减少建筑结构的热桥，增加建筑的有效空间，消除冷凝，提高居住的舒适度。使用同样规格、同样尺寸和性能的保温材料，外保温比内保温的效果好。外保温具有其明显的优越性。

除了外墙外保温和外墙内保温外，还有一类外墙保温技术，即墙体自保温技术。

第一节　聚氨酯硬泡外墙外保温施工

经过多年的技术发展及工程实践，已有若干种保温材料及其体系可以成功应用于外墙外保温工程，其中聚氨酯硬泡外墙外保温系统就是一种综合性能良好的新型外墙保温体系。经研究测试及工程应用证明，聚氨酯硬泡外墙外保温系统保温隔热性能良好，是住房和城乡建设部重点推广的外墙节能技术。

一、类型及构造特点

以 A 组分料和 B 组分料混合反应形成的具有防水和保温隔热等功能的硬质泡沫塑料，称为聚氨酯硬质泡沫，简称聚氨酯硬泡。其中，A 组分料是指由组合多元醇（组合聚醚或聚酯）及发泡剂等添加剂组成的组合料，俗称白料。B 组分料是指主要成分为异氰酸酯的原材料，俗称黑料。

由聚氨酯硬泡保温层、界面层、抹面层、饰面层或固定材料等构成，形成于外墙外表面的非承重保温构造，称为聚氨酯硬泡外墙外保温系统。

聚氨酯硬泡保温层的施工有两类、共 4 种施工方法。即硬泡聚氨酯保温料施工法（喷涂法、浇注法），硬泡聚氨酯保温板施工法（粘贴法、干挂法）。聚氨酯硬泡保温板是指在工厂的专业生产线上生产的、以聚氨酯硬泡为芯材、两面覆以某种非装饰面层的保温板材。面层一般是为了增加聚氨酯硬泡保温板与基层墙面的粘接强度，防紫外线和减少运输中的破损。如果两面或单面覆以某种装饰面层，即成为所谓聚氨酯硬泡保温装饰复合板。

1. 喷涂法

采用专用的喷涂设备，使A组分料和B组分料按一定比例从喷枪口喷出后瞬间均匀混合之后迅速发泡，在外墙基层上形成无接缝的聚氨酯硬泡体。

喷涂法施工可分为三种类型：饰面层为涂料、饰面层为面砖、饰面层为干挂石材或铝塑板等（图8-1）。出于安全性考虑，不提倡在建筑物高于两层的部位采用面砖系统，如果在建筑物较高部位采用贴面砖做外饰面，则需要采取安全措施，并经过可靠试验验证，达到国家现行有关标准要求。

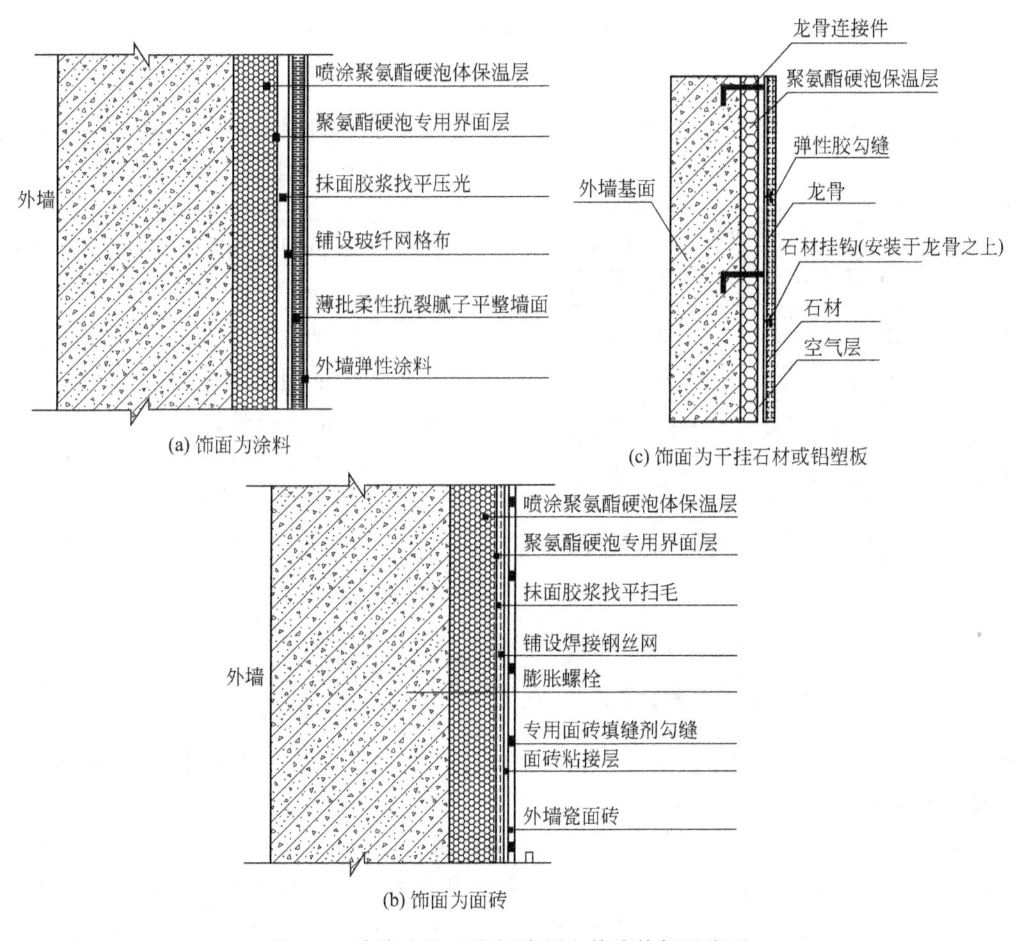

图8-1　喷涂法施工聚氨酯硬泡外墙外保温类型

喷涂法施工时，符合验收要求的基层墙体可不用抹面砂浆找平，聚氨酯硬泡保温层可直接喷涂于混凝土墙面和砌体墙面上。

保温层沿墙体层高宜每层留设抗裂水平分隔缝；纵向以不大于两个开间并不大于10m宜设竖向分隔缝（图8-2）。

饰面层为面砖的聚氨酯硬泡保温系统，应采取足够的技术措施保证其安全性，例如应取消柔性腻子层，并以热镀锌焊接四角钢丝网代替玻纤网布，钢丝网应与埋在墙面上的膨胀螺

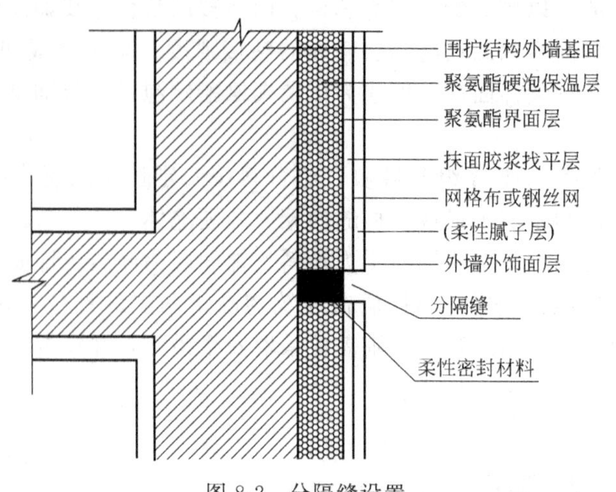

图 8-2　分隔缝设置

栓可靠连接（图 8-3）。网布（或钢丝网）宜置于抹面胶浆中间层部位。热镀锌四角焊接钢丝网丝径一般为 0.8～1.2mm，网孔边长一般为 20mm×20mm 左右，实际采用的丝径和网孔边长可根据工程具体要求进行调整。

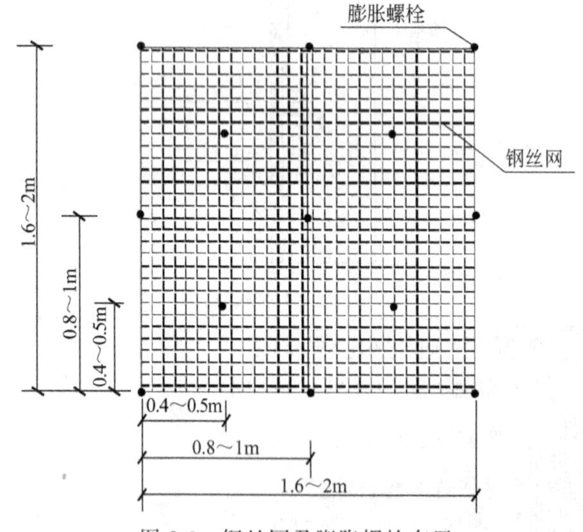

图 8-3　钢丝网及膨胀螺栓布置

对轻质混凝土砌块墙体，则应在墙中预埋扁钢固定件来替代膨胀螺栓，以增加系统的安全性。

饰面层为面砖时，室外自然地面 +2.0m范围以内的墙面阳角钢丝网应双向绕角互相搭接，搭接宽度不得小于 200mm。

2. 浇注法

采用专用的浇注设备，将 A 组分料和 B 组分料按一定比例从浇注枪口喷出后形成的混合料注入已安装于外墙的模板空腔中，之后混合料以一定速度发泡，在模板空腔中形成饱满连续的聚氨酯硬泡体。

浇注法施工分为可拆模和免拆模两种。可拆模系统的构造层次一般包括：墙体基层界面剂（必要时）、聚氨酯硬泡保温层、保温层界面剂和饰面层等；免拆模系统的构造层次一般包括：墙体基层界面剂（必要时）、聚氨酯硬泡保温层、专用模板和饰面层等。见图 8-4。

浇注法施工时，符合验收标准的基层墙体可不用抹面砂浆找平，聚氨酯硬泡保温层可直接浇注在混凝土墙面和砌体墙面上。在墙体变形缝处聚氨酯硬泡保温层应设置分隔缝，缝隙内应以聚氨酯或其他高弹性密封材料封口。其他部位保温层沿墙体层高宜每层留设水平分隔缝；纵向以不大于两个开间并不大于 10m 宜设竖向分隔缝。

浇注法施工时，应保证窗口部位聚氨酯硬泡与窗框的有效连接，窗上口及窗台下侧均应作槽式滴水线。

浇注法施工的聚氨酯硬泡保温层表面一般无需再进行找平层施工，但应做好饰面层施工

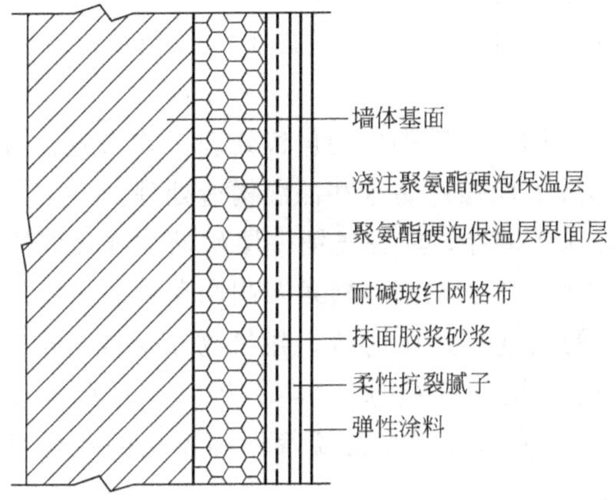

(a) 饰面层为涂料的浇注法可拆模系统构造

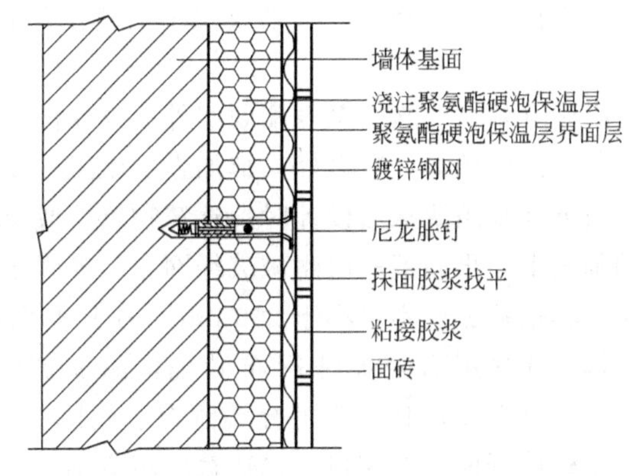

(b) 饰面层为面砖的浇注法可拆模系统构造

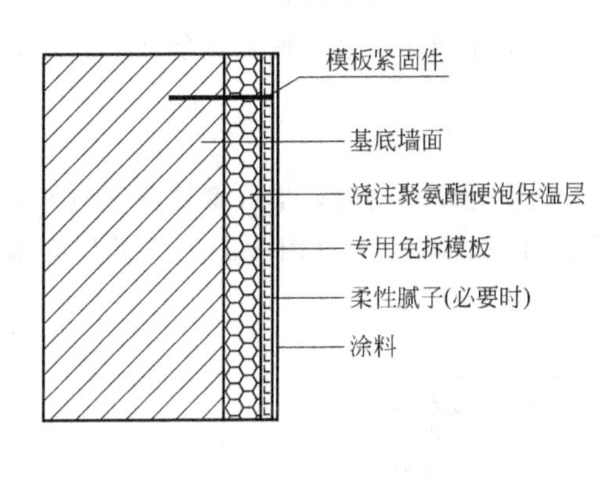

(c) 饰面层为涂料的浇注法免拆模系统构造

(d) 饰面层为面砖的浇注法免拆模系统构造

图 8-4 浇注法施工聚氨酯硬泡外墙外保温类型

的界面处理（这一点对于可拆模浇注施工的聚氨酯硬泡保温层尤其重要），例如刮涂界面剂等，以保证后续饰面层施工的可靠性，饰面层按照相应的技术工艺进行施工。

采用浇注法可拆模施工，如果饰面层采用真石漆，则在完成保温层浇注后，可直接在保温层界面进行刮涂真石漆底涂、中涂、面涂等工序，完成真石漆饰面层施工；如果是免拆模施工，则先对模板接缝和模板固定件部位进行适当处理，以使整个模板系统表面平整，之后进行刮涂真石漆底涂、中涂、面涂等工序，完成真石漆饰面层施工。

采用浇注法可拆模施工，如果饰面层为涂料，则涂刷涂料的抹面胶浆层应以耐碱玻纤网布加强，且室外自然地面+2.0m 范围以内的墙面，应铺贴双层网布加强，两层网布之间抹面胶浆必须饱满，门窗洞口等阳角处也应做护角加强。

3. 粘贴法

粘贴法施工聚氨酯硬泡外墙外保温系统主要由聚氨酯硬泡保温板、抹面层、饰面层构成，聚氨酯硬泡保温板由胶黏剂（必要时增设锚栓）固定在基层墙面上（粘接面积应大于40%，且复合板周边宜进行粘接），抹面层中满铺耐碱网布。

聚氨酯硬泡保温板长度不宜大于 1200mm，宽度不宜大于 700mm。

聚氨酯硬泡保温板宜采用带抹面层或饰面层的系统；建筑物高度在 30m 以上时，聚氨酯硬泡保温板宜使用锚栓辅助固定。

聚氨酯硬泡保温板外墙外保温工程的密封和防水构造设计，重要部位应有详图，确保水不会渗入保温层及基层，水平或倾斜的挑出部位以及墙体延伸至地面以下的部位应做防水处理。

应做好粘贴法施工聚氨酯硬泡外墙外保温系统在檐口、勒脚处的包边处理；装饰缝、门窗四角和阴阳角等处应做好局部加强网施工；变形缝处应做好防水和保温构造处理。

当饰面采用薄抹面设计时，建筑物首层或 2m 以下墙体，应在先铺一层耐碱加强玻纤网布的基础上，再满铺一层耐碱玻纤网布；加强耐碱玻纤网布在墙体转角及阴阳角处的接缝应搭接，其搭接宽度不得小于 200 mm；在其他部位的接缝宜采用对接。建筑物二层或 2m 以上墙体，应采用耐碱玻纤网布满铺，耐碱玻纤网布接缝应搭接，其搭接宽度不宜小于 100mm；在门窗洞口、管道穿墙洞口、勒脚、阳台、变形缝、女儿墙等保温系统的收头部位，耐碱玻纤网布应翻包，包边宽度不应小于 100mm。

当饰面层为面砖时，应采用镀锌钢丝网代替耐碱玻纤网布，并应根据承重需要，通过计算合理设置锚固件的数量及分布，将面砖重量有效传给主体结构，避免使聚氨酯硬泡保温层承受面砖重量。

4. 干挂法

干挂法施工是指将聚氨酯硬泡保温装饰复合板干挂在外墙基层外，形成聚氨酯硬泡外墙外保温层，该方法属于干作业施工。可分为无龙骨、有龙骨两大类（图 8-5）。饰面层有氟碳涂料面、仿石面等多种形式和色彩。

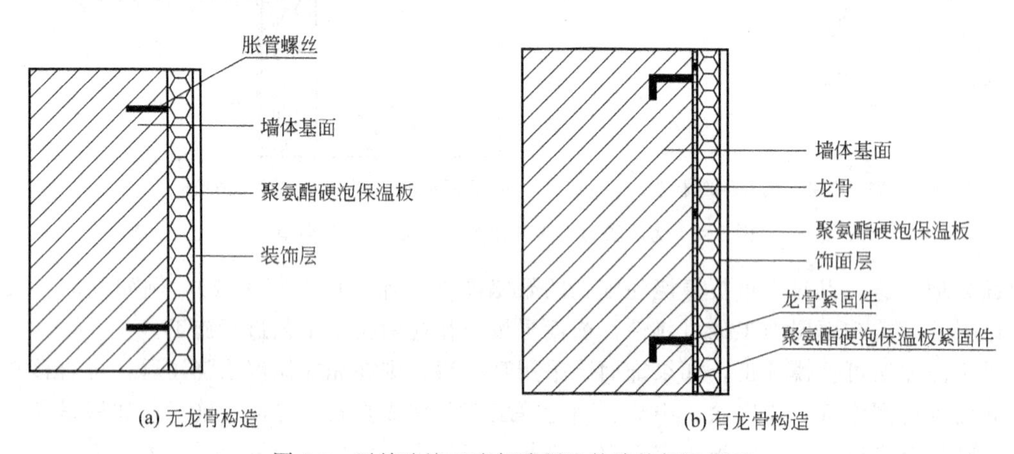

图 8-5　干挂法施工聚氨酯硬泡外墙外保温类型

无龙骨体系采用胀管螺钉将聚氨酯硬泡保温装饰复合板直接锚固于墙体，胀管螺钉直径、中距视板材尺寸及风荷载确定。该体系不宜用于框架填充轻骨料混凝土砌块墙体。

有龙骨体系采用专用自攻钢钉将聚氨酯硬泡保温装饰复合板固定于龙骨上，龙骨应采用热镀锌型钢或其他具有足够安全性与耐久性的材料；连接件应采用热镀锌钢件或不锈钢件。与聚氨酯硬泡保温板饰面层接触处的金属材料应采取防腐处理（如穿过聚氨酯硬泡保温板饰面层安装于基层上的设备或管道以及连接件等）。

龙骨尺寸、中距及锚固方法应根据风荷载的大小、基层墙体的构成及聚氨酯硬泡保温装饰复合板的尺寸确定。有龙骨体系可用于框架填充轻骨料混凝土砌块墙体，但主龙骨应锚固于框架梁、柱，并应经过抗震、抗负风压计算（类似于幕墙龙骨计算）来确定龙骨断面、尺寸大小、中距及锚固点距离和锚固做法。

干挂聚氨酯硬泡保温装饰复合板，在窗口两侧应有可靠包角，防雨水渗入，窗上口应有滴水措施，窗台应有排水坡度及泛水。从勒脚、阳台至女儿墙应有妥善的防渗水构造设计。

聚氨酯硬泡保温装饰复合板材的分隔应根据立面设计要求、板材长宽尺寸、运输及安装等因素进行合理设计。

如果基层墙体为砌块墙，则应在墙体砌筑时砌入扁钢件，以固定龙骨或聚氨酯硬泡保温装饰复合板。

聚氨酯硬泡保温装饰复合板的板与板之间拼接缝宽度应考虑适应主体结构在外力作用下的位移变形，并满足其自身热胀冷缩变形的基本要求。

饰面层为金属面的聚氨酯硬泡保温装饰复合板其防雷设计应符合国家现行标准《建筑防雷设计规范》(GB 50057—2010) 和《民用建筑电气设计规范》(JGJ 16—2008) 的有关规定。

二、聚氨酯硬泡外墙外保温施工技术

1. 基本要求

(1) 施工基本要求

1) 建筑工程主体应已按照国家现行的工程施工系列验收规范通过质量验收，且具有验收文件；建筑工程主体质量验收不合格，不得进行聚氨酯硬泡外墙外保温施工。

2) 聚氨酯硬泡外墙外保温系统的原材料进入施工现场后，应在监理工程师监督下进场验收，并按规定取样复检；各种原材料应分类储存，防雨、防暴晒、防火，且不宜露天存放。各类作业机具、工具齐备，并经检验合格、安全、可靠；各种测量工具经过校核无误。

3) 施工前应对聚氨酯硬泡外墙外保温工程的墙体表面面积进行实测实量。

4) 聚氨酯硬泡外墙外保温施工前应编制专项施工组织设计方案，并报总包技术部门审批；聚氨酯硬泡外墙外保温施工应纳入建筑工程施工总体施工组织设计之中。专项施工组织设计方案一般包括下列内容：

① 工程概况，工程保温隔热技术质量目标；

② 聚氨酯硬泡外墙外保温工程平面设计图、节点构造详图；

③ 主要材料计划；

④ 施工进度计划、用工计划；

⑤ 聚氨酯硬泡外墙外保温技术质量保证措施；

⑥ 安全、文明施工措施；

⑦ 聚氨酯硬泡外墙外保温工程验收程序。

5) 聚氨酯硬泡外墙外保温工程的施工图应会审，应对现场施工作业人员进行技术交底；施工人员应岗前考核，合格后方可上岗作业。

6) 聚氨酯硬泡外墙外保温工程施工对基层墙面的要求：

① 基层墙面的抹面砂浆厚度大于 10mm 时，应采用分层抹灰工艺；抹面砂浆的平整度允许偏差应小于 4mm。

② 既有建筑外墙表面不应有大面积空鼓、开裂；空鼓、开裂面积小于 0.1m×0.1m 时，应采用找平材料对其进行找平；空鼓、开裂面积大于 0.1m×0.1m 的部位应剔除；如有必要，原有饰面层应清除。

③ 施工前应清洁外墙基面，墙面不得有浮尘、滴浆、油污、空鼓及翘边等，基层应干燥、干净，坚实平整；如有必要时，潮湿墙面和透水墙面应先进行防潮和防水处理；如有必要，外墙基层涂刷界面剂。

7）在进行聚氨酯硬泡外墙外保温施工前，伸出墙面的管道和预埋件应预先安装完毕；外墙安装的设备或管道应固定在基层墙体上，并应做密封和防水处理；外墙上的门窗洞口尺寸和位置应符合设计要求并经验收合格。

8）对于喷涂法或浇注法施工，还应注意：

① 喷涂或浇注设备到现场后，应先进行空运转，检查是否正常。

② 喷涂或浇注作业时，应按照使用说明书操作设备。开始时的料液应放弃，待料液的比例正常后方可正式进行喷涂或浇注作业。

③ 喷涂或浇注作业中，应随时检查发泡质量，发现问题后立即停机，查明原因后方能重新作业。当暂停喷涂或浇注作业时，应先停物料泵，待枪头中物料吹净后才能停压缩空气。

④ 喷涂机或浇注机及配套机械应具有除尘、防噪声设置。

9）在大面积施工前，宜先制作样板墙面模拟施工，经验证施工状况正常后再进行大面积施工。

（2）成品保护措施及修补

1）对已做完聚氨酯硬泡外墙外保温的墙体，应防止重物撞击墙面。

2）对已做好的聚氨酯硬泡外墙外保温工程不得随意开凿孔洞，如确实需要，应对孔洞或损坏处进行妥善修补。

（3）安全与环保

1）聚氨酯硬泡外墙外保温工程施工，不得损害施工人员身体健康，施工时应做好施工人员的劳动保护，对于喷涂法施工或浇注法施工尤其要注意这一点。

2）聚氨酯硬泡外墙外保温工程施工，不得造成环境污染，必要时应做施工围护。

2. 喷涂法施工工艺

（1）工艺流程

1）基层处理流程：

清理墙体基面浮尘、滴浆及油污→吊外墙垂线、布饰面厚度控制标志→抹面胶浆找平扫毛（墙体平整度、垂直度符合验收标准时可不进行此工序）

2）饰面层为涂料系统的施工流程：

喷涂法施工聚氨酯硬泡保温层→涂刷聚氨酯硬泡界面层→采用抹面胶浆找平刮糙，并压入耐碱玻纤网布→批刮柔性抗裂腻子→喷涂（刷涂、滚涂）外墙弹性涂料或喷涂仿石漆等。

3）饰面层为面砖系统的施工流程：

钻孔安装建筑专用锚栓→喷涂法施工聚氨酯硬泡保温层→涂刷聚氨酯硬泡界面层→采用抹面胶浆找平刮糙→铺设热镀锌钢丝网并与锚栓牢固连接→采用抹面胶浆找平扫毛→采用专用粘接材料粘贴外墙面砖→面砖柔性勾缝。

4）干挂石材或铝塑板等饰面层的施工流程：

在承重结构部位安装龙骨预埋件→喷涂法施工聚氨酯硬泡保温层→在龙骨预埋件上安装主龙骨→按设计布局及石材大小在外墙挂线→在主龙骨上安装次龙骨及挂件→在石材上开设挂槽，利用挂件将石材固定在龙骨上→调整挂件紧固螺母，对线找正石材外壁安装尺寸（挂槽内用云石胶满填缝）。

（2）喷涂法施工技术要点及注意事项

1）喷涂施工时的环境温度宜为10～40℃，风速应不大于5m/s（3级风），相对湿度应小于80%，雨天不得施工。当施工时环境温度低于10℃时，应采取可靠的技术措施保证喷涂质量。

2）喷枪头距作业面的距离应根据喷涂设备的压力进行调整，不宜超过1.5m；喷涂时喷枪头移动的速度要均匀。在作业中，上一层喷涂的聚氨酯硬泡表面不粘手后，才能喷涂下一层。

3）喷涂后的聚氨酯硬泡保温层应充分熟化48～72h后，再进行下道工序的施工。

4）喷涂后的聚氨酯硬泡保温层表面平整度允许偏差不大于6mm。

5）在用抹面胶浆等找平材料找平喷涂聚氨酯硬泡保温层时，应立即将裁好的玻纤网布（或钢丝网），用铁抹子压入抹面胶浆内，相邻网布（或钢丝网）搭接宽度不小于100mm；网布（钢丝网）应铺贴平整，不得有皱褶、空鼓和翘边。阳角处应做护角。

6）如果饰面层为涂料，则室外自然地面＋2.0m范围以内的墙面，应铺贴双层网布，两层网布之间抹面胶浆必须饱满，门窗洞口等阳角处应做护角加强；饰面层为面砖时，应采取有效方法确保系统的安全性，且室外自然地面＋2.0m范围以内的墙面阳角钢丝网应双向绕角互相搭接，搭接宽度不得小于200mm。

7）喷涂施工作业时，门窗洞口及下风口宜做遮蔽，防止泡沫飞溅污染环境。

8）喷涂后在进行下道工序施工之前，聚氨酯硬泡保温层应避免雨淋，遭受雨淋的应彻底晾干后方可进行下道工序施工。

3. 浇注法施工工艺

（1）工艺流程

1）可拆模浇注法施工工艺见图8-6。

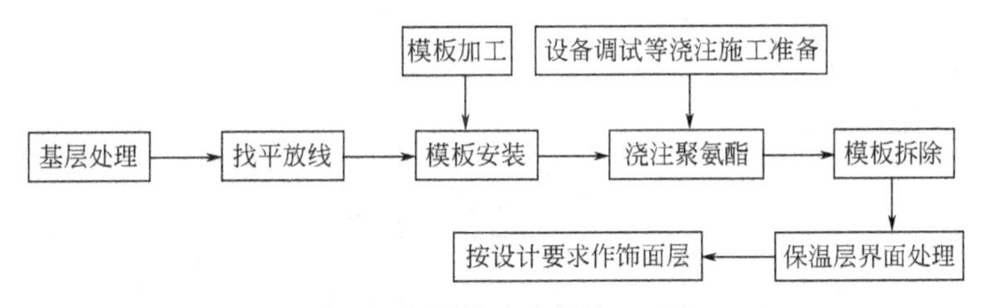

图8-6 可拆模浇注法施工工艺

2）免拆模浇注法施工工艺见图8-7。

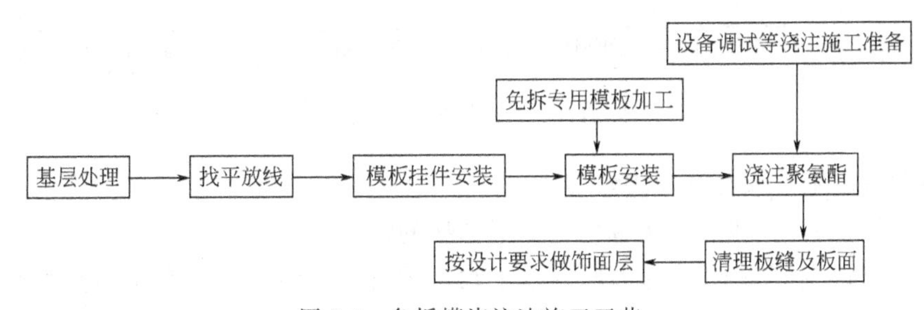

图8-7 免拆模浇注法施工工艺

（2）浇注法施工技术要点及注意事项

1）由于聚氨酯硬泡保温层浇注法施工过程为隐蔽施工，其技术、质量、安全应遵循完善手段、强化验收的原则。

2）浇注法施工作业应满足下列规定：

① 模板规格配套，板面平整；模板易于安装、可拆模板易于拆卸；可拆模板与浇注聚氨酯硬泡不粘连，必要时在模板内侧涂刷脱模剂。

② 应保证模板安装后稳定、牢靠。

③ 现场浇注聚氨酯硬泡时，环境气温宜为10～40℃，高温暴晒下严禁作业。

④ 浇注作业时，风力不宜大于4级，作业高度大于15m时风力不宜大于3级；相对湿度应小于80%；雨天不得施工。

3）聚氨酯硬泡原材料及配比应适合于浇注施工；浇注施工后聚氨酯发泡对模板产生的鼓胀作用力应尽可能小；为了抵抗浇注施工时聚氨酯发泡对模板可能产生的较大鼓胀作用力，可在模板外安装加强肋。

4）一次浇注成型的高度宜为300～500mm。

5）浇注后的聚氨酯硬泡保温层应充分熟化48～72h后，再进行下道工序的施工；对于可拆模浇注法，熟化时间宜取上限；对于免拆模浇注法，熟化时间可取下限。对于可拆模浇注法，浇注结束后至少15min方可拆模。

6）可拆模浇注法施工的聚氨酯硬泡保温层表面无需再进行找平层施工，但应做好饰面层施工的界面处理，例如刮涂界面剂等，以保证后续饰面层施工的可靠性，饰面层按相应的技术工艺进行。

7）可拆模浇注法施工的聚氨酯硬泡保温工程，如果饰面层采用真石漆，则在完成保温层浇注后，可直接在保温层界面进行刮涂真石漆底涂、中涂、面涂等工序，完成真石漆饰面层施工。

8）免拆模浇注法施工的聚氨酯硬泡保温工程，模板之间的接缝应进行技术处理，以防止引起饰面层开裂。

4．粘贴法施工工艺

（1）工艺流程见图8-8。

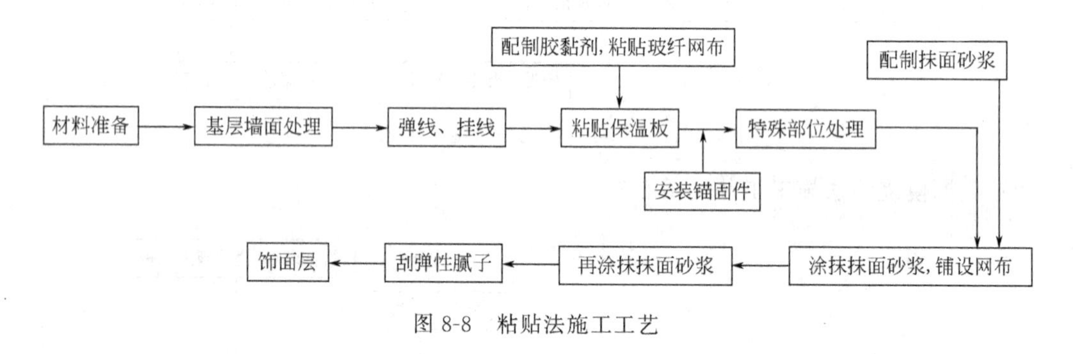

图8-8　粘贴法施工工艺

（2）粘贴法施工技术要点及注意事项

1）基层墙面应清洁平整、无油污等妨碍粘接的附着物。

2）弹控制线，挂基准线：弹出门窗水平线、垂直控制线，外墙大角挂垂直基准线、楼层水平线。

3）配制胶黏剂，粘贴网布：根据设计要求做粘贴翻包网布。一般需要粘贴翻包网布的部位有：门、窗洞口，变形缝，勒脚等收头部位。

4）粘贴保温板

① 门窗口侧边应粘贴保温板，并做好收头处理。非标准尺寸用材采用刀具现场切割。

② 粘贴保温板采用点框法，即在保温板背面整个周边涂抹适当宽度和厚度的胶黏剂，然后在中间部位均匀涂抹一定数量、一定厚度的、直径约为100mm的圆形粘接点，总粘贴

面积不小于40%；建筑物高度在60m及以上时，总粘贴面积不小于60%。

③ 保温板的粘贴应自下而上进行，水平方向应由墙角及门窗处向两侧粘贴；粘贴保温板时应轻柔均匀挤压，并轻敲板面，必要时，应采用锚固件辅助固定；排板时宜上下错缝，阴阳角应错茬搭接。

④ 保温板粘贴就位后，随即用2m靠尺检查平整度和垂直度；超差太多（误差≥2mm）的应重新粘贴保温板。

⑤ 粘贴门窗洞口四周保温板时，应用整块保温板，保温板的拼缝不得正好留在门窗洞口的四角处。墙面边角处铺贴保温板时最小尺寸应超过200mm。

5）锚固件固定。根据设计要求采用机械锚固件辅助固定保温板时，应在胶黏剂固化24h后进行；锚固件进墙深度不小于设计（或节点图）要求，锚固件数量及型号根据设计要求确定。

6）配制抹面胶浆，做抹面层及铺贴玻纤网布。

加强型抹面层须增设一层网布，增贴的网布只能对接，抹面胶浆厚度为3～5mm。普通型抹面层采用单层玻璃纤维网布，在已贴于墙上的保温板面层上抹厚度1～2mm的抹面胶浆，随即将网布横向铺贴并压入胶浆中；单张网布长度不宜超过6m，要平整压实，严禁网布褶皱、不平；搭接长度为100mm。翻包的网布同时压入胶浆中；再抹一遍抹面胶浆，抹面胶浆的厚度以微见网布轮廓为宜。

抹面层砂浆施工切忌不停揉搓，以免形成空鼓、裂纹。施工间歇处应留在自然断开处或留茬断开，以方便后续施工的搭接（如伸缩缝、阴阳角、挑台等部位）。在连续墙面上如需停顿，抹面砂浆不应完全覆盖已铺好的网布，须与网布、底层胶浆呈台阶型坡茬，留茬间距不小于150mm，以免网布搭接处平整度超出偏差。

7）变形缝。外墙外保温结构变形缝处应进行相应处理。留设变形缝时，分隔条应在进行抹灰工序时就放入，待砂浆初凝后起出，修正缝边。缝内可填塞发泡聚乙烯圆棒（条）作背衬，直径或宽度约为缝宽的1.3倍，再分两次沟填建筑密封膏，深度约为缝宽的50%。变形缝处根据缝宽和位置设置金属盖板，以射钉或螺钉紧固。

8）饰面层施工。待抹灰基面达到涂料等饰面层施工要求时可进行饰面层施工。当采用涂料作饰面层时，在抹面层上应满刮腻子后方可施工。

9）带抹面层、饰面层的聚氨酯硬泡保温板在粘贴24h后，用单组分聚氨酯发泡填缝剂进行填缝，发泡面宜低于板面6～8mm。外口应用密封材料或抗裂聚合物水泥砂浆进行嵌缝。

10）可能对聚氨酯硬泡保温装饰复合板造成污染或损伤的分项工程，应在复合板安装施工前完成，或采取有效的保护措施。

11）聚氨酯硬泡保温板搬运或安装上墙时，操作现场风力不宜大于5级。

12）施工现场应有足够的场地堆放聚氨酯硬泡保温板，防止复合板在堆放过程中划伤、变形或损坏。

5. 干挂法施工工艺

（1）工艺流程

1）无龙骨体系：

基层墙面处理→弹线、挂线→钻孔安装胀管螺钉→将聚氨酯硬泡复合板通过胀管螺钉锚固于墙体→局部调整胀管螺钉入墙深度，使复合板安装平整→板与板之间水平接缝以企口连接→竖缝以聚氨酯发泡材料密封。

2）有龙骨体系：

基层墙面处理→弹线、挂线→在结构墙体上安装主龙骨→在主龙骨上安装次龙骨及挂件→将聚氨酯硬泡复合板通过挂件安装于龙骨上→调整挂件紧固螺母，对线找正聚氨酯复合板→外壁安装尺寸→板与板之间水平接缝以企口连接，竖缝以聚氨酯发泡材料密封。

（2）干挂法施工技术要点及注意事项

1）基层墙体应坚实、平整。应去除基层的空鼓部分及厚度大于 3mm 的附着物，之后采用水泥砂浆整体找平。

2）干挂法施工无龙骨体系采用胀管螺钉将聚氨酯硬泡保温装饰复合板直接锚固于墙体，胀管螺钉直径一般不宜小于 $\phi 6$，间距一般为 600mm，入墙深度不小于 40mm。

3）干挂法施工有龙骨体系采用专用自攻钢钉将聚氨酯硬泡保温装饰复合板固定于龙骨；龙骨应采用热镀锌型钢或其他具有足够安全性与耐久性的材料；连接件应采用热镀锌钢件或不锈钢件。与聚氨酯硬泡保温板饰面层接触处的金属材料应采取防腐处理（如穿过聚氨酯硬泡保温板饰面层安装于基层上的设备或管道以及连接件等）。

4）聚氨酯硬泡保温装饰复合板的水平接缝宜采用企口连接，防雨水渗入，竖缝用聚氨酯现场注入发泡，外面再用密封膏封严，也可加压条密封。

5）龙骨安装采用自下而上的顺序安装，用吊线的方法保证龙骨的立面平整度偏差不超过 5mm。

6）龙骨安装固定后应进行隐蔽工程检查验收。

7）挂件与龙骨的连接应为可调相对位置的方式，以便于调整聚氨酯硬泡保温板的空间位置、表面平整度；挂件与龙骨的固定应为可靠的紧固连接方式，以便于施工并确保挂件长期不松动。

8）聚氨酯硬泡保温板的构造应便于其与挂件安装连接，且复合板与挂件应形成最终不可改变位置的固定方式；复合板与挂件之间的连接一般应为饰面层与挂件连接，而不是保温层与挂件直接连接。

9）收口、拐角、窗口、阳台、女儿墙、变形缝等特殊部位的安装应符合设计要求。平屋面女儿墙压顶不安装复合板时，立面复合板与女儿墙连接端面应用耐候密封胶密封，不得留有渗水缺陷。

10）对于有龙骨干挂体系，复合板力求形成密封系统，使复合板与基层墙体之间的间隔层空气不能形成流动气流。对于无龙骨干挂体系，复合板表面接缝无密封时，外保温构造中应有排水措施。

11）复合板与门窗口连接处、落水管固定部位、空调等外装设备安装部位均应有密封胶密封。

12）复合板安装时，左右、上下的偏差不应大于 1.5mm。

13）复合板安装前，外门窗应已经安装完毕或窗框已经安装固定就位，并符合设计要求，门窗框与墙体间隙已经密封处理。

14）可能对聚氨酯硬泡保温装饰复合板造成污染或损伤的分项工程，应在复合板安装施工前完成，或采取有效的保护措施。

15）聚氨酯硬泡保温板搬运或安装上墙时，操作现场风力不宜大于 5 级。

16）施工现场应有足够的场地堆放聚氨酯硬泡保温板，防止复合板在堆放过程中划伤、变形或损坏。

三、聚氨酯硬泡外墙外保温工程验收

聚氨酯硬泡外墙外保温工程应按现行国家标准《建筑工程施工质量验收统一标准》(GB 50300—2001)规定进行施工质量验收。它的子分部工程和分项工程划分见表8-1。

表8-1 聚氨酯硬泡外墙外保温子分部工程和分项工程划分

分部工程	子分部工程	分项工程	
		施工工艺类别	检验内容
建筑节能工程	聚氨酯硬泡外墙外保温工程	聚氨酯硬泡喷涂或浇注施工工程	基层处理,聚氨酯硬泡保温层,变形缝,抹面层,饰面层等
		聚氨酯硬泡保温板粘贴或干挂施工工程	基层处理,聚氨酯硬泡保温板,变形缝,抹面层,饰面层,锚栓等机械固定系统等

(1) 分项工程应以墙面每500～1000m^2划分为一个检验批，不足500m^2也应划分为一个检验批；每个检验批每100m^2应至少抽查一处，每处不得小于10m^2。细部构造应全数检查。

(2) 主控项目的验收应符合下列规定

1) 聚氨酯硬泡外墙外保温系统及其主要组成材料性能应符合要求。检验方法：检查系统的型式检验报告和出厂合格证、材料检验报告、进场材料复验报告。

2) 门窗洞口、阴阳角、勒脚、檐口、女儿墙、变形缝等保温构造，必须符合设计要求。检验方法：观察检查和检查隐蔽工程验收记录。

3) 系统的抗冲击性应符合要求。检验方法：按《外墙外保温工程技术规程》(JGJ 144—2004) 附录A.5中规定的检验方法进行。

4) 保温层厚度必须符合设计要求。检验方法如下：

① 喷涂法和浇注法施工的聚氨酯硬泡外墙外保温层采用插针法检查。检查方法：用ϕ1mm钢针检查，保温层的最小厚度不得小于设计厚度。

② 聚氨酯硬泡保温板：检查产品合格证书、出厂检验报告、进场验收记录和复检报告。

5) 粘贴法施工的聚氨酯硬泡保温板的粘接面积应符合本导则的要求。检查方法：现场测量。

(3) 一般项目的验收应符合下列规定

1) 保温层的垂直度及允许尺寸偏差应符合现行国家标准《建筑装饰装修工程质量验收规范》(GB 50210—2001) 的规定。

2) 抹面层和饰面层分项工程施工质量应符合现行国家标准《建筑装饰装修工程质量验收规范》(GB 50210—2001) 的规定。

(4) 外墙外保温工程竣工验收应提交下列文件

① 外墙外保温系统的设计文件、图纸会审、设计变更和洽商记录；

② 施工方案和施工工艺；

③ 外墙外保温系统的型式检验报告及其主要组成材料的产品合格证、出厂检验报告、进场复检报告和现场验收记录；

④ 施工技术交底；

⑤ 施工工艺记录及施工质量检验记录；

⑥ 含隐蔽工程验收记录；

⑦ 外保温系统的耐候性试验报告及系统的热阻检验报告；

⑧ 其他必须提供的资料。

（5）聚氨酯硬泡外墙外保温系统主要组成材料复验项目应符合表 8-2 的规定。

表 8-2　聚氨酯硬泡外墙外保温系统主要组成材料复验项目

组成材料名称	复　验　项　目
喷涂法或浇注法聚氨酯硬泡	表观密度、热导率、尺寸稳定性、断裂延伸率
聚氨酯硬泡保温板	表观密度、热导率、尺寸稳定性
胶黏剂、抹面胶浆	原强度（拉伸粘接强度）、耐水拉伸粘接强度
耐碱玻纤网布	公称单位面积质量、断裂强力、耐碱断裂强力保留率、断裂应变

四、外墙外保温系统施工的防火问题

目前，我国外墙外保温工程普遍使用聚苯乙烯泡沫和硬泡聚氨酯，均属有机保温材料，具有不同程度的可燃性。

2009 年 2 月 9 日，高达 30 层 159m、在建的中央电视台电视文化中心（新址北配楼）因违规燃放烟花爆竹引燃外墙保温材料（聚苯乙烯挤塑板），大火沿保温材料面上下左右多个方向迅速蔓延，燃烧持续近 6h，过火面积 8490m^2，过烟面积 21333m^2，致 1 名消防队员牺牲，6 名消防队员和 2 名施工人员受伤，造成直接经济损失 16383 万元。

2010 年 11 月 15 日 14 时许，上海市静安区胶州路一幢 28 层的公寓大楼在进行外墙节能保温改造的施工过程中，因违规进行电焊作业引燃尼龙安全网、聚氨酯泡沫等材料引发火灾，造成 58 人死亡。

《建筑材料燃烧性能分级方法》（GB 8624—1997）将建筑材料的燃烧性能等级划分为 A（不燃材料）、B1（难燃材料）、B2（可燃材料）、B3（易燃材料）。现行国家标准《建筑材料及制品燃烧性能分级》（GB 8624—2006）将材料及制品燃烧性能分为 A1、A2、B、C、D、E、F 七个级别，A1、A2 对应于原来的 A 级，B、C 对应于原来的 B1 级，D、E 对应于原来的 B2 级。值得注意的是，同一类型的保温材料，由于内在理化性能、加工方法的不同，其防火性能或阻燃能力也存在较大的差异。尽管《外墙外保温工程技术规程》（JGJ 144—2004）对保温材料的燃烧性能要求为 B1 级，但实际上，外墙外保温系统主要采用的硬泡聚氨酯、EPS、XPS 等常用保温材料，基本属于 B2 级，部分产品甚至属于 B3 级（表 8-3）。显然，作为有机保温材料的聚氨酯泡沫无论软硬，都具有一定的着火危险性，且一旦着火就会迅速蔓延、火焰浓烈，极易形成立体燃烧，并可能产生大量有毒烟雾，严重影响人员的疏散和消防灭火。

表 8-3　保温材料燃烧性能等级

A 级	B1 级	B2 级	B3 级
无机保温浆料			
岩棉 玻璃棉			
	胶粉聚苯颗粒保温浆料		
	热固、酚醛		
		热固：硬泡聚氨酯 热塑：EPS 热塑：XPS	

事实上，要使保温材料既满足保温绝热指标要求，又具有良好的难燃、甚至不燃性能，是不容易的，尽管可以用分子结构改进，加入阻燃剂等办法，在一定程度提高其阻燃特性，但要完全使有机保温材料成为A级不燃材料，至少目前还是不可能的。

因此，除了设计单位在外墙外保温的设计方面采取设置防火隔离带、无空腔工艺等做法，解决有机保温材料燃烧特性中火焰易被传播、易扩散的缺陷外，在施工期间，施工者必须高度重视防火工作，从以下几个方面进行防范：

1）进入施工现场的聚氨酯类保温材料的燃烧性能等级必须达到《建筑材料及制品燃烧性能分级》（GB 8624—2006）中规定的E级（含）以上（旧标准B2级，不允许使用B3级产品），其产品合格证中应注明保温材料生产日期，陈化时间必须达到国家及各地方有关标准规范的规定。

2）施工现场保温材料应单独存放和保管，并采取防火隔离等措施，严禁与易燃易爆的化学品存放在一起，防火重点区域应设置安全警示标志。

3）保温工程施工前，必须制订保温工程专项施工技术方案和防火措施，合理安排施工工序，避免明火作业与保温层施工交叉作业。

4）强化施工过程控制，施工现场禁止明火和吸烟，防止高温和电火花，严禁私拉乱接电线及违章使用电器设备，相关部位夜间不得使用碘钨灯照明，杜绝火灾隐患。

5）黑料、白料混合后的聚氨酯泡沫固化过程将释放大量热量，其最高温度可达150℃左右。为避免火灾发生，喷涂法施工时，每次喷涂厚度应控制在35mm以内，最多不得超过50mm。

6）保温层施工完成应按工艺及时做防护层，覆盖隐蔽具有火灾危险性的保温层。

7）施工过程中，如必须进行电焊等明火作业，必须按现场防火安全规定向项目安全管理部门申报，办理动火证，落实看火监护人员，动火作业完成后进行检查，严防遗漏残火或焊渣落入聚氨酯泡沫材料中。

8）制定事故应急救援预案，工地配备相应的防火消防器材和救援设备和物资，并进行演练。

第二节　自保温墙体施工

墙体本身具有绝热保温功能，不需再附加保温层的墙体即自保温墙体。自保温墙体有两类，一是复合夹心墙，二是保温砌块墙。

一、复合夹心墙的施工

1. 复合夹心墙的构造

复合夹心墙是由两侧叶墙和中间的高效保温材料组合而成，靠室内的叶墙为承重叶墙，用普通砖砌筑，其厚度不应小于240mm；靠室外的叶墙为非承重叶墙，其厚度不应小于120mm。两叶墙之间所留空腔宽度不宜大于60mm，空腔内放置高效保温材料。两叶墙间应用连接钢筋拉结，连接钢筋直径为6mm，采用梅花形布置，沿高间距不大于500mm，水平间距不大于1000mm。连接钢筋端头弯成直角，端头距墙面60mm。非承重叶墙与构造柱之间应沿高设置2Φ6水平拉结钢筋，其间距不大于500mm（图8-9）。

2. 复合夹心墙的施工

复合夹心墙的门窗洞口四边可采用丁砖或钢筋连接空腔两侧的叶墙。连接丁砖的强度等

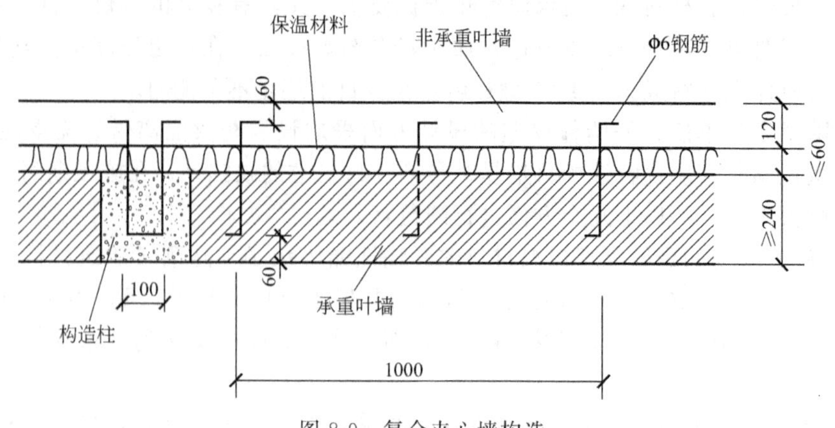

图 8-9 复合夹心墙构造

级不宜低于 MU10，丁砖竖向间距为 1 皮砖的厚度，窗洞下边的丁砖应通长砌筑，且用高强度等级的砂浆灌缝。连接钢筋采用Φ6，间距为 300mm。

复合夹心墙宜从室内地面标高以下 240mm 开始砌筑。在沿复合夹心墙高度设置的连接钢筋间距范围内，宜先砌筑承重叶墙，清除墙上多余砂浆后，安装高效保温材料；再砌筑非承重叶墙，然后铺置连接钢筋。如此反复进行，直到复合夹心墙全部完成。

叶墙所用普通砖强度等级不应低于 MU10；砌筑砂浆强度不应低于 M5。

非承重叶墙采用清水墙作为外饰面时，其勾缝砂浆应采用 1∶1 水泥砂浆。

安装高效保温材料时，相邻保温材料之间应排放紧密，局部空隙最大宽度不应大 10mm，空隙长度之和不应大于保温材料边长的 30%。图 8-10 为砌块复合夹心墙。

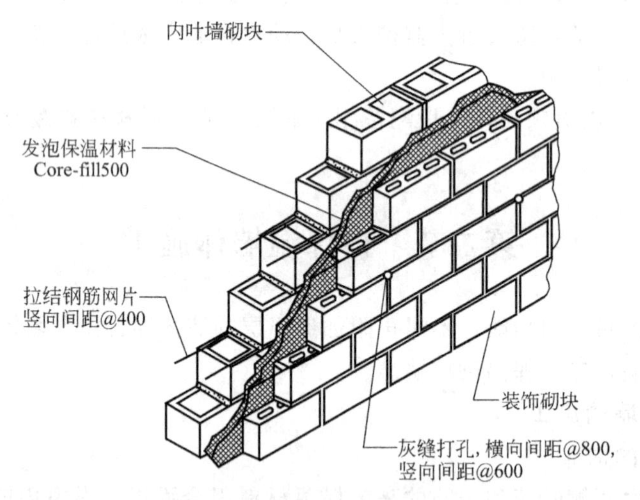

图 8-10 砌块复合夹心墙

二、自保温砌块墙

（一）自保温砌块

自保温砌块是普通混凝土小型空心砌块、轻集料混凝土小型空心砌块或混凝土多孔砖等与中置（预置或后置）高效隔热保温材料复合成型的保温砌块（砖），简称保温砌块（砖）。按照强度等级分为承重型和非承重型砌块（砖）。用此种墙体材料砌成的墙体称作自保温墙体，同其他保温墙体相比，自保温墙体能有效地消除热桥，充分发挥保温材料的保温性能，同时具有施工简单、建筑造价低、使用寿命（耐候性）与建筑物相一致等特点，具有其他保温墙体无法比拟的优势。

按照保温材料放置时间先后分为预置型保温砌块（砖）和后置型保温砌块（砖）。

1. 预置型保温砌块（砖）

预置型保温砌块（砖）是在工厂生产砌块时，在砌块（砖）中间放置或填充 EPS 板、XPS 板等保温材料，通过榫形结构与拉筋复合成型的保温砌块（砖）。图 8-11 所示为复合保温砌块，图 8-12 所示为复合保温多孔砖。

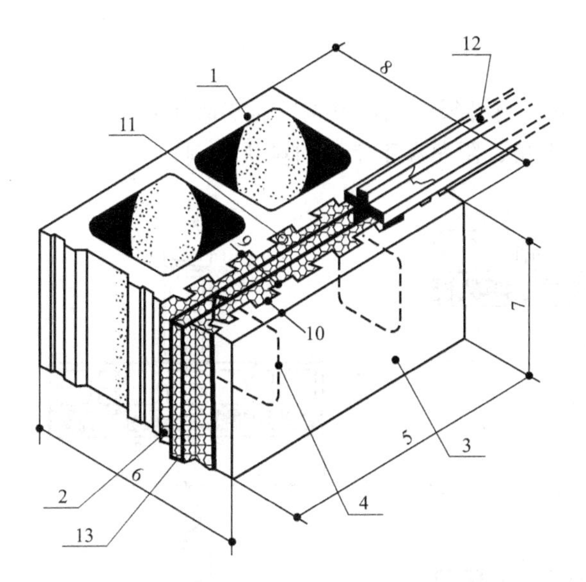
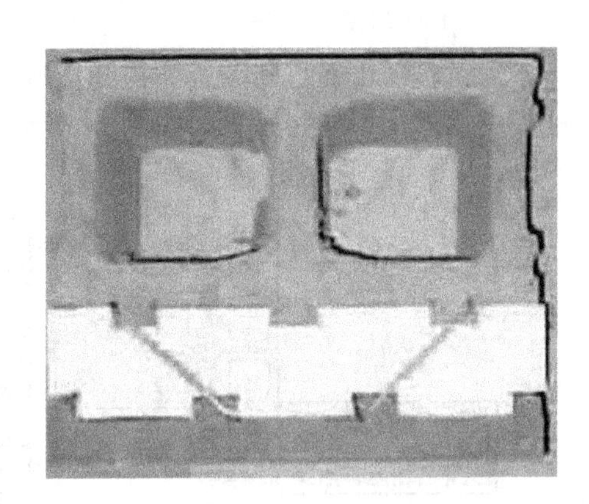

图 8-11　复合保温砌块

1—自承重砌块；2—保温层（EPS 板）；3—面层；4—拉筋；5—长度；6—宽度；7—高度；8—自承重砌块宽度；9—保温板厚；10—面层厚度；11—燕尾槽深度；12—灰缝压条；13—排气孔

自承重砌块是复合保温砌块承受自身荷载的部分。块型与一般普通混凝土承重砌块相同，主规格采用 390mm×190mm×190mm。根据构造需要，砌块宽度可以变动，可以大于 190mm，也可以采用 140mm、115mm 等不同尺寸，根据墙体构造要求自承重砌块可以采用单排孔、多排孔或实心块。

保温层采用阻燃型保温材料制作的板材，板的四周设企口，两面设燕尾槽。保温板两面的燕尾槽使保温板与混凝土咬合牢固，三者形成一体，使面层具备一定的抗拉和抗剪能力。

面层是保温层的防护层，也可以是砌块的外饰面层。用与自承重砌块相同的混凝土或专用装饰混凝土制成。

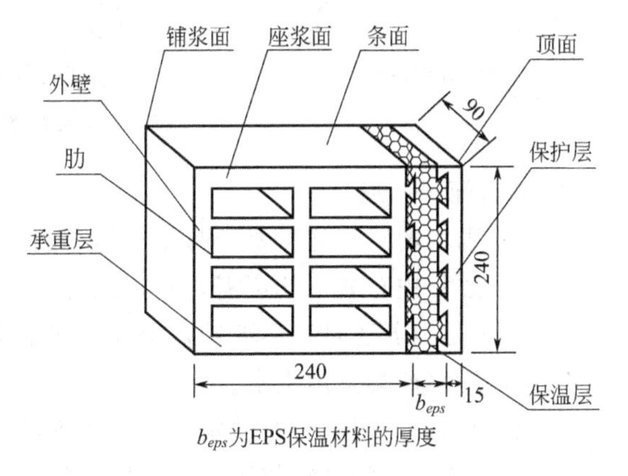

b_{eps}为EPS保温材料的厚度

图 8-12　复合保温多孔砖

复合节能砌块的拉筋一般采用 2.5mm 镀锌低碳钢丝制成，是复合节能砌块三个组成部分的机械锚固安全措施。外涂防锈保温涂层。

保温板有效厚度为保温板总厚减去一侧燕尾槽深。

灰缝压条是复合节能砌块保温层专用配件，用阻燃聚苯乙烯泡沫塑料制成。用以阻断水平灰缝热桥，使整个保温层在墙体内形成整体。

复合节能砌块采用半封底结构，便于铺灰浆，同时提高砌块抗剪能力。

2. 后置型保温砌块（砖）

是砌块（砖）砌筑成墙后，将发泡保温材料注入并填充混凝土砌块（砖）孔洞中形成的保温砌块（砖）。

（二）自保温砌块墙的施工

1. 组砌方式

自保温砌块的组砌除遵循错缝搭接的原则外，还必须保证保温夹层居于墙体外侧，并连接形成整体，切断热桥。如图 8-13 所示为典型阳角、阴角和丁字角的排块示例。

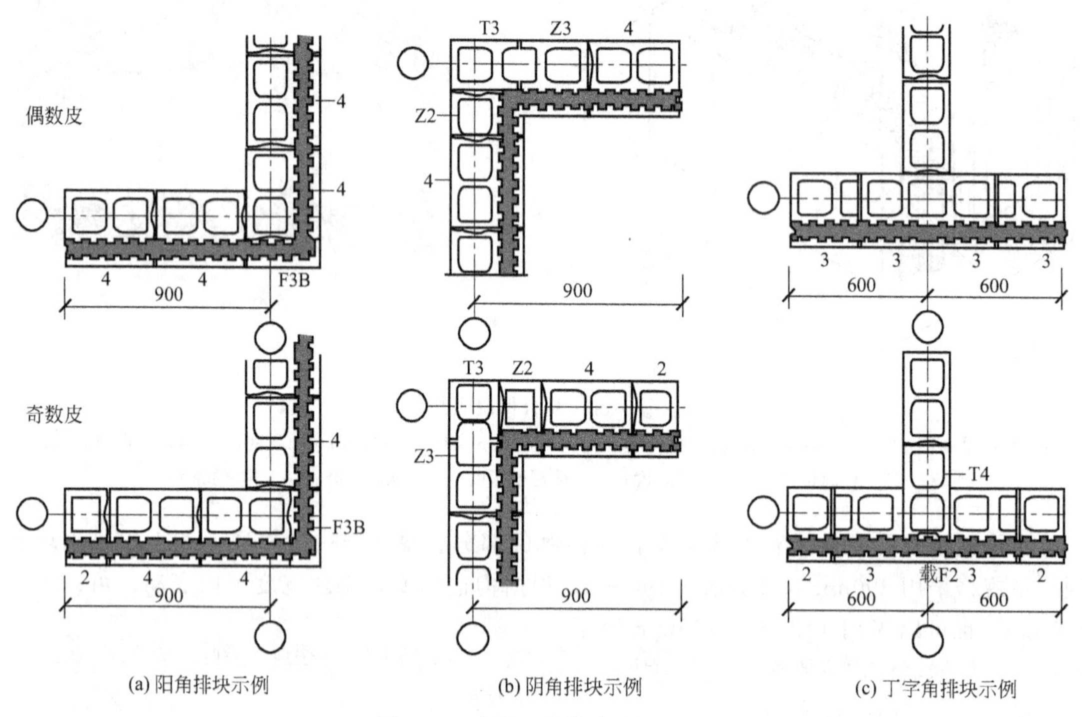

(a) 阳角排块示例　(b) 阴角排块示例　(c) 丁字角排块示例

图 8-13　自保温砌块墙排块示例

2. 砌筑施工要点

自保温砌块的砌筑施工要点与相应的小型砌块一样，不同的是复合砌块中有高效保温材料，在施工过程中有如下几点需要特别注意：

1）无论是蒸养还是自然养护，保温砌块都必须在厂内置放 28d 以上。砌块进入现场后要有防雨措施，严禁砌前浇水。

2）必须采用专用的砌筑砂浆，灰缝要饱满。

3）同一栋建筑物必须使用同一个厂家的保温砌块，不能混用。

4）坚持反砌，增加铺灰面，便于铺设砌筑砂浆，减少掉灰，以保证水平灰缝的饱满度，竖缝碰头灰浆一定要饱满，以提高墙体的整体性。

5）对孔错缝砌筑，以避免形成垂直缝，保证砌块中的聚苯板与相邻保温砌块中聚苯板衔接，上下两块保温板衔接，形成整体的保温层。砌筑时使保温砌块中聚苯板一侧朝向室外。

6）对可能产生热桥的部位，应采取保温措施避免结露。

7）保温砌块与梁柱的处理要严格按设计要求做，精心施工，确保这些热桥部位的保温效果质量。

小　结

墙体外保温是目前大力推广的一种建筑保温节能技术。

以A组分料和B组分料混合反应形成的具有防水和保温隔热等功能的硬质泡沫塑料，称为聚氨酯硬质泡沫，简称聚氨酯硬泡。由聚氨酯硬泡保温层、界面层、抹面层、饰面层或固定材料等构成，形成于外墙外表面的非承重保温构造，称为聚氨酯硬泡外墙外保温系统。

聚氨酯硬泡保温层的施工有两类4种施工方法。即硬泡聚氨酯保温料施工法（喷涂法、浇注法），硬泡聚氨酯保温板施工法（粘贴法、干挂法）。

外墙外保温系统主要采用硬泡聚氨酯、EPS、XPS等常用保温材料，基本属于B2级（可燃材料），存在火灾危险性，因此，施工中必须高度重视防火工作。

自保温墙体本身具有绝热保温功能，不需在墙体外再附加保温层。自保温墙体有两类，一是复合夹心墙，二是保温砌块墙。

复合夹心墙是由靠室内的承重叶墙和靠室外的非承重叶墙，以及两叶墙之间的预留空腔内放置高效保温材料所构成的墙体。

普通混凝土小型空心砌块、轻集料混凝土小型空心砌块或混凝土多孔砖等经嵌填高效隔热保温材料复合成型，即为自保温砌块，简称保温砌块（砖）。按照保温材料放置时间先后分为预置型保温砌块（砖）和后置型保温砌块（砖）。

预置型是在工厂生产砌块时，在砌块（砖）中间放置或填充EPS板、XPS板等保温材料，通过榫形结构与拉筋复合成型的保温砌块（砖）。

砌块（砖）砌筑成墙后，将发泡保温材料注入并填充混凝土砌块（砖）孔洞中形成的保温砌块（砖），称为后置型保温砌块（砖）。

自保温砌块的组砌除遵循错缝搭接的原则外，还必须保证保温夹层居于墙体外侧，并连接形成整体，切断热桥。

能力训练题

一、填空题

1. 聚氨酯硬泡的A组分料是由________________等添加剂组成的组合料，俗称________。

2. 聚氨酯硬泡的B组分料的主要成分是____________，俗称__________。

3. 聚氨酯硬泡的浇注法施工分为__________和__________两种工艺。

4. 聚氨酯硬泡的干挂法施工分为__________和__________两大类。

5. 自保温墙体能有效地消除__________，充分发挥保温材料的__________，同时具有施工简单、建筑造价、使用寿命（耐候性）与建筑物相一致等特点。

二、单选题

1. 对于喷涂法施工聚氨酯硬泡保温层的饰面层，不提倡在建筑物高于两层的部位采用的是（　　）。

A. 涂料系统　　B. 面砖系统　　C. 干挂石材　　D. 干挂铝塑板

2. 对于聚氨酯硬泡保温层可拆模浇注法，浇注结束后至少（　　）min方可拆模。

A. 5　　B. 10　　C. 15　　D. 20

3. 干挂法施工无龙骨体系采用胀管螺钉将聚氨酯硬泡保温装饰复合板直接锚固于墙体，胀管螺钉直径一般不宜小于（　　），间距一般为（　　）mm，入墙深度不小于40mm。

A. ϕ6、500　　B. ϕ6、600　　C. ϕ8、500　　D. ϕ10、500

4. 复合夹心墙的两叶墙之间所留空腔宽度不宜大于（　　）mm。

A. 50　　B. 60　　C. 80　　D. 100

5. 复合保温砌块墙中用以阻断水平灰缝热桥，使整个保温层在墙体内形成整体的是（　　）。

A. 拉筋　　B. 保温层（EPS板）　　C. 两面设燕尾槽　　D. 灰缝压条

6. 按照《建筑材料燃烧性能分级方法》（GB 8624—1997），大多数聚氨酯保温材料的燃烧性能属于（　　）。

A. A级（不燃材料）　　B. B1级（难燃材料）　　C. B2级（可燃材料）　　D. B3级（易燃材料）

三、多选题

1. 属于聚氨酯硬泡干挂法构造的是（　　）。

A. 无龙骨　　B. 有龙骨　　C. 可拆模　　D. 免拆模

2. 聚氨酯硬泡保温层的各种施工工艺中，基层可不用抹面砂浆找平的有（　　）。

A. 喷涂法　　B. 浇注法　　C. 粘贴法　　D. 干挂法

3. 聚氨酯硬泡保温层粘贴法工艺要求有（　　）。

A. 粘贴采用点框法

B. 建筑物高度在60m及以上时，总粘贴面积不小于50%

C. 保温板的粘贴应自下而上进行

D. 保温板的拼缝不得正好留在门窗洞口的四角处

4. 复合夹心墙的构造要求有（　　）。

A. 承重叶墙厚度不应小于240mm　　B. 非承重叶墙厚度不应小于150mm

C. 叶墙所用普通砖强度等级不应低于MU10　　D. 砌筑砂浆强度不应低于M5

5. 自保温砌块墙的砌筑要点有（　　）。

A. 砌前适当浇水　　B. 必须采用专用的砌筑砂浆

C. 保温砌块中聚苯板一侧朝向室外　　D. 同一栋建筑物必须使用同一个厂家的保温砌块

四、思考题

1. 简述外墙聚氨酯硬泡保温层的特点，施工有哪几种方法？

2. 简述喷涂法的特点和施工工艺。

3. 简述浇注法的特点和施工工艺。

4. 简述粘贴法的特点和施工工艺。

5. 简述干挂法的特点和施工工艺。

6. 简述聚氨酯保温材料的火灾危险性，施工应采取哪些防火应对措施？

7. 聚氨酯硬泡外墙外保温工程验收的主控项目有哪些规定？一般项目有哪些规定？

8. 简述复合夹心墙的构造和施工。

9. 什么是自保温砌块？简述自保温砌块的施工要点。

第九章

砌体结构工程的季节性施工

知识目标

- 熟悉砌体结构工程在冬期施工的施工方法和工艺要求
- 熟悉砌体结构工程在雨期施工的注意事项和工艺要求
- 熟悉砌体结构工程在高温和台风季节施工的工艺要求和安全防范措施

能力目标

- 具备对砌体结构工程冬期施工进行工艺及质量监控的能力
- 具备对砌体结构工程雨期、高温和台风季节进行施工组织管理的能力

砌体工程大多是露天作业，直接受到气候变化的影响。当砌筑工程在正常气温时期，通常只要按照常规的施工方法进行施工，没有特殊要求和技术措施。而在气温较低的冬期、多雨的时节、炎夏和台风时期，由于天气变化的客观因素，则在施工中要采取一定的技术措施，才能保证砌筑工程的质量。

一、冬期施工

《砌体工程施工质量验收规范》（GB 50203—2002）规定，当室外日平均气温连续5天稳定低于5℃时，或当日最低气温低于0℃时，砌筑施工属冬期施工阶段。

冬期砌筑突出的问题是砂浆遭受冰冻，砂浆中的水在0℃以下结冰，使水泥不能充分进行“水化”反应，砂浆不能凝固，失去胶结能力而不具有强度，砌体强度降低，或砂浆解冻后砌体出现沉降。冬期施工方法，就是要采取有效措施，使砂浆达到早期强度，既保证砌筑在冬期能正常施工又保证砌体的质量。

（一）冬期施工的一般规定

1. 冬期施工的特点和原则

（1）冬期施工的特点

1）冬期施工期是质量事故的多发期。

2）冬期施工发现质量事故呈滞后性。

3）冬期施工技术要求高，能源消耗多，施工费用要增加。

（2）冬期施工的原则。保证质量，节约能源，降低费用，确保工期。

2. 砌体工程冬期施工的一般要求

（1）砌筑材料的要求

1）砌体用砖或其他块材不得遭水浸受冻，砌筑前应清除表面污物、冰雪等，不得使用遭水浸和受冻后的砖或砌块。

2）砂浆宜优先采用普通硅酸盐水泥拌制。

3）石灰膏和电石膏等应防止受冻。如遭冻结，应经融化后方可使用；受冻而脱水风化的石灰膏不可使用。

4）拌制砂浆所用的砂，不得含有冰块和直径大于10mm冻结块。

5）拌和砂浆时，宜采用两步投料法。水的温度不得超过80℃，砂的温度不得超过40℃，当水温过高时，应将水和砂先行搅拌，再加水泥，以防出现假凝现象。

（2）冬期砌筑的技术要求

1）做好冬期施工的技术准备工作，如搭设搅拌机保温棚；对使用的水管进行保温；准备保温材料（如草帘等）；购置抗冻掺加剂（如氯化钠、氯化钙）；必要时，砌筑工地烧热水的简易炉灶和烧热水用的燃料等。

2）普通砖、多孔砖和空心砖在气温高于0℃条件下砌筑时，应适当浇水湿润；在气温低于0℃条件下砌筑时，可不浇水，但必须增大砂浆稠度。抗震设计为9度的建筑物，普通砖、多孔砖和空心砖无法浇水湿润时，不得砌筑。加气混凝土砌块承重墙体及围护外墙不宜冬期施工。

3）普通砖、灰砂砖、免烧砖等砖砌体应采用“三一”砌筑法砌筑，灰缝不应大于10mm。

4）砖墙应采用一顺一丁或梅花丁组砌方式。

5）基土不冻胀时，基础可在冻结的地基上砌筑；地基土有冻胀性时，必须在未冻的地基上砌筑。在施工时和回填土之前，均应防止地基土遭受冻结。

6）每日砌筑后应及时在砌体表面覆盖保温材料，砌体表面不得留有砂浆。在继续砌筑前，应扫净砌体表面，然后再施工。

7）冬期砌筑工程应进行质量控制，在施工日记中除应按常规要求记录外，尚应记录室外空气温度、暖棚温度、砌筑时砂浆温度、外加剂掺量以及其他有关资料。

8）砂浆试块的留置，除应按常温规定要求外，尚应增设不少于两组与砌体同条件养护的试块，分别用于检验各龄期强度和转入常温28d的砂浆强度。

（二）砌体结构工程冬期施工方法

砌体结构工程的冬期施工方法，依室外气温可选用外加剂法、冻结法、暖棚法等。

1. 外加剂法

在砌筑砂浆内掺入一定数量的抗冻外加剂，降低水溶液的冰点，以保证砂浆中有液态水存在，使水化反应在一定负温下不间断进行，砂浆强度在负温条件下能够继续缓慢增长。同时，由于降低了砂浆中水的冰点，砖石砌体的表面不会立即结冰而形成冰膜，故砂浆和砖石砌体能较好地粘接。常用的抗冻化学剂，目前主要是氯化钠和氯化钙，其他还有亚硝酸钠、碳酸钾和硝酸钙等。外加剂法具有施工简便、施工费用低，货源易于解决等优点，所以在我国砖石砌体冬期施工中普遍采用。

（1）氯盐砂浆法

1）在砌筑砂浆内掺入氯盐（氯化钠、氯化钙）则成为氯盐砂浆，用氯盐砂浆砌筑称为氯盐砂浆法。单独掺加氯化钠的为单盐，同时掺加氯化钠和氯化钙的为双盐，双盐适用于气温−15℃以下时。掺盐量与施工环境气温相关，不同气温条件下砂浆的掺盐量见表9-1。

表 9-1 掺盐砂浆的掺盐量（占用水量的百分比）

项次	日最低气温			等于和高于 −10℃	−11～−15℃	−16～−20℃	低于 −20℃
1	单盐	氯化钠	砌砖	3	5	7	—
			砌石	4	7	10	—
2	双盐	氯化钠	砌砖	—	—	5	7
		氯化钙		—	—	2	3

注：1. 掺盐量以无水盐计。

2. 日最低气温低于−20℃时，砌石工程不宜施工。

2）氯盐砂浆使用时的温度不应低于 5℃；当设计无要求，且日最低气温≤− 15℃时，对砌筑承重砌体的砂浆强度应按常温施工时提高一级。

3）氯盐必须配制成规定浓度的水溶液，置于专用容器中，然后再按规定加入搅拌机中拌制成所需砂浆。不得干撒氯盐粉末。

4）氯盐砂浆中掺微沫剂时，应先加入氯盐溶液，后加入微沫剂溶液。

5）采用氯盐砂浆时，砌体中配置的钢筋及钢预埋件，应预先做好防腐处理。

6）砌体的每日砌筑高度，不宜超过 1.2m。墙体留置的洞口，距交接墙处不应小于 50cm。

7）氯盐砂浆不得在下列情况下采用：

① 对装饰工程有特殊要求的建筑物；

② 使用湿度大于 80％的建筑物；

③ 配筋、预埋铁件无可靠的防腐处理措施的砌体；

④ 接近高压电线的建筑物（如变电所、发电站等）；

⑤ 经常处于地下水位变化范围内，而又没有防水措施的砌体。

（2）掺防冻剂法　掺防冻剂法是在砌筑砂浆中掺加防冻剂，防冻剂可选用亚硝酸钠、亚硝酸钙、硝酸钠、硝酸钙、尿素、碳酸钾等。

亚硝酸钠、亚硝酸钙、硝酸钠、硝酸钙的掺量均不得大于水泥质量的 8％；尿素掺量不得大于水泥质量的 4％；碳酸钾掺量不得大于水泥质量的 10％。防冻剂掺量均不得大于拌合水质量的 20％

采用掺防冻剂法施工应符合下列现定：

1）水泥宜用硅酸盐水泥或普通硅酸盐水泥。

2）砂必须清洁，不得含有冰、雪等冻结物及易冻裂的矿物质。

3）防冻剂应配制成水溶液，严格掌握防冻剂掺量。

4）气温低于−5℃时，可用热水拌和砂浆，水温高于 65℃时，热水应先与砂拌和，再加入水泥；气温低于 10℃时，砂可移入暖棚或采取加热措施。砂结冻成块时须加热，加热温度不得高于 65℃。

5）搅拌砂浆前，应用热水或蒸汽冲洗搅拌机，搅拌时间应比常温搅拌延长 50％。

6）砂浆出机温度不得低于 10℃。

7）砌体外露表面必须覆盖。

2. 冻结法

冻结法是指采用不掺化学外加剂的普通水泥砂浆或水泥混合砂浆进行砌筑的一种冬期施

工方法。

（1）冻结法的原理和适用范围。

冻结法的砂浆在铺砌完后就受冻。受冻的砂浆可以获得较大的冻结强度，而且冻结的强度随气温降低而增高。但当气温升高而砌体解冻时，砂浆强度仍然等于冻结前的强度。当气温转入正温后，水泥水化作用又重新进行，砂浆强度可继续增长。

冻结法允许砂浆在砌筑后遭受冻结，且在解冻后其强度仍可继续增长。所以对有保温、绝缘、装饰等特殊要求的工程和受力配筋砌体以及不受地震区条件限制的其他工程，均可采用冻结法施工。

冻结法施工的砂浆，经冻结、融化和硬化三个阶段后，砂浆强度，砂浆与砖石砌体间的粘接力都有不同程度的降低。砌体在融化阶段，由于砂浆强度接近于零，会增加砌体的变形和沉降。所以对下列结构不宜选用：

1）空斗墙；

2）毛石砌体；

3）砖薄壳、双曲砖拱、筒拱及承受侧压力的砌体；

4）在解冻期间可能受到振动或其他动力荷载的砌体；

5）在解冻期间不允许发生沉降的砌体；

6）混凝土小型空心砌块砌体。

（2）冻结法的工艺要求

1）为了保证砌体在解冻期间对强度、稳定和均匀沉降的要求。在解冻期应验算砌体强度和稳定，可按砂浆强度为零进行计算。

2）当日最低气温高于或等于－25℃，对砌筑承重砌体的砂浆强度等级，应按常温施工时提高一级；当日最低气温低于－25℃时，则提高二级。

3）砂浆使用时的最低温度应符合表9-2的规定。

表9-2　冻结法砌筑时砂浆最低温度

室外空气温度/℃	砂浆最低温度/℃
0～－10	10
－11～－25	15
低于－25	20

4）当设计无规定时，宜采取下列构造措施：

① 在楼板水平面位置墙的拐角、交接和交叉处应配置拉结筋，并按墙厚计算，每120mm配1ϕ6，其伸入相邻墙内的长度不得小于1m，在拉结筋末端应设置弯钩。

② 每一层楼的砌体砌筑完毕后，应及时吊装（或浇筑）梁、板，并应采取适当的锚固措施。

③ 采用冻结法砌筑的墙与已经沉降的墙体交接处，应留沉降缝。

（3）冻结法施工注意事项

为保证砌体在解冻期间的稳定性和均匀沉降，施工操作应遵守下列规定：

1）采用冻结法施工时，应按照“三一”砌筑方法，对于房屋转角处和内外墙交接处的灰缝应特别仔细砌合。砌筑时一般采用一顺一丁的砌筑方法。

2）对未安装楼板或屋面板的墙体，特别是山墙，应及时采取临时加固措施，以保证墙体稳定。

3）跨度大于 0.7m 的过梁，应采用钢筋混凝土预制构件。跨度较大的梁、悬挑结构，在砌体解冻前应在下面设临时支撑，当砌体强度达到设计值的 80%时，方可拆除临时支撑。

4）在门框上部应留缝隙，其宽度：在砖砌体中不应小于 5mm；在料石砌体中不应小于 3mm。

5）砖砌体中的洞口和沟槽等，宜在解冻前填砌完毕。

6）在解冻前，应清除施工现场剩余的建筑材料等临时荷载。

7）在解冻期间，应经常对砌体进行观测和检查，如发现裂缝、不均匀下沉等情况，应分析原因，并立即采取加固措施。

值得注意的是，随着经济和技术水平的发展，我国北方地区已极少采用冻结法施工，因此，行业标准《建筑工程冬期施工规程》（JGJ/T 104—2011）和《砌体结构设计规范》（GB 50003—2011）都取消了砌体结构冻结法施工的内容。

3. 暖棚法

暖棚法是在砌筑现场搭设暖棚，棚内生火取暖，砌体在暖棚内施工。暖棚法适用于地下工程、基础工程以及量小又急需砌筑使用的砖体结构。

砂浆使用温度应符合下列规定：

（1）采用暖棚法施工时，块材和砂浆在砌筑时的温度不应低于 5℃，距离所砌的结构底面 0.5m 处的棚内温度也不应低于 5℃。

（2）在暖棚内的砌体养护时间。应根据暖棚内温度，按表 9-3 确定。

表 9-3 暖棚法砌体的养护时间

暖棚的温度/℃	5	10	15	20
养护时间/d	≥6	≥5	≥4	≥3

4. 其他的冬期施工方法

砌体工程的冬期施工方法还有蓄热法、快硬砂浆法。

1）蓄热法一般适用于北方初冬，南方的冬期，夜间结冻白天解冻，正负温度变化不大的地区。利用这个规律，将砂浆加热，白天砌筑，每天完工后用草帘将砌体覆盖，使砂浆的热量不易散失，保持一定温度，使砂浆在未受冻前获得所需强度。

2）快硬砂浆法是砂浆水泥采用快硬硅酸盐水泥，一般可采用配合比为 1∶3 的快硬砂浆，并掺加 5%（占拌和水重）的氯化钠。该方法适用于荷载较大的单独结构，如砖柱和窗间墙，快硬砂浆所用材料及拌和水的加热不应超过 40℃，砂浆搅拌出罐温度不宜超过 30℃，由于快硬砂浆硬化和凝固很快，因此必须在 10～15min 内用完。快硬砂浆可以在－10℃左右继续硬化和增长强度。

冬期施工中采用哪一种施工方法较好，要根据当地的气温变化情况和工程的具体情况而定，一般以采用掺盐砂浆法或蓄热法为宜，严寒地区适用冻结法。

二、雨期施工

雨期来临，对砌筑工艺将会增加材料的含水量。雨水不仅使砖的含水率增大，而且使砂浆稠度值增加并易产生离析。用多水的材料进行砌筑，砌体中的块体可能发生滑移，甚至引起墙身倾倒，饱和水可能使砖和砂浆的粘接力减弱，影响墙的整体性。

（1）雨期施工的特点

1）不确定性。由于科学技术的限制，气象部门并不一定能及时提供准确的预测服务，暴雨山洪等恶劣气象往往不期而至，这就需要雨期施工的准备和防范措施及早进行，有备无患。

2）突击性。雨水及其地面积水对建筑结构和地基基础的冲刷或浸泡有严重的破坏性，必须迅速及时地防护，才能避免给工程造成损失。

3）雨期对室外施工（如土方工程、屋面工程等）将造成极大影响，为保证工程的顺利进行，应在事先有充分估计并做好合理的施工安排。

（2）雨期施工的施工组织要求

1）编制施工组织计划时，要根据雨期施工的特点，将不宜在雨期施工的分项工程提前或拖后安排。对必须在雨期施工的工程制定有效的措施，进行突击施工。

2）合理进行施工安排。做到晴天抓紧室外工作，雨天安排室内工作，尽量缩小雨天室外作业时间和工作面。

3）密切注意气象预报，做好防汛准备工作，必要时应及时加固在建的工程。

（3）雨期施工的施工准备

1）现场排水。施工现场的道路、设施必须做到排水通畅，尽量做到雨停水干。要防止地面水排入地下室、基础、地沟内。要做好对危石的处理，防止滑坡和塌方。

2）原材料、成品、半成品的防雨。砖或砌块，应堆放在地势高的地点，并在材料面上平铺二、三皮砖作为防雨层，有条件的可覆盖芦席、苫布等，以减少雨水的大量浸入。砂子应堆在地势高处，周围易于排水。水泥应按“先收先发”、“后收后发”的原则，避免久存受潮而影响水泥质量。木门窗等易受潮变形的半成品应在室内堆放，其他材料也应注意防雨及材料四周排水。

3）在雨期前应做好现场房屋、设备的排水防雨措施。

4）备足排水需用的水泵及有关器材，准备适量的塑料布、油毡防雨材料。

（4）雨期施工的工艺要求

1）宜用中粗砂拌制砂浆，稠度值要小些，以适应雨天砌筑。

2）适当减少水平灰缝的厚度，皮数杆划灰缝厚度时，以控制在8～9mm为宜，减薄灰缝厚度可以减小砌体总的压缩下沉量。

3）运输砂浆时要防雨，必要时可以在车上临时加盖防雨材料，砂浆要随拌随用，避免大量堆积。

4）收工时应在墙面上盖一层干砖，防止突然的大雨把刚砌好的砌体中的砂浆冲掉。

5）每天砌筑高度也应加以控制，普通砖砌体要求不超过2m，小型空心砌块不宜超过1.2m。

6）雨期施工时，应对脚手架经常检查，防止下沉，对道路等采取防滑措施，确保安全生产。

三、高温期间和台风季节的施工要求

沿海一带夏季炎热，水分蒸发量大，与雨期相反，容易使各种材料干燥而缺水。过分干燥对砌体质量亦不利。加上该时期多台风，因此在砌筑中应注意以下几方面，以保证砌筑质量。

（1）砖在使用前应提前浇水，浇水的程度以把砖断开观察，其周边的水渍痕达20mm左右为宜，砂浆的稠度值可以适当增大些，铺灰时铺灰面不要摊得太大，太大会使砂浆中水分蒸发过快，因为温度高蒸发量大，砂浆易变硬，以致无法使用造成浪费。

（2）在特别干燥炎热的时候，每天砌完墙后，可以在砂浆已初步凝固的条件下，往砌好的墙上适当浇水，使墙面湿润，有利于砂浆强度的增长，对砌体质量也有好处。

(3) 在台风时期对砌体不利的是在砌体尚不稳定的情况下经受强劲的风力。因此在砌筑施工时要注意以下几个方面：

1) 控制墙体的砌筑高度（表 5-1），以减少悬壁状态的受风面积；

2) 最好四周墙同时砌，以保证砌体的整体性和稳定性；

3) 控制砌筑高度以每天一步架为宜；

4) 为了保证砌体的稳定性，脚手架不要依附在墙上；不要砌单堵无联系的墙体、无横向支撑的独立山墙、窗间墙、高的独立柱子等，如一定要砌，应在砌好后加适当的支撑，以抵抗风力。

小　　结

当室外日平均气温连续 5 天稳定低于 5℃时，或当日最低气温低于 0℃时，砌筑施工属冬期施工阶段。

砌体结构冬期施工的工艺方法有外加剂法、冻结法、暖棚法等。外加法是通过添加氯盐或防冻剂降低砂浆中水溶液的冰点，使砂浆强度在负温条件下能够继续缓慢增长；冻结法则要经历冻结、融化和硬化三个阶段，前期利用砂浆的冻结强度，解冻后利用砂浆的硬化强度。暖棚法通过提高局部环境温度来解决砌体的冬期施工。

各种不同的冬期施工方法都有其适用范围和工艺要求，要根据当地的气温变化情况和工程的具体情况进行选用。

砌体结构工程雨期施工、高温期间和台风季节的施工主要是从物资准备、工艺方法、施工组织、施工安全等方面采取相应的防范措施。

能力训练题

一、填空题

1. 当室外__________时，或当__________时，砌筑施工属冬期施工阶段。

2. 冬期施工的原则是__________、__________、__________、__________。

3. 冬期施工，普通砖、灰砂砖、免烧砖等砖砌体应采用__________砌筑，灰缝不应__________。

4. 冻结法施工的砌体在融化阶段，由于砂浆强度__________，会增加砌体的__________和__________。

5. 除了外加剂法、冻结法、暖棚法外，砌体工程的冬期施工方法还有__________、__________。

二、单选题

1. 冬期施工拌和砂浆时，宜采用两步投料法。水的温度不得超过（　　）℃。

A. 60　　B. 80　　C. 90　　D. 100

2. 冻结法施工，日最低气温高于或等于－25℃时，承重砌体砌筑砂浆的强度等级应（　　）。

A. 保证质量　　B. 提高一级　　C. 提高二级　　D. 提高三级

3. 在气温低于（　　）条件下砌筑普通砖、多孔砖和空心砖时，可不浇水，但必须增大砂浆稠度。

A. －5℃　　B. －3℃　　C. 0℃　　D. 5℃

4. 雨期施工，每天砌筑高度应加以控制，小型空心砌块砌体一般要求不超过（　　）m。

A. 1.2　　B. 1.8　　C. 2.0　　D. 2.4

5. 当风力达到 8 级时，一砖墙砌筑的允许自由高度为（　　）。

A. 2.8m　　B. 不超过 2.8m　　C. 2.1m　　D. 不超过 2.1m

三、多选题

1. 氯盐砂浆不得用在（　　）。

A. 处于潮湿环境的建筑物

B. 空斗墙

C. 对装饰工程有特殊要求的建筑物

D. 经常处于地下水位变化范围内，而又没有防水措施的砌体

2. 冻结法不得用于（　　）。

A. 对装饰工程有特殊要求的建筑物

B. 混凝土小型空心砌块砌体

C. 对装饰工程有特殊要求的建筑物

D. 配筋、预埋铁件无可靠的防腐处理措施的砌体

3. （　　）的掺量不得大于水泥质量的 8%。

A. 亚硝酸钠　　B. 硝酸钠

C. 碳酸钾　　D. 尿素

4. 冬期施工时，（　　）砂浆的使用温度不应低于 5℃。

A. 掺防冻剂法　　B. 氯盐砂浆法

C. 冻结法　　D. 暖棚法

5. 台风时期不宜砌筑（　　）。

A. 单堵无联系的墙体

B. 无横向支撑的独立山墙

C. 无横向支撑的独立窗间墙

D. 独立柱

四、思考题

1. 简述砌体结构工程冬期施工的定义。

2. 简述砌体结构工程冬期施工关于材料和技术的一般要求。

3. 砌体结构工程冬期施工有哪几种方法？简述各方法的特点和施工要求。

4. 简述砌体结构工程雨期施工的注意事项。

5. 简述砌体结构工程高温期间和台风季节的施工要求。

参 考 文 献

[1] 砌体结构设计规范（GB 50003—2011).

[2] 建筑抗震设计规范（GB 50011—2010).

[3] 砌体工程施工质量验收规范（GB 50203—2002).

[4] 混凝土小型空心砌块建筑技术规程（JGJ/T 14—2004).

[5] 多孔砖砌体结构技术规范（2002 年版）(JGJ 137—2001).

[6] 建设部聚氨酯建筑节能应用推广工作组．聚氨酯硬泡外墙外保温工程技术导则．北京：中国建筑工业出版社，2007.

[7] 唐岱新主编．砌体结构设计规范理解与应用．北京：中国建筑工业出版社，2002.

[8] 杨伟军，司马玉洲主编．砌体结构．北京：高等教育出版社，2004.

[9] 王景文主编．工程建设分项设计施工系列图集：砌体结构工程．北京：中国建材工业出版社，2004.

[10] 施楚贤，施宇红．砌体结构疑难释义．第 3 版．北京：中国建筑工业出版社，2004.

[11] 龙东升．构造柱处马牙槎的砌筑方法．建筑工人，2004，(3).

[12] 陈固贤，李清明．构造柱马牙槎砌筑新法．建筑工人，2001，(3).

[13] 李永盛主编．砌筑工长．北京：机械工业出版社，2007.

[14] 周序洋主编．砌筑工（初级)．北京：机械工业出版社，2005.

[15] 孟宪帜主编．砌筑工．北京：中国建筑工业出版社，2002.

[16] 季广其、朱春玲．硬泡聚氨酯外墙外保温系统防火性能研究．建设科技，2010，(7).